# 공동주택 관리의 새로운 패러다임

A New Paradigm for Multifamily Housing Management

하성규 외 16인 지음
한국주택관리연구원 엮음

박영사

# 머 리 말

한국은 1990년대 이후 경제 성장 침체와 인구 정체를 경험하면서 주택 정책도 공급에서 관리 위주로 변화를 경험하게 되었다. 즉 주택의 건설만큼이나 이미 지어진 주택의 관리도 중요한 시대가 되었고, 이러한 중요성에 발맞추어 2016년 8월에는 「주택법」에서 분리된 「공동주택관리법」이 새로이 시행에 들어가기도 하였다.

공급에서 관리로의 1차 변화 이후 이제 공동주택관리는 또 다른 변화를 목도하고 있다. 즉 공동주택이라는 물리적 객체를 유지하고 보수하는 하드웨어적 관리 관점에서, 입주민과 관리주체 간의 상호 협력, 아파트 단지 내 자생 단체의 지원과 공동체 활성화 등 소프트웨어적 관리로 무게 중심이 이동하고 있다.

소프트웨어적 관리는 공동주택 관계자들, 즉 행위 주체의 역할에 초점을 맞추게 된다. 이러한 행위 주체에 대해 합리적 의사결정 주체로 보는 것이 그간 주류 경제학의 입장이었다. 그러나 개인이나 단체가 내린, 외관상 이성적으로 보이는 결정도 결국에는 감성의 영향을 받아 결정되는 것이 적지 않다.

이와 같이 개인이나 단체의 의사결정 과정에서 심리적, 사회적 및 감성적 요인이 미치는 효과, 그리고 이러한 효과로 인해 나타나는 다양한 사회현상을 살피는 학문이 행동 경제학이다. 심리학과 경제학의 접경 부분을 다루는 이 학문은 지난 30년 동안 이론체계를 꾸준히 갖춤에 따라 여러 분야에서 각광받고 있으며, 공동주택관리 업무에도 적용의 여지가 많다.

공동주택관리 업무는 입주자대표회의, 관리주체, 지방자치단체 그리고 입주민이 하나로 뭉쳐 합리성을 향해 한 치의 오차 없이 전진하는 과정이라 규정하기 어렵다. 이러한 측면에서 공동주택관리를 소프트웨어적 측면에서, 그리고 공동주택 관계자들을 이성과 감성을 함께 가진 의사결정 주체로 조명하는 것은 매우 의미 있는 작업이라 생각된다.

바로 이러한 인식으로부터 한국주택관리연구원에서는 관련 전문가들의 지혜를 모아 이 책을 선보이게 되었다. 본서는 공동주택관리 업무를 하드웨어적 관점과 소프트웨어적 관점에서 모두 접근하였고, 행동 경제학적 접근을 시도하여 보았다.

이 책은 총 17장으로 구성되었고, 공동주택관리 업무의 다양한 시각과 새로운 패러다임을 논의하였다. 1장 및 2장에서는 주택관리의 새로운 패러다임 모색과 행동 경제학을 다루었다. 이후 3장에서 9장까지는 하자 보수와 같은 하드웨어적 관리, 10장에서 17장까지는 관리규약의 제정에서부터 공동주택관리 거버넌스까지 주택관리의 소프트웨어적 대안을 모색하였다.

끝으로 원고 정리, 집필자들과의 연락 등 수고로움을 마다하지 않은 정수영 연구원에게 고마움을 표하며, 박영사 직원들에게도 감사를 표한다. 특히 이 책의 편집과정에서 수고한 이창로 박사와 정형철 교수(전 한국주택관리연구원 수석연구원)에게 감사한 마음을 전한다. 그리고 집필자 워크숍에서 행동 경제학에 관한 기초 개념 및 발전 배경을 설명해 주신 김재익 교수님의 노고에 깊이 감사드린다.

2017년 1월

하성규 원장

한국주택관리연구원

# 차 례

## 제 4 장 공동주택 하자와 하자처리

김선중



## 제 5 장 공동주택의 시설 관리

김정인

## 제 7 장 장기수선계획과 장기수선충당금 이강희



## 제 8 장 장기수선계획과 장기수선충당금(홍콩) 이현정

## 제 9 장 공동주택의 장수명과 리모델링 | 김수암



## 제10장 공동주택 내 근로관계와 공동주택관리 관계자의 상생 방안 | 한영화

## 제11장 관리규약준칙과 자치규범으로서의 관리규약 김주현



## 제12장 혼합주택단지 분쟁 전창미

## 제13장 임대주택의 관리규약 권명희



## 제14장 주택 및 주거환경의 안전 박경옥

## 제16장 공동주택 개인주의와 공동체 활성화 운동 강순주



## 제17장 주택관리 전문가의 역할과 공동주택관리 거버넌스(governance) 박신영

제1장

# 주택관리의 새로운 패러다임 모색

하성규(한국주택관리연구원 원장)

## I. 들어가며: 새로운 접근방법

어떤 대상이나 사물에 내재해 있는 법칙 혹은 어떤 현상에 대해 해결책을 찾아내려 할 때 그것에 보다 가까이 접근할 수 있는 연구 방법이 있을 수 있다. 이를 접근법(接近法)이라고 말하기도 한다. 지금까지 주택관리에 논의되고 시도된 접근법보다 진일보한 접근법은 무엇인가? 이 질문에 대한 논의가 본 장의 목적이라 할 수 있다.

국민의 절대다수가 거주하는 공동주택은 안전하고 편리하며 생활의 질을 담보할 수 있는 관리가 매우 중요하다. 보다 더 투명하고 체계적인 생활관리 및 운영관리를 위해 전문 인력의 참여가 필수적이다. 공동주택관리는 시설관리, 사무관리, 회계관리를 포함하는 운영관리와 커뮤니티관리 등 새로운 접근법의 모색은 전문가 집단이 수행해야 할 과제이기도 하다.

경찰청이 거의 1년에 걸쳐 전국의 아파트 단지에 대한 관리비리 단속을 벌인 후 지난 2013년 말 발표한 자료에 따르면 입주자대표 등이 아파트 공사 관련 업체 등으로부터 부정한 청탁을 받고 금품을 수수하는 행위가 45%로 가장 많았다. 또 검거된 피의자는 입주자대표회의 회장과 동대표가 41%로 가장 많고, 관리사무소장과 직원 등에 의한 불법행위가 28%로 뒤를 이었다.

공동주택관리는 부정과 비리의 온상으로 인식되고 있다. 주택관리 전문가, 주택관리사, 관리업체, 해당 주택에 거주하는 입주자 모두 관심을 가지고 새로운 접근법을 모색해야 한다는 의견이 지배적이다. 이러한 관점에서 공동주택관리는 새로운 패러다임을 요구하고 있다. 전통적인 주택관리의 접근법이 아닌 새로운 패러다임으로의 발상전환이 필요하다는 인식이다.

새로운 접근법의 논의는 크게 두 가지로 나누어 생각해볼 수 있다.[1] 하나는 맞춤형 접근(bespoke approach)과 다른 하나는 공동체적 접근(community-based approach)이라 할 수 있다. 맞춤형 접근이란 과거에 실시되었던 일률적인 관리 형태를 벗어나 주민의 선호를 반영하고 관리에 연관된 제 주체들이 참여함으로써 관리의 유연성과 합리성, 그리고 주민의 만족도를 높일 수 있다. 이는 주택관리를 통해 주거서비스를 향상시킬 뿐 아니라 주택관리의 거버넌스(governance)를 구축하는 지름길이라 할 수 있다. 그리고 공동체적 접근이란 특히 공동주택에 거주하는 개개인은 단지 내 주민과 교류하고 만나는 집합적 거주성(collective dwelling)이 특징이며 동시 이웃과 합의를 이루며 공유하는 가치를 형성하게 된다. 아파트단지를 포함하여 주거커뮤니티(residential community)는 공간적 영역을 가지며 사회적 상호작용과 공동의 연대라는 보편적 가치를 지니게 된다(Hillery, 1955; Brown, 2004).

위에서 언급한 두 가지 접근법은 행동경제학적으로 이해함으로써 설명력을 높일 수 있다. 행동경제학(behavioral economics)이란 심리학과 경제학의 접경 부분을 다루는 것이라 할 수 있다. 행동경제학은 지난 30여 년 동안 이론 체계를 갖춤에 따라 최근 많은 주목을 받고 있다. 주류 경제학은 복잡한 경제 현상의 큰 흐름을 설명하기 위해 가능하면 인간의 행동을 단순화하고 수치화하려고 한다. 반면에 심리학은 인간 행동의 복잡함 자체를 이해하려고 하는 학문이다. 그동안 심리학은 소비자 행태 분석에 많은 연구가 축적되고 있으나 경제학은 그렇지 못했다. 이런 측면에서 많은 분석도구와 축적된 지식으로 무장한 행동경제학이 주류 경제학의 문제점을 해결하는 도구가 되고 있다.

공동주택관리에 행동경제학적 해석과 발전방안의 모색이란 아주 생소하고 논의해야 할 부분이 많다. 그러나 전통적 경제학적 접근만으로는 공동주택관리

---

1) "Housing for older people", http://www.cih.org/Charactered Institute of Housing. http://www.cih.org/resources/PDF/Policy%20free%20download%20pdfs/New%20approaches%20to%20delivering%20better%20housing%20options%20for%20older%20people.pdf

의 사회경제적 이슈와 다양한 갈등과 분쟁을 설명하고 해결책을 제시하기에는 한계가 있다. 아울러 새로운 접근법으로 제시된 맞춤형 관리와 공동체적 관리를 이해하는 데는 행동경제학적인 분석시도가 필요하다고 판단된다. 이에 본장에서는 기존의 주택관리의 문제인식을 바탕으로 새로운 접근법, 즉 패러다임의 변화라는 관점에서 행동경제학적 접근을 응용하고자 하는 논의가 목적이다.

## Ⅱ. 문제의 인식

### 1. 문제인식을 위한 상황파악

문제의 인식은 상황의 파악에서 출발한다. 더욱 정교한 문제인식은 문제가 발생하게 된 배경과 현재 전개되는 문제의 양상을 면밀히 관찰하는 것이 필요하다. 마치 의사가 고통 받는 환자를 정확히 진단하고 환자의 질병이 무엇인지를 확인하지 않고 정확한 처방을 내릴 수 없는 것과 마찬가지다.

주택관리는 주택을 물리적, 행정적, 경제적, 법적 등의 측면에서 사용·수익·처분을 목적으로 총체적으로 관리하는 것을 말한다. 부동산의 사용이라는 관점에서 법으로 제도화한 것은 주택관리이다. 주택관리활동 중 공동주택의 관리는 주택법에 근거한 관리활동으로 법의 제약을 받는다. 주택관리사의 자격이 있는 자가 관리소장으로 단지를 관리한다.

부동산관리 중 공동주택관리 내용은 경제적 가치의 보전을 위한 경제적 관리, 행정적 또는 법률적인 면에서 법이 보장하는 최대한의 권리를 보장받고자 하는 법률적 관리, 대상 주택의 기능과 수명을 보전 및 안전을 확보하기 위한 기술적 관리, 그리고 주거단지 및 공동체 관리 등으로 나눌 수 있다.

우리나라 국민의 약 60%가 아파트라는 공동주택에 거주하고 있다. 아파트의 수적 증가로 인해 관리비용도 천문학적이다. 아파트 관리비, 사용료, 장기수선충당금 등 공동주택 관리비용만 2014년 현재 연간 약 11조 6천억 원으로 추산된다. 일반 국민의 주거선호를 보면 여전히 아파트의 인기가 가장 높다. 이런 관점에서 아파트는 계속 증가할 것으로 전망되며 동시에 아파트 관리문제는 매우 중요한 부동산 및 주거서비스분야의 핵심적 영역이자 사회·경제적 그리고 정책적 관심분야다.

지난 몇 년 사이 공동주택관리와 연관하여 사회적으로 관심이 집중된 것 중 하나는 아파트관리의 투명성이었다. 국토부 '공동주택 관리비리 및 부실감리 신고센터'의 자료에 의하면 2014년 9월부터 2015년 4월 말까지 신고 접수된 356건 중 회계운영 부적절 및 공사불법계약 관련 건수가 전체 신고 건수의 67%를 차지했다. 공동주택관리에 있어 투명하지 못하고 비리와 부정이 많다는 증거이다.

아파트관리 분야 종사자들의 근로환경도 많은 문제점이 노정되고 있다. 아파트 경비원에 대한 폭언·폭행, 그리고 비하발언이 좀처럼 줄지 않고 있다.[2] 매 맞는 아파트 경비원 문제는 2014년 한 경비원이 분신자살한 사건을 통해 잘 알 수 있다.[3]

아울러 아파트 단지 내 다양한 분쟁과 갈등이 빈번히 발생하고 있다. 층간소음, 주차, 반려동물 등을 통해 갈등이 심화되어 살인사건이 빈번하다.[4] 2013년 한 해 동안 공동주택 분쟁 및 갈등 등으로 민원 소송이 무려 11,323건이 발생하였다. 외국 어느 나라에도 보기 힘든 공동주택에서 발생하는 심각한 문제를 외면하거나 방치할 수 없는 상황에 다다랐다.

## 2. 공동주택관리상 제기된 문제점

문제의 인식으로 언론기관, 행정기관 등에서 제기된 문제를 먼저 살펴보고자 한다. 아울러 문제인식의 핵심적 요소는 공동주택에 거주하는 주민들의 인식을 관찰 분석하는 것이 매우 중요하다. 그리고 관리업에 종사하는 관리사 및 관리업체가 인식하는 문제점도 점검해보아야 할 것이다.

공공기관에서 제기된 공동주택관리의 문제는 무엇인지를 살펴보자.

아주경제 보도 자료에 의하면 배우 김부선 씨가 '난방비 비리 의혹'을 제

---

2) 매 맞는 아파트 경비원… '일자리 잃을라' 속앓이만, SBS, 2014.8.25.
http://news.naver.com/main/read.nhn?mode=LPOD&mid=tvh&oid=055&aid=0000285422

3) "압구정 아파트 경비원 분신 20여일… 입주자 대표 '외면', 조선일보, 2014.10.28.

4) "제2, 제3의 층간소음 살인 막으려면", 중앙일보, 2016.7.5.

기하면서 사회적 관심이 집중됐던 아파트 관리비 비리 의혹이 사실로 드러났다.[5] 전국 중·대형 아파트 단지 5개 가운데 1개는 관리비 회계 처리에 문제가 있었다. 아파트 관리비 관련 비리 행위자의 76.7%는 입주자 대표회장과 관리소장인 것으로 확인됐다. 국무조정실 정부합동 부패척결추진단은 2016년 3월 10일 국토부, 지방자치단체, 공인회계사회, 경찰청과 합동으로 실시한 공동주택 회계감사 결과를 발표했다. 이번 감사에는 감사 대상 9,009개 아파트 단지 가운데 99.8%인 8,991개 단지가 참여했다. 감사 결과를 보면 전체 아파트 단지의 19.4%인 1,610개 단지가 회계처리에서 '부적합' 판정을 받았다. 특히 회계장부와 실제 현금 사용이 맞지 않는 경우가 가장 많았다.[6]

그리고 국토교통부와 전국 지방자치단체가 입주민의 민원이 제기된 429개 단지를 대상으로 실시한 일제 합동감사 결과를 보면 감사 대상 가운데 72%에 달하는 312개 단지에서 1,255건의 비위 또는 부적절 사례 등이 적발됐다. 이 가운데 수사의뢰는 4건, 과태료 60건, 시정명령 1,191건 등이다. 분야별로는 예산·회계 분야 416건, 공사·용역 분야 189건, 입주자대표회의 운영 등 관리규약 위반 등의 기타 분야가 650건 등으로 조사됐다. 또한 경찰이 2015년 11월부터 공동주택관리 비리에 대한 특별단속을 벌인 결과 99건의 비리 행위를 단속해 43건에 153명을 입건했고, 나머지 56건은 수사가 진행 중이다. 비리 행위자를 보면 입주자 대표회장이 41.4%, 관리소장이 35.3%, 기타 관리인 9.1%, 동대표와 위탁관리업체와 직원이 각각 7.1% 등이다.

정부는 아파트 관리비를 근절하기 위해 관련법에 근거해 매년 외부 회계감사를 실시하는 한편 감사의 실효성을 높이기 위해 법을 개정해 감사 결과를 감독기관인 지자체에 제출하도록 외부 통제를 강화할 방침이다. 감사를 방해하거나 거짓자료를 제출하면 제재 수준을 강화하고, 주택관리업자 선정 시 영업정지 등의 처벌 이력을 공동주택관리정보시스템(K-apt)에 공개해 부적격 주택관리업자에 대한 관리를 강화할 방침이다.

경기도가 빅데이터에 접목해 '관리비 위험군' 아파트 단지 524곳을 찾아냈다고 한다.[7] 경기도에서 밝힌 '공동주택 관리 조사 체크리스트'를 살펴보면

---

5) "김부선 주장 관리비 비리는 사실" … 전국 아파트 20% '회계 비리', 아주경제, 2016.3.10.

6) 부적합 사유를 보면 현금 흐름표를 작성하지 않은 경우가 43.9%로 가장 많았고, 회계자료 누락 등 회계처리 부적정이 18.2%, 장기수선충당금 과소·과대 적립 등이 15.8% 등이었다.

공사와 용역계약 등의 비리에 연관된 조사부분은 없다. 체크리스트 항목 첫 번째를 차지하고 있는 건 인건비로 ▲1년 미만 직원 퇴직금 지급 ▲퇴직금에 대한 소득세 원천징수 준수 ▲관리소 직원 개인 협회비를 관리비로 부담하는지 여부 ▲관리규약에 근거 없는 직원 포상금, 회식비, 복리후생비 지급 등이며, 두 번째 사용료 항목에선 ▲전기료, 수도료, 난방비 부과 및 사용 적정성 ▲입주자대표회의 운영비 관리규약 및 예산 준수 여부 ▲선관위 운영비 관리규약 및 예산 준수 여부 등으로 나열돼 있다.

이런 항목들은 업무처리의 적절성과 공정성과 연관된 사항이며 부정비리와 직결된 사항이라 보기 어렵다. 최근 사회적으로 주목을 받고 있는 비리의 온상이 무엇인지를 규명하는 의도라고 볼 수 없다. 아파트 비리를 대대적으로 척결하겠다는 경기도의 의도와는 상당히 거리가 있는 조사 분석이라 할 수 있다.

위에서 살펴본 아파트관리 연관 부정과 비리 못지 않게 지속적으로 불거지는 문제는 아파트 단지 내 주민 간 갈등이다. 공동주택(아파트) 갈등의 끝이 없어 보인다. 비단 아파트단지만이 갈등이 존재하는 것은 물론 아니다. 아파트단지에서 나타나는 갈등은 주로 층간소음, 주차문제, 편익시설설치 등 매우 다양하며 최근에는 아파트 단지 내 분양주택거주자와 임대주택거주자 간의 갈등도 심심찮게 발생하고 있다.

과거에는 아파트단지에 자가용을 소유한 주민이 많지 않았지만, 맞벌이 부부가 늘어나고 자가용이 보편화되면서 차량의 증가는 심각한 주차난을 초래하고 있다. 서울의 한 아파트단지에서 일어난 일이다.[8] 분양아파트 입주자대표회의에서 20년 동안 함께 쓰던 지하주차장을 더는 사용하지 말라고 임대아파트 거주 주민에게 갑자기 통보했다. 이유는 임대아파트 거주자는 20년 동안 전기 요금도 한 번도 안 내고 수선유지비도 안 내고 청소도 안 했기에 사용할 수 없다는 것이다. 이어 실력행사에 나서 지하주차장에 주차한 임대 주민 차량에 금지 스티커를 붙이기 시작했고, 심지어 공동으로 쓰던 입주자 스티커도 임대와 분양의 구분을 위해 바꿔버렸다. 동일한 단지 주민 간 편싸움이 벌어진

---

7) 한국아파트신문, 2016.4.27, 975호.

8) [현장24] 분양임대 주민 갈등 폭발… 주차 전쟁 '살벌'/ YTN, 2016.6.27. https://www.youtube.com/watch?v=z2bgRRO49C4

사건이다. 더욱이 다툼은 감정싸움으로 변했다. 분양아파트 주민들이 "임대아파트 사는 주제에 자가용은 왜 타고 다니는가?" 라고 말해 임대아파트 입주자는 참을 수 없는 모욕감으로 싸움이 커진 것이다. 해당 구청에 분쟁조정까지 신청된 상태지만 마땅한 해결책을 찾지 못하고 있다.

한 연구보고서의 설문조사 결과(주택관리공단, 중앙대학교, 2015)를 보면, 관리사무소장의 공동주택관리 업무의 어려운 점을 확인하였다. 가장 어려운 점은 주민 간 분쟁조정업무이며 다음으로 장기수선충당금 확보와 관리라고 밝혔다(표 1-1).

**표 1-1 관리사무소장 업무상 어려운 점** (단위: 빈도, %)

| 내 용 | 소장 응답 |
|---|---|
| 1) 주민 간 분쟁조정 | 21(36.2) |
| 2) 장기수선충당금 확보와 관리 | 13(22.4) |
| 3) 입주자대표회의 운영 | 7(12.1) |
| 4) 관리업무에 대한 주민 신뢰 구축 | 6(10.3) |
| 5) 의사결정 과정 | 5(8.6) |
| 6) 계약과 구매 관련 | 3(5.2) |
| 7) 직원관리 | 2(2.4) |
| 8) 회계처리 효율성 등 | 1(1.7) |
| 전 체 | 58(100.0) |

주: 다중응답결과임.
출처: 주택관리공단, 중앙대학교, 공동주택관리지원센터의 역할과 장단기 발전방안(2015), p. 102, (표 4-7).

그리고 더욱 흔한 주민 간 갈등은 층간소음이다. 2016년 7월 서울에서 층간소음으로 갈등을 빚은 30대 남성이 위층 노부부에게 흉기를 휘둘렀다. 그리고 한 60대 남성은 층간소음 때문에 화가 난다며 LP가스를 틀면서 출동한 소방관까지 크게 다치게 한 상황도 있었다. 몇 년 전에는 층간소음으로 위아래층 주민들이 다툼을 벌이다 결국 살인사건이 발생하기도 했다. 층간소음 신고건수는 2012년 8,795건, 2013년 1만 9,524건으로 2배 이상 증가했고, 2016년의 경우 지난 6월 말까지 6,986건으로 매년 급증하는 추세다. 층간소음 발생 원인은 아이들의 뛰박질(72.7%)이 가장 큰 원인이 되고 있다.

주차, 소음문제 이외에도 아파트단지에서 발생하는 다툼, 갈등, 폭력 등이 지속적으로 발생하고 있으며 때로는 소송을 제기하여 법원에서 해결책을 찾기도 하지만 이웃이 원수지간으로 지내고 있는 곳이 허다하다. 이렇듯 우리의 아파트단지는 거대한 비리와 부정의 온상으로 그리고 주민 간 다툼과 갈등의 현장으로 비쳐지고 있다. 자기주장을 고수하고 조금의 양보나 타협이 불가능한 경우 갈등은 좀처럼 치유되기 어렵다. 끝까지 다툼을 지속하다 승자와 패자로 갈려져야 결론이 난다. 그러나 이후에도 후유증은 지속된다. 아파트 공동체에서 발생하는 다툼과 갈등은 결국 우리 사회의 민주주의 역량, 시민의식 즉 공동체 의식의 결여에서 비롯된다고 할 수 있다. 진정한 공동체를 만들기 위해서는 민주주의적 의사결정과정을 위한 노력이 필요하다. 공정한 규정과 제도 그리고 신뢰와 규범을 기반으로 한 성숙한 시민의식과 민주주의적 절차 등이 갈등해결의 기초가 될 것이라 생각된다.

## 3. 정부의 노력

위에서 제시된 보도 등을 토대로 보면 현행 우리나라 공동주택관리는 비리, 부정 등 매우 위험하고 심각한 수준임을 알 수 있다. 다행하게도 이러한 문제점을 예방하기 위한 정부(중앙 및 지방정부)의 노력이 이어지고 있다.

정부(국토부)는 아파트 관리제도 개선대책을 발표했다(2013.5.28). 주요내용을 요약하면 다음과 같다. 첫째, 상시 감시체계 마련이다. 일부 부도덕한 관리주체(관리사무소장, 주택관리업체 등)의 비리 근절을 위해 입주자대표회의가 요청하는 경우 등에만 실시하던 외부 회계감사가 300가구 이상의 단지는 정기 감사로 의무화된다. 또 관리비·잡수입 등의 징수·사용에 관한 회계서류를 5년 이상 보관하지 않고 임의로 폐기하면 과태료를 부과한다.

무엇보다 각종 공사·용역시행 관련 비리가 집중됨에 따라 입주민에게 공사·용역 계약서 공개를 의무화하고, 악용되고 있는 지명경쟁 입찰(5인 이상 입찰대상자를 지명해 선정)은 특수장비·기술 등을 보유한 10인 이내인 때로 한정됐다. 지자체장이 비리신고 단지 등에 대해 중점 감사를 할 수 있는 법적근거도 마련된다.

둘째, 지자체 감독 및 비리자 처벌 강화이다. 관리비 횡령, 공사·용역 등을 둘러싼 뒷돈 거래 등의 부정행위 근절을 위해 1년 이하 징역 또는 1천만원 이하 벌금을 부과하고 있던 것을, 2년 이하 징역 또는 2천만원 이하 벌금을 부과하도록 처벌이 강화된다. 또 지자체 시정명령 등에 불응한 경우 500만원 이하 과태료를 부과하던 것을, 1천만원 이하 과태료를 부과하도록 하고, 입주자대표회의 등의 구성을 위한 선거관리위원회도 지자체 감독대상에 포함해 구성원 선출단계부터 공정성을 높인다.

셋째, 관리직원·입주자대표회의 등 윤리성·전문성 제고로서, 배치 이후 평생 1회만 받던 관리사무소장 보수교육을 3년마다 받도록 강화하고, 시·군·구에서 임의로 하던 입주자대표회의 교육도 의무교육으로 개선된다. 또 입주자대표회의의 내실있는 감사업무 수행을 위해 표준 감사업무 매뉴얼이 마련, 배포된다.

주택관리업체의 전문성 강화와 명확한 책임 및 권한 규정을 위해 시·군·구에서 일제점검 후 등록기준 미달업체 등에 대해선 등록을 말소하고, 등록기준도 강화하는 한편, 장기수선충당금을 사용하는 공사(도색·방수공사 등)의 계약주체를 주택관리업자에서 의사결정을 하는 입주자대표회의로 바꾸도록 개선한다.

입주민 참여제고 및 홍보 강화로서 아파트 관리 비리는 입주민의 무관심과 참여가 저조한 것도 주요 원인으로 보고, 입주민의 적극적 참여와 관심 제고를 위해 입주자대표회의 구성, 입주민 의사결정 등을 신속·편리하게 진행할 수 있도록 전자투표제가 도입된다. 또 아파트를 공정하고 투명하게 관리하는 우수 관리단지를 선정·시상해 입주민 참여를 유도할 방침이다.

아울러 공동주택관리의 투명성과 효율성을 강화하기 위해 그동안 주택법의 일부로 포함되었던 공동주택관리에 관한 사항이 지난 2015년 8월 11일 별도의 전문법률인 「공동주택관리법」으로 제정·공포되었으며 2016년 8월 12일 본격 시행되며 이에 따른 후속 조치로 동법 시행령이 국무회의 의결을 통과하여 같은 날 함께 시행된다.

그리고 서울시는 관리비 거품을 빼고 갈등을 줄이는 '맑은 아파트 만들기' 사업을 추진 중에 있다. 서울시가 발굴한 우수 아파트 사례를 발표하고, 이 내용을 주민과 공유해 시 전체로 확산시키고자 한다. '맑은 아파트 만들기'라는 브랜드로 서울 시내 주거형태의 65%를 차지하는 아파트를 주민 중심의 살기 좋은 마을 공동체로 만드는 노력이 이미 3년째 진행되고 있다.

이 사업은 아파트의 관리비 거품을 빼고 갈등을 줄이는 사업으로 관리비 절감, 정보공개를 통한 관리 투명화, 공동체 활성화 등이 골자다. 시가 소개한 맑은 아파트 우수사례는 그동안 벌여온 아파트 관리 실태조사, 우수사례 경연대회 등을 통해 발굴했다. 1992년 준공돼 18개 동에 1,668가구가 살고 있는 도봉구 창동 삼성아파트는 투명한 관리와 주민참여로 관리비를 낮춘 모범사례다.

공용전기 사용량을 분석해 기존의 종합계약에서 단일계약으로 변경, 1년간 약 4,500만원의 전기요금을 절감했고, 2015년 11월에는 지하주차장 기존 522개의 형광등을 LED로 교체해 연간 7만 7,737kWh, 금액으로는 연간 691만 8,000원을 아낄 수 있었다. 또 균열보수 및 재도장 공사를 하면서 자치구 아파트 관리 전문가 자문단에 의뢰해 약 8,000만원을 절감, 업체의 공사비 부풀리기 관행을 막고 관리비 거품을 빼는 성과를 거뒀다.

또한 송파구 잠실파크리오아파트는 66개 동 6,864가구의 초대형 단지로 공동체 활성화를 통해 이웃 간 정이 넘치는 아파트로 자리 잡고 있는 사례다. 전국 최초로 야외놀이터에 설치한 실외 공유도서관에는 주민이 기증한 1,500권의 도서를 비치해 아파트 곳곳에서 책을 손쉽게 접할 수 있으며, 66개 전 동에 1개 이상 총 72개소의 '주민소통게시판'을 설치해 이웃 간 소통의 장으로 활용하고 있다.[9)]

아울러 2016년 현재 시즌3 정책을 통해 공공 및 외부 전문가 역량을 투입하는 등 아파트 비리는 뿌리 뽑고, 주민들의 자생적 공동체 문화는 확산시켜 상생·동행의 맑은 아파트를 만드는 것이 이 사업의 목표라고 알려져 있다. 서울시는 '맑은 아파트 만들기'를 추진하기 위해 주민의 참여가 필수적이라고 판단해 주민참여에 필요한 역량과 지식을 교육하기 위한 '2016년도 아파트관리 주민학교'를 개설해 운영한다. 입주자대표, 입주민, 관리사무소장 등은 주민학교를 통해 아파트 관리비, 공사·용역, 주택관리사업자 선정, 회계처리 및 감사 방법, 층간소음 해결방안, 공동체 활성화 등에 대해 배우게 된다.

공동주택관리지원센터는 서울시가 추진하고 있는 '맑은 아파트 만들기'

9) 서울시 맑은 아파트 만들기 '박차', 한국아파트신문, 2013.12.4.

의 핵심 조직으로서, 앞으로 민원이 접수된 단지를 대상으로 아파트관리 실태조사를 상시적으로 실시하고, 관리비 적정 여부, 장기수선계획 기술지원, 건축·토목·설비·조경 등에 대한 표준공사비 산정 컨설팅을 수행하고 있다. 실태조사와 컨설팅을 수행함에 있어서는 외부 전문가의 체계적인 지원과 협력을 받을 예정으로, 한국공인회계사회, 한국기술사회, 대한변호사협회가 함께하게 된다.

## Ⅲ. 주택관리 패러다임의 변화

### 1. 패러다임 변화와 새로운 접근

패러다임이란 어느 특정 시대와 분야를 이끌어 가는 인간의 사고를 지배하는 인식체계이다. 토마스 쿤(Thomas S. Kuhn, 1996)이 과학의 발전은 일정한 방향으로 누적되어 이루어진 것이 아닌 시대에 따라 패러다임을 전환시켜 온 것이라는 새로운 과학사관을 밝히며 오늘날의 패러다임이라는 용어가 처음 등장하게 되었다. 즉 패러다임은 규범 및 사물을 보는 방식을 나타내며 시대에 따라 비연속적이고 혁명적인 교체(패러다임의 전환)가 일어난다는 특징을 가진다.

주택관리에 있어 패러다임의 변화는 어떤 것들인가? 앞 절에서 논의한 문제점을 어떻게 예방하고 치유할 수 있을까? 필자는 서론에서 새로운 접근을 제시한 바 있다. 하나는 맞춤형 접근(bespoke approach)과 다른 하나는 공동체적 접근(community-based approach)이다. 맞춤형 접근이란 현재까지 지속해온 관리방식을 수정할 필요가 없는가라는 데서 출발한다. 예를 들어 주민의 선호를 반영하고 관리에 연관된 제 주체들이 참여함으로써 관리의 규범과 신뢰를 높이며 주민의 만족도를 높일 수 있는 방안을 모색하자는 것이다. 이러한 관련 주체들의 참여는 주거서비스를 향상시킬 뿐 아니라 민주적 주택관리의 거버넌스(governance)를 구축할 수 있는 길이다.

그리고 공동체적 접근으로 이웃과 합의를 이루며 공유하는 가치를 형성할 수 있도록 하자는 것이다. 아파트단지는 지리적, 공간적 영역이 분명함으로

"우리 동네" 혹은 "우리 공동체"라는 공유의식을 함양하고 사회적 자본(social capital)의 확충이 가능하도록 관리시스템의 변화를 추구하자는 것이다.

당면한 공동주택관리의 문제점을 해결하기 위한 방안들은 많은 문헌, 정부의 다양한 정책 프로그램에서 제시되고 있다. 이를 종합해 보면;

첫째, 지속적으로 발생하는 분쟁을 해결하기 위한 제도적 방안이 모색되어야 한다. 현재 이러한 분쟁을 대처하고 효율적 해결방안으로 "분쟁조정위원회"의 설치이다. 중앙에는 이미 설치되어 있으나 시·군·구의 공동주택관리 분쟁조정위원회 설치는 65%에 불과하다. 시·군·구 단위의 분쟁조정위원회의 설치와 효율적 운영이 시급하다.

둘째, 공동주택관리에 있어 "관리사"의 역할과 기능이 매우 중요하다. 주택관리사는 국가로부터 자격을 획득한 이 분야 전문직 종사자로 자격이 부여되었다. 이들 관리사들의 전문적 지식과 경험을 배양하기 위한 교육·훈련이 보다 철저히 실시되어야 한다. 아울러 관리사의 사회적 수요와 공급 조절을 통한 전문가적 위상과 고용안정이 확보되어야 한다.

셋째, 공동주택관리의 투명성이 확보되어야 한다. 공동주택관리법에 따르면 입주자대표회의(입대의)와 관리사무소장의 공모와 부정하게 재물 또는 재산상의 이익 취득 제공시 3년 이하 징역 또는 3천만원 이하 벌금이 명시되어 있다(법 제90조). 공동주택관리법의 제정으로 향후 보다 더 투명한 관리를 기대하지만, 입대의와 관리종사자들의 준법정신과 공정한 업무집행이 전제되어야 한다.

넷째, 관리사무소장 및 경비원 등 관리종사자들의 고용안정이 요구된다. 입대의 부당간섭을 배제하고 경비원 등 종사자들에 대한 폭행·폭언 등에 대한 형사처벌 또는 손해배상 책임을 부과하는 제도적 보완이 필요하다.

특히 강조되어야 할 것은 공동체 문화의 정착이다. 아무리 법·제도가 정비되어 있다 하더라도 해당 공동주택단지에 거주하는 입주민, 그리고 입주민을 대표하는 입대의, 해당 단지를 관리하는 아파트관리 종사자 모두 공동체적 의식과 규범이 지켜져야 한다. 소위 "갑질"이라는 횡포가 지속되고 공동체적 인식이 자리 잡지 못하면 거주자 모두는 물론 우리사회 전반에 불안과 질 높은 주거생활을 보장하기 어렵다. 사회 안정과 웰빙(well being)은 우리가 살아가는 주거지의 안전과 공동체문화 그리고 사회적 자본이 확보될 때 가능한 것이다.

## 2. 행동경제학적 접근과 논의

향후 주택관리에 있어 위에서 논의한 맞춤형과 공동체적 접근을 위해서 행동경제학적인 방식을 생각해보자. 기존의 많은 경제이론은 인간의 합리성에 대한 믿음에서 출발한다. 하지만 일반인들의 일상생활과 행태를 성찰하는 행동경제학(behavioral economics)은 이런 믿음을 부정한다.

첫째, 판단기준점 의존성향(reference dependence)의 관점에서 생각해보자.

일반적으로 사람들은 의사결정을 해야 할 때 본인이 생각하는 준거점을 기준으로 평가하는 경향이 있다. 효용과 만족의 크기보다 자신이 생각하는 준거점을 기준으로 한 가치를 중요하게 고려한다. 이러한 성향을 행동경제학에서는 "판단기준점 의존성향"이라 칭한다(Kahneman and Tversky, 1974). 특히 공동주택관리에 있어 주민 혹은 주민대표(입대의)는 장기수선충당금의 결정과 징수에 관해서 생각해보자.

배관, 승강기 등 아파트 주요 시설을 수리·교체하거나 건물의 안전화 등 장래에 수선하기 위해 사용하는 비용으로 아파트 노후화(老朽化)를 막는 공사에 쓸 수 있도록 집 소유주들로부터 걷어 적립해 두는 금액이며, 이 장충금은 법적으로 규정되어 있다.[10] 이는 일상적 공사에 쓰는 수선유지비와 구분된다. 장기수선충당금 지출은 미리 장기수선계획을 수립한 뒤 이에 따라 이뤄져야 한다. 이런 규정이 있음에도 불구하고 일반 단지거주자들은 장충금의 과다 여부 등은 인근 아파트단지의 경우와 친구, 친지 등의 아파트에서 알려진 내용을 주요한 정보로 인식한다. 자기가 거주하고 있는 아파트의 노후도, 총 가구수, 시설의 안전도 등을 종합해서 판단하지 못하거나 규정에 제시된 기준을 무시하는 경우가 다반사이다. 즉 모든 상황과 조건 등을 종합적으로 판단하고 분석하지 못하고 본인이 생각하고 있는 준거점을 기준으로 평가하고 판단해 버린다. 이런 상황 하에서 판단기준 의존성향이 주민 간의 다툼과 갈등의 원인으로

10) 장기수선충당금의 산정 기준은 현 공동주택관리령에 의거해 장기수선계획에 따라 부과한다. 장기수선계획이 없는 경우에는 "제15조 1항(일반 관리비), 5항(승강기 유지비) 또는 8항(수선유지비)에 정한 비목의 월별 금액을 합한 금액의 3/100~20/100 이하로 하되 장기수선충당금을 사용해 대체해야 할 시설의 내구연한을 감안해 관리규약으로 정한다"고 규정되어 있다.

분석되고 있다.

둘째, 행동경제학에서 언급된 민감도 체감성(diminishing sensitivity to gains and losses)에 관하여 주택관리분야에 적용해보자. 민감도 체감성이란 이익이나 손실의 가치가 작을 때에는 작은 손익에 비교적 민감하게 반응하지만, 이익이나 손실의 가치가 커짐에 따라 작은 변화에 대한 그다지 민감하지 않게 반응하는 것을 말한다. 예를 들어 직장인 A씨는 월급을 200만원 받으며 살 때에는 100만원의 보너스에 아주 행복해하지만, 나중에 1,000만원의 월급을 받게 되면 100만원의 보너스를 받아도 예전 기분이 나지 않는다. 사람들은 어떠한 변화에 반응하는 민감성이 점점 떨어진다는 의미이다. 주택관리에 있어 민감도 체감성을 적용해보면, 장충금을 매월 만원씩 적립하는 것을 게을리하다 몇 년이 지나 수리 및 개보수를 해야 할 시설이 많아져 장충금이 배로 뛰어 4만원이 된다 해도 현재 장충금 만원에 더 민감하게 반응한다는 것이다.

셋째, 손실 회피성(risk aversion)에 관한 사항이다(Camerer et al, 2004). 예를 들어 사람들은 만원을 얻어서 얻은 만족보다 만원을 잃어서 얻은 불만족이 훨씬 크다는 것이다. 연구자들의 연구 결과에 따르면 손실의 불만족이 이익의 만족보다 2.5배 정도까지 크게 나타난다고 한다. 손실회피성 역시 주택관리에 있어 예를 들어 장충금의 적립이 미온적이거나 체계적으로 시행되지 않아 매월 만원의 장충금 적립이 제대로 적립되지 않아 만원이 아닌 200만원의 손실을 가져올 수도 있다. 즉 만원의 장충금 적립은 나중에 상상을 초월할 정도의 이익과 혜택을 기대할 수 있을 것이다.

넷째, 제한된 합리성에 근거한 판단과 평가이다(Simon, 1955). 실제로 보통 사람들은 제한된 합리성, 혹은 합리적이지 못한 의사결정을 하는 경우가 다반사다. 왜 이런 일이 발생하게 되는가? 이러한 비합리적 판단과 행동에 대해서 행동경제학은 그 이유를 밝히고 있다. 거의 모든 사람들은 정확한 정보와 자료에 기초하여 아주 철저히 분석하고 냉철하게 판단하기보다는 어림짐작으로 표현되는 '휴리스틱(heuristics)'에 근거하여 판단하는 경향이 있다는 사실을 강조하고 있다. 이러한 어림짐작의 의사결정은 '편향(bias)'성을 동반할 수밖에 없다.

일반적으로 사람들은 자신이 부딪히는 모든 상황에서 체계적이고 합리적인 판단을 하려고 노력하지는 않는다. 어느 아파트가 좋은 아파트인지, 어떤 아파트가 안전하고 관리비가 적게 드는지 등 모든 정보를 종합적으로 판단하려고 한다면, 모든 정보를 모으는 것도 불가능할 뿐만 아니라 인지적으로 상당한 부담을 느끼게 될 것이다. 즉 휴리스틱(heuristics)이란 시간이나 정보가 불충분하여 합리적인 판단을 할 수 없거나, 굳이 체계적이고 합리적인 판단을 할 필요가 없는 상황에서 신속하게 사용하는 어림짐작이다. 그래서 휴리스틱은 대부분의 상황에서 만족할 만한 정답을 빨리 도출해 낼 수 있다는 가능성과 긍정적인 면도 있지만, 때로는 터무니없거나 편향된 결과를 가져오기도 한다. 주택관리에 있어 주민이나 관련자들의 의사결정은 정확한 정보와 최근의 정교한 자료(data)에 근거하여 판단하고 평가하며 최종 결정하는가를 따져볼 필요가 있다.

## 3. 맞춤형과 공동체중심적 접근

최근 우리나라는 맞춤형 내지 공동체중심적 주택관리의 패러다임이 변화하고 있음은 아래 논의된 것으로도 확인되고 있다.

먼저, 공공주택관리의 핵심이슈가 하드웨어(hardware) 중심에서 소프트웨어(software) 중심으로 이동하고 있다(하성규, 2014). 공동주택관리에 있어 주요한 핵심과업은 시설의 노후화를 막고 주민들의 불편이 없으며 안전한 물리적 시설관리에 두었다. 즉 유지관리의 중요성을 말한다. 공동주택은 내용연수 즉, 물리적 수명이 존재한다. 시간의 경과에 따라 노후화 될 수밖에 없기에 쾌적성과 안정을 위해 그리고 일정 임대수익을 확보하기 위해서는 물리적 상태를 양호하게 보전, 개량해야 한다. 유지관리는 공동주택관리에 있어 매우 중요함을 부정할 수 없으며 현상유지를 위한 보수작업, 수리, 개량 행위 등 다양한 작업관리를 요구한다. 이러한 중요성을 간과할 수 없다. 그러나 최근 공동주택단지에서 발생하는 문제는 이러한 유지관리 등의 물리적 관리 분야보다는 아파트관리와 연관된 비리, 부정, 계약방식, 윤리의식 미흡 등 소프트한 영역이 더욱 큰 이슈로 등장하고 있다. 즉 공동주택관리의 핵심이슈가 관리시스템과 윤리의식 등의 제도 및 의식에 관한 중요성이 부각된다는 점이다. 이러한 관점에서 공동주택관리는 단순히 물리적 시설유지관리뿐 아니라 아파트단지내 거주자의 성향, 사회경제적 수준, 인구학적 특징 그리고 공동체적 특성을 고려한 유연한 관리형태가 요구되고 있다. 이러한 상황의 변화는 주민중심적 맞춤형 관리와 공동체적 접근방식이 새로운 패러다임으로 부각되고 있다.

한편 공동주택관리는 주거서비스 공급자 중심에서 소비자 중심으로 변화하고 있음을 주목할 필요가 있다. 지난 30여 년 동안 아파트에 대한 선호가 증대하고 주택이 부족한 시대에는 아파트를 건설하기만 하면 불티나게 분양이 잘 되었다. 즉 공급이 수요를 따라잡지 못한 시기에는 공급자 위주의 주택시장이었다고 판단된다. 더욱이 분양시장은 주택이 지어지기도 전에 수요자들이 미리 주택가격의 상당부분을 지불하는 소위 선분양이 주도적이었다. 이것은 철저히 공급자 위주의 주택시장구조였고 수요자는 분양당첨 자체만으로도 큰 행복감과 재산적 가치를 높일 수 있는 기회였다.

그러나 시대는 변했다. 지난 2008년 세계금융위기 이후 미분양 아파트는 누적되었고 주택시장은 공급자 위주가 아닌 수요자 중심으로 점차 변화되고 있음을 실감하게 된다. 이제 수요자들은 관리비를 절감할 수 있는 시설과 디자인을 원하는 것은 물론 개개인의 주택선호를 반영할 수 있는 아파트를 선택할 수 있는 기회가 많아지고 있다.

아파트라는 구조물은 한 지붕 밑에서 이웃과 함께 살아가는 공동생활이라는 특징을 지니고 있다. 예를 들어 주차 시 지켜야 할 기본적 규범으로서(문영기, 1989), (1) 시동 후 엑셀레이터를 너무 강하게 밟아 소음이 나지 않도록 한다. (2) 배기가스를 벽체나 정원수에 대고 뿜지 않도록 한다. 면벽 주차하도록 한다. (3) 심야에 자동차 라이트가 이웃집 창문에 비치지 않도록 한다. (4) 하차 시 도어를 세게 닫아 꽝 소리를 나지 않도록 한다. (5) 단지 내에서는 과속주행을 삼가고 규정을 지켜 안전을 확보한다. (6) 선이 있는 주차공간에 정확히 주차하고 이웃집에서 주차하는데 불편이 없도록 한다. 이외에도 주차 시 지켜야 할 기본적 예의는 적지 않다. 이러한 주차에 기본질서를 지키지 않는다 하여 매일 이웃 간에 다툼이 발생한다고 하면 이 단지는 공동체적 주거공간이라 할 수 없다. 이러한 사소한 예절과 규범의 준수는 공동체적 공감대를 형성하고 더불어 행복하게 살아가는 지름길이라 할 수 있다. 아파트 단지 및 주거공동체에서는 공익과 사익이 철저하게 구분되고 동시 공유공간과 공유시설(복도, 엘리베이터, 계단, 주차장, 공원 등)은 이용 상 규범과 질서, 남을 배려하는 정신이 매우 중요하다.

## Ⅳ. 맺으며: 대안마련을 위해

공동주택관리의 궁극적 목적은 공동주택에 거주하는 주민의 삶의 질을 향상시키는데 있다. 주민의 참여를 통하여 주민이 원하는 관리의 우선순위가 무엇인지, 그리고 주민이 자신들의 스스로 삶의 터전을 아끼고 보호하며 질적 향상을 기하게 하도록 해야 한다. 즉 주민의 역량을 강화하며 시대에 걸맞는 민주시민으로서 의식을 바꾸어 나가기 위해서는 맞춤형 접근방식이 중요하다.

그리고 공동체적 접근을 통해 정감이 넘치고 살기 좋은 단지(혹은 마을)를 만들어야 한다. 이를 위해 긴밀한 접촉과 지속적인 참여를 통해 집단적 유대감의 형성이 필요하다. 아파트 공동체는 주민들의 지역사회에 대한 소속감을 높이고 주거 자산 가치를 유지 보전하며 당면한 다양한 공동주택관리의 문제를 인식하고 이에 대한 관심과 참여는 필수적이다.

이러한 공동체 문화의 정착과 공동체적 접근은 커뮤니티 리더(community leader)의 양성이 매우 중요한 과제이다. 자격과 전문성을 갖춘 커뮤니티 리더는 공동체발전을 위해 아파트 단지에서 합법적이고 체계적으로 활동할 수 있도록 제도화가 정착되어야 한다. 공동체에서 시행되거나 향후 시행되어야 할 다양한 환경개선활동, 취미활동, 취업활동, 보육활동, 노약자 돌봄활동 등이 커뮤니티 리더가 해야 할 일 중의 하나다.

그리고 공동주택관리에 있어 다양한 갈등과 다툼을 미리 예방하고 해결할 수 있는 방안도 공동체적으로 풀어나갈 필요가 있다. 그래서 향후 활동하게 될 공동주택관리지원기구의 역할이 매우 기대된다. 커뮤니티리더의 양성은 물론 다양하게 발생하는 갈등을 예방하고 해결하는 체계화된 프로그램의 개발이 요구된다.

맞춤형 주택관리와 공동체적 접근을 위한 준비와 시행은 행동경제학적 해석과 논의가 선행될 필요가 있다. 기존의 일반경제학적 접근으로 설명하지 못하는 인간의 합리성 문제나 사람들은 자신이 부딪히는 모든 상황에서 체계적이고 합리적인 판단을 하려고 노력하지는 않는다는 점을 염두에 둘 필요가 있다. 즉 행동경제학에서 말하는 휴리스틱(heuristics)이다. 이는 인간은 모든 정보를 종합적으로 판단하려고 한다면 인지적으로 상당한 부담을 느끼게 될 것이며, 굳이 합리적인 판단을 할 필요가 없는 상황에서 사람들이 신속하게 사용하는 어림짐작이다. 이러한 편견과 어림짐작이 주택관리의 상황을 어렵게 만들 수도 있음을 인지해야 한다. 행동경제학적 해석과 응용이 공동주택관리의 모든 것을 해결할 수는 없다. 그러나 공동체성이 결여되어 있고 다양한 갈등과 다툼이 빈번한 아파트단지의 발전적 대안모색은 행동경제학적 논의를 통해 더 풍부하고 현실성 있는 대안마련이 용이할 것으로 판단된다.

## 참고문헌


강혜경 외(2003), 『공동주택관리론』, 신정.

공동주택관리연구회(2008), 『공동주거관리이론』, 교문사.

도모노 노리노(2007), 이명희 옮김, 『Behavioral Economics』, 지형.

대한주택공사(1998), 『주택관리실무』, 대한주택공사.

문영기(1989), 『공동주택관리실무』, 범론사.

방경식(2013), 『공동주택관리론』, 부연사.

안주승(1985), 『건물관리』, 홍익제.

주택관리공단·중앙대학교(2015), "공동주택관리지원센터의 역할과 장단기 발전방안", 연구보고서.

하성규·김재익(2000), 『현대도시관리: 이론과 현실』, 형설출판사.

하성규(2008), 『주택정책 패러다임을 바꿔라』, 에세이프블리싱.

하성규(2010), 『주택정책론』, 박영사.

하성규 외(2014), "공동주택의 사회-경제적 의미와 관리의 중요성", 한국주택관리연구 원(엮음), 『현대공동주택관리론』, 박영사.

하성규 외(2013), 『한국주거복지정책』, 박영사.

홍형옥 외 3인 공저(2011), 『주거관리』, 한국방송통신대학교 출판부.

Brown, P. (2004), "Who is the Community?/What is the Community?" https://www.brown.edu/research/research－ethics/who－communitywhat－community Brown University, Retrieved Aug. 26, 2016.

Camerer, C. Loewenstein, G. and Rabin, M. (2004), *Advances Behavioral Economics, Princeton*, Princeton University Press.

Kahneman, D. and Tversky, A. (1974), "Judgement under uncertainty: Heuristics and biases", *Science* 185, pp. 1124－1131.

Hillery, G. (1955), "Definitions of Community: Areas of Agreement" *Rural Society*, Vol. 20, pp. 111－125.

Kuhn, Thomas S. (1996), *The Structure of Scientific Revolutions*, 3rd Ed. Chicago and London: Univ. of Chicago Press.

Simon, H. A. (1955), A Behavioral Model of Rational Choice, *The Quarterly Journal of Economics*, Vol. 69, No. 1, pp. 99-118.

제 2 장

# 공동주택관리와 행동경제학

김재익(계명대학교 도시학부 도시계획학과 교수)

## Ⅰ. 들어가며

### 1. 공동주택관리, 왜 행동경제학인가?

공동주택은 적게는 수십가구, 많게는 수천가구가 함께 사는 공간이다. 건축물도 같은 시기에 지어지고 또 같은 시기에 철거되어야 할 공동운명체이다. 공동주택은 이렇듯 많은 사람들이 같은 단지에 거주하면서 관리, 처분, 재건축 등의 일련의 과정을 공유하게 된다. 이 과정에서 소득, 직업, 선호, 연령, 가구원수, 사고방식 등이 다른 주민들은 각자의 주장을 내세우고 갈등과 분쟁을 일으키기도 한다. 주민들뿐 아니라 공동주택관리소, 지방자치단체, 나아가 중앙정부까지 서로 다른 이해관계를 가질 때 갈등과 분쟁은 사회 전체의 핫이슈로 부각되기도 한다. 특히 재건축, 재개발사업과 같은 재정비사업의 경우 사업추진 여부, 개발이익의 배분 등 이권을 놓고 주민의 찬반이 엇갈리기도 하고, 조합원과 조합장, 건설업체 간 치열한 다툼을 벌이기도 한다.

공동주택이라는 특성에 따라 상이한 선호를 가진 많은 사람들이 집단적 의사결정이나 행동을 해야 할 때, 그 기반이 합리적인가 아닌가의 여부와 그 합리성이 언제까지 지속되는가는 매우 중요한 판단기준이 된다. 특히 공동주택의 관리와 처분, 재건축 등과 관련된 문제들은 이해당사자들이 합리적 수준에서 자신의 주장을 내세우기보다는 막연한 기대 혹은 과도한 요구를 내세우면서 불거지는 경우가 적지 않다. 구체적인 예를 들어보면, 부동산 불패신화에 기반한 고정관념에 기반한 막무가내 주장, 공권력의 영역인 용도제한을 자신이 원하는 수준으로 변경하고자 하는 무리수, 시장상황이 바뀌었음에도 불구하고 다른 곳은 되는데 우리는 왜 안되나? 하는 주장, 관리비, 장기수선충당금, 시설관리, 하자와 보수, 리모델링, 재건축 등과 관련된 주장의 이면에는 합리성이 결여된 경우가 허다하다.

이처럼 공동주택의 관리와 재정비 등과 관련하여 주민들은 집단적 심리에 기반한 행동을 하며 때로는 비합리적 주장과 기대를 표출하는 것을 볼 수 있다. 인간은 합리적 이성을 갖는 주체라는 가정을 기반으로한 주류경제학으로는 이러한 비합리적인 행동을 설명할 수 없다.

행동경제학은 인간은 주류경제학에서 가정하듯이 완벽하게 합리적이지 못하다는 가정을 전제로 인간의 비합리적인 행동 혹은 의사결정이 내려지는 배경을 이론적으로 설명하는 기틀을 제공한다. 본 장은 공동주택의 관리와 관련하여 나타나는 제반 현상을 행동경제학적 관점에서 설명해주는 기본이론을 소개하고 또 이를 어떻게 적용할 것인가를 개략적으로 설명한다.

## 2. 주류경제학과 행동경제학

행동경제학은 "개인과 기관의 경제적 의사결정에 있어 심리적, 사회적, 인지적 및 감성적 요인들의 영향과 그 결과를 연구하는 학문(Wikipedia)"으로서 경제주체들의 합리성의 범위를 어디까지 보느냐에 따라 시각의 차이가 발생한다.

특히 행동경제학은 경제활동에 미치는 심리적 요소들을 중시하는데 주류경제학에서도 심리적 측면은 고전학파 경제학자로 분류되는 A. Smith-J. Bentham에 이어 신고전학파인 -F. Edgeworth-V. Pareto-I. Fisher 등도 중시한 분야이기도 하다. 20세기 이후 모리스 알레(Maurice Allais)의 알레의 역설(Allais paradox)로 대표되는 기대효용과 할인된 효용론 등으로 대변되는 경제심리학이 주목받기 시작하였다. 우리의 관심인 행동경제학은 Daniel Kahneman이 Amos Tversky(1979)와 함께 위험과 불확실성이 존재할 때의 경제주체의 의사결정 특성을 경제심리적 측면에서 분석한 바 있는데 그 공로를 인정받아 2002년 노벨경제학상을 수상하면서 본격적으로 부각되었다. 행동경제학은 1978년 노벨경제학상을 받은 Herbert Simon의 제한된 합리성(bounded rationality)을 키워드로 한다.

행동경제학은 주류경제학과 구분되는 특성을 갖지만 주류경제학을 부정하지는 않는다. 왜냐하면 행동경제학의 기초는 전통적 주류경제학이기 때문이다. 다만 주류경제학의 모델로 설명되지 않는 인간활동의 비합리성을 보완적으로 설명한다.

## Ⅱ. 공동주택관리의 행동경제학적 접근

### 1. 행동경제학의 개요

행동경제학이 기존의 주류경제학과 구분되는 가장 핵심부분은 인간에 대한 가정에 있다. 주류경제학은 인간을 이성적 존재로서 합리적 인간을 가정하며, 합리적 인간의 선택은 합리적일 수밖에 없다는 견해를 가진다. 그러나 행동경제학은 인간의 합리성은 완전하지 않고 또 이성적으로만 행동하는 것이 아니므로 감성을 중시하는 제한된 합리성을 기반으로 비합리적 선택, 즉 합리성의 기준을 벗어난 선택을 할 수도 있다는 견해이다.

행동경제학은 경제학을 기반으로 심리학, 사회학, 철학, 윤리학 등 광범위한 학문이 융합하여 인간심리에 관한 여러 가지 실험을 하고 이 결과를 바탕으로 경제행동과 연계한다. 특히 행동경제학은 첫째, 실제 사람들은 어떻게 행동하는가? 둘째, 왜 그렇게 행동하는가? 그리고 셋째, 그 행동의 결과 어떤 현상이 발생하는가?에 초점을 둔다.

그러면 왜 인간은 제한된 합리성, 혹은 합리적이지 못한 의사결정을 하는가? 이에 대한 행동경제학의 설명을 간략하게 요약하면 다음과 같다. 즉, 사람들은 확실한 정보에 기반하여 냉철하게 판단하기보다는 어림짐작으로 표현되는 '휴리스틱(heuristics)'에 근거하여 판단하는 경향이 있으며, 그 결과 의사결정은 '편향(bias)'성을 보인다는 것이다.

여기서 휴리스틱은 문제를 해결하거나 불확실한 사항에 대해 판단을 내릴 필요가 있지만 명확한 실마리가 없을 경우 사용되는 편의적, 발견적인 방법을 말한다. 보다 간략하게 설명하면 휴리스틱은 일정한 순서대로 풀어나가면 정확한 해답을 얻을 수 있는 방법인 알고리즘과 대비되는 개념이다. 어림짐작, 지름길 등으로 풀이될 수 있다. 이 방법은 발명, 발견, 문제풀이 등의 경우 유용한 방법이 되기도 하지만, 알고리즘과 달리 완전한 해답을 주는 방법이 아니므로 때로는 실수를 유발하기도 한다. 다시 말해서 휴리스틱 기반의 판단은 객관성이 없어 올바른 판단과 거리가 먼 편향(bias)를 동반하기도 한다. 이처럼 사람들은 항상 옳게 행동하는 것이 아니다. 허버트 사이먼(Herbert Simon)은 이를 제한된 합리성(bounded rationality)라고 하였다.

주류경제학에서 합리성이란 자신의 이익을 계산할 능력(ability to calculate one's interest)으로 해석되기도 한다. 즉 합리적 인간은 여러 대안 가운데 수익이 가장 큰 대안을 채택한다고 가정한다. 행동경제학도 인간의 합리성을 완전히 부인하는 것은 아니지만 합리성에 대한 견해를 달리 한다. 즉, 사람들은 의사결정을 할 때 수익도 따지지만 공정함, 정의 등 비금전적인 것을 따지기도 한다는 것이다. 실제 현실에서는 상대가 공정하지 않다는 것이 드러나면 강한 거부감을 나타내고 금전적 희생을 감수하더라도 공정함을 추구할 수 있다. 이러한 행태는 주류경제학이 상정하는 합리적 인간의 선택과 다른 결과를 낳는데 이런 점을 감안하면 경제주체를 단순히 합리적이고 이기적인 경제인(homo economicus)으로 유형화할 수 없는 것이다. 즉, 인간의 의사결정에는 이성도 중요하지만, 이에 못지 않게 감성도 매우 중요한 영향을 미친다는 것이다.

사람들은 어떤 의사결정을 할 때 자신이 처한 상황을 정확하게 이해할 수 있는 정보를 최대한 수집하려고 한다. 그럼에도 불구하고 상황을 100% 완전하게 파악하는 경우는 지극히 드물다. 이런 이유로 최고의 선택은 아닐지라도 만족할 만한 선택을 경험에서 터득한 쉬운 방법을 이용하여 찾으려고 한다. 즉, 사람들은 제한된 합리성 때문에 최적화(만족의 극대화)보다는 자신이 생각해서 이만하면 충분하다는 수준의 만족에 머무는 경향이 있다. 이것이 '만족화 원리'이며, 경험적으로 터득한 쉬운 방법은 휴리스틱이다.

## 2. 행동경제학의 핵심이론: 프로스펙트이론(Prospect theory)

행동경제학은 카너먼(Daniel Kahneman)과 트버스키(Amos Tversk)가 1979년 발표한 프로스펙트이론을 기반으로 한다. 본고는 이 이론을 중심으로 행동경제학을 설명하되, 행동경제학에서 중요한 위치를 차지하는 다른 핵심이론들도 간략하게 소개함으로써 행동경제학의 개념을 이해하는데 도움을 주고자 한다.

먼저 카너먼과 트버스키의 연구는 편집단계와 평가단계로 구분하였으나 추후 누적프로스펙트이론에서편집단계를 생략하였으므로 본고에서는 평가단계에 대한 설명에 초점을 두기로 한다.

### (1) 판단기준점 의존성향(reference dependence)

의사결정을 할 때 자신의 마음에 있는 준거점을 기준으로 평가하는 성향이 있다. 이를 판단기준점 의존성향이라고 한다. 사람이 어떤 의사결정을 할 때, 효용이나 만족의 절대적 크기보다 자신이 생각하는 준거점을 기준으로 한 가치를 중요하게 고려한다. 이 성향은 공동주택관리 분야에도 어김없이 적용된다. 예컨대 관리비의 과다를 판단할 때, 해당 아파트가 갖고 있는 인원수, 장비, 안전 및 서비스 수준, 가구수, 계절적 영향 등을 종합하여 적정한 관리비인가 아닌가를 판단하는 것이 아니라 주변의 아파트는 얼마인가, 혹은 자신의 전에 살던 아파트의 관리비를 기준으로 관리비의 과다를 평가하는 경우를 볼 수 있다. 관리비뿐 아니라 논란이 되는 장기수선충당금 등에도 같은 논리가 적용될 수 있다.

### (2) 손실회피(risk aversion)

손실회피란 같은 금액이라면 이익보다 손실을 더 크게 느낀다는 것이다. 이 때문에 손실을 감수하기보다는 손실을 회피할 수 있는 가능성이 조금이라도 있으면 더 큰 손실을 감수하더라도 이 대안을 선택하는 성향이 있다. 실험에 의하면 손실에 의한 고통은 같은 액수의 이득보다 2.25배 큰 것으로 나타난다. 이에 따르면 100원의 이익이 주는 행복감에 비해 100원의 손실이 주는 고통은 225원에 이른다는 의미이다. 이러한 사례는 우리 주변에서 많이 볼 수 있다. 하우스푸어들이 집값 폭등시기를 기다리면서 지금 집을 팔면 투자손실이 발생한다는 계산으로 집을 안 팔고 버티다가 더 큰 손해를 보는 이유를 설명할 수 있다. 또 주식투자자들이 손절매를 못하고 더 큰 손해를 보는 것도 손실회피 성향으로 설명할 수 있다. 시장상황은 부침을 거듭하는 것이 정상이지만 부동산 시장의 거시적 움직임을 감안할 때, 손실회피 성향에 기댄 근거없는 낙관은 유의하여야 할 것이다.

이러한 손실회피 심리를 아파트 관리에도 활용할 수 있다. 예를 들어 우리 아파트단지는 "절전을 하면 연간 5백만원을 절약할 수 있다"고 권고하기 보다는 "절전을 하지 않으면 연간 5백만원이나 손해본다"는 홍보가 손실회피 성향에 따라 훨씬 효과적일 수 있다.

### (3) 비선형 확률가중(non-linear probability weighting)

비선형 확률가중은 발생확률이 낮은 것은 과대평가하고 발생확률이 높은 것은 과소평가하는 경향으로도 해석된다. 이에 따라 수평선에 실질가치(이익, 혹은 손실)를 놓고 수직선에 심리적 가치를 놓았을 때, 객관적 확률은 직선이 되어야만 하나, 주관적 확률은 민감도 체감성에 의해 S자형으로 나타난다는 것이다.

이러한 현상이 나타나는 사례는 우리 주변에서도 볼 수 있다. 예컨대 신종플루의 위험성을 과대평가하여 경각심을 높이는 전략이나 로또 당첨의 객관적 확률은 0에 가까우나 1,000원짜리 로또 구입자의 주관적 당첨확률은 과대평가하는 경향을 볼 수 있다.

### (4) 민감도 체감성(diminishing sensitivity to gains and losses)

민감도 체감성은 이익이나 손실의 가치가 적을 때는 변화에 민감하게 반응하지만, 그 가치가 클 경우 반응하는 민감도가 낮아진다는 것이다. 다시 말해서 이득과 손실의 규모가 판단기준점보다 커질수록 효용/만족에 대한 한계효과가 체감하는 성향이다. 이를 해석하면 이익이나 손실의 심리적 가치가 커지면 둔감하게 반응한다는 것이다. 예를 들어 주택가격이 1억에서 1억 3천만으로 오르는 것이 30억이 31억으로 오르는 것보다 더욱 민감하게 반응한다는 것이다.

## 3. 주택관리와 관련된 행동경제학의 주요 개념

행동경제학에 입각한 인간활동의 결과를 해석하는데 중요한 몇 가지 개념 중 주택관리와도 밀접한 관계를 갖는 몇 가지를 선정하여 설명하기로 한다.

### (1) 공 정 성

앞서 설명한 바와 같이 사람들은 준거점에 따라 판단하는 성향이 있는데 공정성의 여부도 준거점에 따라 결정된다. 예를 들어 재건축 사업에 있어 공동주택의 주민은 현 수준 혹은 그 이상의 주거수준을 준거점으로 하는 반면, 건설업체는 이윤이 준거점이 되는데, 누구의 준거점을 기준으로 하느냐에 따라 공정한지 불공정한지 결정된다. 이때 건설업체의 자세가 중요하다. 건설업체는 '법대로'뿐 아니라 공정성, 윤리성도 고려해야 하기 때문이다. 만약 기업이 공정성과 윤리성을 어기면 단기적으로 이윤이 높아질지 모르나, 장기적으로 반감을 받아 이윤이 타격을 받게 되기 때문이다.

재건축, 재개발 이익의 분배에 있어서도 마찬가지이다. 준거점을 타인이 받는 이익을 기준으로 한다면 타인의 이익보다 낮으면 불공정하다고 반발할 것이다.

### (2) 매몰비용 오류

매몰비용(sunk cost)은 이미 지출되었으나 되찾을 수 없는 비용 혹은 현재 시점에서 다시 쓸 수 없는 비용을 말한다. 주류경제학에서는 인간은 합리적이기 때문에 현재의 의사결정에 매몰비용은 포기하고 장래의 비용과 편익만을 고려하여 의사결정을 한다고 가정한다. 매몰비용을 살리려고 추가적으로 비용을 투입해도 그만한 수익을 얻을 수 없기 때문이다. 그러나 현실은 어디 그런가? 매몰비용에 집착하여 그릇된 의사결정을 내리는 경우가 허다하다.

실제로 매몰비용은 현재의 의사결정에 큰 영향을 미친다. 금전, 시간, 노력, 노동력 등 막대한 비용을 투입했는데 그냥 포기하기가 쉽지 않다. 그 이유는 요약하면 다음과 같다. 첫째, 더 이상의 투자가 무모한 상황이라면 지금까지 그런 투자결정을 한 사람에게는 '헛일 했다'는 악평이 돌아온다. 자존심도 상한다. 예를 들어 재건축이나 재개발사업이 무산되면 많은 경우 조합원과 사업추진 주도자, 시공사 등과의 갈등이 유발된다. 경우에 따라 무능한 조합장에 대한 질책과 잘못인정을 요구하고, 새판을 짜거나 출구전략을 마련하라고 목소리를 높인다. 그래서 사업을 계속하고자 한다. 둘째, 이미 지출한 비용을 헛되게 만들지 않기 위해 지출을 계속하기도 한다. 이러한 이유로 매몰비용에 대한 미련을 버리지 못하는 것이다. 이처럼 이미 지출한 돈이 아까워서 혹은 자신의 결정을 정당화하기 위하여 제대로 된 선택을 하지 못하는 경우를 매몰비용오류라고 한다. 매몰비용오류는 민간부문에서만 발생되는 것이 아니라 국책사업과 지방정부의 사업에서도 빈번히 발생하는데 이에 따른 비효율적 지출의 피해는 국민의 부담으로 돌아온다.

매몰비용은 시간이 흐르면서 이에 대한 미련은 약화된다. 헬스클럽의 예를 들어 보자. 헬스클럽에 회비를 낸 직후 운동하러 나오는 사람이 많다가 그 이후 점차 감소한다. 그러다가 회원권을 갱신할 때가 되면 다시 나오는 사람이 많아진다. 이것은 매몰비용에 대한 미련이 시간이 지나면서 약화되기 때문이다.

그러나 공동주택과 관련된 매몰비용은 액수가 크기 때문에 사회적 문제가 되기도 한다. 재정비사업(재개발, 재건축사업)을 추진하면서 인건비, 사업비, 조사측량비, 회의비, 운영비, 업무추진비 등 다양한 형태로 비용을 지출하다가 금융위기, 시장상황 악화, 주민반대 등의 이유로 사업이 중단되면 사업추진비용은 매몰비용이 된다. 이 비용은 누가 부담해야 하는가? 개발이익을 추구하는 민간영역의 문제이므로 조합원이 부담해야 한다는 주장과 국가가 지원해주어야 한다는 의견이 대두된다. 이 문제는 뉴타운정책을 비롯한 여러 군데의 재건축, 재개발사업과 직결되므로 사업추진비용, 즉 매몰비용의 처리문제는 명확하게 해결되어야 할 과제이기도 하다.

### (3) 선호역전(preference reversal)

어떤 프로젝트가 위험을 수반할 때, 그 선택을 둘러싸고 일관성 없는 선호가 나타나기도 한다. 예컨대 성공가능성은 높으나 기대수익이 적은 대안과 성공가능성은 낮으나 기대수익이 큰 대안이 있다고 하자(전자는 재건축, 후자는 리모델링이라고 하자). 사람들 중에는 처음에는 재건축을 선호하다가 사정에 따라 리모델링으로 전환하는 등 시간이 흐름에 따라 선호가 바뀔 수 있다. 이를 선호역전이라고 한다. 사람들은 기대수익을 크게 하고 싶지만 그 비용(불이익)은 회피하고자 한다. 이것은 주민, 사업자, 관리소 등 관련 주체 간 분쟁과 갈등을 유발하기도 한다.

아파트관리에 있어 고비용고품질이냐 아니면 저비용저품질이냐를 선택해야만 할 때, 그 선택이 전환될 수 있다. 사람 사는 곳이라는 관점에서는 안전하고 깨끗해야 하고 이를 위해서는 인력, 장비, 서비스 등에 높은 비용을 감수해야만 한다. 그러나 개발이익을 기대할 수 있는 재건축을 한시바삐 시행하고자 한다면, 안전검사에 불합격하도록 저비용저품질을 선택할 수도 있다.

### (4) 프레이밍 효과

사람들은 어떤 프레임에 갇혀 있는가에 따라 같은 사건을 보는 눈이 달라지고 선택을 달리 한다. 이처럼 동일한 것을 표현하는 방법을 달리 하면 선택도 달라지는 현상을 프레이밍 효과라고 한다. 어떤 사회현상을 설명할 때 고용률과 실업률, 생존율과 사망률, 성공확률과 실패확률 등은 동일한 통계를 기반으로 하지만, 전자는 긍정적 프레이밍, 후자는 부정적 프레이밍이 된다. 예를 들어 장기수선충당금 인상, 배관교체 등 현안이슈에 대하여 주민들의 의견을 발표할 때 55%의 가구가 찬성했다고 할 수도 있고 45%의 가구가 반대했다고도 할 수 있다. 같은 통계에 기반한 것이지만 표현방식에 따라 긍정적으로 들릴 수도 있고 부정적으로 들릴 수도 있다.

아파트를 구입하고자 부동산포털을 통해 가격비교를 할 때도 프레이밍 효과가 작용하기도 한다. 가장 저렴한 주택이 선호되는 것은 당연하지만 누수, 균열 등 주택의 물리적 상태를 비롯하여 도배, 장판, 창호 등의 상태에 따라 실제 투입되는 비용을 따지면 가장 저렴한 주택이 아닐 수 있다. 이것은 '가장 싼 주택'이라는 프레임에 빠진 경우의 오류이다.

### (5) 협력과 배반, 처벌과 윤리

우리 주변에서 파업, 시위 등의 집단행동에 불참했지만 집단행동의 과실은 참여 여부를 떠나 모두 누리게 되는 경우를 보게 된다. 주류경제학자 맨커 올슨(Mancur Olson)은 그의 저서 집단행동의 논리(The logic of collective action)에서 이를 잘 설명한 바 있다. 그래서 집단행동에 참여하지 않고 그 혜택을 누리는 무임승차행위가 합리적이라고 주장한 바 있다. 그러나 집단행동이 1회성에 그치지 않고 지속될 때는 무임승차자는 벌칙을 받게 된다. 과거의 경험에 기반하여 대응을 하기 때문이다.

공동주택에서는 무임승차의 문제가 아니더라도 공동행동에서 이탈할 경우 제재를 가하기도 한다. 정해진 날에 복도청소에 불참하거나, 반상회, 시위, 등에 불참하면 벌금을 부과하기도 한다.

참여를 촉진하고 불참에 대해 제재하기 위한 벌금제도가 가끔 역효과를 유발하기도 한다. 불참자가 느끼는 죄의식, 양심의 가책을 돈으로 대신하면서 공동체 윤리성이 저하되기 때문이다. 실제로 벌금부과는 실험에 의하면 불참자를 더욱 증가시키는 결과를 낳는다. 더구나 벌금부과를 철회하여도 이미 때가 늦었다. 벌금철회로도 불참자는 감소하지 않는데 그 이유는 사람들은 단순히 불참의 가격이 제로로 바뀌었다고 생각하기 때문이다.

사람들은 경제적 이익, 합리적 계산에 의해서만 행동하지 않는다. 불이익을 당하면 이를 회복하는데 더 많은 비용이 든다면 합리적 선택은 이를 포기하는 것이다. 그러나 자존심, 정의감 등의 작용으로 불이익을 감수하는 경우를 볼 수 있다. 행동경제학은 이러한 인간행동을 잘 설명해 준다.

경제적 타산에 얽매인 판단이 아니라 상대로 하여금 자신에 대한 신뢰를 배신하면 절대 용서하지 않는다는 점을 믿게 만들어 배신을 방지해야 한다. 이런 경우 합리적 행동보다 감정적 행동이 좋은 결과를 얻을 수 있다. 그리고 행동경제학자들은 협력에는 협력을, 배신에는 처벌을 돌려줌으로써 협력을 유도할 것을 권장한다. 이것은 공동주택의 관리에 잘 적용되는 것이기도 하다.

## Ⅲ. 행동경제학에 입각한 사례 소개

행동경제학이 설명하는 많은 현상들 중에서 우리의 일상생활에서 흔히 겪는 오류, 착각, 편향 등을 선정하여 소개함으로써 이해의 폭을 넓히고자 한다.

## 1. 통제력 착각: 하면 된다

통제력 착각은 '나는 할 수 있다', '일단 시작하면 어떻게든 성공한다', '노력하면 된다', 등 자기 자신에 대한 과신으로서 객관적인 기반이 없으면서 부적절한 성공 가능성을 높게 기대하는 경향을 말한다. 이러한 현상은 자신의 주변환경을 스스로 통제할 수 있다고 착각하기 때문에 나타나는 현상으로서 통제력 착각에 속한다. 노력하면 재벌이 될 수 있다는 것을 보여준 유수의 재벌 총수들이 있지만 재벌이 되고자 한 사람들 중 실제 재벌이 된 확률은 거의 제로에 가깝다는 사실을 간과해서는 안 된다. 과신에 의한 투자결정은 자신뿐 아니라 주변에도 영향을 미친다. 특히 공동주택과 관련된 사업들은 명확한 기반을 갖고 성공가능성을 따져야 한다. 통제력 착각은 부동산 투자나 재건축사업에 대한 맹목적 성공 자신감을 갖는 경우를 예로 들 수 있다.

## 2. 확증편향: 내가 잘 안다

확증편향은 내 경험, 내 지식, 내 관찰을 기반하여 나는 충분히 잘 안다는 지식착각을 기반으로 판단하고 객관적 자료, 정보에 의존하지 않는 경향을 말한다. 이를 근거로 결국 비합리적 결정을 하는 경우가 발생한다. 사람들은 자신이 알고 있는 것, 믿고 있는 것과 일치하는 방향으로 해석하고 범주화화고 판단하고 결정하고 선택하는 경향이 있는데 이것이 편향성이다.

대표적인 사례로서 주변의 재개발, 재건축, 리모델링 성공사례를 어림짐작(휴리스틱)으로 가능성을 판단하고, 시장상황의 변동(금리, 재원, 규제) 등의 객관적 상황보다 휴리스틱을 중시하여 내가 보고 싶은대로 보고 믿고 싶은대로 믿는 경우를 지칭한다. 이러한 확증편향을 기반으로 명품브랜드에 대한 고정관념이 형성되며, 이에 편승하여 아파트 분양가를 연례행사처럼 원가상승을 빌미로 올리기도 하는데 실제로는 명품브랜드 유지 전략일 가능성도 배제할 수 없다.

행동경제학에서 거론하는 주목효과도 확정편향에 속할 수 있다. 주목효과는 친숙하거나 평소 관심을 가졌던 대상에 대해 실제보다 더 잘 안다고 착각하고 비합리적인 의사결정을 하는 효과를 말한다. 즉 '친숙한 것'을 '잘 아는 것'으로 착각하는 효과이다(김종선, p. 35). 자신과 가까운 곳이나, 친인척이 근무하고 있는 건설회사를 친숙하게 여기고 더 선호하는 현상이 이에 속한다. 예를 들면 가족이 거주하는 아파트, 친척이 관리하는 회사 등의 이유로 그 아파트/회사를 잘 안다고 착각하는 효과이다.

## 3. 사후판단 편향: 그럴 줄 알았다

사후판단 편향은 사건 발생 후 그 결과를 알게 되었을 때, 현재의 결과를 충분히 예측할 수 있었을 것이라고 믿는 경향을 말한다. 이는 자신이 자주 경험한 것일수록 빈번히 발생할 것이라는 착각을 하는 오류인 가용성 휴리스틱 오류의 일종이라고 할 수 있다. 사실 미래를 정확하게 예측할 수 있는 사람은 이 세상에 없다는 점을 감안하면 문제를 짐작할 수 있다. 그럼에도 불구하고 우리는 일상생활에서 그럴 줄 알았다는 표현을 흔히 사용한다.

## 4. 판단기준점 효과: 와! 싸다

판단기준점 효과는 준거점을 기준으로 높고 낮음, 혹은 과다를 결정하는 경향을 말한다. 미분양 아파트의 가격을 반값으로 할인한다는 광고를 볼 수 있는데 이때 적정가격이 단위면적당 400만원인데 분양가격이 800만원이라면, 50% 할인가격이라는 400만원은 적정가격에 불과하다. 기준점을 800만원에 두느냐 400만원에 두느냐의 문제로서 이런 경우는 우리 주변에서 흔히 볼 수 있다. 사람들은 400만원짜리를 400만원에 판다는 솔직한 전략보다는, 가상이지만 800만원이라는 준거점을 설정하고 50% 할인하여 400만원에 판다는 전략에 더욱 잘 반응하는 경향이 있기 때문이다.

또한 재건축이 거론되는 아파트 가격이 등락을 거듭할 때 기준점을 전고점에 두면 가격하락폭이 크게 보이지만, 지방정부의 용적률 규제, 주택시장 상황, 거시경제 변수의 움직임 등 하락원인을 명확하게 규명하여야만 현재 가격이 싼지 비싼지 알 수 있는 것이다. 이러한 현상은 관리비, 장기수선충당금 등에도 적용될 수 있는데 그 준거점을 이웃아파트단지 혹은 자신이 전에 살던 아파트의 관리비를 기준으로 하여 과다를 판단하는 경향을 볼 수 있다.

한편 부동산의 가격총액이 아니라 일, 월 단위의 작은 금액으로 제시하여 부담이 적은 인상을 주어 소비를 유도(노트북, 정수기, 자동차, 보험, 기부금 등)하는 PAD(penny a day) 전략을 사용하기도 한다. 사실 주류경제학은 총액이 같으면 효용은 동일해야 하는데 소비자는 분할납부, 준거점 이동 등의 영향으로 같은 총액이라도 상이한 선택을 하는 것을 볼 수 있다.

## 5. 보유효과: 내가 가진 것은 가치가 높지만 남이 가지면 가치가 낮다

사람들은 자신이 소유하고 있는 자산의 가치를 자신이 갖기 이전보다 더 높게 평가하는 경향을 보유효과라고 한다. 예컨대 내 집이나, 아파트입주권 등 내 자산을 팔때는 비싸게 팔고자 하지만 역으로 같은 자산을 내가 사고자 할 경우는 더 낮은 가치를 부여하는 행태를 말한다. 연구에 의하면 이 차이는 약 두 배가 된다고 한다.

보유효과는 반드시 자기 소유의 자산에만 적용되는 것이 아니라, 자동차 렌탈을 비롯하여, 정수기, 도서 등 빌려서 쓰던 물건에도 적용된다. 실제 자기 것이 아니지만 잠깐이라도 소유해 봤다는 이유로 그것을 중하게 여기는 보유효과를 보인다. 자기 것도 아니면서 애착을 갖는 점은 마케팅에서도 활용된다. 대표적인 마케팅 전략은 체험마케팅이다. 새집에 일정기간 살아보고 마음에 들면 구입하고 그렇지 않으면 반납해도 된다는 식의 전략이 대표적인 체험마케팅이다. 소비자는 손해될 것이 없는 반면, 분양회사의 입장에서는 위험성을 갖지만 충동구매를 부추기는 한편 보유효과를 노린 효과적인 마케팅 전략이 될 수 있는 것이다.

## 6. 현상유지 편향

보유효과는 학자에 따라 초기부존효과(endowment effect, Thaler, 1980), 현상유지 바이어스(status quo bias, Samuelson and Zeckhauser, 1988), 혹은 손실회피(loss averse, Kahneman and Tversky, 1979)라고 부르기도 한다. 손실회피에 대해서는 앞에서 설명하였으므로 현상유지 바이어스에 대해 추가적인 설명을 하고자 한다.

현상유지 바이어스는 많은 선택대안 중 하나를 선택할 때 더 좋은 대안이 있음에도 불구하고 현 상태에서 벗어나지 않으려는 경향을 말한다. 현재 살고 있는 집보다 더 좋은 집이 있음에도 불구하고 웬만하면 이사를 하지 않으려고 하거나, 소득이 없으면서 부동산을 처분하지 않고 보유하고자 하는 경향을 볼 수 있다. 이는 부동산을 팔고난 후 과거와 같은 가격폭등 사태가 나면 손해라는 생각과 아울러 자신의 자산이라는 보유효과가 작용하기 때문으로 풀이된다. 현상유지 바이어스는 누구나 어느 정도 갖고 있지만 이로 인하여 비합리적인 판단을 하지 않도록 유의해야 한다.

## 7. 시간효과: 오늘이 내일보다 중하다

사람들은 먼 미래보다 가까운 미래를 더욱 중시하고 민감하게 반응한다. 이러한 시간효과를 근시안적 편향 혹은 현재지향 편향이라고 한다. 광고에서 자외선을 쬐면 “나중에 피부암에 걸릴 확률이 있다”보다 “당장 여드름이 생기거나 곧 검버섯이 돋는다”라는 경고가 더욱 효과적인 이유도 여기에 있다.

## 8. 타협효과: 중간의 대안이 선택된다

사람들은 품질, 가격 등 여러 가지 기준으로 어떤 상중하의 대안을 선택할 때, 중간대안을 선택하는 경향이 있다. 이것은 극단을 회피하고자 하는 심리가 작용한 결과로서 타협효과라고도 한다.

아파트 도색, 엘리베이터 교체, 용역계약 등과 관련하여 주민들의 의견을 수렴할 때 적용될 수 있다. 간혹 이러한 경향을 이용하여 의도적으로 선호하는 대안을 가격이나 품질평가의 중간위치에 놓기도 한다. 그러나 선택대안이 많을 경우에는 선택을 포기하는 경향도 있어 세 개 정도가 적당한데 대안이 많으면 그릇된 선택을 할 우려가 높아지기 때문이다.

# Ⅳ. 공동주택관리 분야의 행동경제학적 접근방법의 한계와 전망

지금까지 행동경제학적인 관점에서 공동주택관리와 관련된 여러 가지 개념과 현상을 소개하였다. 행동경제학은 주류경제학을 기반으로 하면서 주류경제학과 대치관계에 있기보다는 보완관계에 있고 또 세상의 현상들이 반드시 행동경제학이 설명하는대로 움직이는 것도 아니다. 행동경제학적 접근방법의 한계와 전망을 간략하게 설명하면 다음과 같다.

## 1. 행동경제학 접근방법의 한계

행동경제학은 기존의 의사결정이론이 설명하지 못했던 여러 가지 현상을 설명하는 등 인간행태에 대한 경제적 설명에 크게 기여하였다. 그러면서 한편으로 행동경제학에 대한 비판도 만만치 않다. 대표적인 비판은 다음과 같다.

첫째, 실험에 의해 관측된 행동은 실제 시장 상황에 적용시키기에는 한계가 있다는 지적이다. 경제주체들은 학습기회와 경쟁을 통하여 합리적 행동에 근접하게 되는 사실을 간과해서는 안 된다. 둘째, 프로스펙트이론은 의사결정이론이지 일반화된 경제행위이론이 아니다. 셋째, 행동경제학에는 일관성 있는 행동이론이 없다는 비판이다. 즉 행동경제학에 대한 통일된 이론이 없어 아직 주류경제학과 필적할 수 없다는 평가를 하는 학자도 있다. 넷째, 행동경제학이 인간행태를 설명하는 주요 기법인 실험과 설문조사에 기반하는 기술적 의존성에 대한 회의이다. 이러한 조사결과는 주류경제학이 중시하는 현시선호(revealed preference)가 아니라 기술된 선호(stated preference)로서 그 이론적 유효성이 의심받고 있다.

이상과 같은 점을 종합하면 행동경제학은 경제학분야에 새로운 영역을 개척했다기보다는 경제주체의 행동을 관측, 설명하는 새로운 시각을 제공하였다고 평가하는 것이 타당할지 모른다.

### 2. 행동경제학의 전망

주류경제학과 비교할 때 행동경제학은 최적화보다는 만족화, 합리성보다 제한된 합리성, 이성보다 감성, 완전한 정보에서 휴리스틱 등으로 구분되는 특징을 보인다. 이러한 특징은 다양한 이해관계를 가진 다수의 가구가 함께 살아가는 공동주택에서 발생할 수 있는 제반 현상을 이해하는데 큰 도움을 준다.

우리나라에서도 공동주택의 역사가 쌓이면서 공동주택의 관리, 유지, 처분, 재건축 등의 과정에서 수많은 분쟁과 갈등이 예상된다. 특히 용적률 상향 등 개발밀도 상향조정을 통한 개발이익 기반의 재건축 사업은 이제 점차 그 가치가 낮아지고 있는 점이 우려된다. 저층아파트는 이미 재건축되었고 중층 이상 아파트들은 일대일 재건축이 거론되는 등 예전과 다른 여건에 처해 있는 게 현실이다. 이런 상황은 아파트의 수명은 다 되어가는데 재건축사업은 경제성을 잃어 추진하기 어려워지는 공동주택단지가 앞으로 많이 출현할 수 있음을 예상토록 하고 있다. 이러한 상황에서 공동주택관리는 조합원 혹은 주민들의 행동을 제대로 해석하고 이에 맞는 대비를 하는 것이 매우 중요하다. 이대로 방치하면 매우 심각한 사회적 갈등을 초래할 수 있다. 공동주택의 관리는 또한 커뮤니티의 형성, 유지, 발전 등 보다 전향적인 방향을 요구하고 있다.

## V. 맺으며

인간은 이기심을 가지며 이 이기심은 주류경제학에서는 합리성과 함께 인간행동의 근본적인 동기로 규정한다. 그런데 사람들은 이기심도 있지만, 한편으로는 자선, 기부 등 남 좋은 일도 한다. 사람은 죄인도 아니지만 성인군자도 아니다.

공동주택의 관리에 있어서도 사람들이 합리적으로 선택한다면 어떻게 행동해야 하는가와 실제로 어떻게 행동하는가를 비교할 때 이것이 서로 다른 경우가 많음을 알 수 있다. 이 차이를 제대로 설명하려면, 각 선택에 합당한 각기 다른 이론으로 설명해야 할 것이다. 이런 관점에서 행동경제학은 공동주택관리와 관련된 제반현상을 설명하는 좋은 개념과 이론을 제공한다.

그렇다고 행동경제학이 공동주택관리와 관련된 제반현상을 모두 설명해 주는 것은 아니다. 더구나 공동주택관리와 관련된 문제에 대한 뾰족한 해결방안을 제시해 주는 것도 아니다. 다만 행동경제학이 설명하는 인간행태와 그 결과 유발되는 오류에 대한 명확한 해석을 바탕으로 오류를 벗어날 방안은 얼마든지 모색할 수 있다. 이러한 의미에서 우리나라 특유의 공동체 문화와 전통이 공동주택의 생활에도 용해되어 있을 수 있으므로, 이를 파악하고 또 이에 합당한 대응방안을 개발하는 노력을 게을리하지 말아야 할 것이다.

## 참고문헌


김종선(2012), 『생각의 배신』, 타커스.

도모노 노리노(2007), 이명희 옮김, 『Behavioral Economics』, 지형.

야마모토 미토시(2007), 이서연 옮김, 『심리학이 경제학을 만나다』, 토네이도.

Denford, Haward S. (2010), 김윤경 옮김, 『불합리한 지구인』, 비즈니스북스.

Thaler, Richard H. (1992), 최정규·하승아 옮김, 『The Winner's Curse』, 이음.

Allaise, Mourice (1952), "Fondements d'une Theorie Positive des Chix Comportant un Risque et Critique des Postulats et Axiomes de L' Ecole Americaine, *Econometrie* 15, pp. 257-332. (English translation: The Foundation of a Positive Theory of Choice Involving Risk and a Criticism of the Postulates and Axioms of the American School, in Allaise, M. and O. Hagen eds, (1979), *Expected Utility Hypothesis and the Allais Paradox*, Reidel, pp. 27-145.

Kahneman, Daniel and Amos, Tversky (1974), "Judgement under uncertainty: Heuristics and biases", *Science* 185, pp. 1124-1131.

Kahneman, Daniel and Amos, Tversky (1979), "Prospect Theory: An Analysis of Decision under Risk", *Econometrica* (*The Econometric Society*) 47 (2), pp. 263-291. doi: 10.2307/1914185.

Rabin, Matthew (1998), "Psychology and Economics", *Journal of Economic Literature* 36 (1), pp. 11-46.

Samuelson, William and Richard Zeckhauser (1998), "Status Quo Bias in decision Making", *Journal of Risk and Uncertainty* 1(March), pp. 7-59.

Simon, Herbert A. (1987), "Behavioral Economics", The New Palgrave: A Dictionary of Economics 1, pp. 221-24.

Wikipedia, Behavioral economics, https://en.wikipedia.org/wiki/Behavioral_economics.

제 3 장

# 공동주택관리비

은난순(한국주거문화연구소 연구위원,
가톨릭대학교 소비자주거학과 겸임교수)

## I. 행동경제학적 측면에서 본 공동주택관리비

### (1) 관리비, 합리적 집행과 관심 여부

아파트에서 발생하는 분쟁의 많은 부분은 관리비와 관련된다. 주민 공동으로 부담하는 돈을 합리적으로 투명하게 잘 사용하고 있느냐 하는 문제이다. 아파트 관리비는 다양한 항목으로 부과되고 있지만, 각 항목별로 적절히 부과된 것인지, 그 절차와 증빙서류들이 신빙성이 있는지, 관리비 부과 전 심의는 제대로 되고 있는지 등에 대해 정작 그 비용을 부담하는 주민들은 잘 모르고 있거나 관심이 없다. 또한 각종 용역 및 공사 집행에 있어 합리적인 선택인지, 비용은 적절한지, 입찰과정은 투명하고 합리적으로 이루어진 것인지 등에 대해서도 누군가 알아서 잘 하겠지, 혹은 뭔가 이권이 얽힌 사람들이 당연히 연루되어 있을 거라는 막연한 의구심만을 가진 채 더 이상 관여하고 싶어 하지 않는다.

매달 관리비고지서를 받고 자동이체로 관리비가 어김없이 인출되지만, 정작 다수의 주민들은 관리비고지서와 관리비내역서를 꼼꼼히 살펴보고, 이번 달에 어느 항목에서 지출이 많았는지 계산해보지 않는다. 각 집의 우체통으로 배달되는 관리비고지서는 알아도, 매달 세부집행 내역이 제시되어 있는 관리비내역서는 무엇인지 모르는 경우가 많다. 또한 매달 부과되는 관리비내역이 정부가 예산을 들여 만든 공식 인터넷 사이트에서 매월 공개되고 있는지 조차 모르고 있다. 그러다가 누군가로부터 우리 아파트의 관리비가 비싸고 문제가 많다는 소문을 들으면, 이에 대한 확인도 하지 않고 역시 그럴 줄 알았다는 등 동조하고 외면하는 데 그치고 만다. 아파트 일에 나서거나 의문을 제기하는 것이 왠지 점잖치 못한 일이라고 생각하고 뭔가 불합리하지만 더 이상 나서지 않는다.

주민들의 무관심이 결국 각종 관리비 비리를 낳게 되는 것이며, 관리를 결정하고 집행하는 입주자대표회의와 관리주체를 불신임하는 이유가 되기도 한다. 아파트 관리에 전혀 관심이 없다가 휘트니스 센터 등 주민운동시설 운영방식의 변화로 직접적인 불편함을 겪게 되면, 같이 운동하며 알게 된 클럽의 주민들에게 왜 운영방식을 이렇게 변경했는지, 비용부담을 왜 이렇게 해야 하는지, 다시 개선할 수는 없는지 불편함을 호소하면서도 관리사무소에 연락해서 그 사유를 묻고 의견을 제시하는 수고스러운 행동을 하려 하지 않는다. 누군가 이러한 불편함을 대신 전달해 주었으면 할 뿐 직접 나서지는 않으면서, 아파트처럼 주민 의견이 반영되지 않는 비민주적인 곳이 없다고 혀를 내두르는 주민들을 보게 된다.

### (2) 관리비 절감과 최적의 선택에 대한 의문

아파트는 다양한 사람들이 서로 다른 이해관계를 가지고 살아가는 곳이다. 특히 돈과 관련된 사안에 대해서는 민감하게 관심을 갖지만 정작 그 의사결정 과정에 관여하지는 않는다. 아파트의 주요한 일을 결정하는 입주자대표회의의 구성원인 동별대표자 조차도 아파트 관리비의 집행과 크고 작은 지출 및 자금 관리에 대해 관심이 없는 이들이 있다. 입주자대표회의에서 논의되는 주요 안건에 대해 자료검토를 충분히 하고, 회의석상에서 관련 질문을 통해 의견조율을 하며, 민주적인 방식으로 의사를 결정하는 이런 상식적인 일이 아직은 부족해 보인다.

관리비는 무조건 싼 것이 좋으며, 예년에 비해 인상하지 않는 것이 주민부담을 줄이는 최적의 선택이라고 주장하는 대표들과 필요한 공사를 하고 인건비 등 직원 처우를 개선하면서 운영하는 것이 바람직하다고 주장하는 대표들 간의 의견차에는 나름대로의 타당한 이유가 제시된다. 합리적이지 못한 의사결정 뒤에는 분명 근거부족과 불충분한 검토, 극히 주관적인 판단 등 비합리성이 존재한다. 하지만 이러한 비합리적인 상황에서 운영되고 있는 것이 아파트 관리이자 관리비 집행이다.

### (3) 관리비 비리, 긍정적 행동변화와 부정적 효과

2012년 언론의 아파트 관리비 비리에 대한 연이은 보도는 주민관심을 유도한 긍정적인 측면과 주민대표 및 관리주체에 대한 불신임이라는 부정적인 측면을 초래하였다. 아파트 관리비의 불합리한 부과와 공사비 부풀리기, 리베이트 등에 관한 관리현상의 실태 보도는 아파트 주민들에게는 큰 이슈였고 관심을 끄는 데 일조하였다.

하지만 그 이후 변화된 것은 무엇인지 짚어볼 필요가 있다. 즉, 살고 있는 단지의 관리비 의혹을 바로 잡기 위해 변화된 주민들의 행동이 있었는지, 입주자대표회의와 관리주체의 행위 변화가 있었는지 등이 그것이다. 관리비 문제가 불거지면서 정부와 지자체의 제도적 보안과 점검, 감사가 대안으로 제시된 반면, 실제 주민들의 관리비에 대한 관심과 행동에는 변화가 있었는지는 의문이다. 주민 관심이 긍정적인 행동변화로 이어지기보다는 막연한 불신감이라는 부정적인 효과만을 초래한 것이 아닌지 반문하게 된다.

관리비에 대한 합리적인 집행을 위해서는 관리비에 대한 올바른 이해와 공정한 운영에 대한 이해가 필요하다. 또한 주민들의 알 권리와 만족도를 높이기 위한 다양한 활동이 전개되고 있는 바, 이에 대한 정보의 공유도 필요하다. 아파트 관리를 투명하고 합리적으로 잘 하는 단지와 불합리하게 운영되는 단지 사례를 비교해 봄으로써 관리현장의 현주소를 진단해 볼 필요가 있다. 이를 위해 행동경제학적 관점으로 관리비를 둘러싼 다양한 이슈와 문제점을 찾아보고, 제도적 한계와 올바른 관리비 집행을 위한 다양한 시도들을 살펴볼 필요가 있다.

# Ⅱ. 공동주택관리비의 주요 이슈

## 1. 관리비의 이해와 쟁점

### (1) 관리비 부과 항목 10가지

공동주택에서는 주민이 공유하는 공간을 유지관리하고 이를 위한 전문인력을 배치하기 위해 관리비라는 명목의 공동 비용을 걷는다. 즉, 관리비란 '주민 공유자산의 유지관리 등 주거서비스 제공을 위해 매월 주민에게 부과하는 비용'이라 할 수 있다.

관리비의 비목은 「공동주택관리법」 시행령 제23조 제1항에서 제시하고 있는데, 일반관리비, 청소비, 경비비, 소독비, 승강기유지비, 지능형 홈네트워크 설비 유지비, 난방비, 급탕비, 수선유지비, 위탁관리 수수료의 10가지 비목으로 구성된다. 학계에서는 이 10가지 비목에 대해 법으로 정한 항목이라 하며 '법정관리비' 항목이라고 명명하기도 하며, 공용의 자산을 위해 사용되는 것으로써 '공용관리비'라고도 한다. 하지만 주민들은 사용료에 해당하는 전기료, 수

그림 3-1 공동주택관리비 구성내역

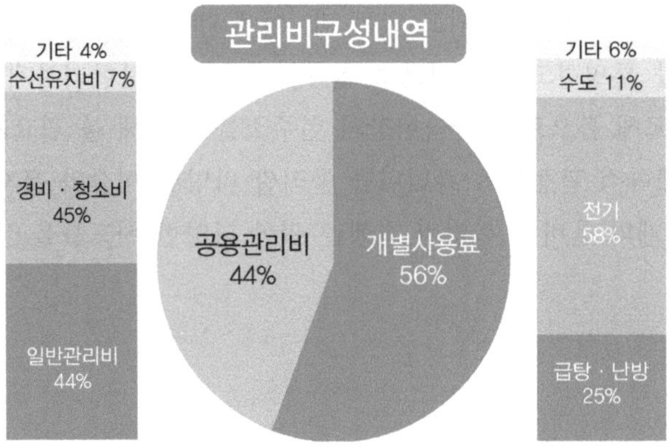


출처: 머니투데이, 2014.9.17.

도료, 가스료 등을 포함시켜서 관리비로 인식하고 있다.

관리비 비목별 차지하는 비율을 살펴보면, 공용관리비와 개별사용료를 합한 금액 중 공용관리비는 약 44%에 해당되며, 공용관리비는 경비·청소비 그리고 일반관리비가 대부분을 차지하고 있는 것으로 나타났다(그림 3-1 참조).

### (2) 일반관리비와 경비비(인건비)

비목 중 가장 큰 비중을 차지하는 것은 관리소 직원 인건비 등이 포함된 일반관리비이다. 비목별 금액 중 부과액이 크다 보니 관리비 문제로 주민 관심이 집중될 때마다 각 단지에서는 인건비를 줄이는 방식으로 관리비 절감 노력을 시도하기도 하였다. 어떤 입주자대표회의에서는 관리소의 적정인력에 대한 분석도 없이 무조건 줄이고 보자는 식으로 인원수를 줄이거나, 몇 년 동안 임금을 동결하는 등의 방법을 사용한다. 또한 최저임금의 상승으로 인한 경비비 부담을 줄이고자 경비원의 휴게시간을 늘려서 인건비를 줄이는 방법을 쓰기도 한다. 이러한 결정을 한 입주자대표회의의 노력을 자랑스럽게 주민들에게 홍보하기도 한다. 관리비 절감을 위해 경비인력을 줄인 이 단지의 입주자대표회의 결정은 과연 주민들을 위한 결정이라고 볼 수 있을까.

> 제가 입주자대표회의 회장이 된다면, 인건비를 절감하여 관리비 절감을 획기적으로 이루어 내겠습니다. (D아파트 회장 선거 후보자 공약문 중)

> 인건비를 줄여 관리비를 절감하겠다는 입주자대표회의의 결정은 매우 잘못되었다고 생각합니다. 우리 동은 애들이 많아서 경비아저씨를 격일 근무하도록 하면 너무 불편한 점이 많아요. 열쇠를 맡길 곳도 없고, 택배를 찾으러 옆 동까지 가야 하구요. 주민들이 원하지도 않는데, 이렇게 주민 희생을 바탕으로 관리비 절감을 하는 것이 바람직한 절감방법인가요? 저희 동 주민들은 인건비를 더 낼 테니 경비아저씨를 예전 그대로 배치해주길 원합니다. (D아파트 118동 주민 인터뷰)

결국 이 단지는 누군가의 희생과 주민들의 불편함을 담보로 한 관리비 절감 노력을 하고 있는 셈이다. 다양한 주민들이 거주하는 공동주택에서 주민 의견을 수렴하여 의사를 결정하는 것은 분명 쉬운 일이 아니다. 하지만 주민들의 일상과 밀접하게 관련되어 있는 경비인력의 조정을 하는 데 있어, 주민들의 의사를 충분히 듣고 다수의 주민 이익을 위한 합리적인 결정인지를 입주자대표회의는 심사숙고할 필요가 있으며, 주민 합의를 도출하기 위해 노력해야 한다. 다른 단지들도 그렇게 하니까, 인건비 절감이 관리비를 절감하는 데 매우 큰 효과가 있으니까 등을 이유로 입주자대표회의가 편향된 결정을 한다면 자칫 관리서비스의 질과 주민 만족도를 떨어뜨리는 요인으로 작용할 수 있다.

경비원과 관련된 또 다른 사례로는 고령자 고용지원금[1]과 관련된 문제이다. 위탁관리를 택하고 있는 아파트의 경우, 정부에서 지원하는 고령자 고용지원금의 귀속 권한과 관련해 입주자대표회의와 위탁관리회사 사이에 다툼이 발생하기도 하였다. 사업주의 부담을 덜어 고령자들에게 고용의 기회를 확대하기 위해 고용한 업체를 지원하는 제도인데, 그 취지와는 다르게 논쟁의 쟁점이 된 것은 고령자 고용지원금을 누가 받아 이익을 취하느냐이다.

> 서울의 모 단지에선 이전에 비해 고령자 경비원이 많이 배치된 데 대해 논쟁이 있었다. 주민들은 너무 고령인 경비원의 경우 각종 서비스를 제공하는 데 무리가 있다고 불만스러워하면서, 왜 우리 동에만 고령자를 배치하는지, 우리 단지는 타 단지에 비해 고령자 경비원이 왜 많은 것인지를 관리사무소에 민원 제기하였다. 고용에 있어 연령제한을 두면 안 되지만, 주민 민원이 발생할 정도의 다수 고령자가 채용된 배경에는 장려금을 통해 필요 경비를 줄이거나 수익을 내보고자 하는 경비업체의 계산이 있었던 것이다. 단지 주민들의 민원으로 인해 경비업체는 고령자를 해고 또는 이직시킴으로써 주민 불만을 해결하고자 하였다. (D아파트 사례, 2013)

이 문제를 두고 누군가는 상생이라는 측면에서 고령자 고용을 받아들여야 한다고 주장하는 반면, 누군가는 같은 돈을 내고 불만족스런 경비서비스를 왜 감수해야 하느냐 하는 팽팽한 의견차이가 존재한다. 결국 중요한 것은 장려금의 목적이 무엇인지와 경비서비스의 질이 판단의 기준이 될 것이다. 이처럼 경비원의 처우개선과 주민의 서비스만족도를 고려하기보다는 눈앞에 보이는 비용을 절감하기 위한 불합리한 선택들이 아파트 관리현장에는 아직도 비일비재하다.

모든 단지가 그런 결정을 하는 것은 아니지만, 인근 동과 묶어 경비원이

---

1) 고령자 고용지원금은 취업 또는 직업전환의 기회를 갖지 못하는 고령자(60세 이상)를 일정 수준 이상 고용하거나 정년 퇴직자를 계속 고용하는 사업주에게 정부보조금을 지원하는 것이다.

번갈아 가며 근무하게 한다거나 휴게시간을 길게 주는 방식으로 인건비를 절감한다든지, 아예 경비원을 없애고 CCTV 시스템을 선택하는 단지도 있다. 심지어는 경비실에 설치된 에어컨과 난방기를 문제 삼아 주민부담을 줄인다는 명목 하에 근로자의 근무환경을 열악하게 몰아가는 불합리한 선택도 존재하기도 한다.

고령자인 경비원이나 청소요원의 경우 4대 보험에 가입할 의무가 없는 데도 용역 업체에서 계약 시 이러한 사항을 세분화하지 않고 계약금액에 모두 포함시키는 경우도 있으며, 실제 보험료를 지급하지 않는 경우도 있다. 또한 11개월까지만 근무하면 다른 곳으로 발령을 내어, 1년 이상 근속해야 받을 수 있는 퇴직금을 지급하지 않음으로써 부당한 이익을 남기는 업체들도 있다. 인건비 절감을 위해 경비·청소 용역업체와 계약한 금액이 근로자에게 잘 지급되는지를 확인해야 하며, 4대 보험이 경비원과 미화원에게 지급되고 있는지, 고령의 경비원이나 미화원은 가입할 의무가 없는 4대 보험료가 용역계약 금액에 포함되어 있지는 않은지 등을 확인함으로써 불필요한 관리비 낭비는 없는지 점검해야 한다.

경비원이 자주 바뀌거나 근로환경이 나쁜 상황에서는 주민에게 그 피해가 올 수밖에 없기 때문에 지불되는 비용이 제대로 집행되지 않는 부분을 챙기는 것도 관리비 집행에서 중요한 부분이라고 할 수 있다.

### (3) 난방비와 급탕비, 난방방식의 변경

아파트의 난방비와 급탕비는 중앙난방 혹은 개별난방의 난방방식에 따라 다르게 부과된다. 개별난방의 경우, 각 집마다 설치된 보일러를 기준으로 세대 사용량만큼 매월 부과되기 때문에 난방비와 급탕비가 별도로 부과되지 않고 도시가스요금으로 청구가 된다. 하지만 중앙난방의 경우, 아파트단지 중앙 보일러실에 난방설비를 두고 단지 전체의 난방과 온수를 공급하기 때문에 요금 부과 방식이 좀 다르다.

중앙난방의 경우, 난방비는 난방 및 급탕을 하는 데 필요한 원가(유류대, 난방 및 급탕용수비)에서 급탕비를 뺀 금액을 산정한다. 급탕비는 급탕용 유류대 및 급탕용수비를 단위 당 단가를 산출하여 사용량에 곱하여 부가한다. 여기서 의문이 드는 것은 급탕용과 난방용의 유류대와 사용 수(水)량을 어떻게 나누는가 하는 것이다. 급탕과 난방의 원가를 정확히 계산해서 단가를 산출할 수도 있겠지만, 대개 급탕단가가 결정되면 난방단가는 나머지 차액만큼 단가가 결정된다. 그런데 문제는 급탕단가와 난방단가 조정을 통해 급탕비를 더 낼 수도, 난방비를 더 낼 수도 있다는 것이다. 예를 들어 급탕단가를 높이고 상대적으로 난방단가를 낮추면 온수를 많이 사용하는 세대는 비싼 요금의 급탕비를 지불해야 한다. 반대로 난방단가를 높이면 난방을 많이 하는 세대의 부담분이 커지는 것이다. 그 편차가 크게 되면 실제 사용한 것보다 부당하게 비용을 더 부담하게 되는 세대가 발생할 수 있기 때문에 원가를 기준으로 비교적 정확히 단가산정이 이루어져야 하는 것이다.

또한 중앙난방의 경우, 건축경과연수가 오래되면 배관의 부식과 난방효율 저하로 인해 주민의 난방비 부담이 커지는 것을 볼 수 있다. 지은 지 25년이 넘은 한 아파트에서는 겨울마다 주민들의 난방비에 대한 민원이 발생한다. 여름철에 비해 난방을 하는 겨울철에는 단위당 면적별로 30만원에서 60만원까지 난방비가 일괄 부과되는 것이다. 관리비고지서를 받아든 신규 전입세대는 난방비 폭탄을 맞고 관리사무소로 쫓아오게 된다.

> 서울 동작구의 한 신동아아파트에서 중앙난방의 비효율성을 개선하고자 개별난방으로 난방방식 변경을 하려고 추진하는 중에 일부 주민들과 입주자대표회의 간에 마찰이 빚어지기도 하였다. 입주자대표회의 측은 개별난방이 가진 장점으로 수선유지비 절감, 난방과 온수 이용의 편리성, 가스보일러 안전장치 내장으로 인한 안전성 증가, 열효율 면에서 비용 절감, 난방 전환 시 집값상승 요인 등을 들어 구분소유자 70%의 동의를 받아, 이를 바탕으로 관할 구청에서 행위허가를 받았다. 하지만 공사 추진과 관련하여 제기되고 있는 모든 문제들에 대하여 충분한 의견 수렴이 되지 않고 있다며 문제를 제기한 주민들이 10월 3일 이를 타 주민들에게 알리기 위한 총회를 연 뒤 비상대책위원회를 소집하고 나섰다. (스타데일리뉴스 2013.10.12)

불합리한 난방비 개선을 위해 난방방식의 변경은 불가피해보이나, 주민 간의 의견차와 절차상의 문제, 투명성 문제 등으로 인해 난방방식 변경은 어느 단지에서나 주민 간 충돌이 발생한다. 대규모 예산이 수반되는 공사인 만큼, 자금 충당은 어떻게 해결할 것인지, 공사비가 합리적인지, 리베이트는 없는지 등 다양한 문제와 의혹이 제기되는 것이 사실이다. 이러한 복잡한 문제 때문에 에너지 효율이 떨어짐에도 불구하고 중앙난방을 유지하고 있는 단지가 여전히 남아 있다.

개별난방으로 전환한 성북구의 한 단지에서는 공사 과정에서 주민들의 이기적인 주장이 목격되기도 하였다. 이 단지의 경우 비교적 큰 평수의 세대가 중앙보일러실 근처에 배치되어 있고, 평형이 작은 세대들은 주로 단지 외곽에 배치되어 있어 중앙보일러실과의 거리가 상대적으로 멀다. 그러다 보니 작은 평형의 세대는 겨울에 오리털잠바를 입고 있어야 될 정도로 추웠고, 중앙보일러실 근처의 동 주민들은 반팔 옷차림에 창문을 조금씩 열어놓고 살 정도로 온도차이가 심했다. 외곽에 위치한 동 주민들은 난방비를 많이 내면서도 춥게 지내야 하는 불합리성을 제기하며 개별난방에 적극 찬성한 반면, 중앙보일러실 주변 동 주민들은 저렴한 난방비로 누렸던 호사를 포기하고 싶지 않았다.

심지어 개별난방 전환을 반대하던 한 주민은 다수를 위한 의사결정에는 관심도 없이 자기주장만을 피력하기도 하였다. 개별난방을 설치하면 배출되는 가스로 인해 화단의 화초와 나무가 모두 죽는다 등 유언비어를 퍼뜨리기도 하였으며, 그렇게 억울하면 큰 평형에 살면 되지 않느냐 하며 다른 주민들의 감정을 상하게도 하였다. 결국 이 단지는 여러 번의 공청회와 주민 동의절차, 주민 간 물리적 충돌 과정을 겪으며 우여곡절 끝에 개별난방으로의 전환을 마쳤다. 다행히 입주자대표회의와 관리주체의 투명한 집행과 과정 공개 등으로 공사완료 후에는 더 이상의 소송이나 민원이 제기되지 않았으며, 이후 다양한 에너지 절감방법 도입을 통해 에너지 절감 모범 아파트로 소개되고 있다.

### (4) 수선유지비

수선유지비는 매월 일상적으로 발생하는 수선공사와 이에 필요한 자재, 물품 등을 구입하는 데 사용된다. 아파트에는 매일 직원들이 여기저기 고장난 곳을 수리하고 파손된 곳을 고치는 등 여러 가지 수선을 한다. 예를 들어 계단의 난간이 파손되어, 부분적으로 교체를 하거나 부분적으로 자재를 사와서 수리를 했다면 이 때 소요된 비용은 수선유지비로 부과하게 된다. 또한 복도의 형광등이 나가서 교체하는 것도, 주차장 구획선을 부분적으로 다시 그리는 것도 모두 공동의 비용이 들어가게 된다. 수선유지비는 아파트 공용부분을 고치거나 수리할 때 드는 비용이 포함되며, 각종 시설 등의 검사비, 안전점검과 관련된 비용 등도 여기에 포함된다. 이 수선유지비는 아파트의 노후화 정도에 따라 달라질 수 있고, 매월 발생하는 보수와 수선의 종류, 소요되는 비용이 다르기 때문에 한 아파트에서도 매월 다르게 부과될 수 있다.

> 우리 아파트는 입주한 지 20년이 지난 터라 해마다 겨울이 되면 동파로 인한 배관 문제가 반복되었습니다. 그동안 동파방지를 위해 직원들이 노력을 했지만, 여전히 겨울만 되면 같은 일이 발생했지요. 수선비용도 발생하고 추운 날 직원들의 반복되는 수리업무도 무리가 있다고 판단해서 보다 적극적인 대책을 마련해야만 했습니다. 직원들은 겨울철 1층 지하 배관 파손 방지를 위한 보온장치를 직접 시공하기로 하고, 여러 가지 보온장치에 대한 실험을 하였습니다. 그 결과 스티로폼으로 배관을 둘러싸 냉기로부터 보호하는 방식을 택하였고, 외부에 노출되어 있는 배관부터 시공을 하였습니다. 배관을 모양대로 둘러싸기보다는 공기층을 여유 있게 두는 방식으로 만들어 보았습니다. 이후 동파로 인한 수선은 줄었으며 그에 따른 수선비용도 감소하였습니다.
>
> 하지만 각 세대로 연결된 공용 수도배관의 경우 미관상 스티로폼으로 해결되지 않았습니다. 그래서 동파 방지를 위해 시중에 판매 중인 전기열선을 구입하여 각 배관 내에 시공함으로써 반복되는 배관파손을 줄일 수 있었고, 설치비용 대비 설치 후 배관파손 보수비용이 현저히 줄어들었음을 비교할 수 있었습니다. (D아파트 관리사무소장 인터뷰)

이처럼 수선유지비는 월별 발생하는 보수 비용이 다르기 때문에 관리사무소의 노력 여하에 따라 금액에 차이가 있을 수 있다. 예를 들어 직원들의 업무차원에서 해결할 수 있는 보수·수선과 외주를 주어야 하는 공사를 잘 구분하여야 하며, 필요한 공사 물품도 가격 비교를 통해 합리적으로 구매하고 재활용이 가능한 것은 활용함으로써 작은 액수이지만 비용 절감의 효과를 거둘 수 있다. 물론 이 모든 것을 외주를 주지 않고 관리 직원들이 모두 하면 많은 비용의 절감효과를 얻지 않겠냐고 말하는 주민도 있다. 하지만 꼭 모든 크고 작은 공사를 직원이 직접 하는 것이 효율적인 것만은 아니다. 직원들은 일상적으로 발생하는 보수들을 처리해야 하고, 예방적 차원에서 점검해야 할 부분도 많으며 때로는 세대 주민의 민원을 처리해 줘야 하기도 한다. 그래서 무리하게 모든 수선 공사를 다함으로써 일상적 수선 업무에 대해 놓칠 수도 있으며 직원들의 과도한 업무가 사기를 떨어뜨릴 수도 있다.

입주자대표회의 회장은 200만원 내의 공사 및 물품구입 등을 결정할 수 있는 전결권이 있다. 회장의 결정으로 신속하게 고장난 부분을 교체하거나 공사업체를 불러 수리를 할 수 있는 것이다. 이 경우 어떤 업체를 선정할 것인지, 어디서 필요한 물품을 납품받을 것인지는 기관실 혹은 전기실 담당직원이 견적을 받아 회장의 승인절차를 밟게 된다. 하지만 이 과정에서도 문제가 발생할 여지가 있다.

예를 들어 급수펌프가 고장이 나서 교체를 해야 할 상황이 발생하였다. 기전과장이 두 업체의 견적을 받아 결재를 올리게 된다. 한 업체에서는 198만원의 견적을 제출했고, 다른 업체에서는 199만원의 견적을 제출하였다. 그러면 회장은 198만원의 견적서를 제출한 업체를 선정하여 공사를 하도록 하게 하였으며, 지출되는 비용은 수선유지비로 부과하였다. 이 과정은 법적으로 아무런 문제가 없다. 두 개 업체의 견적을 받았고 그 중 싼 곳을 선정했으니 문제될 것이 없는 것이다.

그런데 급수펌프의 적정 가격은 얼마일까. 인터넷을 찾아보거나 타 업체에 가격을 알아보면 적정 가격을 알 수 있다. 하지만 이러한 노력을 하지 않더라도 누가 뭐라고 하지 않는다. 만약 급수펌프의 적정가격이 100만원인데, 회장과 기전과장이 짜고 업체에서 올린 198만원짜리 견적을 택하고, 선정된 업체에서 회장과 기전과장에게 리베이트로 각 20만원씩을 준다고 해도 서로 손해 볼 것이 없다. 수선유지비로 198만원을 배분해 내는 주민은 이 비용의 적정성에 대해 관심을 갖거나 이의를 제기하는 일은 드물다.

어떤 물품을 구입할 때 비교 견적서 상 가격이 저렴한 것을 구매했다면, 적정 가격보다 비싼 것을 구매했다고 해도 법적으로 책임을 묻기 어렵다. 적정 가격을 잘 몰라서 그랬다고 하면 그만인 것이다. 이처럼 200만원 이하의 서류 입찰에서도 이러한 문제가 합법적으로 이루어질 수 있는 것이다. 감사를 하더라도 법적으로 절차 등에 문제가 없는지를 따지지 최선의 선택이었는가를 보는 것은 아니기 때문에 이러한 불합리성을 시정하는 것은 관리주체와 입주자대표회의 스스로가 투명하게 집행하고자 하는 의지가 있어야 가능하다.

5년 전 처음 대표회장이 되었을 때 어느 날 노후한 CCTV 카메라를 교체한다는 기안이 비교 견적과 함께 올라왔습니다. 동일한 모델에 대해 비교 견적이 있고 좀 더 저렴한 업체의 제품을 구매한다고 하기에 결제를 했습니다. 몇 개월 동안 CCTV 카메라 교체와 관련된 비슷한 기안이 여러 번 올라 왔는데, 매번 동일한 업체에서 제품을 구입하겠다고 했습니다. 그 업체의 견적가가 다른 업체보다 낮았기 때문입니다.

그런데 제가 회사에서 어떤 물품을 구입할 때는 여러 업체의 견적을 받다 보니까 최저가 업체가 바뀌는 경우가 종종 있는데 우리 아파트에서는 특정 업체의 가격이 항상 저렴했습니다. 조금 이상하다는 생각이 들어서 가격이 두 번째로 높은 업체에 가격 협상을 하기 위해 전화를 했습니다. 물론 가격이 최고로 싼 업체는 전화를 해도 가격 협상에 응하지 않았습니다. 그런데 이 과정에서 저는 충격적인 이야기를 들었습니다. 견적 가격이 두 번째로 비싼 업체에서 자기네는 우리 아파트에 견적서를 제출하지 않았다는 것이었습니다. 조사해 보니 우리 아파트가 CCTV 카메라를 매번 구매하던 업체에서 최저가 견적을 제출하고, 이 업체가 다른 업체의 이름을 빌려서 가짜 견적을 제출한 것이었습니다.

이러한 일은 기관실에서 노후된 펌프를 교체하면서 2번 더 발생했습니다. 이것은 제가 두 번째 업체에 전화를 해보지 않고도 찾아낼 수 있었습니다. 견적서가 팩스를 통해 들어왔는데 두 개의 견적서가 1분 간격으로 도착한 것입니다. 한 업체에서 동시에 보낸 거죠. 책임을 물어서 기관과장 교체를 관리업체에 요구했고 기관과장이 교체 되었습니다. 그 이후로는 가짜 견적서 문제는 제가 아는 범위 내에서는 사라졌습니다.
(성북구 D아파트 입주자대표회장)

단지에 따라서는 일정금액을 수선유지비나 수선유지비 충당금이라는 명목으로 부과하기도 하는 데, 이는 매월 집행되는 비용과의 차액이 발생할 수 있다. 금액이 큰 공사의 경우 투명성을 기하기 위해서는 공사 후 발생한 비용을 몇 개월로 나누어 주민에게 사후 부과 방식으로 하여 차액이 발생하지 않도록 하는 것이 바람직하다. 또한  공사 계약 시 적정단가와 공사범위 등을 철저히 검토함으로써 계약금액이 부풀려지지 않도록 하는 것이 관리비 절감에 무엇보다 중요한 실천이 될 것이다.

### (5) 위탁관리수수료

아파트를 관리하는 방식은 두 가지가 있다. 바로 자치관리와 위탁관리 두 가지 방식이다. 자치관리는 주민과 주민 대표들이 법에서 정하는 요건을 갖추어 관리사무소 직원들을 직접 고용하고 필요한 설비들을 갖추어 관리하는 방식을 말한다. 반면 위탁관리는 위탁관리회사 혹은 주택관리업체로 불리는 전문 회사를 선정해 관리 전반을 맡기는 것으로, 이때 필요한 설비나 직원 배치·관리를 관리업체에서 책임을 지고 수행한다. 보통 세대수가 많은 단지에서는 위탁관리 방식을 택하고 있는데, 관리업체 선정과정을 통해 2~3년간 관리를 맡길 업체를 선정한다. 의무관리대상 공동주택 중 위탁관리를 택하고 있는 경우는 약 71%(643만 세대)에 이르는 것으로 집계된다.2)

위탁관리수수료는 주택관리를 전문업으로 하는 주택관리업체에게 위탁관리할 때 발생하는 비용으로, 관리업체에 매월 지급하는 수수료를 말한다. 이들이 파견한 관리 직원 등의 보수는 일반관리비로 직접 지급되는 경우가 많으며, 관리업체에게 지급하는 위탁관리수수료가 이들의 영업이익에 해당하는 것이다. 도급방식도 있는데, 직원인건비와 관리업체의 영업이익 등을 모두 포괄하여 일괄 지급하는 형태이다.

2010년 7월 관련법과 주택관리업자 및 사업자 선정지침고시가 개정되면서 주택관리업체를 경쟁입찰 및 최저가 낙찰제로 선정하도록 하였다. 경쟁입찰 및 최저가 낙찰제 시행은 주택관리업체 선정에 있어 불투명한 계약 과정과 이로 인한 민원을 해소하기 위해 정부에서 도입한 것이다. 하지만 이로 인해 과도한 낙찰가 덤핑 사례가 등장하게 되었으며, 주택관리업체의 무리한 경쟁으로 비정상적인 시장 상황이 초래되었다. 한 연구에 의하면, 관련 고시 개정 이후 ㎡당 위탁관리수수료가 1원 미만으로 낙찰된 단지가 2010년 11월까지만 해도 10% 미만이었으나 2011년에는 40%에 달한 것으로 집계되었다(머니투데이 2011.2.15).

최저가 낙찰제가 주민의 관리비 부담을 줄이고 업체 선정과정에 있어 주민 불신을 해소할 수 있는 방법으로 제시되기는 했지만, 과연 최선의 방법인지에 대해서는 여전히 견해 차이가 존재한다. 최저가 낙찰제의 문제를 보완하기 위해 적격심사제를 도입하고 전자입찰제 역시 시행하고 있지만 관리비 비리와 의혹은 근절되고 있지 않다. 또한 최저가 낙찰제 시행 이후 위탁관리수수료는 전국 평균 7원/㎡(평당 23원)3)으로 위탁관리업체의 영업이익은 급격히 떨어졌으며, 이에 비례해 주민들에게 돌아가는 혜택은 많은 지에 대한 반론도 여전히

2) 출처: 국토교통부 국토교통통계누리(2013).

3) 출처: 국토교통부 공동주택관리정보시스템 k-apt.go.kr, 2016년 5월 기준.

존재하고 있다.

## 2. 관리비 외 비용의 처리

### (1) 장기수선충당금과 안전진단 실시비용

관리비고지서를 본 주민들은 법에서 정하고 있는 10가지 비목 외에 다른 항목들을 볼 수 있다. 장기수선충당금과 안전진단 실시비용, 그리고 각종 사용료가 그것이다. 장기수선충당금과 안전진단 실시비용은 관리비와 구분하여 징수하여야 하는 비용으로 분류하고 있는데(「공동주택관리법」 시행령 제23조 제2항), 그 이유는 소유자가 부담하여야 하는 금액이기 때문이다.

장기수선충당금은 장기수선계획에 따라 공동주택 주요 시설의 교체 및 보수에 필요한 금액이며, 안전진단 실시비용은 공동주택의 리모델링 등을 위한 안전진단을 실시할 때 발생하는 비용을 의미한다. 장기수선충당금의 경우, 자산의 유지관리를 위해 적립해 두는 금액으로서 세입자는 납부할 의무가 없다. 세입자가 매월 관리비고지서에 포함되어 부과되는 장기수선충당금을 납부하였다면, 전출 시 집주인으로부터 그동안 납부한 금액을 돌려받아야 하며, 이에 대한 정산내역은 관리사무소에서 해준다.

장기수선충당금은 얼마를 적립하는 것이 적절한가. 국토교통부(2013)에서는 배관 교체를 위한 수선비 총액으로는 353.70원/㎡이며 적립금 총액은 422.90원/㎡을 제시하였다. 수선비 총액은 실제 공사가 이루어지는 수선비용을 적립개월 수로 나눈 금액이며, 적립금 총액은 수선주기율에 따라 실제 수선공사가 도래하지 않았으나 이를 예상하고 적립해야 하는 금액을 적립개월 수로 나눈 금액을 의미한다. 예를 들어, 15년 주기로 전면수선공사가 이루어지는 급수탱크의 경우 40년간 실제로 전면수선에 의한 공사는 2번 이루어진다. 이때 실제로 2번만 공사를 하는 경우를 수선공사비로 보고 해당 비용을 적립하는 방식이 수선비 총액방식이며, 30년이 지난 뒤 나머지 10년간도 45년째의 급수탱크 공사비를 적립하는 방식이 적립금 총액방식인 것이다. 따라서 수선비 총액과 적립금 총액에 차이가 나게 된다.

수선비 총액방식으로 필요한 장기수선충당금을 기본형건축비에 대비하면 매월 기본형건축비의 2.5/10,000를, 적립금 총액방식으로 필요한 장기수선충당금을 기본형건축비에 대비하면 매월 기본형건축비의 3.0/10,000을 적립해야 하는 것이다. 2015년 기준 표준건축비는 ㎡당 171만 5천원이므로 최소한 2/10,000를 적립한다면, 적립해야 할 장기수선충당금은 343원/㎡가 된다(서울시, 2015).

전국 공동주택의 장기수선충당금 적립수준을 살펴보면, 지역별 평균금액이 최소 79원/㎡에서 최대 206원/㎡으로 전국 평균금액은 130원/㎡인 것으로 나타났다.[4] 이러한 장기수선충당금 적립액은 장기수선계획에 부합하게 공사를 진행하기에는 턱없이 부족하다.

한 입주자대표회의에서는 건물의 노후화로 인한 주요시설의 교체시기가 도래하는 데 반해 적립된 장기수선충당금 적립액이 현저히 부족한 것을 보고받고 이에 대한 대책마련 회의를 하였다. 동별 대표자마저 관리비는 모든 항목별로 적게 부과하는 것이 주민들을 위한 것으로 여겼기 때문에 장기수선충당금 인상에 대한 결정을 하는 것이 쉽지 않았다. 하지만 장기수선계획을 수정 보완하면서 장기수선충당금의 인상은 불가피하다는 것에 의견을 모으고, 주민동의를 구하되 일시적 부담을 최소화하기 위해 3년에 걸쳐 매년 평당 100원씩(33.3원/㎡) 인상하는 것으로 결정하였다. 그리고 이 결정에 대해 충분히 주민들에게 알리고 협조를 당부하고자 게시판 홍보물을 적극 게시하였다. 3년간 평당 단가를 300원(100원/㎡) 올린 후 평당 850원(266.6원/㎡)이 되었음에도 불구하고 여전히 장기수선충당금의 확보액은 부족한 실정이었지만, 입주 후 관리비 인상을 우려해 한 번도 조정하지 않았던 장기수선충당금을 주민 설득과정을 거쳐 시행하게 된 것은 올바른 결정이었다고 평가되고 있다.

장기수선충당금에 대한 이해가 부족한 경우, 입주자대표회의는 관리비 인상으로 인한 주민 민원을 피하고자 본인 임기 중에는 인상하지 않겠다고 결정하기도 하였다. 하지만 이러한 결정은 장기적으로 볼 때 바람직하지 않은 결정이며, 적립액 부족으로 필요한 공사를 하지 못하는 경우 그 피해는 고스란히 주민의 몫으로 전가될 것이기 때문이다.

---

4) 출처: 국토교통부 공동주택관리정보시스템 k-apt.go.kr, 2016년 5월 기준.

그림 3-2 부식이 심각함에도 불구하고 장충금 부족으로 교체하지 못하는 배관

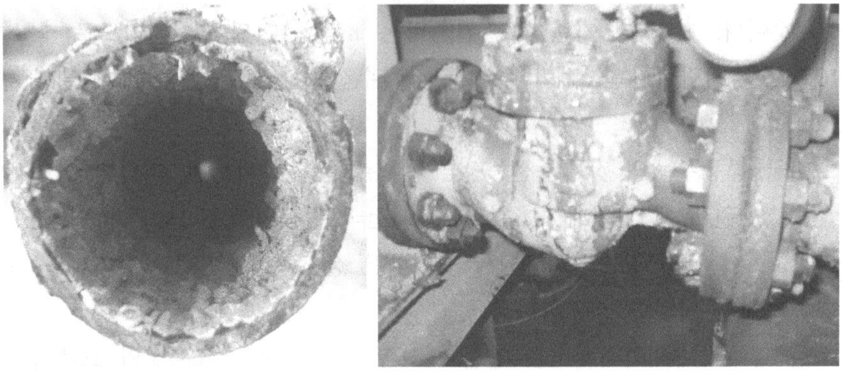

출처: 은난순(2015).

## (2) 사 용 료

사용료 등에 대해서는 「공동주택관리법」 시행령 제23조 제3항에서 정하고 있는데, 전기료(공동으로 사용하는 시설의 전기료 포함), 수도료(공동으로 사용하는 수도료를 포함), 가스사용료, 지역난방 방식인 공동주택의 난방비와 급탕비, 정화조오물수수료, 생활폐기물수수료, 공동주택단지 안의 건물 전체를 대상으로 하는 보험료, 입주자대표회의 운영경비, 선거관리위원회 운영경비로 구성된다.

사용료에는 공동사용료와 개별사용료로 나눌 수 있다. 공동사용료에는 공동전기료와 공동수도료가 있는데, 공동전기료는 공용시설전기료(중앙난방방식의 보일러, 급수펌프, 소방펌프, 가로등, 지하주차장, 관리사무소 등 부대시설 및 복리시설에서 사용하는 전기료)와 승강기전기료로 나뉜다. 공용시설전기료는 월간 소요된 비용을 주택 공급면적에 따라 배분하고, 승강기전기료는 동별로 구분하여(동별 계량기 설치 시) 월간 실제 소요된 비용을 동별로 나누어 배분한다. 공동수도료 역시 공용부분에서 사용하는 수도요금을 주택 공급면적에 따라 배분한다.

개별사용료란 각 세대에서 전기, 수도 혹은 도시가스 등 개별 사용분에 대해 부과하는 금액을 말한다. 개별사용료는 사용자가 사업자(한전 등)에게 납부하는 것이 원칙인데, 편의상 관리비고지서에 별도 항목으로 부과한 후 관리주체가 납부를 대행하고 있다.

전기료의 경우, 한국전력공사와의 전기요금 계약방식[5]이 영향을 미치는 점에서 동일한 전기를 썼음에도 불구하고 계약방식에 따른 차이로 입주자가 더 많은 전기요금을 내는 경우도 있다. 따라서 입주자대표회의와 관리주체는 전기요금 계약방식인 종합계약방식과 단일계약방식에 의한 차이를 검토하여 주민에게 유리한 계약방식을 모색할 필요가 있다.

대부분 주민들은 개별사용료가 관리비고지서에 같이 부과되어 납부하기 때문에 관리비 하면 흔히 개별사용료까지 포함한 금액으로 인지하는 경우가 많다. 따라서 공용부분에서 불필요한 관리비를 절감하고자 관리사무소에서 노력한다 하더라도 각 세대의 개별사용료 절감 노력이 수반되지 않으면 주민이 체감하는 관리비 절감 효과는 그다지 크지 않을 것이다. 관리비에 대한 올바른 이해와 관리주체, 입주자대표회의 그리고 주민이 함께 합리적으로 실천할 수 있는 관리비 절감, 에너지 절감에 대한 논의가 필요하다.

## 3. 잡수입을 둘러싼 의견차

공동주택의 잡수입이란 재활용품의 매각 수입, 복리시설의 이용료 등 공동주택을 관리하면서 부수적으로 발생하는 수입을 말한다(「공동주택관리법」 시행령 제23조 제8항). 잡수입을 좀 더 자세히 나누어보면 운영수입과 기타수입으로 구분할 수 있는데, 운영수입이란 공용공간 등의 활용한 각종 임대료 및 외부업체와의 계약 등을 통해 발생하는데, 시설운영수입(승강기수입, 주차장수입), 알뜰시장수입과 일일장터수입, 재활용품판매수입, 게시판 등 광고료수입, 검침수입, 예금이자 및 연체료 수입, 통신중계기 설치 임대료 혹은 어린이집 임대료

5) 한국전력공사의 전기계약방식에는 종합계약방식과 단일계약방식이 있다. 종합계약방식이나 단일계약방식이나 아파트 1구내에 고압의 전기가 들어오는 것은 동일하나, 종합계약방식은 세대별 사용량은 단독주택과 동일하게 주택용 저압을 적용받고 공동설비 사용량은 일반용(갑) 고압요금을 적용하여 요금을 계산하는 방식이다. 단일계약방식은 주택 사용량이나 전체 사용량을 세대수로 나누어서 평균 사용량을 산출하고 이를 주택용 고압요금 방식에 따라 요금을 결정하는 방식이다. 종합계약방식은 주택용 단가는 높고 공용부에 적용하는 전기단가가 낮아 공용시설이 많은 아파트에 유리하고, 단일계약은 주택용 고압방식이 적용되므로 요금이 종합계약방식에 비해 낮아 공용시설 비율이 낮은 단지에 유리하다. 공용시설 비율이 30% 미만인 단지는 단일계약방식이 유리하며, 그렇지 않은 단지는 종합계약방식이 유리한 것으로 알려져 있으나, 공용시설 30% 미만이 절대적인 기준은 아니다. 기본 관점은 공용시설이 적을수록 단일계약방식이 유리하다는 것이다(서울시, 2015).

등 각종 임대료수입 등이 있다. 기타수입으로는 부과차익, 공동주택지원금수입, 고용안정사업수입 등이 있다.

잡수입의 규모는 단지 규모와 특성에 따라 다른데, 지역별 평균으로는 최소 45원/m²에서 최대 115원/m²(주거전용면적 기준)인 것으로 나타났으며, 전국 평균 74원/m²인 것으로 나타났다.[6] 잡수입의 발생금액을 각 단지의 설비 및 부대시설 상태나 지역상황 등에 따라 다르기 때문에 일괄적으로 말하긴 어렵지만, 예를 들어 서울시 소재의 약 2,000세대 규모의 아파트 경우 연간 잡수입이 약 2억원 정도 발생하는 것으로 나타났다.

잡수입의 처리는 관련법에서 정하는 바에 따라 차기년도 예비비 등으로 사용할 수 있도록 처리하고 나머지는 장기수선충당금으로 적립하도록 하고 있다. 하지만 소유자와 사용자(세입자)의 기여분이 다른데 잡수입을 소유자가 부담해야 하는 장기수선충당금에 귀속되도록 처분하는 것은 부당하다는 의견이 제기되었으며, 서울시의 경우 잡수입을 발생에 기여한 소유자분과 사용자분으로 나누어 각기 따로 처리할 것을 공동주택관리규약준칙을 통해 제시하였다. 하지만 당시 「관련법」 규정에 맞지 않게 잡수입으로 사용자의 관리비를 차감해주도록 함으로써 관리비 절감이라는 명목 하에 선심성 행정을 하고 있다는 비판과 함께, 관리비 차감이 아닌 시설 개선 등 현재 입주자 등에게 모두 혜택이 가는 공동비용으로 처리하는 것이 합리적이라는 의견까지 다양하게 제시되기도 하였다. 분양아파트 단지뿐만 아니라 분양·임대 혼합주택단지에서도 잡수입 배분과 관련한 주민 간 갈등이 발생하고 있는 것은 마찬가지이다.

> 관리비라든지 잡수입 같은 경우에는 사용하는데 있어서 임차인들과 입주자들 간에 이해관계가 있습니다. 입주자 같은 경우는 환경개선 등 재산 가치를 올리기 위해 쓰려고 하고, 임차인들은 자기가 사는 동안에 관리비를 좀 절감할 수 있는 방법, 그런 용도로 가능하면 잡수입을 쓰려고 합니다. 서로 의견이 다른 거죠. (S혼합주택단지 관리사무소장 인터뷰, 2015)

잡수입과 관련된 또 다른 쟁점으로, 공동주택 관리과정에서 청소비, 경비비 등 관리용역을 비롯해 비정기적으로 발생하는 알뜰시장수입, 재활용품판매

---

6) 출처: 국토교통부 공동주택관리정보시스템 k-apt.go.kr, 2016년 5월 기준.

수입 등 잡수입에 대하여 부가가치세[7]를 납부하도록 하는 데 대해 주민과 국세청 간의 입장 차이가 있어 왔다. 공동주택도 부가가치세를 납부하는 것이 맞다는 국세청과 부당하다는 주민 입장이 첨예하게 맞서고 있다.

비영리 법인인 공동주택에서 발생하는 수입에 대하여 계속적인 수익을 목표로 하는 일반 사업자와 같이 부가가치세를 납부하도록 하는 것은 부당하며, 부족한 세수를 확보하기 위해 정부가 그동안 부과하지 않던 잡수입에까지 과세를 강화하는 것이 아니냐는 비난이 주민과 관리주체의 입장이다.

반면에 고유번호를 부여받은 아파트 입주자대표회의가 이동통신회사에게 그 아파트의 옥상에 통신 중계기를 설치하도록 하고 사용료를 받는 경우, 그 아파트 입주자대표회의는 「부가가치세법」 제2조의 규정에 의한 사업자에 해당하므로 같은 법 제5조의 규정에 의하여 사업자등록을 하여야 하며, 공동주택은 영리목적 유무에 불구하고 부가가치를 창출할 사업형태를 갖추고 계속적 반복적 의사로 재화 또는 용역을 공급하는 자에 해당되므로 부가가치세 부과(소급 부과 포함)가 정당하다고[8] 국세청, 조세심판원에서는 판단하고 있다. 즉 아파트 의결기구인 입주자대표회의에서 아파트 내에 광고물을 부착하도록 하고 광고주로부터 대가를 받는 경우에는 부가가치세를 납부할 의무가 있다는 것이다.

문제는 이러한 논쟁이 주민과 정부 간에 주고받는 사이, 아파트 현장에서는 그동안 신고하지 않은 부가가치세에 대해 소급하여 가산세까지 더해 수백만원이 넘는 과태료를 납부하는 단지가 발생하고 있다는 것이다. 이러한 과세가 정상적인 방법으로 이루어졌다기보다는 단지 내 주민 간 갈등에 의해 불거진 사례도 있다.

> 몇 년 전 6,000세대가 넘는 대규모 단지의 관리사무소로 국세청의 가산세를 더한 부가가치세 통보가 전해졌다. 그런데 과세의 배경에는 현 입주자대표회의에 불신을 가

---

7) 부가가치세란 상품(재화)의 거래나 서비스(용역)의 제공과정에서 얻어지는 부가가치(이윤)에 대하여 과세하는 세금이며, 최종소비자가 부담하는 것으로, 최종소비자가 부담한 부가가치세를 사업자가 세무서에 납부하는 것이다. 그러므로 부가가치세 과세대상 사업자는 상품을 판매하거나 서비스를 제공할 때 거래금액에 일정금액의 부가가치세를 징수하여 납부해야 한다.
2017년부터 전용면적 135㎡ 이상, 2018년부터는 모든 아파트에서 관리, 경비, 청소 용역에 부가가치세가 부과될 예정이다. 부가가치세는 자치관리를 선택하면 부과되지 않는다.

8) 참고자료: 국세청 부가가치세과-643, 2009.5.7.

진 전 동별 대표자로 알려진 주민이 관할 세무서에 당해 공동주택의 부가가치세 미신고 및 미납부에 대한 신고를 한 것이다. 일단 신고가 들어온 만큼 관할 세무서에서는 관리사무소의 확인 과정을 거쳐 관련 규정을 들어 행정처분을 내렸다. 이 과정에서 입주자대표회의와 관리주체는 해당 세무서를 찾아가 전국 모든 단지에서 관행 상 부가가치세를 납부하지 않았으며, 세무서에서도 납부의무에 대한 고지를 한 적이 없다는 것을 피력하였다. 결국 그 단지는 전 동별 대표자의 민원으로 지난 수 년 간의 부가가치세를 소급하여 일시에 납부하게 되었으며, 주민들은 아직 사회적 합의가 이루어지지 않은 문제를 두고 한 주민의 개인적인 감정으로 전체 주민이 경제적인 손해를 보게 되었다며 분개하였다. (P아파트 사례)

이 단지는 정부의 부가가치세에 대한 논의가 있는 것을 감안해 중계기 임대료 등 정기적으로 발생하는 임대료 등의 잡수입에 대해서는 부가가치세 신고를 하려고 입주자대표회의 회의를 거쳐 논의를 한 상태였다. 민원을 제기한 전 동별 대표자는 동별 대표자 임기 중 한 번도 부가가치세에 대해 언급하지 않았다고 하는데, 진정 그의 행동을 부가가치세 미신고가 옳지 않다는 것에 동의해 소신껏 행동했다고 보아야 하는 것인지 의문을 가지게 한다. 현 입주자대표회의에 타격을 주기 위한 행동이었음을 의심받게 되면서, 과연 실익은 무엇이었는지 그의 행동은 사회정의와 전체 주민을 위해 필요한 선택이었는지에 대해 생각하게 한다.

## 4. 관리비 부과의 공정성과 주체별 역할

매월 관리비를 부과하기 전 입주자대표회의에서는 관리비부과내역에 대한 심의를 한다. 관리비 부과내역서의 심의가 입주자대표회의의 의결사항이 아니라는 유관기관의 해석에 따라 관리주체 입장에서는 관리비부과내역서 심의를 입주자대표회의 안건으로 올릴 필요가 없다는 입장이다.9)

9) 「주택법」 시행령 제51조 1항 제2의 4의 "제58조에 따른 관리비 등의 결산의 승인"의 의미에 대한 질의에 대한 답변은 이와 같다. "관리주체는 「주택법」 시행령 제55조의2 제2항에 따라 매 회계연도마다 사업실적서 및 결산서를 작성해 회계연도 종료 후 2개월 이내에 입주자대표회의에 제출해야 하고, 같은 법 시행령 제51조 제1항 제2의 4에 따라 입대의의 의결을 받도록 하고 있습니다. 다만 관리비 등의 부과내역서는 매월 말 작성해 입주자 등에게 공개하는 사항으로 동 시행령 제51조에 따른 입대의의 의결(승인)사항으로 볼 수는 없을 것입니다."(김호열, 2015)

관리비부과내역서 심의를 하는 단지의 경우 심의 수준과 방법은 단지별로 다양한데, 관리비 심의를 하는 취지는 입주자대표회의에서 결정된 바가 절차에 맞게 시행되었는지, 관리비 집행이 합리적이고 투명하게 되었는지, 근거 서류는 잘 갖추었는지 등으로 결국 전체 주민의 이익에 부합하게 집행이 되고 있는지를 확인하는 것이라고 볼 수 있다. 한 아파트 단지의 감사는 매월 관리비 부과내역서를 몇 시간씩 할애하여 검토를 한다. 이를 위해 관리사무소에 많은 근거자료를 요청하는데, 입주자대표회의 결정사항을 확인할 수 있는 입주자대표회의 회의록 뿐 아니라 지출을 위한 기안과 지출결의서, 관리비통장, 무통장입금증, 각종 영수증 등, 그리고 세대별 주차요금 대장까지 요구하기도 한다. 물론 계산기를 준비하여 합산이 맞는지까지도 계산해본다고 한다. 이러한 감사의 행위는 관리주체에 대한 불신으로 인한 과도한 감사행위인지 아니면 감사로서 역할을 충실히 하기 위한 것인지는 보는 시각에 따라 다를 것이다.

물론 이 감사의 경우, 관리주체의 잘못을 꼬투리잡기 위해 하는 것이 아니며, 감사로서 매월 주민에게 부과되는 관리비가 정확한지에 대해 확인하고, 불합리한 부분을 건의하고자 한 것이다. 주민을 대표해 입주자대표회의가 꼼꼼히 매월 부과되는 관리비를 점검해준다면 주민 입장에서는 가장 필요한 일이라고 할 것이며, 전문가에 의한 감사가 아닌 경우 결국 면죄부를 주는 것은 아니냐는 우려와 관리주체와의 신뢰관계가 문제 아니냐는 주장 등 다양한 입장 차이를 보일 수 있다. 결국 누가 옳은가가 중요하다기보다는 그 행위와 주장의 목적이 무엇인가 일 것이며, 그동안 관리현장에서 나타난 상호 간의 불신과 갈등이 이러한 의견 대립으로 보여지는 것일 수 있다.

한 지역의 의원은 당해 지역 공동주택의 세입자의 비율이 42%에 달하고 300세대 이상의 경우 38.4% 달하는 것으로 파악되고 있는데, 표본 조사 결과 관리비부과내역 중 장기수선충당금 등 소유자의 재산권 관련 비용이 고작 7.4%에 불과함에도 불구하고, 관리비 부과 결정 시 세입자의 참여를 배제하는 것은 세입자의 자기결정권을 제약하는 것으로 반드시 시정되어야 한다고 하였다. 이를 위해 세입자가 일정 비율 이상인 공동주택에서는 관리비 심의위원회를 의무적으로 설치하고 심의위원 중 세입자를 1/3 이상 구성토록 하여 관리비 투명성을 높이고 세입자의 권리를 보장해야 한다고 주장하였다.[10)]

10) 출처: 이재준(2015), http://blog.naver.com/forwhajeong/220480635790

관리비 결정에 있어 세입자의 참여는 비단 관리비 투명성 제고만을 목적으로 하는 것은 아닐 것이며, 많게는 거주 주민의 50%가 세입자(사용자)임에도 불구하고 중요한 관리결정에 있어 참여가 제한되는 세입자의 배제[11]가 결국 관리에 대한 무관심과 불신감을 초래하는 한 이유가 된다는 것이다. 관리에 대한 많은 정보가 공개되고 있으므로 마음만 있다면 관리사무소 혹은 정부의 공동주택관리정보시스템에서 얼마든지 확인할 수 있다고는 하지만, 의사결정에 직접적인 권한이 없을 경우 공동체의 일원으로서 책임감도 약할 수밖에 없을 것이다. 임차권, 임차인의 거주권·참여권 등 세입자의 권리에 대한 논쟁은 결국 이러한 제도적 한계가 진정한 주거공동체로 나가는 데 걸림돌이 된다는 근본적인 시각에서 출발한 것으로 볼 수 있다.

## Ⅲ. 관리비의 공개와 절차적 합리성

### (1) 관리비 공개를 통한 투명성 강화와 한계

관리비를 둘러싼 비리와 주민 간 갈등은 이미 오래전부터 있어 온 사안이었고, 관리비 투명화를 위한 노력도 제도적 보완과 주민과 관리주체의 자정노력으로 이루어져 왔다.

제도적인 측면에서 살펴보면, 국토교통부에서는 「공동주택관리법」[12]에서 관리비 공개와 회계감사에 관한 규정을 보완해가고 있다. 단지관리에 소요된 비용이나 관리활동에 의해 얻어진 잡수입 등에 대해 투명하게 관리하도록 하고 있는데, 의무관리대상 공동주택의 관리주체는 관리비 현황을 입주자와 사용자가 확인할 수 있도록 정부에서 지정하는 '공동주택관리정보시스템'[13]에 의무적으로 공개해야 한다. 그동안 의무적으로 공개해야 하는 항목은 2009년

---

11) 관련 법에 의하면, 사용자는 동별 대표자 피선거권이 없기 때문에 의사결정기구인 입주자대표회의 구성원이 될 수 없다.

12) 2016년 8월 12일 전까지는 관리에 관한 모든 규정이 「주택법」에서 제시되었으며, 「공동주택관리법」 시행 이후 「주택법」에 있던 관리비와 관련된 규정도 모두 「공동주택관리법」으로 이관되었다.

13) www.k-apt.go.kr

11월 6개 항목에서 출발해 2014년 6월부터는 47개 항목으로 대폭 늘어났다. 관련법에서 정하고 있는 관리비 비목 외에 관리비와 구분하여 징수하도록 되어 있는 항목 및 사용료 등에 대한 세부항목도 구분하여 공개하도록 하고 있다.

**표 3-1** 공동주택관리정보시스템의 관리비 공개항목 변화

| 공개시기 | 공개항목 |
| --- | --- |
| '09.11월<br>(9월 부과분) | 6개 항목<br>관리비 6개 항목 공개(일반관리비, 청소비, 경비비, 소독비, 승강기유지비, 수선유지비) |
| '10.12월<br>(10월 부과분) | 27개 항목(관리비, 사용료, 장기수선충당금, 잡수입 등) |
| '14.06월<br>(4월 부과분) | 47개 항목<br>관리비 중 일반관리비의 세분화 등 개선(관리비, 사용료, 장기수선충당금, 잡수입 등) |

출처: 국토교통부 보도자료(2014.5.29), "아파트 관리비, 6월부터 세세한 내역 공개된다"

그동안 일반관리비는 인건비, 제사무비, 제세공과금, 차량유지비 등으로 공개하도록 하였는데 공개항목을 세분화하여 각 부과내역별 구체적인 금액을 확인할 수 있게 되었다. 예를 들어 인건비 항목으로만 공개되던 것을 급여, 제수당, 상여금, 퇴직금, 산재보험료, 고용보험료, 국민연금, 국민건강보험료, 식대 등 복리후생비로 세분화하였으며, 제사무비는 일반사무용품비, 도서인쇄비, 교통통신비 등으로 세분화되었다. 제세공과금은 전기료, 통신료, 우편료, 세금 등으로 세분화되었고, 차량유지비는 연료비, 수리비, 보험료, 기타 차량유지비로 세분화되었다.

수선유지비의 경우도 수선유지비라는 하나의 항목으로 공개될 때에는 어떤 유지보수에 얼마가 들었는지 알기 어려웠으나, 용역금액 또는 자재 및 인건비, 보수유지비 및 제반 검사비, 건축물의 안전점검비용, 재난 및 재해 등의 예방에 따른 비용 등으로 세분화함으로써 이전보다는 상세한 내역을 확인할 수 있다.

서울시 역시 국토교통부와는 별도로 아파트 종합 정보공개 포털인 '서울시 공동주택 통합정보마당'을 구축해 2014년 3월부터 운영하는 한편, 혁신 방

안 추진 기구로 민관 거버넌스 형태의 '공동주택관리 지원센터'를 운영하기로 하였다. '서울시 공동주택 통합정보마당'에서는 아파트 관리비에 대한 정보는 물론, 그동안 일반주민의 접근이 어려웠던 재무제표 및 표준화된 292개 회계과목별 회계정보가 자동 연계되며, 공사용역 입찰 및 계약내용, 관리비 예치금과 장기수선충당금 등도 모두 공개된다. 포털 검색 하나만으로 모든 정보를 투명하게 열람할 수 있게 되면 모든 주민의 상시 감시, 이웃 아파트와의 관리비 비교가 가능해지기 때문에 부정과 비리를 예방하는 효과가 기대된다(서울시, 2013)고 보았다.

2014년도 관리비가 세부항목별로 공개하도록 되어 이전에 비해서는 상세한 정보를 구할 수 있는 것이 사실이다. 하지만 홍보부족으로 인해 이러한 공개사이트가 있다는 사실을 아는 주민은 여전히 소수이며, 공개되어 있는 내용을 올바르게 비교 평가하는 것 역시 쉬운 일이 아니다.

전 세계적으로 공동주택의 관리운영비를 인터넷을 통해 상세히 공개하도록 하고 있는 나라는 우리나라뿐이며, 이는 그동안 투명하게 집행되지 못한 관리현장의 문제점과 주민 무관심을 대변하는 증거이기도 하다. 사적자치에 의해 투명성과 합리성이 이루어져야 함에도 불구하고 공적인 개입이 깊숙이 이루어질 수밖에 없는 한계성을 보여준다.

### (2) 회계감사의 허와 실

의무관리대상 공동주택의 관리비는 누구나 확인할 수 있으며 '공동주택관리정보시스템'에는 전국과 시·도 평균자료가 제공되고 있어, 거주하는 공동주택의 관리비가 특별한 이유 없이 전국이나 지역평균에 비해 높다고 생각되면, 주민은 관리주체에게 관리비 등의 사업계획 및 예산안, 회계감사와 관련된 자료를 요청할 수 있으며, 자신의 비용으로 복사를 요구할 수 있다. 또한 입주자 1/10이 요청하면 회계법인에 의한 회계감사를 요구할 수 있으며, 300세대 이상 단지에서는 2015년 1월부터 외부 회계감사가 의무화되었다(서울시, 2015).

정부가 공인회계사에 의한 외부 회계감사를 의무화한 배경에는 관리비 비리로 인한 공동주택 단지의 불합리한 집행 근절, 주민의 자산보호, 사회정의 실현 등 여러 가지 사회적 가치에 대한 고민이 있었다. 회계감사는 이미 1984년 (구)공동주택관리령에서 300세대 이상 중앙집중식난방 아파트에 대해 외부

공인회계사에 의한 의무감사를 강제화한 바 있다. 하지만 이 규정이 1998년 12월 규제개혁위원회의 심의에 의해 삭제되면서 외부감사 의무화가 폐지되었다.

그 후 2003년 「주택법」과 동 시행령이 제정되면서, 시·도지사가 제정하는 공동주택관리규약준칙에 회계감사 관련 사항이 위임되었으며, 서울시의 경우 입주자 등의 과반수 동의가 있으면 외부 회계감사를 받는 것으로 준칙으로 위임되었다. 2010년에는 외부회계감사가 강화되어 입주민 등의 10분의 1 이상이 연서하여 요구한 경우 또는 입주자대표회의에서 의결하여 요구한 경우 회계감사를 받도록 하고 있다. 이렇게 감사제도가 폐지되었거나 임의감사 제도 하에서도 감사를 받고자 하는 공동주택은 자발적으로 감사를 받았다. 그런데 회계감사가 의무사항이 아니므로 입주자들도 불필요한 비용만 유발하는 절차로 생각하는 경향이 있었다. 최소한의 비용으로 감사를 받다보니 결국 형식적인 감사로 이어지게 되고, 이는 다시 감사품질의 저하로 이어져 감사결과에 대한 주민의 기대는 그리 크지 않으며, 오히려 회계감사가 부조리한 관리주체에게는 면죄부를 주는 게 아니냐는 반론도 제시되었다.

2013년부터는 300세대 이상 아파트에서는 회계법인 등에 의한 의무감사가 도입되었으며, 2015년부터는 매년 10월 말까지 회계감사를 받아야 한다. 다만, 해당 공동주택 입주자 및 사용자의 3분의 2 이상이 서면으로 회계감사를 받지 아니하는 데 동의한 연도에는 회계감사를 받지 않을 수 있다. 의무관리대상 공동주택이지만 300세대 미만인 공동주택의 관리주체는 입주자 및 사용자의 10분의 1 이상이 연서로 요구하거나 입주자대표회의가 그 의결을 거쳐 요구하는 경우 외부 회계감사를 받아야 한다. 회계감사의 의무화로 그동안 회계처리를 부실하게 해온 단지들은 그동안의 부실관리에 대한 책임을 져야 했다. 또한 크고 작은 회계처리 부정과 서류조작 등이 드러나면서 아파트 회계기준에 따라 재무제표 등이 공정하게 작성하고, 현금 수납 및 거래를 금지하는 등 그동안 느슨했던 관리주체들의 자성 노력도 유도되었다.

하지만 회계감사에 대해 과연 실효성이 있는가 하는 논쟁은 여전히 계속되고 있다. 우선 많은 돈을 들여 실시하는 회계감사는 크고 작은 비리와 부정을 모두 찾아낼 수 있어야 한다고 주민들은 요구한다. 하지만 회계감사는 비리와 부정을 찾아내기 위해 공권력을 행사하는 검·경찰 수사나 감사원 감사가 아니며, 사인(私人) 간의 계약을 통해 이루어지는 사적 영역임을 인식할 필요가 있다. 또한 회계기간 동안 있었던 모든 거래를 확인하는 전수조사가 아닌 내부통제절차 평가를 근거로 적절한 감사절차를 수행하게 된다는 것이다(서울시, 2015). 부정과 비리를 적발하기 위한 부정적발감사는 일반적인 회계감사와 다르다는 것이다.

회계감사로 관리비가 줄어드는 것은 아니라는 주장도 있다. 회계감사를 통해 잘못된 관리비 산정이나 과도한 비용 지출을 개선하도록 하고 재무제표 작성 기준에 따라 공정하게 작성되도록 의견을 제시하는 것이 회계감사의 본질적인 목적으로 보고 있다. 하지만 주민들은 수백만원에 이르는 회계감사비를 부담하면서 회계 관련 서류의 작성기준에 맞도록 하고 과도한 지출은 개선하도록 권고하는 등의 결과를 얻기 위한 이런 형식적인 감사를 왜 하느냐 하는 입장이다. 그런 것은 위탁관리업체나 관리사무소장 및 경리 교육을 통해 충분히 해결할 수 있다는 것이다. 회계감사를 하고자 하는 것은 주민이 찾아낼 수 없는 불합리한 부분과 횡령 등 부정행위를 막고자 하는 것이라는 게 주민의 입장이다.

관리비 비리가 터질 때마다 정부에서는 방책을 제시하게 되고, 회계감사 의무화도 결국 이런 결과물의 하나라고 볼 수 있다. 아파트 회계와 관리집행에 대한 현장 감각이 없는 회계전문가에 의한 감사는 형식적인 절차일 뿐이며 사회적 낭비라는 주장이 강하게 제기되었다.

> 2015년도 회계감사 결과를 토대로 한 정부의 보도내용은 실제 범죄행위가 의심되는 내용은 전체 감사 대상의 3%로 보이는 것으로 조사됐으나 마치 전국 아파트 전체가 비리인 것처럼 기사화한 내용으로 사회적 파장이 매우 컸다. (이선미, 2016)

"1인이 다수의 아파트를 수임해 단기간 안에 감사하는 바람에 충분한 시간을 투입하지 못해 필수적인 감사절차를 이행하지 못하고, 경험있는 보조자의 부족으로 충실한 감사수행을 하지 못했다. 감사보고서가 부실하게 됐다"는 지적이 있는데, 이러한 부실감사의 가장 큰 원인으로 '저가 감사수수료'를 지목하지만 입주민들은 현재의 수수료도 비싸다는 입장이다. 토지주택연구원이 아파트 입주민, 입주대표회의, 관리사무소장 등을 대상으로 설문조사한 결과에 따르면 회계감사의 적정 비용은 '100만원 미만'이 65.7%로 절대 다수를 차지했다. '100~300만원 미만'은 31.8%였다. 전국 아파트 입주자대표회의연합회에 따르면 이번 전국 아파트 첫 외부회계감사 비용으로 의무화 이전의 두 배가 넘는 약 200억원의 관리비가 지출된 것으로 파악되고 있다(염지은, 2016).

투명한 관리비 집행을 위한 제도적 장치로 회계감사 의무화를 내세운 정부와 회계감사에 대한 기대와 실효성에 대한 의문을 제기하는 주민 간의 의견차는 결국 무엇을 위한 선택인지, 선택에 대한 책임감이 있는지, 합리적인 행위의 범위는 어디까지인지를 고민하게 한다.

## Ⅳ. 관리비 등의 집행 상 다양한 시도

관리비의 투명한 관리와 합리적인 절감에 대한 관심이 높아지면서, 투명하고 깨끗한 아파트를 만들기 위한 입주자대표회의와 관리주체의 노력이 각 지역별로 소개되고 있다. 관리비를 투명하고 공평하게 집행하기 위한 질문도 매우 다양하고 끊임없이 이어지고 있다. 평수에 따라 관리비를 내는 것이 과연 공평한가? 층수가 다르면 엘리베이터 전기료도 달라져야 하는 것이 아닌가? LED 전구로 지하주차장을 모두 교체하는 것이 경제적인 것인가? 무인시스템과 인력경비 중 어느 것이 나은가?

어떤 단지에서는 다수의 업체가 담합하여 견적서를 제출하는 것을 막기 위해 모든 구매 물품의 가격을 인터넷으로 확인하여 적정가격인지를 꼭 확인하도록 하였다. 또한 엘리베이터 등 유지보수 업체가 몇 안 되는 업체에 의해 독점되고 있는 경우, 이들이 제시하는 공사비와 자재비에 거품을 빼기 위한 목적으로 공사에 대한 원가 내역서를 요청하기도 하였다. 이 밖에도 각 공사 용역 및 물품구매를 합리적으로 하고 자 다양한 노력을 하고 있는 단지들이 이미 많이 있다.

공사에 대한 원가내역서를 요청했습니다. 재료비 가격과 공사 업체의 대략적인 이윤이 나와 있는 내역서였습니다. 교체 예정인 엘리베이터 부품의 가격이 나와 있었는데

> 대부분 이름이 생소한 부품이었기 때문에 그 부품의 가격에 거품이 있는지를 알 수가 없었습니다. 그런데 수십 개의 부품 중 본인이 잘 알고 있는 재료가 딱 하나 있었습니다. 바로 기어오일 220번이었습니다. 제가 특수윤활유 회사의 연구원이었는데 기어오일은 우리 회사가 공장 등에 많이 팔고 있는 물건 중의 하나였던 것이었습니다. 엘리베이터 보수 업체에서 제출한 기어오일 220번의 견적 가경은 20L 1P/L에 8만원으로 표시되어 있었습니다. 제가 알고 있는 소비자 가격은 대략 4만원에서 5만원인데 말입니다. 그래서 보수 업체 사장을 불러서 따졌습니다. 이번 보수 공사와 관련한 원가내역서에 당신 업체의 이익이 별도로 충분히 포함되어 있는데, 원재료비 가격까지 2배 가량 부풀려져 있으니 이것은 적정 공사비가 아니라고 주장했습니다. 보수 업체 사장은 당황하면서 부품 가격 전반에 거품이 있었다는 것을 인정하고 총 공사 가격을 그 자리에서 약 20% 할인해 주었습니다. 원가 내역서 상 수십 개의 부품 중 하나의 가격만 정확하게 파악했는데도 이것으로 300만원의 공사비를 아낄 수가 있었습니다. (D아파트 입주자대표회의 회장)

사소한 것 같지만 관심만 있다면 얼마든지 합리적인 방법으로 관리비의 거품을 뺄 수 있음을 단지 사례를 통해 확인할 수 있다. 아파트 업무를 투명하게 진행하다보면 관리비 면에서도 크고 작은 변화가 있음을 목격하게 된다. 한 사례 단지에서는 투명한 입주자대표회의와 소신 있는 관리주체를 모토로 의기투합하여 그동안 관리비 집행에 있어 불합리한 점을 하나씩 개선해 나갔다. 그 결과 알뜰시장 임대 입찰, 재활용 쓰레기 판매 입찰, 소독업체 및 관리업체 선정 입찰에서 괄목할 만한 변화가 일어났다. 다음 표에서와 같이, 조건이 동일한 입찰에서 아파트에 수익이 되는 입찰에서는 더 많은 수익금이 생겼고, 아파트에 비용이 발생하는 입찰에서는 비용 절감 효과가 있었다.

입주자대표회의와 관리주체의 노력, 그리고 주민의 호응은 관리비 절감에서만 나타난 것이 아니었으며, 그동안 주민 간에 갈등으로 소원해졌던 이웃관계 회복을 공동체 활성화와 에너지 절감 활동 등을 통해 적극 이루어냈다. 많은 의사결정 과정에 있어서 번거로운 절차일 수 있지만 적극적으로 공청회나 토론회 등 주민의견 수렴의 장을 마련하여 주민 간 견해차를 좁히고자 하는 등의 노력은 차츰 주민들 공동체 의식과 참여에도 영향을 미쳤다.

표 3-2 동일 조건의 입찰에서 나타난 입찰비용의 차이

| | 입찰 대상 | 7대 입주자대표회의 | 9대 입주자대표회의 |
|---|---|---|---|
| 아파트의 비용이 발생하는 입찰 | 소방 점검 | 550만원(D방제) | 270만원(D방제) |
| | 소독 업체 | 2,300만원/1년 | 1,020만원/1년 |
| | 관리 업체 | 2,400만원/1년 | 1,320만원/1년 |
| 아파트에 수익이 발생하는 입찰 | 알뜰 시장 | 2,075만원/1년 | 4,000만원/1년 |
| | 재활용품 | 3,000만원/1년 | 1억 1,600만원/1년 |

출처: 성북구 D아파트(2013).

관리비를 단순히 숫자로만 절감하고자 한다면 거기에는 불합리한 부분이 발생하게 된다. 관리비 액수를 줄이는 것이 중요한 것이 아니라 서비스의 질도 따져야 하며, 다수 주민의 의사에 부합하는지, 절차 상 합리적인지 등 의사결정 과정에 있어 올바른 선택인지를 늘 질문해야 할 것이다. 그리고 주민을 대표해 의사결정을 하는 입주자대표회의와 전문가로서 관리업무를 집행하는 관리주체가 아파트 관리활동에 있어 어떤 가치에 중점을 두고 일을 하는가 하는 것이 살기 좋은 아파트를 만드는 중요한 요건이 될 것이다.

그림 3-3 관리비 이해와 사용료 절감을 위한 주민 설명회

출처: 은난순(2013).

그림 3-4 어린이집 운영방식 변경에 대한 주민 공청회

출처: 은난순(2013).

## 참고문헌


서울특별시(2013), 아파트 관리비 내리기 길라잡이.

서울특별시(2015), 공동주택관리 선진화방안.

홍형옥·은난순·유병선·김정인(2016), 『주거관리』, KNOU Press.

국토교통부, "아파트 관리비, 6월부터 세세한 내역 공개된다", 보도자료 2014.5.29.

김호열, "관리비 부과내역서 심의에 관해", 한국아파트신문, 2015.7.29. 기사.

머니투데이, "아파트 위탁관리수수료 '1원 입찰' 성행", 2011.2.15. 기사.

스타데일리뉴스, "중앙집중식 난방→개별난방 전환 과정에서 마찰", 2013.10.12. 기사.

염지은, "아파트 외부회계감사, 이번엔 '부실감사' 논란", 전국아파트신문, 2016.5.8. 기사.

이선미, "공동주택 관리용역 부가가치세를 살펴보다", 대한주택관리사협회, 2016. 3.29. 기고글, http://blog.naver.com/sanhalaw/220665128825

이재준, "세입자도 참여하는 아파트입주자대표회의 내 관리비심의위원회 설치토록 경기도 공동주택관리규약 준칙 개정 전망", 보도자료 2015.9.14. http://blog.naver.com/forwhajeong/220480635790

국토교통부 공동주택관리정보시스템 http://k-apt.go.kr

국토교통부 국토교통통계누리 http://stat.molit.go.kr

공동주택관리법, 동 시행령, 동 시행규칙

제4장

# 공동주택 하자와 하자처리

김선중(울산대학교 주거환경학과 교수)

우리나라에서는 80년대 이후 도시인구가 급증하면서 공동주택 건설이 확대되고 고품질화, 다양화되고 있다. 공동주택은 우리나라 국민의 약 70%가 거주하고, 매년 약 30만 세대가 입주하고 있는 대표적인 주거공간이지만, 공동주택 건설과정의 하자로 인하여 입주자와 시공사 간 하자분쟁도 상존하고 있다(국토교통부, 2015.10).

공동주택의 보급률이 높아짐에 따라 발생하는 하자에 대한 대책과 예방대책에 대한 관심 또한 많이 증가하고 있다. 건축물은 다양한 자재 및 부재의 복합재라는 특성으로 인해, 지속적으로 발생하는 하자를 검토·분석하여 체계적으로 관리할 필요가 있다.

공사 중에 발생되는 부실시공과 공사완료 후 나타나는 하자는 자원의 낭비, 경제적 손실로 이어진다. 주택의 하자는 입주자들에게는 정신적 물리적인 피해를 주고 건설업체에게는 경제적인 손실 및 업체의 신뢰도에도 큰 영향을 주는 것이므로 하자발생을 최소화해야 하며, 하자가 발생하였을 경우 신속하고 정확하게 보수·처리하는 것이 중요하다. 그러나 하자처리가 원만하게 진행되지 않을 경우 입주민은 불만이 생기고 그로 인해 시공사와 분쟁이 발생하여 소송에 이르는 데까지 진행되어 사회문제로 부각되기도 한다.

# Ⅰ. 공동주택의 하자관리 현황

## 1. 공동주택 하자 현황

과거 우리나라에서 주택부족문제를 해결하기 위하여 국내의 건설업체는 주택의 양적 공급에 주력하였다. 1960년대 공동주택의 보급이 시작된 이래, 2016년 기준 의무관리공동주택재고는 약 8,754천호(59.0%)이며 비의무단지까지 합할 경우 1,117천호로 나타났다(국토교통부, 2016.10. 공동주택현황). 2008년 주택공급률 100%가 넘으면서 공동주택시장은 이미 공급자 중심 시장에서 수요자 위주의 시장으로 전환되었다(국토교통부, 2016, 국가지표체계 주택보급률추이).

거주자는 건물을 사용하면서 관리와 관련하여 참여영역이 확대되고 요구하는 가치의 수준도 높아졌으나 품질관리 측면에서 많은 하자가 발생한다. 2009년 하자심사분쟁조정위원회가 설치되어 활동을 시작한 2010년부터 2013년까지의 하자분쟁조정신청 건수가 1,884건, 2015년까지 7,741건으로 나타났으며 해마다 급증하는 것을 알 수 있다(국토교통부, 2015.10). 최근 주택시장은 고객 가치 향상을 위한 고객접점의 하자관리의 중요성이 부각되고 있다. 건물의 고층화, 대규모화, 복잡화 및 고급화로 인해 하자형태가 다양해지고 있다. 거주자 또한 주택의 질적 상태에 대한 요구수준이 높아져 하자처리에 대한 요구 사항이 증가하고 이로 인해 사회 문제와 경제적 손실이 늘어나고 있기 때문이다.

이에 정부는 하자를 줄이고 하자에 대한 분쟁을 신속하게 처리하기 위한 제도적 뒷받침을 하고 있다. 우리나라에서 공동주택의 구조와 시공 상태를 파악하기 위하여 의무관리대상 공동주택의 관리주체는 공동주택의 체계적인 유지관리를 위하여 대통령령으로 정하는 바에 따라 공동주택의 설계도서 등을 보관하고, 공동주택 시설의 교체·보수 등의 내용을 기록·보관·유지하도록 하고 있다(공동주택관리법 제31조). 특히 이 법에 따라 의무관리대상 공동주택의 관리주체는 공용부분에 관한 시설의 교체, 유지보수 및 하자보수 등을 한 경우에는 그 실적을 시설별로 이력관리 하여야 하며, 공동주택관리정보시스템에도

그림 4-1 하자관련 분쟁 발생수

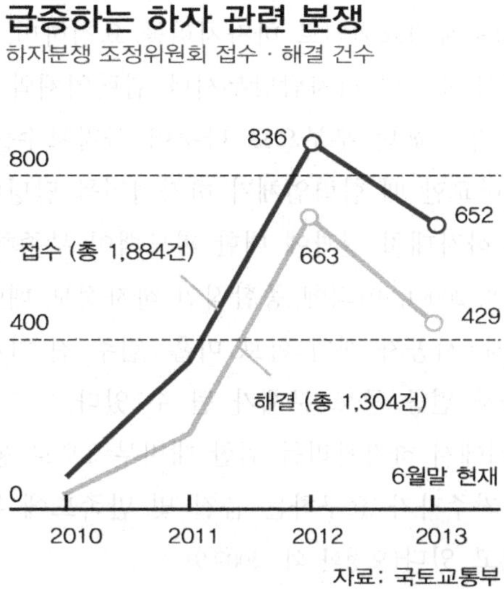


등록하여야 한다(공동주택관리법 시행령 제32조). 또한 국토교통부에서는 공동주택의 하자분쟁을 공정하고 신속하게 해결함으로써 사회적 갈등을 조기에 해결하고자, 하자심사·분쟁조정위원회를 발족한 이래 매년 하자심사·분쟁 접수 건수가 큰 폭으로 증가하고 있다.

## 2. 하자관리의 문제점

사업주체나 관리주체가 하자관리 업무의 효율성 저하 원인을 파악하면 공동주택 하자처리가 원활하게 진행될 것이다. 현행 공동주택 하자관리업무의 문제점으로는 입주 전/후 단계로 파악해볼 수 있다. 입주 전 하자관리는 준공 전 시공상태에 대한 입주자사전점검, 최종품질점검으로 분류한다. 입주 전 사전점검은 주로 점검요원이 단순한 체크리스트를 활용하여 수행하고 있어 사전에 하자를 모두 파악하기에는 무리가 있다.[1] 입주 후 하자처리과정은 입주자

1) 입주 전 사전점검은 건설업체에 따라 입주예정자가 직접 검검하는 경우도 있으며 이 경우 입주 후 하자로 인한 불만을 상당부분 줄일 수 있다.

의 하자신고 및 수집,[2] 입주자대표회의 등의 하자보수요청, 건설사의 하자보수시행, 합동으로 하자보수검증 등의 단계로 진행한다. 하자가 발생하면 관리사무소 등을 통해 입주자대표회의로 하자처리를 요청하며, 하자발생사실을 접수한 사업주체는 본사(직영)의 하자담당부서나 협력업체와 하자보수방법을 결정하고 각자 시공에 참여했던 부분으로 나누어 하자보수를 시행한다. 그러나 본사와 협력업체와 비교할 때 협력업체가 하자처리를 담당하는 경우가 전체의 60~85% 정도이므로 하자대처 결과에 대한 피드백이 부족하며 시공자 책임 확보가 어렵다(오정환 외, 2009). 이외에 종합적인 하자정보 데이터베이스 구축 미흡, 각 단계별 관리자·시공자 책임 확보 미흡, 입주 전 하자평가 부족으로 인한 하자책임의 시공자 편중 등도 문제가 될 수 있다.

이외에 시공단계에서 하자관리를 위한 대비부족으로 동일 하자 요인이 반복적으로 발생하며 거주자가 요구하는 품질 및 만족도에 부합하지 못하고 있음도 문제로 지적되고 있다(오정환 외, 2009.9).

그림 4-2 입주 후 하자관리 진행 프로세스

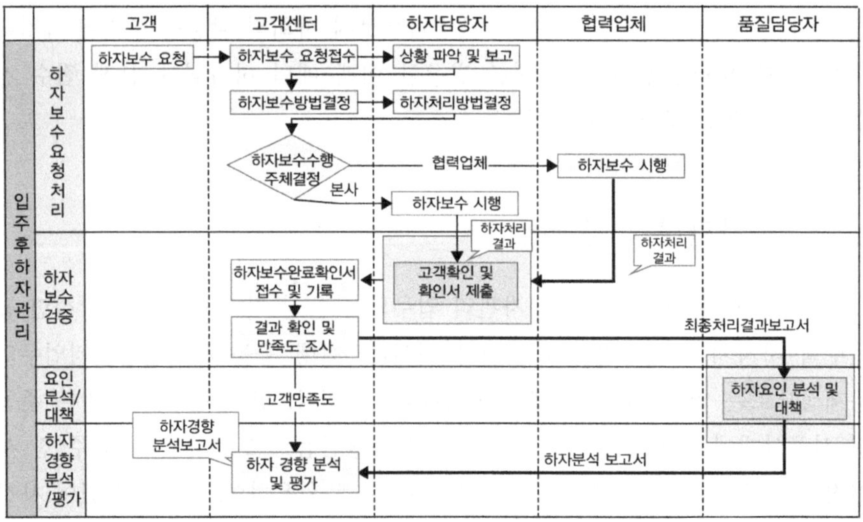


2) 전용부분 하자는 입주자가, 공용부분의 하자는 입주자대표회의의 요청을 받아 관리주체가 수집한다. 분쟁조정신청도 입주자(등기부상 소유자)는 전유부분, 입주자대표회의는 공용부분만 신청가능하다.

# Ⅱ. 하자 발생과 점검

우리나라에서 건축물의 하자는 시공과정에서 피치 못할 사항이라 판단하여 시공 후 또는 입주 후 점검을 통해 건물이나 시설설비 등에 문제가 발견되었을 경우 하자에 대해 보수처리를 시행한다.[3)]

건축 경년별 하자 발생은 건축공사하자는 경년 2년까지는 증가하다가 경년 3년이 지나면 감소하는 반면, 설비하자는 경년 3년이 지나면서 증가하는 것이 일반적 현상이다. 건축하자는 창호, 균열, 방화문, 싱크, 방수 등이며, 전기하자는 조명, 배선기구, 소방불량 등, 설비하자는 위생, 배수, 급수난방 등, 토목하자는 도로포장불량에 따른 단지 배수미비 등이다. 건물 생산단계별 하자 발생률은 시공, 자재 부적합, 유지관리의 순으로 시공의 결함이 다수이므로 철저한 시공과 자재검수를 하여 하자를 사전에 예방을 할 수 있어야 한다.

## 1. 하자의 범위와 분류

일반적으로 건축에서 하자란 공사가 잘못되어 건축물이 본래에 가져야 할 기능이나 모양, 색상 등이 미비한 것을 의미한다. 예를 들어 건축공사과정의 부실공사나 끝마무리를 제대로 하지 않아 불완전한 상태로 시공하여 건물에 균열이 생기거나 비틀림, 들뜸, 침하, 누수 등이 발생하였을 경우 모두 하자라고 한다. 또한 건물에 통상적 또는 공사계약상 정한 내용과 다른 구조적, 기능

3) 프랑스 민법상 건축 수급인의 하자담보책임에 관한 내용은 다음과 같다. 첫째, 프랑스 민법 제1792조 이하에서는 건축물의 하자의 경중(輕重)을 건축물이나 부속설비의 기능 내지 목적에 따라 판단함으로써 그 판단기준의 구체성 내지는 합리성을 도모하고 있다. 이와 같은 프랑스 민법의 태도는 향후 우리 민법을 운용함에 있어서 좋은 참고가 될 수 있다. 둘째, 우리 민법 및 판례는 도급인이 건축수급인을 상대로 하자담보책임의 일환으로서 계약해제권을 행사하는 것에 대해서는 매우 소극적인 것과 달리, 프랑스 법원은 건축물의 하자가 심히 중대할 경우, 건축수급인에게 수급인의 비용으로 건축물을 파괴할 것을 명하기도 한다. 부실 건축은 막대한 인명 피해를 초래할 수 있다는 점에서 완성된 건축물에 대한 계약 해제의 가능성을 봉쇄하고 있는 우리 민법의 태도(민법 제688조)는 문제가 있다고 본다. 셋째, 프랑스 민법 제1792조의 6에서는 건축수급인의 담보책임에 관한 규정을 강행규정으로 함으로써 도급인을 강하게 보호하고 있다. 이와 같은 프랑스 민법의 태도는 건축도급인과 건축수급인이 의무적으로 건축보험에 가입하도록 되어 있는 점과 관련이 있다(여하윤, 2010).

적 결함이 있어서 사용가치와 교환가치를 감소시키는 결함을 포함한다. 이러한 하자는 발생시점이나 하자원인, 시설공사별, 현상 등에 의해 분류한다.

하자의 발생 시점을 기준으로 하자는 '미시공 하자'와 '오시공 및 변경시공 하자'로 분류한다. 미시공 하자는 「주택법」 제22조에 따른 설계도서 작성기준과 해당 설계도서에 따른 시공기준에 따라 공동주택의 내력구조별 또는 시설공사별로 구분되는 어느 공종이 시공되지 않아 그 건축물 또는 시설물이 안전상·기능상 또는 미관상의 지장을 초래하는 것이다.[4] 오시공 및 변경시공 하자는 사업주체 및 시공사가 고의 또는 과실로 설계도면이나 시방서대로 시공하지 않고 저질의 다른 제품의 재재를 사용하거나 임의대로 설계를 변경해서 시공하여 건축물 또는 시설물(설치·시공하는 제품을 포함)이 다음 각 목에 해당하여 그 건축물 또는 시설물의 안전상·기능상·미관상 지장을 초래할 정도의 하자를 의미한다.[5]

- 설계도서에 명기된 규격·성능 및 재질에 미달하는 경우
- 설계도서와 다른 저급자재 등으로 시공된 경우
- 끝마무리를 제대로 하지 않고 불완전한 상태로 시공한 경우 등으로, 하자는 설계부실, 시공부실, 재료부실 등이 원인으로 발생한다고 볼 수 있으며 기관마다 약간씩 다르게 분류하고 있다.

공동주택관리법(제36조)상 하자는 공사상 잘못으로 인하여 균열·침하(沈下)·파손·들뜸·누수 등이 발생하여 건축물 또는 시설물의 안전상·기능상 또는 미관상의 지장을 초래할 정도의 결함을 말하며, 구체적인 범위는 대통령령으로 정하도록 한다. 공동주택관리법 시행령 별표 4에서는 하자의 범위를 하자유형별로 구분하였다. 하자의 범위는 내력구조부별 하자와 시설공사별 하자로 구분한다. 내력구조별 하자는 공동주택 구조체의 일부 또는 전부가 붕괴되었거나 공동주택의 구조안전상 위험을 초래하거나 그 위험을 초래할 우려가 있는 정도의 균열·침하(沈下) 등의 결함이 발생한 경우이다. 시설공사별 하자는 공사상의 잘못으로 인한 균열·처짐·비틀림·들뜸·침하·파손·붕괴·누수·누출·

---

4) 사용승인(준공) 도면의 규정에 따라 주방 싱크대 하부 바닥의 온돌마루로 마감시공하도록 되어 있거나, 또는 주방 상부장 뒤편에 벽체 타일 마감을 하도록 되어 있는데도 불구하고 미시공하는 것 등이다.

5) 욕실바닥에 구배불량으로 배수가 잘 되지 않거나 욕실벽체의 타일, 창호, 가구, 엘리베이터 등을 규격 이하의 자재로 시공하는 경우 등이다.

탈락, 작동 또는 기능불량, 부착·접지 또는 결선(結線) 불량, 고사(枯死) 및 입상(立像) 불량 등이 발생하여 건축물 또는 시설물의 안전상·기능상 또는 미관상의 지장을 초래할 정도의 결함이 발생한 경우까지 포괄하고 있음을 알 수 있다(공동주택관리법 시행령 제37조).

또한 사용상 잘못으로 인한 하자가 있다. 사용상의 하자는 사용하는데 지장을 초래하는 상태를 의미한다. 이들을 종합하여 공동주택 하자를 〈표 4-1〉과 같이 분류할 수 있다.

**표 4-1 공동주택 하자 분류별 항목**

| 분류 | | | 항목 |
|---|---|---|---|
| 분야별 | | | 토목, 건축, 설비 |
| 공종별 | 토목공사 | | 대지공사 |
| | 건축공사 | | 옥외급수, 위생, 단열, 기초, RC, 철골, 목, 창호, 지붕 및 방수, 마감, 조경, 잡공사 |
| | 설비공사 | 위생설비 | 난방, 환기, 공조설비, 급·배수 및 위생설비, 가스 및 소방설비 |
| | | 전기설비 | 전기 및 전력설비, 신재생에너지설비, 정보통신공사, 지능형 홈네트워크설비, 재생에너지설비 |
| 공간별 | | | 거실, 주방, 방, 욕실 발코니, 현관, 기타 |
| 부위별 | | | 천장, 벽, 바닥, 지붕 등 외부 |
| 하자 형태별 | | | 균열, 처짐, 비틀림, 침하, 파손, 붕괴, 누수, 누출, 작동 및 가능불량, 부착, 접지 또는 결선불량, 조경수의 고사 및 입상불량, 변색, 기타 |

출처: 이동학 외(2012.6)를 참고하여 재편집.

## 2. 건물의 life-cycle 단계별 하자의 원인

하자는 건물생애 중 발생시점에 따라 원인을 달리 파악하고 있다.

① **기획단계** 기획단계에서 발생하는 하자의 원인은 건축목적, 용도 결정 과정에서 배제되어야 할 요소가 첨가되거나 건축규모와 소요공간, 소요설비 등의 결정에 대한 충분한 조사가 이루어지지 않는 등의 이유로 발생한다.

② **설계단계** 설계단계에서 발생하는 하자의 원인은 설계 시에 주택의

규모와 성능에 대한 충분한 조사와 검토를 거치지 않는 상태에서 공법의 구성이나 자재를 선택함으로써 하자가 발생한다. 특히 기획/설계 단계에서의 하자관리가 선행되면 그 효과는 시공단계와 유지관리 단계보다 크게 영향을 미친다.

③ **시공단계** 시공단계에서 대표적 하자는 부실시공을 들 수 있으며, 자재 및 재료의 규격과 성능이 미달하는 시공과 시공의 정밀성이 부족할 때 하자가 발생한다. 또한 공사기간 부족과 전문지식 부족, 현장 여건에 부적절한 시공 등이 있는 경우 하자가 발생한다.

④ **유지관리단계** 건물의 준공 이후 관리단계에서 발생하는 하자는 관리조직, 관리제도, 수선계획, 전문성 부족 등의 문제에서 발생되며 사용자의 관리의식 부족과 주변 환경 변화에 의한 손상 등이 있는 경우 발생한다.

**표 4-2** 건물 Life-cycle 단계별 하자의 원인

| Life-cycle 단계 | 원인 |
|---|---|
| 기획단계 | 소비자 요구 분석의 오류 및 미반영, 비합리적인 소요공간, 소요설비 결정, 불합리한 건축구조 방식, 내·외부 마감 결정의 오류 |
| 설계단계 | 불합리한 공법의 채택, 부적합한 마감재료의 선정, 생애주기비용의 배제, 불확실한 시공성 검토 |
| 시공단계 | 시공계획의 부적절, 정밀시공 및 시공방법 미준수, 시공대상 누락 및 미설치, 시공 후 보양 생략, 자재인수검사소홀, 반입제품 및 자재의 관리 소홀 |
| 유지관리단계 | 정기점검 미실시, 관리제도 및 관리조직의 불찰, 수선계획 및 전문성 부족, 사용자의 관리의식 부족, 부적절한 환경변화에 의한 손상 |

## 3. 하자진단

하자진단은 하자보수의 책임을 입증하기 위하여 실시한다. 즉, 공사상의 잘못으로 인한 균열, 처짐, 비틀림, 들뜸, 침하, 파손 붕괴, 누수, 누출, 작동 또는 기능불량, 부착 또는 접지불량 및 결선불량, 고사 및 입상불량 등으로 건축물 또는 시설물의 기능상, 미관상 또는 안전상 지장을 초래할 정도의 하자와 내력구조부, 기초와 지정공사의 결함에 따른 하자의 담보책임과 관련하여 엄격한 입증과 이를 통한 하자처리에 목적이 있다.

공동주택관리법 제48조에 하자진단 및 감정에 대한 기준을 제시하고 있

그림 4-3 하자진단 절차

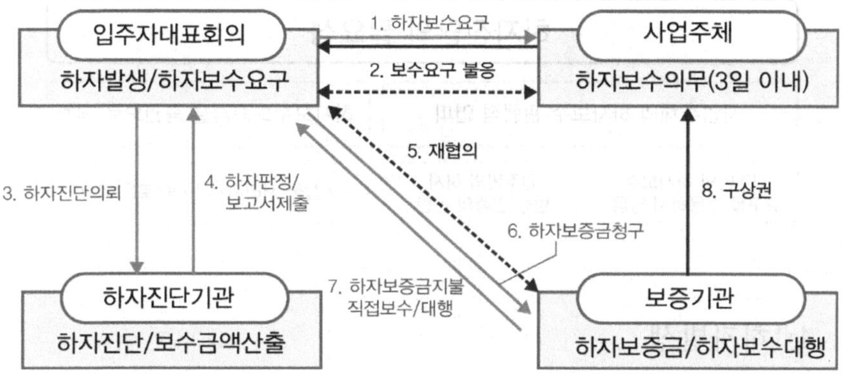


다. 사업주체등은 입주자대표회의등의 하자보수 청구에 이의가 있는 경우, 입주자대표회의등과 협의하여 대통령령으로 정하는 안전진단기관에 보수책임이 있는 하자범위에 해당하는지 여부 등 하자진단을 의뢰할 수 있다. 이 경우 하자진단을 의뢰받은 안전진단기관은 지체 없이 하자진단을 실시하여 그 결과를 사업주체 등과 입주자대표회의등에게 통보하여야 한다. 더 정확한 진단을 위하여 불명확하거나 분쟁이 야기된 하자에 대해서는 하자분쟁조정위원회에서 법적으로 인정받은 안전진단기관에 감정을 요청할 수 있다.

하자의 입증 첫 단계는 목측뿐만 아니라 각종 기본도면서류를 기준으로 해야 한다. 이 과정에 전문인력이나 전담장비가 필요함에도 불구하고 비전문가인 입주민이 하자를 찾아 신고해야 하며, 특히 보증기간 내 발생을 입증해야 한다. 또한 사업주체의 하자보수 시스템이 미흡하며 하자보수보증금이 현금이 아닌 증권으로 예치하는 경우가 많기 때문에 진행이 지연되는 경우도 있다(오정환 외, 2009). 전문 하자조사업체에 의뢰하여 하자조사판정 결과도 사업주체나 보증회사에서 수용하지 않는 경우에는 최종적으로 소송을 통해 법원의 명령을 받은 감정인의 판정 결과에 따르게 되어 최근 전국적으로 하자보증금 청구소송이 늘어나 큰 비용을 야기하기도 한다.[6]

6) 소송의 경우 변호사 보수, 하자진단비용, 감정비용, 인지세 등의 기본적인 경비는 물론, 통상 승소가액의 약 20~30%가 진단업자와 변호사의 성공사례비로 지불되며, 분쟁해결에 1년 이상 소요된다(국토부, 2011.10).

그림 4-4 하자진단의 필요성

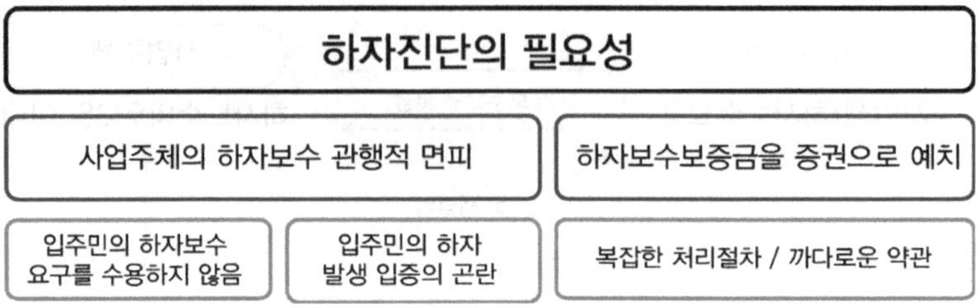


## 4. 하자발생

하자는 전용부분에 과반수가 집중 발생되므로[7] 관리주체는 입주민들에게 하자유형이나 부위, 형태 등 점검방법에 대한 정보를 제공할 필요가 있다. 공정별로는 건축, 설비공사 하자가 가장 많다.[8] 그 다음이 전기공사가 많아 이에 대한 대비가 있어야 할 것이며 소방, 조경공사 등은 상대적으로 적다. 건축공정의 하자가 많은 이유는 세대 내 창호나 가구, 수장·타일·도배 등의 마감공사를 포함하기 때문이다. 반면 공용부분의 하자는 골조가 가장 많아 건물의 외벽에 균열이나 얼룩 등이 많다. 전유부분에는 가구, 창호, 도배·타일·마감공정 관련 하자가 많으며 공용부분에는 마감공정보다는 구조체에 영향을 미치는 공정이 많이 발생한다.

---

〈승소가액 및 성공사례비〉

| 사례단지 | 세대수 | 소송가액 | 승소가액 | 승소금 비율 | 성공사례비 |
|---|---|---|---|---|---|
| 양주**아파트 | 499 | 18억원 | 66천만원 | 36% | 약 2억원 |
| 포천**아파트 | 632 | 41억원 | 93천만원 | 22% | 약 3억원 |

7) 김수태 외(2007), 공동주택 하자사례조사, 전유부분에 62.3%, 공용부분에 37.6%로 나타났다.

8) 하자발생분야

| 구분 | 신청건수 | 하자제기건수 | 비율(%) |
|---|---|---|---|
| 건축분야 | 173 | 2,254 | 65.8 |
| 기계분야 | 47 | 602 | 17.6 |
| 토목·조경분야 | 27 | 364 | 10.6 |
| 전기분야 | 16 | 204 | 6.0 |
| 계 | 263 | 3,424 | 100 |

표 4-3 하자발생부위별 공종비율

| 하자 발생위치 | | | 공종 | | | | | | | | | | | 합계 |
|---|---|---|---|---|---|---|---|---|---|---|---|---|---|---|
| | | | 방수 | 가구 | 도장 | 미장 | 창호 | 수장 | 도배 | 타일 | 단열 | 골조 | 기타 | |
| 하자발생위치 | 전유 | N | 538 | 2549 | 231 | 144 | 2363 | 1581 | 879 | 897 | 263 | 671 | 1051 | 14387 |
| | | % | 4.8 | 22.8 | 2.1 | 1.3 | 21.2 | 14.2 | 7.9 | 8.0 | 2.4 | 6.0 | 9.4 | 100.0 |
| | 공용 | N | 790 | 23 | 566 | 894 | 398 | 981 | 15 | 54 | 23 | 1013 | 925 | 5382 |
| | | % | 14.7 | 0.4 | 10.5 | 16.6 | 7.4 | 12.7 | 0.3 | 1.0 | 0.4 | 18.8 | 17.2 | 100.0 |
| 전체 | | N | 1328 | 2572 | 797 | 7039 | 2762 | 2264 | 894 | 952 | 286 | 1688 | 1982 | 16564 |
| | | % | 8.0 | 15.5 | 4.8 | 6.3 | 16.7 | 13.7 | 5.4 | 5.7 | 1.7 | 10.2 | 12.0 | 100.0 |

가장 많이 발생하는 건축공정만 분류하여 하자 현상과 원인을 살펴본다.

• **방수** 방수 파손으로 인한 누수는 욕실, 지하주차장, 세대 보일러실, 전기실 등에서 발생하며 구조체 균열에 의한 누수, 방수 시공불량으로 인한 누수, 방수층 들뜸으로 인한 누수 현상 등이 있다. 외벽 균열로 인한 누수는 백화현상을 수반하게 되는 경우가 많다.

그림 4-5 지하저수조 누수

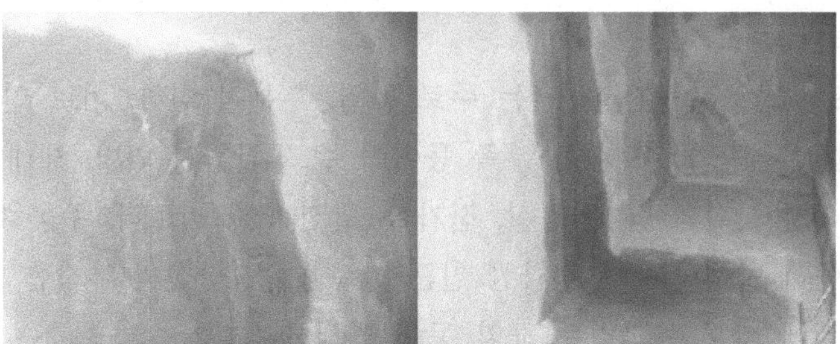

• **가구** 세대 내 붙박이 가구의 하자는 문짝이 맞지 않거나 문짝 떨어짐, 문짝 색상 불량 등이 있다. 그 외 욕실 거울변색이나 서랍장 불량, 주방 싱크대의 느슨한 패킹으로 인해 진행되는 누수 등이 해당한다.

• **도장** 도장 부분의 하자는 바탕면 불량, 오염, 이색, 오막탈락, 초벌시공만 됨, 미시공 등이다. 도장불량은 주로 주민이나 관리인에게 쉽게 보이지 않는 옥상출입문, 복도, 계단, 난간대, 각 동 내외벽, 옥탑, 전기·펌프·물탱크 등에 자주 발생한다.

• **미장** 미장의 하자는 복도와 계단의 바닥마감 불량으로 인한 것과 미장 부분의 요철로 인한 들뜸과 크랙으로 인한 하자이다.

• **창호** 창호부분의 하자는 창호의 시공불량, 파손, 창호의 강화보안설치물, 뒤틀림 등이며 개폐 불량에 관한 하자가 많다. 창호하자는 시공불량이나 자재 자체의 불량으로 인해 발생한다.

• **수장** 수장부분에서의 하자는 몰딩불량, 걸레받이 들뜸과 대리석 갈라짐 등의 바닥재 불량이 원인인 경우가 많다. 계단실이나 입구 등에 발생하는 경우가 많다.

• **도배** 도배 공사에서 하자는 주로 들뜸이나 얼룩 등이 발견되나 시공이 비교적 단순하여 시공사의 A/S 부서에서 처리하는 경우가 많다.

• **타일** 타일 공사에서 나타나는 하자는 타일 탈락 및 깨짐, 구배불량으로 인한 배수불량 등으로 주로 세대 내 욕실, 발코니, 주방 등에 많이 발생한다.

• **단열** 단열 공사의 하자는 주로 베란다의 결로현상과 단열재를 정확하게 넣지 않고 마감한 경우, 구조체 건조불량 등으로 발생한다. 결로현상은 구조체를 투과하는 수증기압의 차이에 의한 노점구배가 온도차에 의한 구조체의 온도구배보다 높기 때문이다.

• **골조** 골조로 인한 하자는 주로 균열, 부분적 침하, 이로 인한 누수현상, 백화현상, 철근 노출, 피복 부족 등이며 주로 건물의 외벽, 세대 내 벽, 복도와 같은 공용시설의 벽, 변전실, 전기실, 발전기실, 피로티, 주동 현관 등 다양한 부위에서 발생한다. 부정확한 철근 피복 시공, 타설의 부적합, 발코니 슬라브의 처짐에 따른 콘크리트 균열 등이 발생한다.

그림 4-6 하자 발생 현상

창문 하부벽체 균열

옥탑 계단 콘크리트 박리

옥탑 계단 콘크리트 균열

논슬립 미설치
캐노피 미시공

보도블럭
구배불량으로 배수
문제 발생

조경수목 고사

# Ⅲ. 하자보수

하자보수는 건축과정 중에 의도하지 않은 과실로 건축물의 철골 마감 설비 등에서 나타나는 문제점을 보수하는 것이다. 공동주택의 경우 시공사가 보수를 해야 하는 책임을 지며 하자의 범위와 공사별로 하자담보책임기간이 정해져 있다. 또한 각 구분별 보증기간 내에 하자가 발생한 것을 발견하면 입주자대표회의를 거쳐서 사업주체에게 하자보수 예치금 청구나 하자보수를 요구할 수 있다.

그림 4-7 하자이행 담보

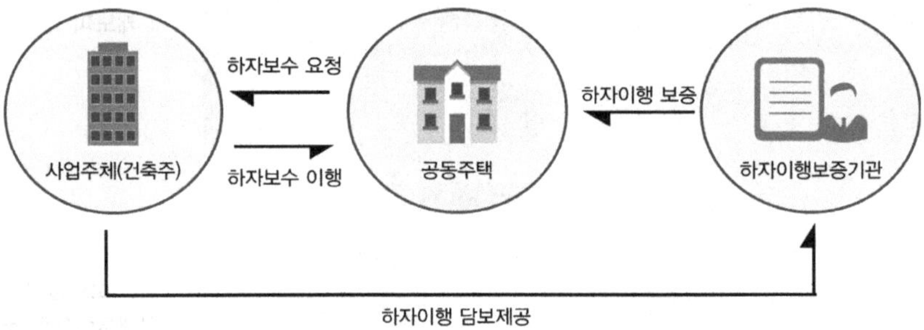


## 1. 하자담보책임

2016년 8월 12일부터 시행된 공동주택관리법은 하자담보책임의 주체와 기간 등에서 타 법과 달라 갈등이 발생하는 것을 방지하고자 하였다. 공동주택의 하자에 대한 담보책임은 공동주택의 분양을 맡은 사업주체에게 있다(공동주택관리법 제36조). 〈표 4-4〉와 같이 하자담보책임기간 및 하자보수청구기간을 소유자의 권리를 중시하는 「집합건물법」과 일치시켜 분쟁 해소 및 법적용을 명확하게 명문화하였다. 또 과거 공종별 하자담보책임기간(1, 2, 3, 4, 5, 10년) 및 하자보수청구기간을 구분 소유자의 기본적 권리보호를 중요시하는 「집합건물법」

에 따라 하자담보책임기간은 2, 3, 5, 10년으로 일치시켰다.[9)] 하자보수청구기간은 하자담보책임기간 이후에도 하자보수청구가 가능했던 것을 하자담보책임기간 이내에만 청구가 가능한 것으로 일치시켜 법 적용을 명확하게 하였다.

표 4-4 공동주택의 사용검사 시기별 하자담보책임기간

| 구분 | 2007.3.16. 이후 사업계획승인<br>2009.5.6. 이후 사용검사 | 2016.8.12. 이후<br>사용검사 |
|---|---|---|
| 하자담보<br>책임기간 | 1, 2, 3, 4, 10년 | 2, 3, 5, 10년 |
| 하자보수<br>청구기간 | 하자발생이 하자담보책임기간 이내 임을 입증 시 하자담보책임기간 이후에도 하자보수 청구 가능 | 하자담보책임기간<br>이내에 청구 가능 |

※ 법원은 하자담보책임기간 판단 시 집합건물법을 우선 적용함.

## 2. 하자담보책임기간

하자담보의 책임기간은 하자의 중대성, 시설물 내구연한 및 교체 가능성 등을 고려하여 공동주택의 내력구조부별 및 시설공사별로 2~10년의 범위에서 정하였다.[10)] 담보책임기간 산정의 시작은 전유부분의 경우 입주자에게 인도한 날부터이다. 공용부분은 「주택법」 제49조에 따른 사용검사일[11)] 또는 「건축법」 제22조에 따른 공동주택의 사용승인일부터이다.[12)]

공동주택의 내력구조부별 및 시설공사별 담보책임기간은 각각 다르다. 내력구조부별 하자에 대한 담보책임기간은 10년이며, 시설공사별 하자에 대한 담보책임기간은 공동주택관리법 시행령 별표 4에 따른 기간으로 정해져 있다.

9) 국토교통부는 2016.4.11. 「공동주택관리법」과 「집합건물법」 간 하자담보책임기간 등을 일원화한다는 취지의 공동주택관리법 시행령과 공동주택관리법 시행규칙을 입법예고하였다.

10) 담보책임의 기간(이하 "담보책임기간"이라 한다)은 하자의 중대성, 시설물 내구연한 및 교체 가능성 등을 고려하여 공동주택의 내력구조부별 및 시설공사별로 10년의 범위에서 정하였다(공동주택관리법 제36조).

11) 같은 법 제49조 제4항 단서에 따라 공동주택의 전부에 대하여 임시 사용승인을 받은 경우에는 그 임시 사용승인일을 말하고, 같은 법 제49조 제1항 단서에 따라 분할 사용검사나 동별 사용검사를 받은 경우에는 그 분할 사용검사일 또는 동별 사용검사일을 말한다.

12) 현재 하자담보책임기간은 사업계획승인일정에 따라 적용 법규 내용이 달라 차이가 있다. 2007년 3월 16일 이전 사업계획승인단지는 1~3년, 그 이후 사업계획승인단지는 1~4년, 2016년 8월 12일 이후 사업계획승인단지는 2~5년이다. 내력구조부 및 지반공사하자의 담보책임기간은 똑같이 10년이다.

이를 위해 사업주체는 해당 공동주택의 전유부분을 입주자에게 인도한 때에는 주택인도증서를 작성하여 관리주체(의무관리대상 공동주택이 아닌 경우에는 「집합건물의 소유 및 관리에 관한 법률」에 따른 관리인을 말한다)에게 인계하여야 한다. 이 경우 관리주체는 30일 이내에 '공동주택관리정보시스템'에 전유부분의 인도일을 공개하여야 한다. 미분양이 있을 경우 사업주체는 주택의 인도일의 현황이 누락된 세대가 있는 경우에는 주택의 인도일부터 15일 이내에 인도일의 현황을 관리주체에게 인계하여야 한다.

표 4-5 시설공사별 담보책임기간(제36조 제1항 제2호 관련)

| 기간 | 시설공사 |
|---|---|
| 2년 | 마감공사 |
| 3년 | 옥외급수·위생관련공사, 난방·냉방·환기·공기조화 설비공사, 급·배수 및 위생설비공사, 가스설비공사, 목공사, 창호공사, 조경공사, 전기 및 전력설비공사, 신재생에너지설비공사, 정보통신공사, 지능형 홈네트워크설비공사, 소방설비공사, 단열공사, 잡공사 |
| 5년 | 대지조성공사, 철근콘크리트공사, 철골공사, 조적공사, 지붕공사, 방수공사 |
| 10년 | 기둥 및 내력벽, 지반공사 |

※ 2016년 8월 12일 시행.

## 3. 사업주체의 하자보수

사업주체는 담보책임기간에 하자가 발생한 경우에는 보수하여야 할 책임이 있을 뿐만 아니라 공동주택의 내력구조부에 중대한 하자가 발생한 경우에는 하자 발생으로 인한 손해까지 배상할 책임이 있다. 하자보수 청구자는 해당 공동주택의 입주자, 입주자대표회의, 관리주체, 「집합건물의 소유 및 관리에 관한 법률」에 따른 관리단 등 어느 하나에 해당하면 가능하다. 전유부분은 입주자, 공용부분은 입주자대표회의·관리주체·관리단 등이 청구할 수 있다. 단, 전유부분에 대한 청구는 입주민에게서 위탁받은 관리주체가 대행할 수도 있다.

하자보수과정은 모두 서면으로 통보하여야 한다. 사업주체는 하자보수를 청구 받은 날부터 15일 이내에 시공사와 협력업체를 통해 그 하자를 보수하거나 하자보수계획을 입주자대표회의 등에 서면으로 통보하고 그 계획에 따라 하자를 보수한다. 다만, 하자가 아니라고 판단되는 사항에 대해서는 그 이유를 서면으로 통보하여야 한다. 하자보수를 실시한 사업주체는 하자보수가 완료되면 즉시 그 보수결과를 하자보수를 청구한 입주자대표회의 등에 통보하여야 한다.

## 4. 하자보수보증금

하자보수보증금 제도는 사업주체로부터 입주자의 권리를 보호하기 위한 장치이며 하자보수보증금은 하자보수비용이다. 공동주택의 하자를 보수할 책임이 있는 사업주체가 입주자 또는 입주자대표회의 등의 하자보수요구에 대하여 고의, 부도, 파산 등으로 인하여 하자보수책임을 이행하지 못하게 된 경우 하자보수비용으로 사용할 수 있다.

그림 4-8 하자보수보증금 제도

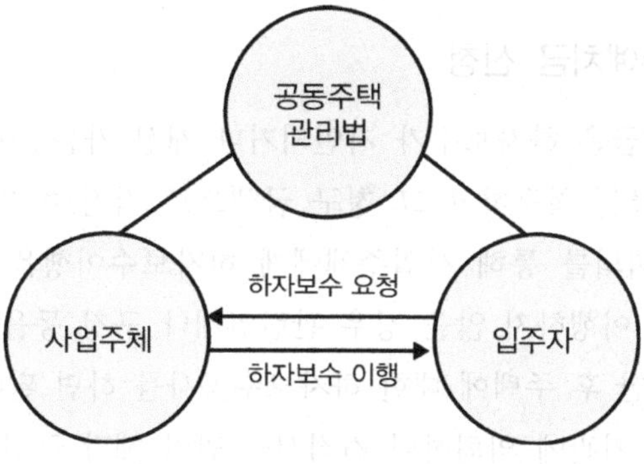


### (1) 예치 및 보관

건축주 또는 시공자인 사업주체는 하자보수 이행을 담보하기 위해 하자보수보증금으로 총 공사비(대지가격 제외)의 3/100에 해당하는 금액 또는 보증서를 금융기관에 예치해야 한다. 보증서로 예치할 경우 사업주체는 하자보수보증금 지급을 보장하는 보증에 가입하여야 한다. 이 경우 예치명의 또는 가입명의는 사용검사권자로 하여야 한다. 사용검사권자는 입주자대표회의가 구성된 때에는 예치명의 또는 가입명의를 해당 입주자대표회의로 변경하고 입주자대

그림 4-9 하자보수보증금의 예치

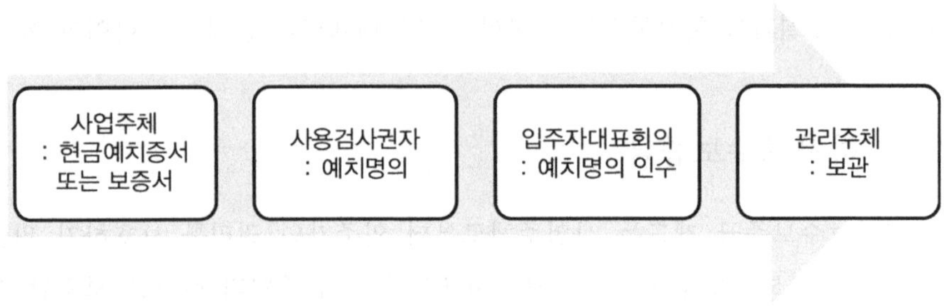


표회의에 현금 예치증서 또는 보증서를 인계하여야 한다. 입주자대표회의는 현금 예치증서 또는 보증서를 해당 공동주택의 관리주체(의무관리대상 공동주택이 아닌 경우에는 「집합건물의 소유 및 관리에 관한 법률」에 따른 관리인을 말한다)가 보관하게 하여야 한다.

### (2) 하자보수예치금 신청

하자보수예치금은 하자보수가 지연되거나 개선 가능성이 없어 보이는 경우 하자보수예치금을 청구하고 그 청구 금액으로 직접 하자보수를 진행한다. 우선 입주자대표회의를 통해 사업주체에게 하자보수이행을 요청하고 사업주체가 이를 제대로 이행하지 않을 경우 관련업체나 구청 등을 통해 하자보증금 예치 여부를 확인한 후 주택에 대한 하자보수공사를 하면 된다. 하자진단은 법으로 정해져 있는 기관에 의뢰하여 견적서를 받아 해당 구청에 접수해 보험증서를 수령한다.

그림 4-10 하자보수예치금 신청순서

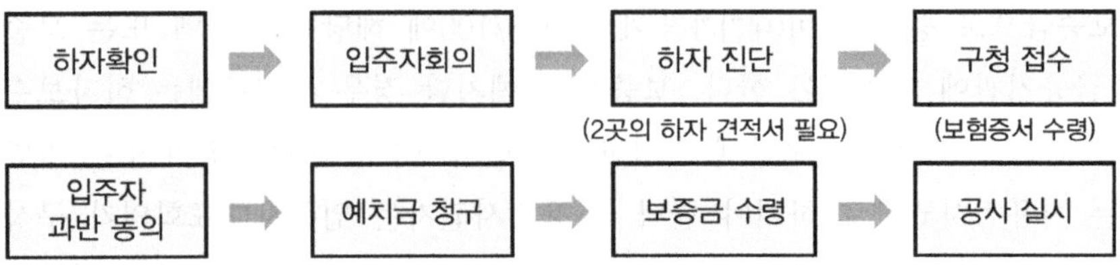

수령한 하자보수보증금은 입주자대표회의 회장의 인감과 관리사무소장의 직인을 복수로 등록한 별도계좌로 관리하여야 한다.

### (3) 보증금 사용

보증금은 입주자대표회의등이 직접 하자를 보수할 때 사용할 수 있다. 하자보수보증금을 사용할 수 있는 용도는 명확하게 정해져 있다. 대통령령으로 정하는 용도[13]로 하자심사·분쟁조정위원회의 하자 여부 판정, 법원의 재판 결과, 사업주체의 하자보수계획 등에 따른 하자보수로 한정하였다.

특히 하자보수보증금은 엄격한 원칙에 따라 투명하게 사용해야 한다. 하자보수보증금을 다른 용도로 사용하는 경우에 과태료가 부과된다. 또한 입주자대표회의는 사업주체로부터 지급받은 하자보수비용을 이용하여 전자입찰 등과 같은 공정한 방식으로 사업자를 선정해야 한다. 그러나 사업자 선정과정에서의 비리를 막기 위해 하자보수보증금을 지급받기 전 미리 사업자를 선정하지 못한다.

## Ⅳ. 하자분쟁

### 1. 하자분쟁

국토교통부에서는 공동주택의 하자분쟁을 공정하고 신속하게 해결하여 사회적 갈등을 조기에 해결하고자, 하자심사·분쟁조정위원회를 발족한 이래 매년 하자심사·분쟁 접수 건수가 큰 폭으로 증가하고 있다. 2010년부터 2015년 8월

13) 제43조(하자보수보증금의 용도) 법 제38조 제2항에서 "하자심사·분쟁조정위원회의 하자 여부 판정 등에 따른 하자보수비용 등 대통령령으로 정하는 용도"란 입주자대표회의가 직접 보수하거나 제3자에게 보수하게 하는 데 사용되는 경우로서 하자보수와 관련된 다음 각 호의 용도를 말한다.
1. 법 제43조 제2항에 따라 송달된 하자 여부 판정서(같은 조 제8항에 따른 재심의 결정서를 포함한다) 정본에 따라 하자로 판정된 시설공사 등에 대한 하자보수비용
2. 법 제44조 제3항에 따라 하자분쟁조정위원회(법 제39조 제1항에 따른 하자심사·분쟁조정위원회를 말한다. 이하 같다)가 송달한 조정서 정본에 따른 하자보수비용
3. 법원의 재판 결과에 따른 하자보수비용
4. 법 제48조 제1항에 따라 실시한 하자진단의 결과에 따른 하자보수비용

표 4-6 하자심사·분쟁조정위원회 하자 신청 건수(2015.8. 현재)

| 구분 | '10 | '11 | '12 | '13 | '14 | '15 | 계 |
|---|---|---|---|---|---|---|---|
| 신청 | 69 | 327 | 836 | 1,953 | 1,676 | 2,880 | 7,741 |

까지 매년 급증하고 있다. 이중 하자판정을 받은 경우는 1/3 수준에 그쳤다.

이에 따라, 하자분쟁에 따른 하자 여부를 미리 알 수 있도록 도움을 주고 신속히 해결하고자 「하자판정기준」을 2014.1. 제정하였으며, 기준에 언급되지 않은 사항, 반복된 민원사항, 법원 판례와의 일치 등 운영 과정상 나타난 문제점을 보완하여 개정하였다.

분쟁사안의 처리결과는 조정, 결렬, 각하, 기각, 취하 등으로 구분한다. 예를 들어 2010년 10.6.~2011.9.30.까지 전체 신청건수 263건 중 조정과정을 거쳐 조정이 성립된 경우가 많다. 또 당사자가 조정안의 수용을 거부하여 결렬되기도 하지만, 분쟁조정 신청 이후 입주자와 사업주체가 스스로 분쟁을 해결하여 종결(기각)되는 경우도 있다. 신고내용 및 처리결과는 하자판정이나 조정성립 등으로 결정한다.14)

표 4-7 분쟁조정 처리결과('10.10.6.~'11.9.30)

| 구분 | 신청건수 | 조정결과 | | | | 취하 | 계류 | 조정결과 구제율 |
|---|---|---|---|---|---|---|---|---|
| | | 조정 | 결렬 | 각하 | 기각 | | | |
| 2010년 | 69 | 33 | 2 | 9 | 21 | 2 | 2 | |
| 2011년 | 194 | 44 | 20 | 12 | 38 | 7 | 73 | |
| 합계 | 263 | 77(43) | 22(12) | 21(12) | 59(33) | 9 | 75 | 29% |

* 각하: 사업주체 또는 입주자가 상대방의 조정신청에 불응하여 조정을 중단.

14) 하자처리결과 예

| 신청단지(예시) | 사건내용(예시) | 처리결과 |
|---|---|---|
| ○○○ 아파트 | 주방 아트월 벽체 타일탈락 하자 | 조정성립 |
| △△△ 아파트 | 대리석 교체 등 공용부분 등의 하자 | 조정성립 |
| ××× 아파트 | 침실3 커튼박스 누수 하자 여부 | 하자판정 |
| ★★★ 아파트 | 주방 뒤 발코니 콘크리트 벽체와 조적벽체 사이 이질재 접합부 균열 등의 하자 여부 | 하자판정 |

공동주택의 전유부분은 입주자 본인의 재산과 직접적인 관련이 있기 때문에 시공사는 전유부분 하자에 대해 신속하게 대응하여 입주자의 불만을 조정하여야 한다. 하자에 관한 입주자 불만의 발단은 주로 전유부분에 대한 것에서 이루어진다. 공용부분의 하자는 미조치 하자에 대해 불만이 많은 일부 주민에 의해 확대될 수도 있기 때문에 시공사나 관리주체는 입주민들에게 신속하고 정확한 정보를 제공하여야 한다.

한 조사에 따르면 하자 소송단지 22개 중에 15개 단지가 법무법인 또는 전문업체에 소송을 의뢰하는 등 하자분쟁 중인 단지의 50% 이상이 외부의 지원을 받고 있었다. 소송으로 진행되는 단지는 하자분쟁 중에 건설사의 초기 하자보수 처리대응이 늦어 민원이 증폭되거나 건설사에 하자보수를 요구하다가 합의가 이루어지지 않아 소송으로 진행되는 경우 등이다. 이를 악용하여 '하자기획소송'까지 등장하고 있다. 하자기획소송은 정상적인 하자분쟁처리절차 대신 계약자들을 대신해 전문업체가 아파트 하자를 찾아내어 주민들에게 소송을 부추기는 경우를 의미한다. 예를 들어 입주자 사전점검 기간 중 내부 사진을 찍어 분양 당시 약속했던 것보다 품질이 떨어진다며 시공사에 보수를 요구하는 식이다. 이를 통해 금전적 보상이나 시공상 혜택을 보기도 하나 보상받은 하자보수비용 중  상당금액을 소송비용으로 전문업체에게 지불해야 함을 기억해야 한다.

**아파트 하자분쟁 급증 … "기획소송이 부추긴다"**

2009년 경기 오산시 운암동 A아파트 입주민 2,000여 명은 외벽 균열 등 213건을 이유로 하자 소송을 제기했다. 사업 주체의 하자담보책임 기간 10년이 임박했을 때였다.

당시 자신을 하자분쟁 전문가라고 소개한 A변호사는 가구당 수백만원씩 받을 수 있을 것이라며 소송을 주도했다. 하지만 실제 입주민에게 배당된 손해배상액은 청구 금액의 30% 정도다. 이마저도 변호사 비용 1억 3,000만원과 안전진단 비용 8,000만원을 제하자 실제 가구당 수령액은 20여 만원에 그쳤다.

소송대리인이 입주민의 권익 보호보다 자신의 경제적 이익을 우선시한 대표적인 '하자 기획 소송' 사례다.

✔ 하자 소송 매년 급증 … "기획소송 80~90% 추정"

20일 한국건설산업연구원(건산연)에 따르면 2015년 9월 현재 전국 225개 건설사를 상대로 160건의 하자 소송이 진행 중이었다. 하자 소송에 따른 이행 청구 금액만 약 4,700억 원에 이르는 것으로 추정된다.

하자 기획 소송은 비슷한 피해를 본 사람들이 집단소송을 내 국가나 대형 기업을 상대로 잘못된 관행과 제도를 바로잡을 수 있고, 피해자별 소송비를 줄일 수 있다는 점에선 긍정적이다. 하지만 변호사와 법조 브로커가 수임료나 알선비를 챙기기 위해 소송을 진행하는 경우가 많아 문제가 되고 있다. 건설업계는 하자 소송 10건 중 8~9건은 이런 경우에 해당한다고 보고 있다. … 두성규 건산연 연구위원은 "하자 소송 중엔 변호사나 법조 브로커가 입주민들을 현혹해 제기하는 경우가 다수 포함돼 있다"며 "경제적 이익을 부풀려 많은 돈을 받아낼 수 있는 것처럼 오도하고 있다"고 분석했다. "이는 입주민과 건설사 등 당사자 간 갈등·분쟁을 심화하고 합리적인 보수를 지연시킨다"며 "소송이 끝날 때까지 입주민들이 불편을 겪거나 위험에 노출되는 경우가 많다"고 지적했다.

| 구분 | 2012년 | | 2013년 | | 증감률 | |
|---|---|---|---|---|---|---|
| | 건수 | 소송 가액 | 건수 | 소송 가액 | 건수 | 소송 가액 |
| SK건설 | 120 | 1,786 | 91 | 4,937 | −24.2 | 176.4 |
| 롯데건설 | 83 | 1,794 | 86 | 3,264 | 3.6 | 81.9 |
| 대림산업 | 77 | 2,497 | 82 | 4,184 | 6.5 | 67.6 |
| 포스코건설 | 77 | 708 | 100 | 1,062 | 29.9 | 50.0 |
| 현대건설 | 165 | 4,007 | 161 | 5,110 | −2.4 | 27.5 |
| GS건설 | 48 | 875 | 62 | 997 | 29.2 | 13.9 |
| 대우건설 | 169 | 3,477 | 190 | 3,832 | 12.4 | 10.2 |
| 삼성물산 | 59 | 1,168 | 75 | 973 | 27.1 | −16.7 |
| 한화건설 | 33 | 1,979 | 39 | 1,557 | 18.2 | −21.3 |
| 현대산업개발 | 23 | 1,586 | 16 | 1,074 | −30.4 | −32.3 |
| 전체 | 854 | 19,877 | 902 | 26,990 | 5.6 | 35.8 |

출처: 뉴시스 2016.5.20.

## 2. 하자심사분쟁조정위원회

매년 급증하는 하자분쟁을 공정하고 신속하게 처리하여 사회적 갈등을 조기에 해결하고자 2009년 하자심사·분쟁조정위원회가 설치되었고 2013년 6월에는 위원이 50명으로 확대 개편하였다. 하자분쟁에 따른 하자 여부를 미리 판단하여 분쟁을 줄이고, 기준을 명확히 하여 하자를 보다 꼼꼼하고 공정하게 판정할 수 있도록 국토교통부는 「공동주택 하자의 조사, 보수비용 산정 방법 및 하자판정기준」을 제정하였다.

### (1) 하자분쟁조정위원회

하자담보책임 및 하자보수 등과 관련한 사무를 심사·조정 및 관장하기 위하여 국토교통부에 하자심사·분쟁조정위원회(이하 "하자분쟁조정위원회"라 한다)를 둔다(공동주택관리법 제39조). 본 위원회의 업무는 다음과 같다.

① 하자 여부 판정

② 하자담보책임 및 하자보수 등에 대한 사업주체·하자보수보증금의 보증서 발급기관(이하 "사업주체등"이라 한다)과 입주자대표회의등 간의 분쟁의 조정

③ 하자의 책임범위 등에 대하여 사업주체등·설계자 및 감리자 간에 발생하는 분쟁의 조정

④ 다른 법령에서 하자분쟁조정위원회의 사무로 규정된 사항

하자분쟁조정위원회에 하자심사 또는 분쟁조정을 신청하려면 하자분쟁조정위에서 요구하는 신청서를 제출하여야 한다.

### (2) 하자분쟁조정신청

하자분쟁조정신청 주체는 입주자, 입주자대표회의, 사업주체로 나뉜다. 입주자가 분쟁조정을 신청한 경우가 대부분이나, 사업주체가 신청하는 경우도 있다. 하자심사분쟁조정신청 건수는 증가하는 추세에 있으며, 앞으로 점점 더 늘어날 것으로 예상된다.

하자심사·분쟁조정제도는 입주자와 사업주체 간에 건축물의 하자와 관련

된 민사에 관한 분쟁이 발생한 경우, 전문가로 구성된 하자심사·분쟁조정위원회에서 분쟁을 조정해 주므로 소송절차에 비해 별도의 소송 비용부담 없이 신속(60일, 1차에 한해 30일 연장)하게 분쟁을 해결할 수 있으며 재판상 화해와 동일한 효력을 갖는다는 장점이 있다.

하자분쟁으로 인해 조정을 요청할 경우에는 정확하게 내용을 기재하여야 한다. 분쟁조정의 신청 사유는

① 보수방법 및 보수범위에 대하여 다투는 경우
② 입주자대표회의등이 하자보수를 거부하거나 방해하는 경우
③ 입주자대표회의등이 보수와 갈음하여 손해배상 등에 대해 다투는 경우
④ 사업주체·설계자·감리자 사이에 하자의 책임범위 및 손해배상을 다투는 경우

등이다.

### (3) 조정 기준

국토교통부는 2015년 12월 「공동주택 하자의 조사, 보수비용 산정 방법 및 하자판정기준」을 개정·고시하였으며, 하자심사·분쟁조정위원회에 접수된 하자신청의 심사 및 조정의 기준이다. 하자심사·분쟁조정위원회에서 하자심사 및 분쟁조정 시 위원회의 위원 및 조사관의 전문지식만으로 처리되던 것이 이 기준에 따라 처리됨으로써 보다 공정하게 되었고, 사업주체와 입주민 등이 이 기준을 통해 결과를 사전에 인지할 수 있어 하자처리에 대한 의견대립 및 갈등발생 여지를 줄여 신속한 타결에 도움을 주고 있다.

이 기준의 주요 내용은 하자의 조사방법, 하자보수비용 산정방법, 하자판정기준 제시 등이다. 하자 여부의 조사는 조사자의 현장실사가 원칙이며 하자가 주장되는 부위와 설계도서를 비교하여 측정하는 등의 방법으로 한다.

하자조사는 다른 사정이 없는 한 지방자치단체장이 승인한 사용검사 도면을 기준으로 삼는다. 그러나 재료·품질 등의 시공 상태가 입주자 모집공고나 주택공급계약 체결 때의 설계도서보다 못하면 해당 설계도서를 기준으로 하자를 판정한다. 만일 주택공급계약을 체결할 때 등의 설계도서와 다르게 시공하거나 사업계획승인·건축허가를 받은 설계도서대로 짓기로 입주자에게 미리 알리고 동의를 받으면 이에 따르도록 규정했고, 하자심사·하자분쟁조정 시 설

계도서들의 내용이 일치하지 않을 때는 하자판정 기준을 '주택공급계약서-견본주택-안내·홍보책자-특별시방서-설계도면-일반·표준시방서-수량산출서-시공도면'의 순서로 한다.

하자판정은 보다 구체적인 기준을 제시하였다. 예를 들어 폭 0.3㎜ 미만 콘크리트 균열이라도 미장·도장부위 미세·망상균열이 미관에 지장을 주면 하자로 판단한다. 결로에 대해서는 '설계도서대로 시공하지 않았으면 하자'로 규정하던 것에서 '단열공간 벽체의 결로는 열화상카메라로 측정했을 때 단열처리가 불량했거나 마감재를 해제해 단열재 미·변경·부실시공이 확인될 때'로 구체화했다. 조경공사에서 수관부분 가지가 2/3 이상 고사된 조경수는 하자로 판정하지만 유지관리 소홀 또는 인위적으로 훼손 조경수는 하자에서 제외하는 등의 기준을 제시한다.

하자보수비용산정은 실제 하자보수사용비용으로 산정하되 필수적으로 수반되는 비용을 추가할 수 있다.

### (4) 하자판정 및 보수 절차

하자를 접수하여 하자 여부를 판정하여 보수하는 과정은 다음과 같다.

① **하자판정** 입주자대표회의등과 사업주체 간에 하자 여부에 대한 판정이 필요한 경우 하자심사·분쟁조정위원회에 하자심사를 요청하는 서류를 접수한다.

② **하자보수** 위원회에서 하자가 있는 것으로 판정된 경우, 사업주체는

**그림 4-11** 과태료 부과절차

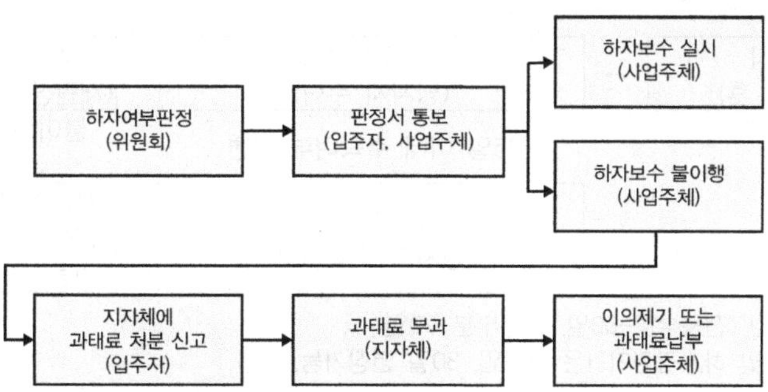

**※ 하자분쟁조정 프로세스**

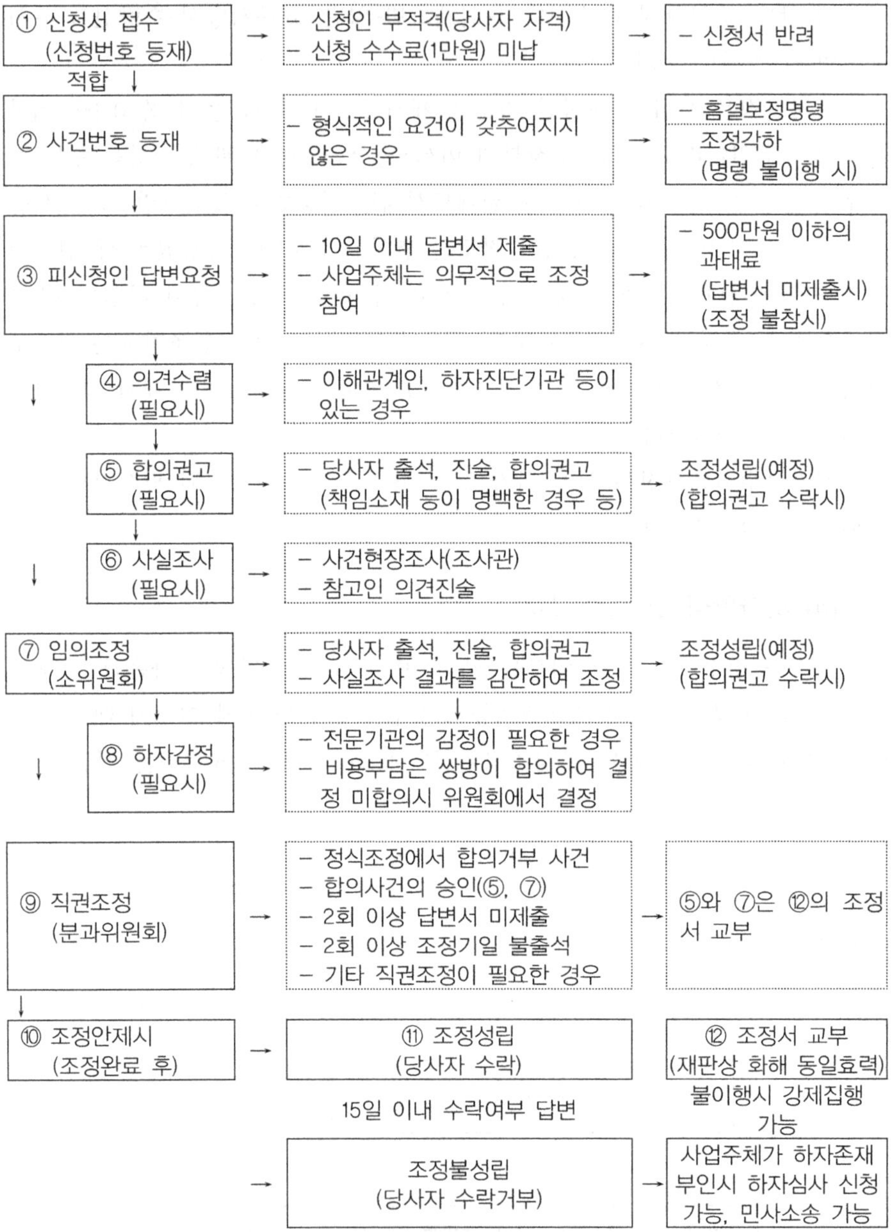


※ 하자심사기간: 전용부분-60일, 공용부분-90일
(흠결보정기간 및 하자감정기간은 불산입, 30일 연장가능)

하자 여부 판정서 정본을 송달받은 날로부터 3일 이내에 하자를 보수하거나 하자보수계획을 수립하여 입주자대표회의등에 통보하여야 한다.

③ **과태료 부과** 하자보수 의무를 이행하지 않는 자에 대해서는 과태료가 부과된다.

④ **분쟁조정** 상당기간 동안 하자보수를 불이행하면 입주자등은 사업주체가 의무적으로 참여하는 조정신청이 가능하며 1,000만원 과태료 부과 대상이 되며 조정은 재판상 화해의 효력을 갖는다.

## 3. 하자소송 및 방지대책

하자처리는 정상적으로 입주자대표가 건설사에게 하자보수를 요구하여 원만하게 보수하는 것이 바람직하나 분쟁이 발생할 경우 하자분쟁조정위원회나 소송전문업체에 의뢰하여 소송 등의 과정으로 확대되는 경우가 있다.

### (1) 소송진행과정

하자소송은 주도적으로 진행하는 주체에 따라 소송진행과정을 몇 가지 유형으로 나눌 수 있다. 첫째, 입주자대표회의에서 직접 하자발취업체 또는 소송전문업체를 공개입찰하여 참여토록 하는 경우, 둘째, 관리업체가 하자발취업무도 병행하면서 관리권을 수주하기 위한 방편으로 하자발취를 부각시키는 경우, 셋째, 하자소송전문업체가 하자소송을 통해 입주자들에게 손해배상을 받을 수 있음을 알려 사업을 진행하는 경우 등이다.

통상적으로 하자발취를 소송으로 전환하게 되면 대부분의 건설사는 지금까지 진행해온 하자처리를 일괄 종료하고 소송에 대응한다. 이 경우 시급한 하자처리까지 지연될 수 있어 입주자들에게 피해가 발생할 수 있어 주의하여야 하며 소송에 승소할 경우에만 보상을 받을 수 있다는 것을 고려하여야 한다.[15]

---

15) 하자발취업체와 소송전문업체들은 입주민들이 소액의 금액을 부담하면 거액의 하자보수금액을 받을 수 있다고 하나 실제 소송에 승소하는 단지는 적으며 입주자대표는 승소 사례를 직접 확인하는 것이 바람직하다. 소송이 완료되었다 해도 소송전문업체에게 상당부분의 수수료를 지불해야 하므로 선량한 주민들에게 피해를 주는 사례도 적지 않다(우리관리주식회사, 2007).

### (2) 하자소송 방지대책

입주자는 입주 전 사전점검을 시작으로 전유부분에 대한 하자에 관심을 갖게 된다. 입주 후에 입주 전 지적했던 하자 사항의 조치 및 처리에 대해 시공사에 대한 고객감정이 형성된다. 이때 관련 사항이 미조치 되거나 처리상태가 불만족스러울 경우 입주자의 불만이 시작된다. 따라서 시공사의 신속한 하자처리 대응의 여부가 시공사에 대한 입주자의 고객만족을 결정한다.

공동주택의 전유부분은 입주자들 본인의 재산과 직접적인 관련이 있기 때문에 이에 대한 관심이 전반적으로 높게 나타난다. 시공사는 특히 전유부분에 대한 신속한 하자 대응으로 신뢰감을 쌓아야 한다. 이러한 문제를 해결하기 위해 건설사들은 고객의 마음을 읽어내는 서비스나 신속한 하자처리시스템을 구축하는 등 적극적인 하자처리를 위한 노력을 하고 있다. 최근 하자관련 민원을 주도하는 입주자들의 인터넷 동호회를 아파트 분양단계에서부터 결성하는 것도 방법이 될 수 있다. 건설사는 입주예정자(입주 후에는 입주자)의 인터넷동호회와 교류하며 모든 공사 진행사항을 공유하며 필요에 따라 인터넷동호회를 통해 입주자와 직접 대화와 함께 민원을 풀어나갈 수 있다. 이 경우 입주민과 시공사 간에 갈등을 줄일 수 있을 것이며 필요 없는 소송비용으로 인해 정작 하자처리비용이 축소되는 일을 막을 수 있다.

공유부분의 하자처리는 양상이 조금 다르다. 공유부분에 대한 하자는 관리사무소가 발취하여 입주자대표회의 명의로 하자보수를 요구하지만, 하자조사의 주체에 관계없이 시공사와 협력업체의 성의 없는 하자처리는 관리주체의 하자민원을 증폭하게 되는 원인이 되기도 한다. 특히 시공사 등의 공유부분 하자처리는 관리주체의 인사권을 가진 입주자대표들의 책임전가 및 분쟁 소지 등과도 관련이 있기 때문에 관리인의 하자민원은 강경일변도가 될 수도 있다. 시공사 등의 신속한 대응과 더불어 관리소장의 합리적인 지식이나 입주자대표들의 하자에 대한 정의도 재검토할 필요가 있다.

공동주택관리법 시행령은 하자현상에 대해서만 기술하고 있을 뿐 대상을 지정하지 않아 현장에서 판단하기 곤란한 경우가 발생한다. 또한 입주자 조사, 육안조사 등 하자조사방법에도 한계가 있고 주택성능규정 등도 모호하여 사업주체와 입주자 간에 갈등을 키워가기도 한다. 따라서 주택성능을 구체화하고 공동주택표준계약서를 개선할 필요가 있다.

## 4. 하자보수·관리교육

공동주택의 공동주택 입주민의 주거안정과 고객의 만족도 제고뿐만 아니라 하자관리를 정확하고 신속하게 처리하기 위하여 공동주택 관계자를 대상으로 하자보수·관리교육을 실시하고 있다.

국토교통부 하자심사·분쟁조정위원회는 2013년 6월부터 공동주택의 하자 저감 및 입주자 불편해소를 위해 공동주택 입주자와 관리주체를 대상으로 공동주택 관계자 하자보수·관리라는 주제로 순회교육을 실시한다. 2013년부터 매년 전국을 권역별로 나누어 실시하고 있으며 2016년도에는 12월 1일, 15일에 청주와 목포 무안에서 실시할 예정이다.

교육프로그램은 공동주택관리법과 주택 하자보수 정책 소개, 공동주택 하자제도 및 하자판정기준, 하자판정·분쟁조정 사례, 하자심사·분쟁조정 신청방법 등으로 구성되어 있어 관리전문가의 전문성을 고취시키고 있다. 본 교육을 통해 하자담보책임과 관련한 주택법과 집합건물법의 비교, 하자담보책임기간의 기산점과 하자보수청구기간 등 제도에 대한 지식습득은 물론이거니와 하자의 범위와 분류, 판정기준과 다양한 사례를 공유함으로써, 건설사는 시공단계부터 하자가 발생하지 않도록 사전에 대비할 수 있다. 입주자는 하자로 인한 주거불편을 위원회에 신청하여 소송보다 간편하게 해결할 수 있으며, 신속한 보수가 이루어져 하자로 인한 2차 피해도 예방하는 효과가 있다.

교육대상은 공동주택 입주자대표회의 구성원, 관리사무소장, 건설업계의 건설실무자 및 하자보수(A/S) 책임자 등이며, 교육신청은 대한주택관리사협회, 한국주택관리협회, 한국주택협회, 대한주택건설협회, 대한건설협회, 대한전문건설협회, 국토교통부 하자심사·분쟁조정위원회에서 할 수 있다.

이외에 하자분쟁조정위원회는 공동주택 하자 대처 및 점검요령(2016.10)을 제작 배포하고 있다. 공동주택에서 하자로 인한 불편이 생겼을 때의 대처 방법 및 점검요령과 함께 공동주택관리법의 제정·시행에 따라 변화된 하자심사 및 분쟁조정제도, 보증금처리, 주요하자 점검요령 등을 수록하여 하자에 대처하게 한다.

## 참고문헌

김수태·김정인·김민지·박희린·윤혜은·홍일환(2007), 공동주택 하자 사례조사, 우리관리주식회사 연구보고서.

배성인·심운준·안용선(2013.6), “공동주택 마감공사의 하자예방을 위한 중점관리대상 선정에 관한 연구”, 대한건축학회연합논문집 15 (3), pp. 179-186.

신봉근(2013.12), “공동주택의 하자담보추급권의 주체에 관한 고찰”. 『법학연구』 제52집, pp. 131-149.

여하윤(2010), “프랑스 건설도급의 현황과 쟁점 -프랑스 민법상 건축수급인의 하자담보책임을 중심으로-”, 홍익대학교 법학연구소, 『홍익법학』 제11권 제1호, pp. 1-26.

오정환·송영웅·최윤기·임형철(2009.9), “공동주택 하자관리 업무 프로세스 개선/Business Process Improvement of Defect Management in Apartment Housing Project”, 한국건설관리학회 논문집 Vol. 10, No. 5(2009-09), pp. 16-27.

이동학·심운준·서형석·안용선(2012.6), “공동주택의 건축공사 하자 사례분석을 통한 Life-Cycle 단계별 중점관리 대상 선정에 관한 연구”, 대한건축학회연합논문집 14 (2), pp. 201-208.

이명하·양순갑(1996.4), “공동주택의 하자에 대한 조사 및 분석에 관한 연구”, 대한건축학회 논문집 Vol. 12, No. 4(1996-04), pp. 271-282.

최정현·박준모·서덕석·조재훈·박강우·김옥규(2009), “공동주택 하자분쟁의 법률적 쟁점사항 분석”, 대한건축학회논문집 25 (11), pp. 145-153.

하자분쟁조정위원회(2016.10), 공동주택 하자 대처 및 점검요령.

국토교통부, 주택건설공급과 공동주택 하자평가 명확해진다, 2015.10.6. 보도자료.

국토일보-공동주택관리, 투명성·효율성 강화 … 공동주택관리법 12일부터 시행, 김주영 기자 2016.8.10.

데일리안-공동주택관리, 하자보수보증금 지급전 사업자 선정 못한다, 이소희 기자 2016.8.9.

대한주택건설관리 http://www.dae-han.kr/index.php

제5장

# 공동주택의 시설 관리

김정인(우리관리(주) 주거문화연구소 연구팀장)

## Ⅰ. 들어가며

공동주택관리의 주된 목적은 시설물의 유지관리이다. 시설물 관리는 건물의 장수명화를 도모하여 건물 노후에 따른 불필요한 비용 발생을 억제하는 효과가 있고 시설물의 적기 유지보수를 통하여 사용하기에 안전한 건물을 만드는 것이다. 공동주택의 유지관리가 중요한 이유는 오피스와 같은 일반건물과 달리 거주자가 상주하기 때문이다. 특히 야간에 대부분의 거주자들이 취침을 한다는 점은 긴급 상황 발생 시 즉각적이고 이성적인 대응이 힘들 수 있으므로 일상적인 점검을 소홀히 해서는 안 된다. 또한 거주자가 생활하는 데에 필요한 전기, 수도, 난방을 안정적으로 공급하기 위한 시설물과 설비의 가동을 보장하여야 한다.

공동주택의 공용부분에는 다양한 시설과 설비가 존재한다. 각 시설과 설비는 작동방법이나 내용연수가 동일하지 않아 관리자가 해당 시설과 설비에 대한 지식과 관리방법을 숙지하고 있어야 한다.

특히 내용연수가 일정하지 않다는 것은 설비의 교체시기, 시설의 보수시기가 다르다는 것을 의미하기 때문에 각 설비의 교체시기와 시설의 보수시기 등을 예측하여 계획적으로 대비할 필요가 있다. 건축물이나 설비 혹은 부품 등은 보수나 교체시기를 놓치면 더 사용할 수 있음에도 불구하고 사용하지 못하게 되거나 작은 부품 하나 때문에 전체 설비의 작동에 문제를 일으킬 수 있다.

계획적인 유지관리가 중요한 이유는 건물의 수명을 연장하기 위해서 건축·설비에 대한 전문적인 지식을 바탕으로 보수공사를 실시할 적절한 시기를 예측할 필요가 있고, 그럼으로써 불필요한 비용을 최소화하여 거주민의 재산을 아낄 수 있기 때문이다. 그러나 공용부분의 관리책임이 있는 거주자에게 이러한 지식이 충분하지 않기 때문에 전문지식을 가지고 있는 사람이 주체가 되어야 할 필요가 생긴다.

공동주택은 하나의 건물 안에 천장과 벽, 바닥을 공유하는 여러 주호와 각 주호를 소유하는 소유자가 다수 존재하는 것이 특징이다. 다수의 소유자가 있다는 것은 공동으로 사용하는 공용공간과 시설물을 함께 관리하여야 할 의무가 있다는 것을 의미하는데, 소유자는 동일한 권리와 책임을 가지게 되며 공동으로 의사 결정을 해야 한다.

즉, 공동주택의 유지와 관리를 위해서는 다수의 소유자가 공통의 의견을 도출할 필요가 있는데 시설물을 유지하기 위해서 어떤 계획을 세우고 보수공사를 진행할 것인가, 유지보수에 소요되는 비용의 부담을 어떻게 할 것인가, 공동주택의 공용부분을 사용하는 데 필요한 규칙은 어떻게 정할 것인가 등에 대한 합의형성을 통하여 유지·보수를 실시하는 것이 필요하다.

다수의 소유자가 제시할 수 있는 개별 의견들을 수렴하고 반대 의견을 가진 소유자를 설득하여 타당한 하나의 의견으로 합의를 도출하는 데는 매우 복잡한 절차와 노력이 필요하다. 소유자들이 개인의 이해관계를 떠나 적절한 의사결정을 할 수 있도록 하기 위해서는 소유자 당사자가 아닌 제3의 전문가에 의한 형평성 있는 조정과 조언이 필요하다.

그렇다면 시설물 관리를 위한 합리적 프로세스는 무엇인가? 공동주택관리 중에서도 특히 시설물 관리에 있어서 입주자들은 비용의 경제성과 공사결과의 만족할 만한 수준을 두고 많은 고민을 하게 된다.

입주자는 될 수 있는 한 최소한의 비용을 지불하고자 하지만 비용만을 고려한다면 수준 높은 공사결과물, 안전과 편리성을 모두 얻을 비율은 사실상 제로에 가까울 것이다. 시설물 관리는 비용이 수반되므로 합리적 프로세스를 위한 신중한 의사결정이 수반되어야 하지만 무작정 저렴한 비용만을 추구하는 것은 예기치 못한 상황에서 안전상 문제를 야기할 수 있다.

입주자는 생활하면서 매일 눈으로 보고 사용하는 전유부분의 업그레이드가 아닌 공동을 위한 시설, 설비의 유지에 소요되는 비용을 아낌없이 지불할 의사가 있을까? 아마도 없을 것이라 생각한다.

공동주택관리의 제반 사항에 대한 의사결정을 하는 입주자대표회의의 시설물 관리에 대한 생각은 보편적인 관리의 중요성, 필요성보다는 최소한의 비용으로 최대한의 효과를 볼 수 있다거나 시설 관리를 최대한 줄여서 비용을 절감하는 쪽으로 의사결정을 하는 경우가 많을 것이다. 이러한 현상은 인간이 합리적인 결정을 하는 데에 어려움이 있는, 즉 '제한된 합리성'으로 행동한다는 행동경제학적 측면에서 설명할 수 있다.

한 가지 덧붙인다면 입주자가 수준 높은 공사를 추진하기 위하여 비용을 지불할 의사가 있다 하더라도 우리나라의 현 제도 하에서는 적정 비용을 지불하면서 전문업자에 의해 수준 높은 공사를 할 수 있도록 선택하는 데에 많은 제약이 따른다.

공동주택의 관리 부문에서 부조리가 많이 발생하기 때문에 정책적으로 투명한 관리를 위해 많은 규제와 규칙을 만든 것이다. 이 제도를 통해 행정적 처벌이 강화되었기 때문에 합리적인 판단을 했더라도 실제로 이 판단이 성립되지 않는다.

그러면 이러한 행정의 처벌을 강화한 제도마련이 실제로 공동주택의 투명성 강화에 도움이 되는가? 이러한 사회적 현상 또한 행동경제학에서 말하는 '사회적 선호'[1]에 대한 개념을 예로 들어 정부의 사회적 선호 측면에서 설명할 수 있을 것이다.

본 장에서는 입주자들이 공동주택의 시설물 관리에 대하여 어떻게 생각하는지, 입주자가 선호하는 방식과 실제로 나타나는 관리행위와의 갭은 어디까지인지 사례를 중심으로 알아보도록 한다. 또한 이러한 입주자의 의향이나 제도적인 현황 속에서 과연 유지관리는 어떻게 추진되어야 할지 생각하여 관리현장에서 암묵적으로 이루어지는 유지보수의 프로세스와 이에 대한 문제의식을 가질 수 있도록 방향성에 대한 제시를 하도록 한다.

---

1) 사회적 선호는 자기 자신뿐 아니라 타인의 이익도 고려하는 선호를 의미한다.

# Ⅱ. 시설물의 관리방법[2)]

## 1. 계획적인 시설물 관리

공동주택관리는 계획적으로 이루어져야 한다. 특히 건물의 적절한 관리를 통해 수명을 연장하기 위한 유지관리 측면에서 건축·설비에 대한 전문적인 지식을 바탕으로 보수공사를 실시할 적절한 시기를 예측하여 결정하여야 하며 이러한 결정은 장기적인 관점에서 장기수선계획을 작성함으로써 구현된다. 더불어 계획적인 관리를 통해 사전에 시설물의 공사시기를 미리 예측하므로 적재적소의 보수 및 공사가 가능하고 이는 입주자의 안전을 담보할 수 있고 불필요한 비용을 최소화하여 거주민의 재산을 보호할 수 있으므로 효율성과 경제성을 수반한다.

한편 계획적인 유지관리를 실현하기 위해서 비용 또한 계획적으로 적립하여야 한다. 일상적인 관리와 운영에 소요되는 비용 이외에 장래에 필요한 공사를 수행하기에 시기를 놓치지 않도록 미리 비용을 적립할 필요가 있다.

건물의 유지를 위해서는 일상적으로 청소를 실시하고, 필요한 부분의 보수와 장기적인 계획에 의거한 대규모 수선이 체계적으로 실시되어야 하며 관리주체는 이러한 관련 업무를 파악하고 있어야 한다. 또한 유지보수업무 이외에도 건물의 안전을 유지하기 위하여 시설 및 설비의 점검을 실시하고 생활의 안전을 위하여 경비업무를 실시한다.

한편, 건축물이 일정기간을 경과하면 성능과 가치가 저하되기 때문에 건물의 가치를 유지하고 수명을 연장시키기 위해서 열악해진 시설·설비를 보수하여 성능을 회복시키는 것이 중요하다. 하지만 진보된 건축기술, 설비 등을 활용한 개량공사를 통해 본래 건물이 가지고 있던 성능이나 기능보다 향상시키는 방법도 필요하다. 즉, 수선공사를 통해서는 신축건물의 성능에 도달하지 못하므로 경년이 지날수록 기능이 점차 저하되기 마련이지만 개량공사를 통하여 기능을 향상시키는 것이 향후 건물을 장기적으로 유지할 수 있다는 점에서

2) 김정인, 집건법학회 논문과 홍형옥 외, 주거관리 제11장 일부를 재정리.

관리주체의 판단에 의해 적절한 종류의 공사를 실시하는 것도 필요하다.

장기수선계획에 따른 수선은 대부분 대규모로 진행되며 한 번의 수선에도 많은 금액이 필요하기 때문에 여기에 충당할 수 있는 비용을 미리 적립할 필요가 있다. 관리비 이외에 별도로 매달 적립하는 금액을 장기수선충당금이라 하며 장기수선계획에 근거하여 비용을 산출한다.

월간 세대별 장기수선충당금은 다음과 같이 산정하도록 법에 명시되어 있다.

$$\frac{\text{장기수선계획기간 중의 수선비 총액} \times \text{세대당 주택공급면적}}{\text{총공급면적} \times 12 \times \text{계획기간(년)}}$$

장기수선충당금의 적정 금액을 산출하기 위해서는 계획기간의 수선비용을 정확하게 예측하여야 한다. 왜냐하면 계획기간 내에 필요한 공사를 충분히 예측하지 못하여 장기수선충당금이 현저하게 적을 경우 정작 수선공사가 필요한 시기에 공사를 진행하지 못할 우려가 있기 때문이다. 이러한 오차를 최소화하기 위하여 장기수선계획은 3년마다 조정 작업을 거치도록 권장하고 있다. 관리주체는 건물의 현 상태를 정확히 진단하여 계획을 수정하고 필요한 비용이 적립될 수 있도록 조치하여야 한다.

## 2. 시설물 안전을 위한 점검활동

공동주택 내에서 안전관리가 필요한 부분은 단지 내에 설치되어 있는 주민공동시설과 구조물, 승강기 및 전기·급탕·난방 등을 공급하기 위해 설치되어 있는 기계설비, 화재 등의 재난발생 시 사용하는 소방·방재설비가 해당된다.

안전관리는 주로 점검이나 진단에 의해서 이루어진다. 점검은 개별적인 검사를 통하여 건물의 상태, 장비가 제대로 작동하기 위한 요건이 갖춰져 있는지를 확인하는 절차이며, 진단은 현재의 건물이나 설비의 상태가 어떠한지, 어느 정도의 하자가 존재하는지 판단하는 작업이다. 다시 말하면, 점검은 설비가 제대로 작동하는지를 확인하여 사고가 발생하지 않도록 검사하는 것이고 진단은 안전 여부를 평가하고 평가결과에 따른 적절한 조치에 자료로 사용하기 위한 것이다.

표 5-1 공동주택단지 내 설비종류 및 기능

| 설비종류 | 기능 |
|---|---|
| 급수설비 | 각 세대로 수돗물을 공급하기 위한 설비 |
| 급탕설비 | 증기, 가스 등을 이용하여 물을 가열하여 온수를 공급하기 위한 설비 |
| 오수정화설비 | 세대에서 배출된 오수와 분뇨를 정화하기 위한 설비 |
| 소방설비 | 화재의 확산을 막거나 억제시키기 위한 소화활동에 필요한 설비 |
| 가스설비 | 난방, 급탕, 취사용으로 사용하기 위한 가스연료를 저장하는 설비 |
| 난방설비 | 열원기기에서 가열된 증기, 온수 등의 열매를 직접 혹은 간접으로 실내에 공급하기 위한 설비 |
| 전기(수변전)설비 | 전력회사에서 공급되는 고압전력을 세대에서 사용하기 적당한 전압으로 바꾸어 공급하는 설비, 비상용예비전원설비포함 |

출처: 『주거관리』, KNOU.

### (1) 안전점검

16층 이상의 고층건물은 「시설물의 안전관리에 관한 특별법」의 기준을 준수하여 안전관리가 되어야 한다. 「시설물의 안전관리에 관한 특별법」은 특별하게 관리되어야 할 시설물의 안전관리, 유지관리를 적절히 함으로써 재난에 대비하고 시설물의 효용성을 증진시키는 것을 주요 목적으로 하며 공동주택 등의 건축물뿐만 아니라 도로·철도·교량 등 공공이 이용하는 시설물을 포함한다.

이전에는 「시설물의 안전관리에 관한 특별법」에 해당하지 않는 공동주택은 6개월마다 안전점검을 실시하여야 한다고 규정하고 있을 뿐 특별한 기준이나 절차는 마련되지 않았다. 그러나 공동주택의 경우 오피스 빌딩과는 달리 거주자가 건물 안에서 많은 시간을 보내고 심야에 취침하는 경우가 많아 긴급상황에 신속하게 대처하지 못할 가능성이 높다. 이렇듯 공동주택 내의 시설물은 거주자의 생활과 밀접하게 연관되어 있다는 점에서 볼 때 안전확보가 중요하므로 16층 이하의 공동주택도 특별하게 안전관리 되어야 할 필요성이 제기되었다.

이러한 필요성이 반영되어 2010년 4월 개정된 법령에 의해 16층 이상의 공동주택에 국한하지 않고 모든 의무관리대상 공동주택은 「시설물의 안전관리에 관한 특별법」에서 규정하고 있는 안전점검을 의무적으로 실시하여야 한다. 의무관리대상 공동주택의 안전점검은 「시설물의 안전관리에 관한 특별법」에서 정한 지침에 준해서 실시하도록 하고 있어 안전진단 장비, 설계도서 등을 확보하고 자격자에 의해 점검을 실시한 후 국토해양부에서 구축하는 시설물정보관리종합시스템에 안전점검 결과를 보고하여야 하는 등 기준이 강화되었다.

### 1) 안전관리계획의 수립

공동주택단지 내에는 다양한 종류의 시설과 설비가 비치되어 있다. 또한 시설이 가지고 있는 위험요소가 각기 다르고, 기후 등 외부요건에 맞게 시설과 설비의 대처방법을 선택해야 하기 때문에 안전관리자의 상주가 요구된다. 그러나 안전관리자가 있다 하더라도 그때그때 주먹구구식으로 시설을 관리하면 혼란이 오게 되고 시기적절한 관리를 실시하기 어렵다. 따라서 안전관리계획을 수립하여 필요한 시기에 점검 혹은 진단을 실시하고, 결함 발생에 대한 대응방법 등을 사전에 구축하여 놓음으로써 계획적인 안전관리를 실시하는 것이 중요하다.

공동주택의 안전관리를 위하여 계획을 수립하여야 할 시설은 주로 폭발의 위험이 있는 시설, 관리를 소홀히 할 경우 입주자의 안전사고가 우려되거나 생활에 불편을 미칠 수 있는 시설이 해당된다.

안전점검은 구조물 혹은 시설물이 외부 혹은 내부의 요인에 의해 발생할 수 있는 모든 위험을 대상으로 한다. 공동주택은 자체적으로 매월 1회 이상의 점검을 실시해야 하는데 점검을 실시하기 위해서는 만일의 사태 발생을 대비하여 책임자 지정, 관리카드 작성, 점검일지 작성, 비상연락체계가 구축되어야 한다.

안전점검은 건물의 안전을 확인하여 입주자의 안전을 확보하는 것이 중요한 목적이기 때문에 전문 기술을 보유한 자가 실시해야 한다.

### 2) 안전점검의 종류

「시설물의 안전관리에 관한 특별법」에서는 안전점검의 종류를 크게 정기점검, 정밀점검, 긴급점검 등 세 가지로 나누고 있는데 공동주택에는 시설 및 설비에 대한 24시간 감시체제를 기본으로 하고 있으므로 여기에서는 수시점검을 하나 더 추가한다.

표 5-2 안전점검의 종류 및 특성

| 종류 | 특성 |
|---|---|
| 수시점검 | 시설물을 수시로 체크하여 작동 여부를 확인하는 점검 |
| 정기점검 | 일정한 시기를 정하여 반복적으로 실시하여 결함 여부를 발견하는 점검 |
| 정밀점검 | 시설물의 현재상태를 시험, 측정 등을 통하여 면밀하게 판단하는 점검 |
| 긴급점검 | 시설물의 안전에 영향을 미칠 우려가 있을 때 실시하는 점검, 손상점검과 특별점검이 있음 |

출처: 『주거관리』, KNOU.

수시점검은 공동주택의 시설 및 설비를 안전관리 책임자가 해당 시설의 주변에 상주하며 수시로 체크하는 것으로 주로 육안으로 확인하는 목시(目視) 검사의 형태로 이루어진다. 수시로 목시검사를 실시하여 기계설비가 제대로 작동하는가의 여부를 체크함과 동시에 작동에 문제가 발생하였을 경우에는 신속하게 대응할 수 있도록 조치하기 위함이다.

정기점검은 일정한 시기를 정하여 반복적으로 실시하는 점검이다. 조사방법은 세심한 외관조사 수준의 점검으로서 시설물이 제대로 기능하고 있는지 가동상태를 판단하는 것과 동시에 시설물이 현재의 사용요건을 계속 만족시키고 있는지 확인하기 위한 관찰로 이루어진다. 복잡한 도구를 사용하지 않고 주로 관찰에 의한 점검이 이루어지지만 시설물 가동에 하자가 있는지 여부를 판단하는 중요한 작업이기 때문에 시설물의 안전관리에 대한 경험과 기술을 갖춘 사람에 의해 실시되어야 한다.

점검자는 시설물의 외관형태를 관찰하여 중대한 결함을 발견할 수 있도록 세심한 주의를 기울여야 한다. 점검자 및 관리주체는 정기점검 실시결과 중대한 결함이 있는 경우에는 관계행정기관의 장에게 통보하여 이후의 조치를 취할 수 있도록 한다. 특히 관리주체는 정기점검 실시결과 결함이 보고될 경우 결함의 정도에 따라 긴급점검 또는 정밀안전진단을 실시하는 등 필요한 조치를 취하여 결함이 안전사고로 이어지지 않도록 대비해야 한다.

정밀점검은 시설물의 현 상태를 정확히 판단하고 최초 또는 이전에 기록된 상태로부터의 변화를 확인하며, 구조물이 현재의 사용요건을 계속 만족시키고 있는지 확인하기 위하여 면밀한 외관조사와 간단한 측정·시험장비로 필요한 측정 및 시험을 실시하는 것이다.

정밀점검은 외관조사 및 측정·시험 결과와 이전의 안전점검 및 정밀안전진단 실시결과를 비교해 발견된 결함의 진전 및 신규발생을 파악하여 시설물의 주요 부재별 상태를 평가한다. 이전의 안전점검 및 정밀안전진단 실시결과의 상태평가 결과와 비교·검토하여 시설물 전체에 대한 상태평가 결과를 결정하며, 결함부위 등 주요 부위에 대한 외관조사망도 작성 등 조사결과를 도면으로 기록하여야 한다.

점검자는 정밀점검 실시결과 결함이 광범위하게 발생하는 등 정밀안전진단이 필요하다고 판단될 경우 관리주체에게 즉시 보고해야 하며, 관리주체는 정밀안전진단을 실시해야 한다.

긴급점검은 정기적으로 실시되는 정기점검이나 시설물의 안전 여부를 점검하는 정밀점검 이외에 관리주체가 점검의 시급함을 인식하여 점검이 필요하다고 판단하거나 행정기관이 필요하다고 판단한 경우 관리주체에 요청함으로써 실시하는 점검이다. 긴급점검은 시설물의 안전에 영향을 미칠 우려가 발생했을 때 실시하기 때문에 정밀점검의 수준으로 실시하며 실시목적에 따라 손상점검과 특별점검으로 구분한다. 긴급점검 중 손상점검은 재해나 사고가 발생한 후 그 손상 여부를 파악하기 위하여 긴급하게 시행되는 것이다. 구조나 시설물의 손상 정도를 파악하여 사용제한 혹은 금지 여부를 판단하거나 구조 및 시설물 복구를 위하여 실시할 작업을 어느 정도 수준으로 진행할 것인지를 결정하기 위한 것이다.

손상점검을 담당한 자는 시설물의 사용제한 및 사용금지가 필요하다고 판단한 경우에는 지체 없이 관리주체에 보고하며 관리주체는 보고내용을 바탕으로 시설물의 조속한 복구를 위하여 필요한 조치를 취해야 한다.

긴급점검 중 특별점검은 심각한 결함이 예상되는 경우 혹은 손상점검 후에 사용을 제한하고 있는 시설물의 사용 여부 등을 판단하기 위해 실시하는 것으로 점검 시기는 결함의 심각성을 고려하여 결정한다.

### (2) 안전진단

공동주택의 안전진단은 안전점검을 실시한 결과 시설물의 재해 및 재난 예방과 안전성 확보 등을 위하여 필요한 경우에 실시하는 것으로, 안전점검으로 쉽게 발견할 수 없는 결함을 발견하여 시설물의 상태를 평가하고 안전성을 평가할 수 있는 자료를 확보하는 것이 목적이다. 안전진단은 비교적 정밀하게 외관을 조사하고 각종 장비를 이용하여 상태를 측정하고 시험한다.

일반적으로 공동주택의 안전진단은 리모델링이나 재건축을 추진할 때 필요한 과정 중 하나이다. 안전진단 결과 구조적으로 안전함이 보장되는 경우 리모델링을 추진할 수 있고, 구조적인 안전이 보장되지 않을 경우에는 재건축을 해야 한다.

특별한 필요성에 의해 실시되는 정밀점검과 긴급점검을 제외하고 정기점검은 6개월에 1회 이상 실시한다. 법령에 명시되어 있는 시설물의 안전관리 기준은 계절이 바뀌는 시기에 발생할 수 있는 문제를 조기에 발견하여 대응하는 것을 목적으로 한다.

공동주택의 생활안전은 대부분 안전관리 담당자가 '책임'지고 있다고 해도 과언이 아니다. 안전관리의 범위에 속하는 부분의 관리를 담당하는 책임자와 담당자는 책임의식을 가지고 해당 분야의 안전관리에 임해야 한다. 따라서 시설물의 안전관리 책임자는 지속적인 교육과 비상시 대응체계 훈련을 통하여 공동주택에서 발생할 수 있는 안전사고에 대비할 수 있는 능력을 갖추는 것이 중요하다.

**표 5-3** 공동주택의 시설물 안전관리 기준 및 진단사항

| 구분 | 대상시설 | 점검횟수 |
|---|---|---|
| 해빙기진단 | 석축·옹벽·법면·교량·우물·비상저수시설 | 연 1회(2월 또는 3월) |
| 우기진단 | 석축·옹벽·법면·담장·하수도 | 연 1회(6월) |
| 월동기진단 | 연탄가스배출기·중앙집중식난방시설·노출배관의 동파방지, 수목보온 | 연 1회(9월 또는 10월) |
| 안전진단 | 변전실·고압도시가스시설·도시가스시설·액화석유가스시설·소방시설·맨홀(정화조의 뚜껑을 포함한다)·유류저장시설·펌프실·승강기·인양기·전기실·기계실·어린이놀이터 | 매분기 1회 이상(다만, 승강기의 경우에는 「승강기제조및관리에관한법률」에서 정하는 바에 따른다) |
| 위생진단 | 저수시설·우물·어린이놀이터 | 연 2회 이상 |

비고: 안전관리진단사항의 세부내용은 시·도지사가 정하여 고시한다.
출처: 『주거관리』, KNOU.

## 3. 시설물 하자 발생 시의 보수

점검이나 진단 업무를 통하여 시설물의 하자를 발견했을 경우 즉각적인 대응이 필요하다. 고장이나 파손 부분에 대한 수리를 통하여 복구를 실시하는 것을 비롯하여 시설물이나 설비의 교체가 이루어진다. 시설물과 설비의 교체 시에도 원래의 시설물이나 설비와 동일한 모델이나 재료, 공법을 사용하여 원래의 상태로 만드는 경우가 있고, 기술이나 설비의 발달로 향상된 기능을 적용할 수 있는 방법으로 교체를 하는 경우도 가능하다.

우리나라는 준공 후 일정 기간 동안 사업주체의 하자담보책임기간을 두고 있다.

하자란 공사상의 잘못으로 인한 균열, 처짐, 비틀림, 침하, 파손, 붕괴, 누수, 누출, 작동 또는 기능 불량, 부착 또는 접지 불량 및 접선 불량 등으로 건축물 또는 시설물 등의 안전상·기능상·미관상 지장을 초래하는 것을 말한다. 하자는 시공사가 관계법규의 규정에 따라 시공하지 않았거나 설계도면이나 시방서대로 건축하지 않은 부실공사와, 관련법규와 설계도서 등에 의하여 시공하였다 하더라도 시공이 잘못되어 건축물이 지녀야 할 고유한 기능을 발휘하지 못하는 것, 그 밖에 미관상·안전상 지장을 초래하는 모든 경우를 의미한다.

사업주체는 공동주택의 사용검사일(주택단지 안의 공동주택의 전부에 대하여 임시사용승인을 얻은 경우에는 그 임시사용승인일) 또는 「건축법」의 규정에 의한 공동주택의 사용승인일부터 공동주택의 내력구조부 및 시설공사별로 10년 이내의 범위에서 별도로 정하는 담보책임 기간 안에 공사상 잘못으로 인한 균열·침하·파손 등 하자가 발생한 때에는 공동주택 입주자의 청구에 따라 그 하자를 보수하여야 한다.

하자의 범위는 내력구조부에 발생한 결함으로 인하여 당해 공동주택이 무너진 경우와 법에서 정한 안전진단 실시 결과 공동주택이 무너질 우려가 있다고 판정된 경우이다. 하자보수책임기간은 시설공사별로 다른데 1년, 2년, 3년, 4년, 5년, 10년으로 구분되어 있으며, 이 가운데 보·바닥 및 지붕은 5년, 기둥과 내력벽은 10년을 하자보수책임기간으로 정하고 있다.

따라서 이를 이행하기 위하여 국가·지자체·LH(한국토지주택공사)·지방공사인 사업주체를 제외하고 모든 사업주체는 하자보수보증금을 예치하여야 한다. 사업주체는 담보책임기간 안에 공동주택의 내력구조부에 중대한 하자가 발생한 때에는 하자발생으로 인한 손해를 배상할 책임이 있다.

**✔ 하자심사 대상 건축물**

「주택법」 제16조에 따른 사업계획승인을 받아 분양을 목적으로 건설한 건축물
- 20세대 이상의 공동주택
- 20호 이상의 단독주택

「건축법」 제11조에 따른 건축허가를 받아 분양을 목적으로 건설한 건축물
- 19세대 이하의 공동주택
- 주택외의 시설과 주택을 동일 건축물로 건축한 건축물 (주택외의 시설은 공용부분에 한함)

공동주택 하자담보책임에 관한 분쟁을 신속하게 해결하기 위하여 국토교통부 산하에 하자심사·분쟁조정위원회를 설치하였다. 하자심사·분쟁조정위원회는 하자보수 등과 관련한 심사·조정을 효율적으로 하기 위하여 그 심사·조정의 절차를 분리하거나 병합할 수 있도록 하고, 분쟁의 성질상 심사·조정을 하는 것이 맞지 아니하다고 인정하거나, 심사·조정이 진행되는 도중 한쪽 당사자가 소를 제기하면 그 심사·조정을 거부하거나 중지하도록 하고 있다.

그림 5-1 국토교통부 하자심사분쟁조정위원회 구성

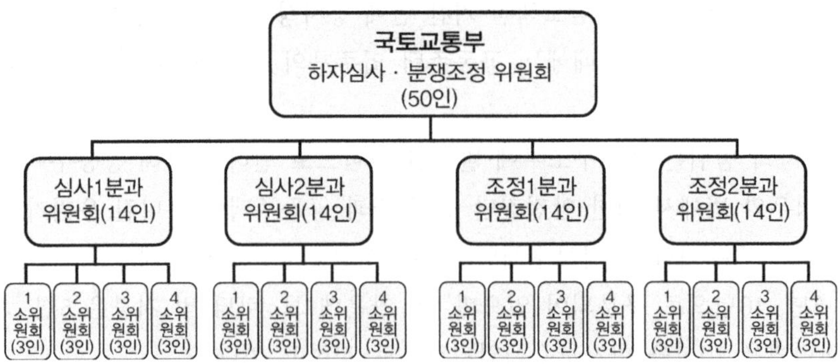


출처: 하자심사분쟁조정위원회 홈페이지(www.adc.go.kr).

# Ⅲ. 시설물 관리의 의사결정 - 제한된 합리성

공동주택의 시설물 관리는 그 내용과 방법에 대해 제도적으로 잘 정비되어 있다고 볼 수 있다. 그렇다면 시설물의 유지관리 수준을 결정하는 요인은 제도적으로 규정되어 있는 관리 방법에 대하여 어떤 대응을 하는가에 달려 있다고 볼 수 있다. 즉 안전 및 유지관리 업무와 관련된 인적 자원이라고 볼 수 있다. 이는 안전 및 유지관리 업무를 적시에 실시할 수 있도록 입주자를 대표해서 의사결정을 하는 입주자대표회의와 안전 및 유지관리 업무를 직접 집행하는 관리주체라고 볼 수 있다. 물론 중요한 사안의 결정 시에는 입주자의 의견청취 과정을 거친다.

다음에는 제한된 합리성으로 설명할 수 있는 시설물 관리에 대한 태도를 몇 가지 사례로 살펴보았다.

## 1. 미래의 자산가치에 밀려나는 시설물 관리

1986년 준공한 부산의 한 주공아파트 입주자 카페에 2012년에 올라온 어느 입주자의 의견이다.

**✔ 재건축이냐, 유지보수냐?**

이 질문에 대한 입주민들의 대답은 애매하다. 일부 재건축과 유지보수에 대하여 강한 의견을 주장하는 사람들도 있으나 지금은 보통 큰 관심이 없다. 다만 재건축 붐이라도 일어나서 집값 좀 올려주면 좋겠다는 생각인 것이다. 그래서 승강기도 바꿔야 하고, 옥상이나 외벽 균열도 보수해야 한다. 그러나 또 한편으로는 재건축 가능성이 그다지 멀지 않았다는 사실이다. 만약 5년 이내에, 혹은 10년 이내에, 어쩌면 15년 이후에야 재건축이 실현될지 모르겠다. 그렇다고 무조건 고치고 보자는 식은 과반응이다. 생활의 불편이나 안전상의 문제가 아니라면 가능한 유지보수 공사를 지양해야 한다. 한다고 해도 최소한의 비용으로 최대 효과를 거둘 수 있도록 지혜롭게 대처해야 한다. 자꾸 고치면 아무래도 재건축이 늦어질 수 있다. 그렇다고 아무것도 고치지 않고 손 놓고 있을 수만도 없다. 선택은 구분소유자들 스스로가 해야 한다.

부산 M아파트 입주자 인터넷카페에 올라온 글 일부 발췌

공동주택의 유지관리가 궁극적으로 가지는 목적을 배제하고 입주자 유지보수의 수준에 대한 의견을 제시하고 있다. 자산 증식의 가능성에 커다란 의의를 두고 있기에 당장 내 상황에 문제가 되지 않으면 유지보수의 목적이나 의의에 동감하지 못한다. 이러한 부류의 입주자가 다수를 차지한다면 당장은 생활상 혹은 안전상 불편이 없지만 추후에 심각한 문제로 발전하는 필요한 유지보수는 실시하기 힘들다. 개인의 판단이나 행동이 다수의 행동이나 판단에 영향을 미치고 이러한 결과가 현저하게 전문성을 필요로 하는 유지보수의 영역에서 전문성의 역할마저 저해하는 요인이 된다.

또한 재건축을 추진 중인 서울의 한 단지는 장기수선충당금 총액이 2016년 8월 기준으로 150억원이다. 매월 징수하는 장충금의 수준은 유사단지 평균금액의 30% 정도이지만 장기수선충당금 보유 수준은 약 6배이다. 이 수치가 의미하는 것은 장기수선충당금을 집행하지 않았다는 의미로 해석할 수 있다. 이 아파트의 최근 5년간 장기수선충당금 단가를 보면 2012년 202원/㎡, 2013년 175원/㎡, 2013년 이후는 99원/㎡으로 대폭 낮추고 있었다. 충당금 사용액은 2012년 4.2억, 2014년 2.6억, 2015년 16억, 2016년 상반기 7억 수준이지만 2013년에는 5천 3백만원에 불과하다.[3)]

## 2. 안전과 맞바꾼 시설물 관리

다음은 노후화 된 한 아파트에서 발생한 사건을 정리한 기사이다.

집중호우로 서울 강남의 아파트가 220V가 아닌 110V의 전압을 사용해 피해복구에 차질을 빚고 있다.

9일 업계에 따르면 지난달 27일 집중호우로 발생한 정전사태에 서울 대치동 ○○아파트가 220V로 승압하지 않은 노후 전기시설로 인해 전기복구가

3) 공동주택관리정보시스템(www.k-apt.go.kr)에서 관리비 검색.

지연, 10일이 지난 현재까지도 임시 복구 상태다.

○○아파트는 정전 19개동 중 15개동이 송전시설 복구가 완료됐다. 하지만 침수가 심했던 미송전 4개동 422세대는 사용전압이 예전방식인 110V·220V 겸용인 탓에 해당 변압기를 구하지 못해 정상적인 복구가 늦어지고 있다.

전기안전공사 관계자는 "220V로 승압을 하지 않아 대체할 변압기를 구하지 못해 정상복구가 늦어지고 있다"며 "지난 4일에도 노후시설로 엘리베이터 등이 멈추는 등 아직까지 불안한 상황"이라고 말했다.

○○아파트는 이번 사태로 서브 변전실 11개 가운데 5개의 변압기를 둔 변전실이 물에 잠겼다. 물을 퍼낸 후 보통 1~2일이면 변압기 교체가 가능하지만 해당 변압기는 현재 특별 제작 중이다. ○○아파트는 한국전력이 제공하는 비상 발전차량을 임시로 운영하고 있다.

한전은 전력 공급능력을 키우고 전력 손실을 줄이기 위해 1973년부터 가정용 전력 전압을 110V에서 220V로 승압사업을 실시해왔다. 이 사업으로 일반 주택의 승압은 완료했지만, 일정 규모 이상의 아파트 단지는 한전이 아닌 자체 소유의 전력시설을 자율적으로 갖추도록 했다. 이 때문에 승압에 대한 법규제가 없어 건축된 지 30년이 넘은 단지에서는 아직도 220V 승압을 하지 않은 곳이 적지 않다.

강남 지역의 한 전기공사업체 사장은 "○○아파트뿐만 아니라 인근의 여러 노후 아파트 등은 220V로 승압을 하지 않은 노후 전기시설이 많다"며 "재개발계획이 아니더라도 만약의 사고에 대비해 근본적인 대책이 마련돼야 한다"고 말했다.

전자신문인터넷판(www.etnews.com) 2011.8.9.

이유가 어찌 되었든 간에 건물의 노후화에 따라 적절한 시설물 관리가 이루어지지 않은 것만은 분명하다. 그렇다고 이러한 상황을 두고 불법행위가 이루어졌다고 보기는 힘들다. 어디까지나 관리의 책임이 있는 주체의 결정이 있을 뿐이다. 그러나 분명히 말할 수 있는 사실은 상황을 인지한 상태에서 내려진 결정이다. 입주자의 안전과 생명을 담보하기 위해서 사용되어야 할 비용이 불필요한 비용이라고 치부되는 순간이다.

## Ⅳ. 시설물 관리 부조리 개선을 위한 규제와 처벌 - 사회적 선호

### 1. 공동주택 관리의 '사회적 선호' 설정

도모노 노리오는 사회적 선호에 대한 설명을 신뢰, 상호작용, 협력의 개념을 통해 설명했다. 그 중에서 처벌과 윤리의 관계에 대한 실험을 통해 처벌로 윤리성이 저하된다는 흥미로운 실험결과를 소개하였다. 약속시간을 어기는 경우 벌금을 물린 결과 상황이 개선되지 않았다는 골자인데 '처벌의 대가(벌금)를 지불하게 되면서 사회규범이나 윤리에 대한 행동이 양심의 가책을 느끼는 대신 시장에서 거래되는 것처럼 인식된다는 내용'이다.[4)]

우리나라 공동주택 관리는 부정적인 인식이 만연해 있다. 특히 관리비의 부정사용에 대한 이슈는 사회적 문제로 확대되어 경찰청 특별조사, 감사원 조사를 비롯하여 이제는 지방자치단체에서 부정의 의혹이 제기되는 단지를 대상으로 비리 적발성 실태조사를 실시하기에 이르렀다.

이 실태조사의 비리 적발을 위하여 근거가 되는 자료는 국토교통부에서 고시한 「주택관리업자 및 사업자선정지침」이다. 관리주체에서 효율적이고 투명하게 용역계약을 체결하도록 하기 위하여 마련한 것으로 사업자를 선정하는 과정에서 투명성이 결여되면 용역비용을 부풀리거나 부적절한 업자의 선정으로 관리비 전가, 용역품질의 저하 등이 우려되기 때문이다.

초기에 이 지침의 주요 골자는 용역업체를 선정할 때 최저가를 제시한 업체를 낙찰시켜야 한다는 '최저가 낙찰제'의 실시였다. 업체와 입주자대표회의 혹은 관리주체의 부정적인 연결고리를 배제하기 위해서 공정하고도 입주자의 관리비 절감에 도움이 되는 최저가 제시 업체를 자동적으로 낙찰업체로 정하도록 한 것이다.

한 가지 사례를 보자. 아파트 승강기의 유지·관리 용역 비용을 1원에 낙찰 받아 수주한 후 부실하게 유지 관리했다는 신문기사를 통해 우리는 언뜻 입주자의 안전을 담보해야할 승강기의 유지·관리에 1원짜리 업체를 낙찰시킨

---

4) 도모노 노리오, 『행동경제학』 제8장 참조.

입주자대표회의의 '제한적 합리성'을 떠올리게 된다. 그러나 그 이면에는 정부가 마련한 공동주택 관리의 신뢰형성을 위한 '사회적 선호' 행동이 자리 잡고 있다. 바로 '최저가 낙찰'이라는 규제와 이를 지키지 않으면 처벌을 한다는 행정적 조치가 입주자대표회의의 '제한적 합리성'의 여지조차 주지 않는다.

아파트 승강기 유지·관리 용역 입찰에서 단돈 1원을 써내 계약을 따낸 후 부실 점검을 일삼아 온 업체가 행정 처분을 받게 됐다.

국민안전처는 최근 저가 수주 문제로 언론에 보도된 경남 창원의 승강기 유지·관리업체 A사를 대상으로 경상남도, 창원시, 한국승강기안전공단과 합동 긴급 점검을 실시했다고 지난달 31일 밝혔다.

점검 결과 하도급 및 현장에서 실시하는 자체 점검 등에서 위법 사실이 발견돼, 국민안전처가 관리·감독 기관인 경상남도로 하여금 A사에 대한 행정 조치를 하도록 요구했다.

A사는 에스컬레이터 유지·관리업을 관할 시도에 등록하지 않았을 뿐만 아니라 시설물 관리 주체와 유지·관리 계약을 맺어 이를 다시 유지·관리 등록 업체에 하도급했으며, 기술 인력도 6명으로, 등록 기준인 8명에 미달한 것으로 확인됐다.

또한 매월 실시하는 자체 점검에서는 점검하지 않은 항목을 점검한 것처럼 승강기안전종합정보망에 허위로 입력하고, 1인당 자체 점검 대수(월 100대)를 초과하지 않기 위해 실제 점검한 기술 인력이 아닌 다른 사람 이름을 기재한 사실도 적발됐다.

A사는 지난달 B아파트와 승강기 1대당 유지·보수비 1원씩을 받는 조건으로 계약을 맺었다. 업계에 따르면 A사와 같이 저가 계약을 맺은 다음 고장 수리나 부품 교체 비용을 비싸게 청구하는 식으로 이익을 챙기는 업체들이 적지 않다.

이에 따라 국민안전처는 유지·관리 부실을 초래할 수 있는 저가 계약의 문제점을 보완하기 위해 적격 심사제, 전자 입찰제 등을 도입하고 '승강기시설 안전관리법'을 개정해 유지·관리 업자의 선정기준을 보다 더 엄격히 할 계획이다.

국민안전처 민병대 생활안전정책관은 "유지·관리 부실을 근절하기 위해 9월에 실시하는 3/4분기 실태 점검부터는 현장에서 실시되는 자체 점검 등을 더욱 철저히 확인해 위법 사항에 대해 강력한 행정 조치를 취하겠다"고 밝혔다.

아파트관리신문 인터넷판(www.aptn.co.kr) 2016.9.5.

## 2. 몇 가지 문제점[5)]

공동주택 관리의 부조리를 없애기 위해 정부는 처벌을 강화하는 방법을 썼다. 그러나 그 결과 부조리가 얼마나 개선되었는지는 알 수 없지만 명확한 것은 입주자의 자유로운 의사결정을 저해하는 모양이 되었다.

이러한 정부의 조치는 몇 가지 문제점을 불러일으킨다.

### (1) 입주자대표회의의 합리적인 의사결정의 어려움

「공동주택관리법」 제6조에 의하면 입주자등이 관리방법을 정할 때에 주택관리업자에게 위탁하여 관리하기로 결정하는 경우, 입주자대표회의는 입찰의 종류, 절차, 참가자격, 효력 및 예외사항 등 국토교통부장관이 고시하는 방법으로 주택관리업자를 선정하도록 규정하고 있다. 앞서 설명한 대로 「주택관리업자 및 사업자선정지침」의 기본방침은 관리 투명성의 확보이다. 그 이유로 경쟁입찰을 전제로 하고 있다. 경쟁입찰의 원칙은 입주자대표회의에서 합리적으로 심사기준을 정해서 기준에 부합하는 관리업자를 선정하는 것이지만 국토

**표 5-4** 적격심사 표준평가표

| 평가항목 | | 배점 | 평가항목 | |
|---|---|---|---|---|
| | | | 세부배점 | 평가내용 |
| 관리능력 | 기업 신뢰도 | 30점 | 15점 | 신용평가 등급 |
| | | | 15점 | 행정처분건수/관리세대수 |
| | 업무 수행 능력 | 30점 | 10점 | 기술자 보유 |
| | | | 10점 | 장비 보유 |
| | | | 10점 | 관리실적 |
| | 사업 제안 | 10점 | 5점 | 사업계획의 적합성 |
| | | | 5점 | 협력업체와의 상생발전지수 |
| 입찰가격 | | 30점 | 30점 | 입찰가격 |
| 합계 | | 100점 | 100점 | – |

출처: 국토교통부 고시 「주택관리업자 및 사업자선정지침」.

5) 김정인, 집합건물법 논문의 내용을 재정리.

교통부의 지침에서는 업자를 선정하는 방법까지 세부적으로 제시하고 있다. 관리업자 이외의 유지보수의 용역업자 선정시에도 동일하게 적용된다. 지침에서는 최저낙찰제 또는 적격심사제 중에서 입주자대표회의의 선택에 의해 업자를 선정하도록 하고 있다. 특히 주택관리업자를 선정하는 기준을 보았을 때, 실질적으로 최저낙찰제에서 말하는 최저가가 입주자들이 관심을 가지고 있는 전체관리비의 최저금액이 아니라 위탁관리수수료의 최저금액을 의미한다. 최저낙찰제 실시로 인해 '0원 입찰'이 속출하였는데 0원 입찰로 저가 수주를 한 업체에서 전체 관리비 지출에 대한 투명성이 우려되었다. 그 폐해를 방지하기 위해 추후에 적격심사제를 도입하였다. 적격심사를 위해서 표준평가표를 제시하고 배점, 평가내용을 정하고 있지만 실효성 면에서는 명쾌한 대안을 주지 못한다.

예를 들면 기업신뢰도 중에서 만점을 받을 수 있는 신용평가 등급이 낮게 설정된 점, 관리실적 측면에서도 10개 단지를 관리하면 만점을 주고 있는 점은 관리능력에 대한 변별력이 떨어진다. 입찰가격은 반드시 30점 이상의 배점을 기본으로 하고 있는데 입찰가격의 기준이 위탁업무에 소요되는 관리비의 총액이 아니라 3.3㎡당 2~30원 꼴의 위탁관리수수료가 주된 기준이 되도록 하는데 이것은 의미가 없다.

그밖에 적격심사제를 악용하는 사례도 있다. 예를 들어 5명의 동대표가 입찰한 업체의 점수를 준다. 이 때, 각 동대표가 매긴 점수의 평균을 기준으로 할 것인지, 동대표의 점수를 두고 가장 많은 동대표에게 최고 점수를 받은 업체를 기준으로 할 것인지가 모호하다. 이러한 기준이 없는 상태에서 한 개 업체에 만점을 주고 그 외 다른 업체에 0점을 주어 의도적으로 점수를 몰아주는 동대표가 있다면 전체의 평균 점수로 사업자를 선정하는 것은 의미가 없을 것이다.

### (2) 무분별한 처벌

「주택관리업자 및 사업자선정지침」은 관리업체 및 용역업체 선정에 따른 부조리를 방지하기 위하여 마련된 것이다. 그러나 행정기관에서는 지침을 준수하지 않는 경우 행정처분을 내리는 수단으로 활용한다. 이는 단지의 특성이나 개별성을 고려하지 않은 행정의 과도한 개입으로 해석할 수 있다.

한 사례를 보자. 서울 강서구에 위치하는 약 2,100세대의 대규모 단지에는 승강기 80대가 설치되어 있다. 지자체에서는 '아파트관리실태조사'의 결과, 승강기 유지보수 계약 과정에서 입찰 시 지역제한을 하였다는 이유로 과태료가 300만원 부과되었다. 승강기는 입주자등이 상시 이용하는 시설물이고 문제 발생 시 신속한 초동대응을 하지 않으면 입주자등의 안전을 위협할 수 있고 불편을 초래한다. 이 때문에 입주자대표회의에서는 승강기 유지보수업체를 서울과 경기도 등 수도권으로 한정한 것인데 행정기관에서는 자신들이 정한 '사회적 선호'에 부합하지 않는다는 이유로 처벌을 내린 셈이다. 입주자대표회의에서 승강기 유지관리 업체를 수도권으로 한정하여 적절한 유지보수를 도모한 나름의 합리적인 의사결정이 잘못되었다고 행정이 판단한 데에는 논란의 여지가 있다.6)

### (3) 왜곡된 정보의 파급

국토교통부에서는 전국의 의무관리대상 단지의 관리비를 의무적으로 공개하도록 하여 살고 있는 단지의 관리비를 확인하는 것은 물론 관리비의 비교가 가능하도록 시스템을 만들고 있다. 관리비의 공개를 위해 운영하는 공동주택관리정보시스템에서는 관리비 상태표시라는 것을 도입하여 유사단지 중 관리비가 낮은 상위 50%의 평균관리비와 특정 단지의 관리비를 비교해서 양호, 유의, 점검필요 등의 정보를 제공하고 있다. 낮은 관리비의 평균치를 기준으로 한 것은 관리비는 무조건 낮은 것이 바람직하다는 왜곡된 인식을 심어준다. 더구나 정부에서 의무화하여 자료를 공개한 만큼 입주자들은 그 정보를 신뢰할 수밖에 없다. 그러나 단지의 특성과 상황을 고려하지 않고 일률적인 방식으로 통계치에 대한 결과만을 나타내어서는 정확한 정보로 보기 힘들다. 오히려 입주자등의 혼란을 줄 수 있다.

2016년 3월 국토교통부에서 매우 자극적인 보도자료를 공개하였다. 300세대 이상의 아파트는 1년에 한 번씩 반드시 외부의 회계감사를 받도록 의무화하였는데 이 제도가 시행된 후 첫 외부회계감사 결과를 취합하여 발표한 것이다. 외부회계감사 결과, 그 중 19.4%가 부적합하다는 골자였다. 결과는 공동

---

6) 주택관리회사 임원 인터뷰에 의함.

주택관리에 대해 의구심을 품고 있는 입주자들에게 확신을 주기에 충분했다. 행정이 외부 회계감사를 의무화하지 않았으면 이 부적절함이 덮어졌을 것이라는 자부심이 드러나는 듯했다. 이 자료를 바탕으로 각 매스컴에서 비리가 많은 지자체별로 순위를 매기는 등 대부분의 아파트에서 회계처리가 부적정하다고 보도하였다. 전국 아파트의 20%가 '회계 부정' 혹은 '관리비가 새고 있다'는 의미로 받아들여지기 쉬운 문구이다. 그러나 내용을 들여다보면 그 중 약 45%는 현금흐름표가 작성되지 않은 것이었고 항목을 잘못 처리한 경우와 관리사무소 직원의 횡령에 의한 현금잔액 오류를 합하여 2.5%였다. 아파트 회계를 잘 아는 전문가들은 현금흐름표라는 회계문서는 정산제로 운영되는 관리비 처리에서는 불필요한 항목이라고 한다. 그래서 대부분의 외부회계감사에서 부적절한 부분이 많이 지적된 것은 관리현장의 특성 이해 부족에 기인한다고 목소리를 높였다. 결국 외부회계감사 항목 중 현금흐름표는 2016.4. 공동주택관리법 시행령에서 삭제되었다.

## V. 시설 관리의 합리적 선택을 위한 조건 - 어떻게 바뀌어야 하는가?

공동주택 시설관리의 프로세스 중에서 중요한 요소는 첫째, 시행할 공사를 결정하는 것, 둘째, 적절한 사업자를 선정하는 것, 셋째, 사업자를 선정하기 위한 내부의 의사결정이다. 즉, 모든 것은 관리주체나 입주자대표회의에 의한 결정인데 이 때, 그 결정이 적절한지의 여부가 관리의 투명성 여부, 관리주체나 입주자대표회의의 신뢰성 여부와 직결된다. 그 중에서도 적절한 사업자를 선정하였는가 여부는 항상 논란의 중심에 있다. 그러나 사업자의 선정과 관련한 문제는 지극히 표면적인 문제에 불과하다. 시설관리에 관여하는 업자가 제시한 가격에 무조건적인 의문을 품는 경우도 있고, 최저가격을 제시한 업자를 선정하거나 업자의 적정성 여부를 판단하라는 기준을 제시하기도 한다. 하지만 궁극적으로 "관리 행동의 선택"의 중심에 있어야 할 것은 "공사 발주 내용"이 근거가 되어야 한다. 왜냐하면 같은 공사에도 자재비나 기술인력에 따라 비용이 달라지기 때문이다. 같은 단팥빵을 구입하더라도 공장에서 대량 생산한 팥을 재료로 쓰는 빵과 품종이 좋은 팥으로 직접 소를 만들어서 수제로 만드는 빵 중에서 어느 것을 선택할지는 오로지 소비자의 의사에 의존한다.

즉, 사업자의 선정은 단순히 ○○아파트의 "방수공사", "도색공사"를 발주하는 방식이 아니라 각 공사의 시방서를 기준으로 용역비용을 견주어야 한다는 의미로 무조건적인 가격의 비교가 아니라 재료, 자재, 기술적인 수준이 전제가 되어야 한다.

이러한 문제만 해결된다면 사업자를 선정하는 데에 문제될 것이 거의 없다. 발주자가 제시한 조건을 성실히 이행할 업자를 경영상태나 견적금액을 기준으로 선정하면 그만이다.

그런데 이러한 방식으로 시설관리업무를 수행하기는 쉽지 않다. 실제로 수많은 공종에 대해 각 부문별 공사의 범위, 수준을 결정하는 시방내용 자체의 적정성 여부를 판단하는 기술적인 배경이 공동주택 관리현장에 있지 않기 때문이다.

이러한 장벽을 해소하려면 제3의 전문기관을 활용하여야 한다. 실시하고자 하는 공사가 필요한 공사인지? 공사의 범위는 적정한지? 어떠한 시방으로 공사를 진행하는 것이 효율적인지? 등에 대한 자문이 필요하다. 장기수선계획에 포함되어 있다고 별도의 판단 없이 계획에 따른 수선공사를 실시하는 경우가 대부분임을 감안할 때, 전문가의 판단으로 당장 불필요한 공사를 걸러낸다면 상당한 비용을 절감할 수 있을 것이다.

프로세스의 변혁으로 사업자 선정의 투명성 확보, 유지관리 공사의 적정성을 확보할 수 있지만 여전히 넘어야 할 산은 많다.

제3의 전문가, 전문기관을 활용하는 데에 소요되는 비용 지불에 대한 입주자대표회의나 관리주체의 합의형성, 이러한 역할을 할 전문기관의 부재, 획일화 된 제도적 기준의 타파 등이다.

## 참고문헌

김정인(2016), “공동주택관리의 전문성에 관한 소고”, 집합건물법학회지.
도모노 노리오(2008), 『행동경제학』, 지형.
하성규 외(2013), 『현대공동주택관리론』.
홍형옥 외(2016), 『주거관리』, KNOU.

공동주택관리정보시스템 www.k-apt.go.kr
국토교통부 www.molit.go.kr
부산 M아파트 입주자 인터넷 카페 http://cafe.naver.com/mmjugong
아파트관리신문 www.aptn.co.kr
전자신문 www.etnews.com
하자심사분쟁조정위원회 홈페이지 www.adc.go.kr

제6장

# 공동주택의 승강기 안전

김성일(한국주택관리연구원 기획조정실장)

## Ⅰ. 들어가며

2016년 여름. 유난히 무더웠던 폭염과 더불어 한전의 가정용 전기요금체계에 대한 국민적 불만이 폭증하였다. 국민들은 에어컨을 사용할 시 가정용 전기료가 과다하여 전기료 폭탄을 맞을까봐 자유로이 사용할 수 없는 에어컨을 장식품에 불과하다며 한전과 정부 담당부서에 불만을 표하고 한전 및 정부 부처는 OECD 주요국과 대비하면 오히려 가정용 전기요금 수준이 낮은 편이라며 각종 자료를 제시하며 항변하였다. 환경보호 차원에서 에너지를 아끼자는 주장에는 국민 모두가 공감하는데 건강하고 쾌적한 환경에서 인간답게 생활할 국민의 권리와는 상충되고 있다. 과연 어떤 선택이 경제적이며 어느 선까지 절충하는 것이 합리적인 결정일까?

사람들은 합리적인 손익계산보다는 감정을 중시하는 경향을 가져 "이성은 작은 조랑말일 뿐이고 감정은 커다란 코끼리만 하다"라고 표현하기도 한다(도모노 노리오, 2007, p.12). 이는 효용을 극대화하기 위한 필요한 모든 정보가 제공되지는 않아 완벽한 경제적 합리성은 근본적으로 존재하지 않기 때문이다. 공동주택 입주자와 사용자(이하 "입주자등"이라 한다)를 대표 또는 대리하여 관리에 관한 주요사항을 결정해 가는 과정을 보면 합리적이고 객관적인 판단이나 결정을 하기보다는 작은 일에도 커다란 감정의 대립으로 이성적이지 않고 불합리한 결정을 내리게 되는 것을 언론보도 등을 통해 자주 접하게 된다.

예를 들어 한전의 전기요금 계약방식인 단일요금계약방식(주택용 고압)과 종합계약방식(주택용 저압) 차이에 따른 전기료 문제로 입주자대표회의와 관리주체의 선관주의를 다투는 곳이 있는가 하면 어린이놀이터시설 보수와 노인정 지원으로 인한 청장년 세대 간의 대립, 중앙집중식 난방방식이나 지역난방의 공동주택의 경우 온수의 적정한 생산단가를 고려하지 않고 지나치게 기준단가를 낮게 잡아 급탕비가 난방비에 전가되어 젊은 세대와 장년 세대와 다툼이 있고 단지 내 공급면적에 따른 주차장 사용 지분의 차이로 인한 주자창 사용 분쟁도 있다.

개인과외교습소나 놀이방시설 등 세대 구성원 수와 출입자 수에 따른 출입구 자동문과 승강기 전기료와 소음, 쓰레기 처리비 등으로 다른 거주 세대와의 갈등, 조경 수목의 성장으로 세대 창에 가지가 닿아 바람이 불면 소음발생 및 햇볕가림으로 저층의 세대의 가지치기 요청과 상층 세대의 미관상 가지치기 반대, 수선유지비로 부과 되는 항목 중 장기수선충당금의 사용항목으로 볼 수 있는 것이 포함되어 소유자와 사용자가 관리비 부과에 따른 마찰이 생기기도 한다.

또한 에너지를 크게 절감한다며 무리하게 폐열회수기 또는 열병합발전기를 도입하고 운영하였으나 에너지 절감효율을 잘못 산정하고 예기치 않은 유가 및 가스 값 상승으로 오히려 시설물 유지관리에 고비용이 드는 애물단지가 된 경우도 있고, 에너지 사용의 추정치를 정확히 산출하지 않고 불과 몇 년 밖에 사용하지 않은 공동주택의 중앙집중식 난방시설을 개별난방으로 전환하는 공사를 무리하게 추진하는 경우 등 비효율적인 결정을 한 사례는 무수히 많다.

공동주택의 시설은 최근 고층화에 따라 다양한 시설이 있지만 그중 가장 중요한 시설은 승강기 시설이다. 처음부터 일정 높이의 층에 살고 있는 공동주택의 입주자등이 본인과 가족들이 직접 매일 이용하는 공용시설이기에 입주자등의 생활안전에 가장 최우선해야할 시설이다. 여기서는 공동주택 승강기시설에 한정하여 시설의 정확한 이해를 통해 공동주택 승강기의 현안 문제점을 살펴보고 공동주택의 관계자들에게 보다 이성적이고 합리적인 선택을 하는데 도움이 되는 방안을 제시해 보고자 한다.

# Ⅱ. 이론적 배경 및 공동주택 승강기 시설 등에 관한 규정

## 1. 이론적 배경

승강기라 함은 승강기시설 안전관리법 제2조 제1호 규정에 따르면 건축물이나 고정된 시설물에 설치되어 일정한 경로에 따라 사람이나 화물을 동력으로 사용하여 수직방향으로 움직이며 승강장으로 옮기는데 사용되는 장치를 일컫는다. 이러한 승강기는 공동주택에 절반 이상(50.4%, 2014년 기준)이 설치되어 있다.

승강기의 역사를 기원전에 사용된 밧줄과 도르래에서부터 찾는 견해가 있으나, 근대식 승강기의 시작은 미국의 오티스(E.G. Otis)가 1852년 낙하 방지장치를 발명하고, 1854년 뉴욕 박람회에서 해당 장치를 시연한 이후부터 보는 것이 일반적이다(김찬오, 2015). 우리나라에서 본격적으로 승강기 생산이 시작된 것은 1960년대부터이며, 이후 1984년 현대엘리베이터가 창립되면서 우리나라의 승강기 생산과 기술 발전이 비약적으로 이루어졌다.

현재의 승강기는 대부분 전동기를 동력원으로 하고 있으며, 구조상 로프식과 유압식이 다수를 차지하고 있다. 일반적으로 로프식 승강기는 균형추 방식을 사용하며, 이 방식은 권상기 도르래(쉬브)와 와이어 로프 사이의 마찰을 이용하여 카를 움직이는 것으로 카의 반대쪽에 균형추가 와이어 로프에 의해 두레박식으로 연결되어 있다. 반면 유압식 승강기는 유압펌프에서 토출된 작동유로 플런저를 작동시켜 카를 상승시키는 방식이라 할 수 있다.

이러한 승강기는 아파트 등 공동주택용 승강기가 대부분을 차지하고 있으며 근린생활 및 판매영업 시설에 설치된 승강기가 그 다음을 따르고 있다. 공동주택용 승강기는 거주자의 안전과 직결되는 시설물로, 이하에서는 우리나라의 공동주택 승강기 시설 등에 관한 설치 및 안전 규정 등에 대해 살펴본다.

## 2. 공동주택 승강기 시설 등에 관한 규정

### (1) 승강기 설치 기준

2016년 6월 30일 기준으로 국내 설치되어 운행 중인 전체 승강기의 대수는 약 577,581대[1]로 승강기 신규 설치기준으로 보면 중국, 인도에 이어 세계 3위이며, 보유대수로는 세계 9위에 해당한다.[2] 이중 공동주택에 설치되어 있는 각종 용도의 승강기 수는 〈표 6-1〉과 같이 306,279대이며 이는 아래 〈그림 6-1〉과 같이 우리나라 전체 승강기의 절반 이상이 그 종류도 다양하게 공동주택에 설치되어 있다.

**표 6-1 우리나라 공동주택의 승강기종류별 보유현황(용도별 승강기/대수)**

| 승객용 | 침대용 | 승객 화물용 | 비상용 | 장애 인용 | 전망용 | 소형EL | 화물용 | 덤웨이터 | 자동 차용 | 에스컬레이터 E/S | 수평보행기 M/W | 휠체어 리프트 |
|---|---|---|---|---|---|---|---|---|---|---|---|---|
| 125,780 | 34 | 6,714 | 107,851 | 63,611 | 549 | 236 | 109 | 72 | 361 | 731 | 72 | 159 |

출처: 승강기안전공단 https://www.koelsa.or.kr/wpge/m_119/info/info010102.do 2016.9.16.

**그림 6-1 건물용도별 우리나라 전체 승강기보유현황 비율**

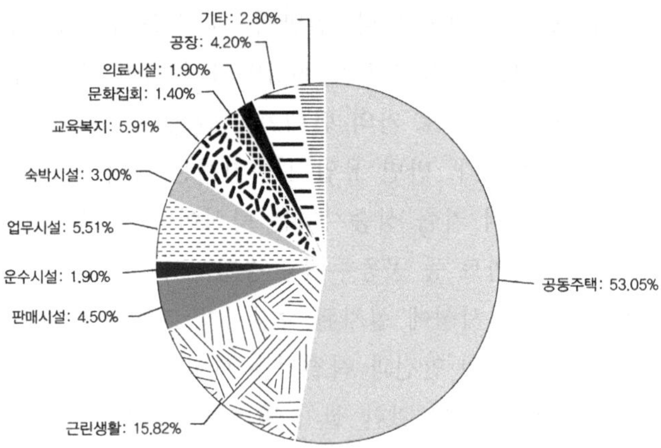


출처: 승강기안전공단 https://www.koelsa.or.kr/wpge/m_119/info/info010102.do 2016.9.16.

1) 한국승강기안전공단 https://www.koelsa.or.kr/wpge/m_118/info/info010101.do 2016.9.27.
2) 한국승강기안전공단 보도자료, 승강기안전공단 하나 된 마음, 2016.8.1.

승강기는 6층 이상으로서 연면적이 2천제곱미터 이상인 건축물(층수가 6층인 건축물로서 각층 거실의 바닥면적 300제곱미터 이내마다 1개소 이상의 직통계단을 설치한 건축물은 제외한다)을 건축하려면 승강기를 설치하여야 하며, 높이 31미터를 초과하는 건축물에는 비상용승강기를 추가로 설치하여야 한다.[3)]

6층 이상인 공동주택에는 국토교통부령(주택건설기준 등에 관한 규칙)에서 정하는 기준에 따라 대당 6인승 이상인 승용승강기를 설치[4)]하여야 하며, 7층 이상인 공동주택에는 이삿짐 등을 운반할 수 있는 적재하중이 0.9톤 이상인 폭 또는 너비 중 한 변은 1.35미터 이상, 다른 한 변은 1.6미터 이상으로 계단실형인 공동주택의 경우에 계단실마다 설치하도록 되어 있고, 복도형인 공동주택의 경우에는 100세대까지 1대를 설치하되, 100세대를 넘는 경우에는 80세대마다 1대를 추가로 설치하도록 되어 있으며, 또한 10층 이상인 공동주택의 경우에는 승용승강기를 비상용승강기의 구조로 하여야 한다. 승강기시설 안전관리법 시행규칙 제2조 제1항에 따른 별표 1의 승강기 종류 중 승객화물용 승강기는 주택법에 따른 주택건설기준 등에 관한 규정 제15조 제4항으로만 규정되어 있다(황수철, 2012).

고층건축물(30층 이상, 높이 120미터 이상)[5)]에는 건축법에 따라 건축물에 설치하는 승용승강기 중 1대 이상을 정전 시 1시간 이상(초고층 2시간 이상) 승강기를 가동시킬 수 있는 예비전원 등을 갖춘 피난용승강기의 설치기준[6)]에 적합하게 설치하여야 한다. 다만, 고층건축물 중 초고층건축물(50층 이상, 높이 200미터 이상)[7)]이 아닌 30층 이상~49층 이하의 고층건축물(준초고층건축물)[8)] 중 공동주택은 제외한다.

또한 아파트의 경우 장애인등이 건축물의 1개 층에서 다른 층으로 편리하게 이동할 수 있도록 그 이용에 편리한 구조로 장애인용 승강기, 장애인용 에스컬레이터, 휠체어리프트 또는 경사로를 1대 또는 1곳 이상 설치하여야 한다.[9)]

---

3) 건축법 제64조(승강기), 같은 법 시행령 제89조(승용승강기의 설치) 및 제90조(비상용승강기의 설치).
4) 주택건설기준 등에 관한 규정 제15조(승강기등).
5) 건축법 제2조 제19호(고층건축물).
6) 건축물의 피난·방화구조 등의 기준에 관한 규칙 제30조(피난용승강기의 설치기준).
7) 건축법 시행령 제15조(초고층건축물).
8) 건축법 시행령 제15조의2(준초고층건축물).
9) 장애인·노인·임산부 등의 편의증진 보장에 관한 법률 시행령 별표 2.

공동주택의 승강기 및 승강기용 전기설비를 설치하려면 전기사업법에 따른 전기설비 공사 중 승강기 설치에 필요한 사람이나 물건을 운반하는 반송용 설비공사를 할 수 있는 공사 업을 등록한 설비공사 업자[10]가 건설산업기본법에 따른 승강기설치 공사의 승강기관련 국가기술자격 취득자 2명 이상을 갖춘 승강기설치공사 업자[11]에 의해 설치공사를 실시하여야 한다.

공동주택에 승강기시설의 설치가 완료되고 완성검사를 받으면 주택법 제49조에 따른 사용검사일(같은 법 제49조 제4항 단서에 따라 공동주택의 전부에 대하여 임시 사용승인을 받은 경우에는 그 임시 사용승인일을 말하고, 같은 법 제49조 제1항 단서에 따라 분할 사용검사나 동별 사용검사를 받은 경우에는 그 분할 사용검사일 또는 동별 사용검사일을 말한다) 또는 「건축법」 제22조에 따른 공동주택의 사용승인일을 기준으로 하자의 담보책임기간을 기산하는데 공용부분은 시설공사별 하자에 대한 담보책임기간은 10년(「주택법」 제38조에 따른 장수명 주택의 경우에는 15년)의 범위에서 대통령령으로 정하며 승강기설비공사의 경우 담보책임기간은 3년[12]이다. 특히 일정 규모의 공동주택의 승강기의 경우 의무적으로 관리하는 공동주택 대상의 기준이 되기도 한다.[13]

### (2) 승강기 카 내 부속설비와 종합 방재실 관련 규정

#### 1) 비상통화장치

승강기 카 내와 외부의 소정의 장소를 연결하는 비상통화장치는 해당 시설물의 관리인력이 상주하는 장소(경비실, 전기실, 중앙관리실 등)에 이중으로 설치되어 항상 통화가 가능하도록 되어 있어야 하며, 비상연락장치(인터폰)는 매일 그 동작 상태를 확인해야 한다. 다만, 관리인력이 상주하는 별도의 장소가 2개소 미만인 시설물의 경우에는 하나만 설치될 수 있다. 관리인이 인터폰을 받지 못하는 경우를 대비하여 사람의 출입이 잦아 쉽게 인식할 수 있는 장소에 카 내의 비상연락버튼에 의하여 작동되는 부저와 경광등을 설치하거나 시설물 내부 통화가 연결되지 않을 경우에는 승강기 유지관리업체 또는 자체 점검자에게로 자동 통화 연결되어 신속한 구조 요청이 이루어질 수 있는 비상통

10) 전기공사업법 시행령 별표 1(전기공사의 종류).
11) 건설산업기본법 시행령 별표 2(건설업의 등록기준).
12) 공동주택관리법 시행령 별표 4(시설공사별 담보책임기간).
13) 공동주택관리법 시행령 제2조 제2호(의무관리대상 공동주택의 범위).

화장치를 갖추어야 한다.

### 2) 비상조명등

승강기 카 내 조명은 50룩스(lux) 이상이 되어야 하며 자체점검 시 50룩스(lux) 미만은 B로 판정해야 하며 예비조명(비상등)은 점등되지 않거나 2룩스(lux) 미만은 C로 판정해야 한다.[14] 정상 조명전원이 차단될 경우에는 자동으로 즉시 점등되는 램프 중심부로부터 2m 떨어진 수직면상 또는 호출버튼 및 비상통화장치 표시에서 2룩스(lux) 이상의 조도로 1시간 동안 전원이 공급될 수 있는 자동 전원공급장치가 있어야 한다.[15]

비상통화장치와 비상등의 설치는 2012년 3월 14일 개정된 승강기검사기준 2011년 9월 전국적으로 일어난 대규모 정전 사태(블랙 아웃)로 인해 수천 명의 승객이 승강기에 장시간 갇히는 사고가 발생하자 이를 막기 위해 도입된 것이다. 검사 시 기준에 적합하지 않을 경우에는 조건부 합격 처리되며, 조건부 기한 만료일까지 지적사항이 보완되지 않을 경우에는 불합격 처리되어 승강기가 운행정지되며, 운행정지된 승강기를 운행하는 경우에는 「승강기시설 안전관리법」에 따라 3년 이하의 징역 또는 3,000만원 이하의 벌금에 처한다.[16]

### 3) CCTV

승강기 내 폐쇄회로 텔레비전(CCTV) 설치는 의무관리대상의 공동주택 즉 300세대 이상의 공동주택, 150세대 이상으로서 승강기가 설치된 공동주택이나 150세대 이상으로서 중앙집중식 난방방식(지역난방방식을 포함한다)의 공동주택, 「건축법」 제11조에 따른 건축허가를 받아 주택 외의 시설과 주택을 동일건축물로 건축한 건축물로서 주택이 150세대 이상인 건축물에서 각 동의 출입구마다 전체 또는 주요 부분이 조망되고 잘 식별될 수 있도록 폐쇄회로 텔레비전 해상도 130만 화소 이상의 카메라를 설치하고 카메라 수와 녹화장치의 모니터 수가 같도록 설치하되, 다채널로 분할 가능하거나 채널의 감시화면의 대각선 방향 크기는 1개의 채널이 최소한 4인치 이상의 채널별로 확대감시기능이 녹화된 화면의 재생이 가능하며 재생할 경우에 화면의 크기조절기능이 있는 모

14) 승강기 검사 및 관리에 관한 운용요령(별표 1).
15) 승강기 검사기준(별표 1) 〔국민안전처고시 제2015-86호, 2015.5.13. 일부개정〕.
16) 승강기시설 안전관리법 제25조(벌칙).

니터일 것으로 하는 기준에 따라 보안 및 방범 목적을 위한 폐쇄회로 텔레비전(CCTV)을 설치하여야 한다.[17] 폐쇄회로 텔레비전의 촬영자료는 안전관리자를 지정하여 열람하거나 30일 이상 관리 보관한다.[18]

#### 4) 모 니 터

승강기 내 모니터 설치는 10~23인치의 모니터를 설치하고 기업홍보, 광고, 공지사항, 생활정보 등을 표시하는데 시스템상 인터넷망을 이용하여 운영자의 PC로 광고송출, 정보송출을 관리 및 제어를 하는 PC네트워크 방식과 동영상이나 이미지를 단순하게 USB에 담아 승강기의 모니터에 설치된 USB포트에 삽입하면 무한반복 재생되는 미디어보드방식이 있다. 설치방법에 따라 승강기 내 매립하는 방식이나 탈착, 돌출식 등이 있으며, 최근에는 승강기를 대기하는 로비나 외부 홀에 설치하는 경향이 있다.

#### 5) 종합방재실

초고층 및 지하연계 복합건축물 재난관리에 관한 특별법(약칭: 초고층재난관리법)에 따른 50층 이상의 초고층 건축물 등(건축물 및 시설물)의 관리주체는 그 건축물 등의 건축·소방·전기·가스 등 안전관리 및 방범·보안·테러 등을 포함한 통합적 재난관리를 효율적으로 시행하기 위하여 종합방재실을 설치·운영(공동주택의 경우 관리사무소 내에 설치 가능)하여야 하며, 관리주체 간 종합방재실을 통합하여 운영할 수 있다.[19]

종합방재실은 소방기본법 제4조에 따른 119종합상황실과 연계되어야 한다. 또한 종합방재실에는 공기조화·냉난방·소방·승강기 설비의 감시 및 제어시스템을 갖추고 피난안전구역, 피난용 승강기 승강장 및 테러 등의 감시와 방범·보안을 위한 폐쇄회로텔레비전(CCTV), 자료저장 시스템 등을 갖추어 재난 및 안전관리에 필요한 인력을 3명 이상 상주(常住)하도록 하여야 한다.[20]

---

17) 주택건설기준 등에 관한 규정 제39조(폐쇄회로 텔레비전의 설치).
18) 공동주택관리법 시행규칙 제8조(폐쇄회로 텔레비전의 설치 및 관리 등).
19) 초고층 및 지하연계 복합건축물 재난관리에 관한 특별법 제16조(종합방재실의 설치·운영).
20) 초고층 및 지하연계 복합건축물 재난관리에 관한 특별법 시행령 제7조(종합방재실의 설치기준).

### (3) 승강기 관리주체의 점검과 유지관리계약 방식에 관한 규정

승강기 관리주체는 승강기 소유자로서 관리책임이 있는 자나 다른 법령에 따라 승강기 관리자로 규정되어 승강기를 관리할 책임과 권한을 가진 자를 승강기 안전관리자로 선임[21]하거나 승강기 소유자가 다른 법령에 따라 승강기 관리자로 규정된 자와의 계약을 체결하고 3개월 이내에 한국승강기안전공단에 그 사실을 통보하여야 한다.

승강기를 관리할 책임과 권한을 부여받은 자는 스스로 승강기 운행의 안전에 관한 점검(이하 "자체점검"이라 함)을 월 1회 이상 실시하고 그 점검기록을 양호(A), 주의 바람(B), 수리 바람 또는 긴급수리(C)로 구분하여 자체점검 후 5일 이내에 점검기록을 승강기안전종합정보망(국가승강기정보센터 www.elevator.go.kr)에 입력해야 한다.[22]

승강기의 유지관리계약의 종류[23]는 〈표 6-2〉와 같이 크게 단순유지보수계약(Part Oil Grease)과 종합유지보수계약(Full Maintenance)으로 구분하는데, 단순유지관리(POG)계약은 매월 1회 실시하는 자체점검과 승강기의 갇힘 사고 시 인명구조나 고장 발생 시 수리 그리고 소모성 부품교체 등을 수행하며 수리 또는 부품교체 작업을 할 경우 별도의 추가 비용을 받으며 계약기간은 1년 또는 2년이 일반적이다. 종합유지관리(FM)계약은 계약 사항 이외에 부품의 교체 등 수리에 대한 경비부담 및 법정검사수수료를 유지관리업체에서 맡는다. 계약 내용에 따라 차이가 있지만 통상 계약기간은 3~5년 이상의 기간이며, 일상관리를 제외한 모든 유지관리업무를 유지관리업체가 책임진다.[24]

단순유지보수(POG)계약과 종합유지보수(FM)계약 이외에 설치된 엘리베이터의 수가 많을 경우 보수업체의 기술자가 현장에서 거주하며 유지보수업무를 수행하며, 상주로 계약된 경우에는 상주자로 하여금 운행관리자를 겸할 수 있게 할 수 있다. 상주는 POG계약과 FM계약과는 무관하게 별도로 계약이 가능하다(류호정, 2011).

---

21) 승강기시설 안전관리법 제16조의2(승강기의 안전관리자).
22) 승강기시설 안전관리법 제17조 제1항(자체점검) 및 같은 법 시행령 제15조 제1항(승강기의 자체점검).
23) 한국승강기안전공단(https://www.koelsa.or.kr/wpge/m_79/life/life010108.do) 2016.9.30. 검색.
24) 월간EL-Safe, 2014, 승강기 유지관리계약 종류와 내용.

**표 6-2** 승강기 유지관리계약 종류

| | 단순보수(PART. OIL. GREASE)계약 | 책임보수(FULL MAINTENANCE)계약 |
|---|---|---|
| 계약범위 | 정기점검<br>조정 및 급유<br>자체점검<br>고장대응(상시)<br>소모성부품의 교환<br>소액부품의 교환 | 정기점검<br>조정 및 급유<br>자체점검<br>고장대응(상시)<br>소모성부품의 교환<br>소액부품의 교환<br>고액부품의 교환<br>수리공사<br>법정 정기검사의 수검 |
| 제외범위 | 사용 또는 관리부주의에 의한 손상의 수리<br>천재지변에 의한 손상의 수리<br>의장부품의 교체·수리 등 | 사용 또는 관리부주의에 의한 손상의 수리<br>천재지변에 의한 손상의 수리<br>의장부품의 교체·수리 등 |
| | 고액부품의 교환<br>수리공사<br>법정 정기검사의 수검 | |
| 장점 | 월보수료가 낮다<br>유지관리업체의 변경이 쉽다 | 예산계획이 용이하다<br>예방정비가 철저하다<br>수리기간이 짧다<br>고장 또는 사고 시 책임의 한계가 명확하다<br>승강기의 수명·특성 등의 유지가 확실하다<br>장기적인 유지관리비용이 낮다 |
| 단점 | 중대 고장 시 수리절차가 복잡하므로 기간이 길어질 수 있다<br>고장 또는 사고 시 책임의 한계가 모호하다<br>불시에 많은 수리경비가 발생될 수 있다<br>예방정비가 허술해질 수 있다<br>장기적인 유지관리비용이 높다 | 월보수료가 상대적으로 높다<br>유지관리업체의 변경이 어렵다 |
| 기타 | 단기 계약이 가능하다 | 장기적인 계약 시 효과가 크다 |
| | 승강기의 주기적인 점검을 통하여 예방정비를 실시한다<br>고장발생 시 승강기 이용자의 불편을 최소화 하기 위해 신속하게 수리를 한다<br>승객이 갇힌 경우 빠른 시간에 승객을 구출한다<br>사고가 발생한 경우 긴급히 인명을 구조하고 사후처리를 할 임무가 있다<br>수리에 대한 경비부담은 소유자가 맡는다 | 단순보수계약 사항 이외에 부품의 교체 등 수리에 대한 경비부담을 유지관리업체에서 맡는다<br>일상관리를 제외한 모든 유지관리업무를 유지관리업체에서 책임진다 |

출처: 승강기안전공단 https://www.koelsa.or.kr/wpge/m_79/life/life010108.do

### (4) 승강기의 검사 규정

승강기를 관리하는 관리주체는 해당 건축물의 승강기에 대하여 승강기 설치(승강기를 교체 설치한 경우는 제외한다)를 끝낸 경우 완성검사를 받고 이후 1년마다 정기검사(「전기용품안전 관리법」 제15조에 따라 안전인증을 받은 승강기의 경우에는 2년) 또는 승강기의 용도·제어방식·정격속도·정격용량 또는 왕복운행거리를 변경한 경우나 승강기에 사고가 발생하여 수리한 경우 또는 승강기 관리주체가 요청하는 경우에는 수시검사를 받아야 한다.[25]

완성검사, 정기검사 또는 수시검사 결과 결함원인이 불명확하여 사고예방과 안전성 확보를 위하여 정밀안전검사가 필요하다고 인정된 경우나 승강기의 결함으로 인하여 중대한 사고가 발생한 경우, 완성검사를 받은 날부터 15년이 지난 경우, 그 밖에 승강기의 성능의 저하로 인하여 이용자의 안전을 침해할 우려가 있는 것으로 국민안전처장관이 정한 경우에는 정밀안전검사를 받아야 한다.[26]

### (5) 승강기 유지 및 운영 규정

공동주택에서 승강기 등의 유지 및 운영 기준 마련은 해당 공동주택의 입주자대표회의 구성원 과반수의 찬성으로 의결하며,[27] 승강기유지비를 관리비 비목의 월별 금액의 합계액으로 포함하여 입주자등으로 하여금 부담하게 한다.[28]

승강기유지비는 용역 시에는 용역금액, 직영 시에는 자재 및 인건비, 제부대비 등을 말한다. 다만, 승강기 운행에 소요되는 전기료는 관리비 중 승강기유지비가 아니라 공동으로 사용되는 시설의 전기료에 포함하며, 동별로 구분된 승강기용의 계량기가 설치된 경우 동별로 구분하여 월간 사용된 검침량의 비용을 통상 1층과 2층을 제외하고 공급면적으로 배분한다. 다만, 2층 세대의 승강기 사용의 신청이 있는 경우에는 승강기를 사용할 수 있도록 하고 승강기 전기료를 부과한다. 승강기가 지하 주차장과 연결된 경우에는 승강기를

25) 승강기시설 안전관리법 제13조 제1항(승강기의 검사).
26) 승강기시설 안전관리법 제13조의2(승강기의 정밀안전검사).
27) 공동주택관리법 시행령 제14조 제2항 제8호(입주자대표회의의 의결방법 및 의결사항 등).
28) 공동주택관리법 시행령 제23조(관리비 등).

사용할 수 있는 1층, 2층의 세대도 수혜자부담원칙에 따른 승강기 전기료를 해당 공동주택의 관리규약으로 정하는 방식에 따라 배분한다. 승강기 시설의 사용자를 특정할 수 없는 지하 주자창 및 공용시설의 승강기 전기사용료는 공동으로 사용되는 시설의 전기료에 포함한다.

승강기의 효율성을 높이거나 고장발생 시 소요되는 제 비용을 실무에서 수선유지비로 처리하는 경우가 많으나, 승강기유지비로 처리하여야 한다.[29] 그러나 승강기시설 관련 보험료는 건물보험료에 포함하고, 승강기시설 안전관리법에 따라 매년 실시하는 승강기안전점검비용은 공동으로 이용하는 시설의 보수유지비 및 제반 검사비 항목인 수선유지비로 부과한다.[30] 다만, 종합유지보수(FM)계약 시 법정검사수수료를 유지관리업체에서 맡기로 계약한 경우에는 승강기유지비에 포함되어 있으므로 수선유지비에서 제외한다.

승강기유지비에 포함되는 회계처리 계정으로는 승강기수리비, E/L설비관리대행료, 주차리프트유지비(차량용승강기유지비), 승강기(부품)교체비, 승강기보수비, 승강기비상통화장치설치비(임대료), 승강기안전관리위탁, 승강기용역비, 승강기확장비용 등이 있다.[31] 의무관리 대상의 공동주택의 승강기유지를 위해 매월 자체점검 및 유지보수하는 업체의 선정은 관리주체가 사업자를 선정하고 집행하며,[32] 장기수선충당금을 사용하는 공사는 의무관리 대상 공동주택의 경우 입주자대표회의가 사업자를 선정하고 관리주체가 집행한다.[33]

150세대 이상의 공동주택에 승강기가 설치되어 있으면 의무관리 대상의 공동주택으로서 관리주체는 해당 공동주택의 시설물로 인한 안전사고를 예방하기 위하여 안전관리계획을 수립하고 이에 따라 시설물별로 안전관리자 및 안전관리책임자를 지정하여 이를 시행하여야 한다.[34]

세대수에 관계없이 승강기가 설치된 공동주택의 경우에는 오랫동안 안전하고 효율적으로 사용하기 위하여 공용부분의 주요 시설의 보수·교체 및 개량

29) 한국감정원(2015), 아파트관리비 회계계정과목 표준분류.
30) 공동주택관리법 시행령 제23조 제1항 관련 별표 2(관리비의 비목별 세부명세).
31) 한국감정원(2015), 아파트관리비 회계계정과목 표준분류.
32) 공동주택관리법 시행령 제25조 제1항 제1호 가목(관리비등의 집행을 위한 사업자 선정-승강기유지).
33) 공동주택관리법 시행령 제25조 제1항 제3호 가목(관리비등의 집행을 위한 사업자 선정-장기수선충당금을 사용하는 공사).
34) 공동주택관리법 시행령 제33조(시설물의 안전관리계획).

등에 관하여 장기수선계획을 수립[35]하여야 하며, 장기수선계획에 반영되어 있는 승강기(부품) 전면교체 및 부분수리비용은 관리비와는 구분[36]하여 장기수선적립 요율에 따라 매월 징수하여 충당부채로 구분 예치한 '장기수선충당금의 사용'[37]으로 처리하여야 한다.

공동주택관리법령상의 장기수선계획의 수립기준에 따른 승강기의 와이어로프와 쉬브(도르래)의 전면교체 주기는 5년이며 나머지 기계장치, 제어반, 조속기, 도어개폐장치 등의 전면교체 주기는 15년이다.[38]

## Ⅲ. 공동주택 승강기의 문제와 대안

### 1. 승강기 설치 업체의 과점 문제와 대안

국내 승강기 시장 규모는 연간 신규설치 시장 약 1조원과 유지보수관리 시장 1조 5천억원의 총 2조 5천억원(2013.2.28. 기준)을 상회하고 있다(황재헌, 2016). 점유율은 2014년 내국계 H사 엘리베이터 47.9%, 외국계 T사 엘리베이터 18.9%, 외국계 O사 엘리베이터 12.6%로 추정한다.[39] 이는 2005년 이후 10여 년 이상 상위 3개 업체에 의해 지나치게 과점체제가 유지되고 있는데 내국계 H사 엘리베이터의 17.1%(2016년 9월 현재)의 지분을 스위스의 다국적 기업인 S사가 가지고 있는 점을 고려하면 국내 승강기 시장의 세계 순위는 속 빈 강정에 불과하고 국내 승강기 시장은 다국적 기업의 지배하에 있다고 해도 과언이 아니다.

이들 다국적 기업은 한국의 승강기 기업을 상당수 인수·합병한 뒤, 채산성을 맞추기 위해 제조시설을 인건비가 싼 중국으로 이전하여 한국에는 승강기 완제품을 생산할 수 있는 공장라인 자체가 없어 한국에 설치되는 승강기의

35) 공동주택관리법 제29조(장기수선계획).
36) 공동주택관리법 시행령 제23조 제2항(관리비 등).
37) 공동주택관리법 제30조 제2항(장기수선충당금의 적립).
38) 공동주택관리법 시행규칙 별표 1(장기수선계획의 수립기준-승강기 및 인양기 설비).
39) 신한금융투자, H사 엘리베이터 company report, 2015.3.31.

대다수는 중국산 부품을 조립한 것이다. 이같이 3대 제조사의 중국산 부품에 대한 의존도가 높아지는 만큼 80% 이상 대기업 하청에 의존하고 있는 국내 승강기 중소부품·제조기업체들은 비례하여 경영상의 어려움이 가중되고 있다.[40]

2007~2013년 전 세계의 승강기의 시장규모는 연 평균 7.6% 증가하고 있으며, 중국 시장의 전 세계 비중은 신규 설치 67%, 설치 누계 23%로 성장잠재력이 풍부하며 아래의 〈그림 6-2〉와 같이 엄청난 인구를 가진 중국과 인도 등 아시아태평양 지역의 승강기 시장이 급격히 팽창하고 있는 등 좋은 기회를 맞이하고 있다.[41]

그림 6-2 승강기 신규설치 시장 규모

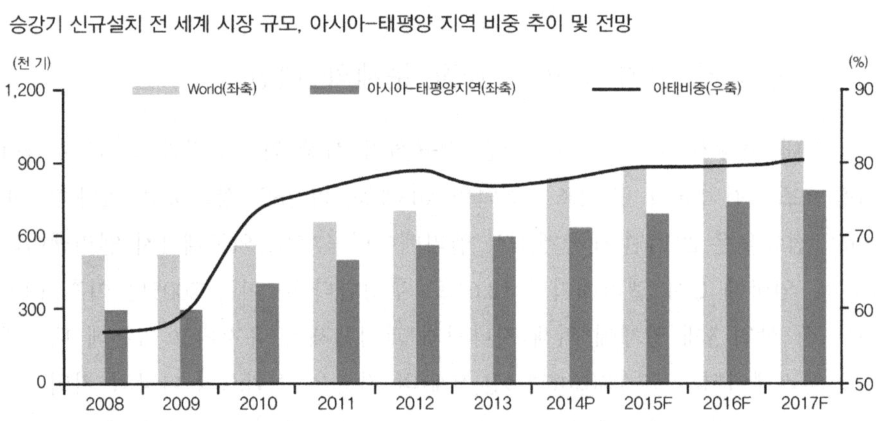


출처: 신한금융투자, H사 엘리베이터 company report, 2015.3.31.

그러나 이런 호기를 국내 승강기 기술의 저변이 확산되기 전에 외국의 다국적 기업들에 의한 국내 시장의 선점으로 기술과 자본 등의 국제경쟁력을 갖추지 못해 내국계 H사 엘리베이터를 제외한 다른 승강기 업체들은 잡지 못하고 있다. 승강기 산업은 독창적인 설계, 제조, 전자 및 기술의 응용을 통한 기술집약적 고부가가치 산업으로서 다양한 조립 생산의 공정을 통한 안전관련 사업으로 다른 산업과의 연계성이 매우 높다.

40) 건설기술신문, 승강기산업은 국가안전산업이다, 2012.4.16.
41) 신한금융투자, H사 엘리베이터 company report, 2015.3.31.

최근에는 환경규제, 고유가 등으로 동기전동기(효율 30% 향상), 전력전자제어(에너지20% 절감), 전동기에 고자기의 영구자석(특수 소재 등) 사용과 고성능 인버터 사용, 경량 소재 Cage(승객 탑승 공간-연료 20% 절감), 고속 엘리베이터 가이드레일(수입대체-부품 값 40% 절감), 고성능 임베디드(내장형) 소프트웨어 기술로 운행제어, 중앙감시반, 서라운드센서, 탑승자 보호 프로그램 등 스마트 승강기, 고품질승강기, 인텔리전트 옵션 기능, 원격감시제어시스템 기능 강화로 승강기 국내 산업은 고객요구 및 수요 패턴의 변화, 제조 기업 각종 인텔리전트 옵션기능 부가로 제품특성 강화, 원격감시제어시스템을 통한 안전 성능 강화 및 유지보수 체계 개선, 고층용 초고속 승강기 수요 증가 등 환경 변화가 이루어지고 있다(박성미 외, 2014).

승강기 기술의 최신 동향을 살펴보면 탄소섬유 소재 및 특수코팅을 사용한 로프로 수직거리 500m까지 적용 가능하며, 무게는 더 가볍고 파단하중은 더 강하다. 로프 수명이 일반로프에 비해 2배 이상 연장됐고 로프에 주유가 필요 없는 기존의 개념을 벗어나 새로운 개념의 승강기 시스템을 개발한 UltraRope, 한 승강로 내에 두 개의 승강기 카가 별도로 승객을 수송할 수 있는 트윈엘리베이터, 세계 최초의 로프 없는 엘리베이터 MULTI, 건물주에게는 획기적인 효율성을 제공하고 승객에게는 편의성을 제공하도록 개발한 Destination dispatching systems(목적지 안내 시스템), 건물보안시스템과 연계 시스템, 원격 Monitoring system, 피트 없는 무빙워크, 가변속도 무빙워크, 가장 빠른 승강기 속도, 최고 높이의 승강기 테스트 타워(샤프트) 등이 있다.[42]

이렇듯이 승강기 산업은 국내와 세계 신흥시장의 폭발적으로 수요가 증가하고 있는데 비해 국내 승강기 관련 업체들은 설립기반을 잃어가는 이유는 무엇일까? 여러 가지 이유가 있겠지만 가장 큰 이유는 IMF 사태 발생 이후 세계 6~7위까지 올랐던 엘지산전 엘리베이터 등 국내 우량 승강기업체들이 대거 외국자본에 팔려 나가 많은 국내 토종 승강기 업체들이, 이윤만 추구하는 외국계 기업들과 대기업의 무분별한 부품 수입과 독점적 시장 지위를 이용한 시장 교란으로 도산됐고, 특히 정부의 저가 구매와 안전만을 강조하는 승강기 정책은 우리 승강기 업체들의 경쟁력을 저하시키고 수출 감소로 이어졌다.[43]

42) 건설이코노미, 박응구 대표의 승강기안전 컨설팅, 2016.2.1.
43) 전기신문, 승강기산업 발전·육성 위해 진흥법 마련돼야, 2016.2.17.

승강기 산업의 부진은 최종제품 중심으로 성장한 한국적 경제 산업발전 시스템 취약성에 있으며, 자체적인 기술 혁신 시스템을 구축하지 못한 것이 경쟁력 약화의 근본원인이다. 따라서 한국이 산업경쟁력을 회복하고 지속적으로 경쟁력을 유지하기 위해서는 시스템 제품인 조립산업과 연계를 고려한 기반산업과 중소기업의 기술혁신 시스템을 구축하는 것이 절실한 과제라고 한다.

우리나라 승강기 산업이 전자나 자동차, 철강같이 초기 복제적 모방(duplicative imitation)에서 창조적 모방(creative imitation), 혁신(innovation)으로 이어져 부품소재기술 설계기술 생산기반기술의 발전단계를 거치지 못하고 기술도입 및 모방에 의해 가공 조립기술 축적에 주력해 기술주도(Technology Push)형이나 일본과 같이 시장니즈에 의해 제품을 모방 개발한 후 기술 개발에 의한 기술 개량 및 비용을 절감하는 형으로도 발전하지 않고 상업적 건설업체 형태로 발전해 온 것이 주요 요인이라고 관련 학회 및 업계는 분석하고 있으며 중소기업과 대기업이 독립적으로 발전해 일본과 같이 대기업과 중소기업이 함께 진화(Co-evolution)하는 형태로 발전하지 못한 것도 요인 중의 하나라고 한다.[44]

또한 업계에서는 승강기 산업 육성 근거가 사라진 국내 승강기 산업이 후퇴를 거듭하고 있어 승강기 100% 자급 및 수출국에서 1990년대 후반 이후 15년 만에 70~80%를 수입하는 나라로 전락했다고 지적한다. 이러한 승강기 산업의 경쟁력을 강화하기 위한 정부차원의 시책 수립과 승강기 산업진흥법 제정이 필요하다고 주장한다.[45]

## 2. 승강기 유지관리업체의 난립 문제와 대안

2016년 9월 현재 국내 유지관리업체 수는 783개 업체가 있으며 이들 업체 중 유지관리품질우수업체는 21개의 업체가 등록되어 있다.[46] 1997년부터 유지관리업 등록기준이 완화되어 유지관리업체가 900여 개까지 증가했는데 그와 비례하여 승강기 부실점검에 따른 사고 수가 증가하였으며 업체 간 과당경쟁

44) 국내 승강기 산업 선진화 방안 Ⅳ, 리프트아시아(www.liftasia.com), 2016.9.30. 검색.
45) 헤럴드경제신문, 수출국서 수입국으로… 승강기산업 끝 모를 '하강', 2015.12.9.
46) 한국승강기안전공단(http://www.kest.or.kr/m_161/info/enterprise/repair.do) 2016.9.19. 검색.

으로 인하여 2016년 7월 경남 지방자치단체의 모 아파트의 승강기 유지관리용역 경쟁입찰에서 1원을 써 낸 유지관리업체가 낙찰되기도 하였다.[47]

한국승강기안전관리원이(승강기안전공단의 전신) 2015.12.10. 공표한 2016년 승강기 표준유지관리비에 따르면 6층 건물 기준으로 승객용 엘리베이터의 적정 월보수료는 일반기준요금(휴일, 야간 별도, 부가세 별도) 18만 2,000원이다.[48] 층수가 올라갈수록 보수료(체증요금 층마다 2,600원, 휴일, 야간 3,200원)도 높아진다. 그러나 공동주택의 승강기 유지관리업체 평균은 대당 5~7만원에 월 보수료가 책정되고 있다.

월 점검비용 1원짜리 수주업체를 해당 지차제와 승강기안전공단이 긴급 합동점검한 결과 자체점검을 하지 않은 항목과 기술인력이 아닌 자를 승강기안전종합정보망에 허위 입력[49]하고, 미등록한 승강기 종류를 점검[50]하고 불법 하도급하였고 기술 인력도 등록 기준상 미달[51]된 것으로 확인되었다.[52] 그런데 승강기 월점검 유지보수료가 1만원 이하인 부실 유지관리계약의 대부분이 공동주택에서 발생하고 있어 이에 따른 안전사고가 언제 발생될지 모르는 상태에 놓여 있어 공동주택 입주자등의 생활안전이 심각하게 위협을 받고 있다는 것이다.

국민안전처가 2016년 4월 전국 240개 승강기 유지관리업체를 대상으로 실시한 불시점검에서 유지관리업체 중 54.6%가 안전점검을 부실하게 하고 있는 것으로 나타났으며 자체점검을 하지 않거나 기록표를 허위로 꾸며 거짓 보고를 하기도 했다.[53] 승강기 사고는 매년 늘어나고 있으며 갇힘 사고 등 승강기 고장으로 인한 119구조 건수는 2012년 1만 2,521건, 2013년 1만 3,623건, 2014년 1만 5,128건, 2015년 1만 5,987건으로 2015년을 제외하고 연평균 10% 가량 늘어나는 추세다.[54]

국내 승강기 보수시장은 대기업 3사와 다국적 기업체에서 70% 이상을 점

47) 한국승강기안전공단(www.koelsa.or.kr) 소식·홍보, 2016.9.1.
48) 승강기시설 안전관리법 제11조의4 제1항(표준유지관리비).
49) 승강기시설 안전관리법 제28조(과태료, 1차 50만원, 2차 100만원, 3차 200만원).
50) 승강기시설 안전관리법 제25조(벌칙, 3년 이하의 징역 또는 3천만원 이하의 벌금).
51) 승강기시설 안전관리법 제12조(유지·관리업 등록 취소).
52) 국민안전처 보도자료, 저가 입찰 승강기 업체, 등록 기준 위반 드러나, 2016.8.31.
53) 국민안전처 보도자료, 지자체·검사기관 합동 승강기 유지관리실태 불시점검 실시, 2016.4.8.
54) 전기신문, '1원짜리' 보수 … 엘리베이터 타도 되나, 2016.8.1.

유하고 있고, 더구나 대기업들은 우리 중소보수 업체와의 물량확보를 위한 경쟁에서 보수능력 이상의 물량을 확보하여 70% 정도에 하도급을 주는 사례가 비일비재하게 일어나고 있다. 나머지 30%에 대하여 중소보수업체 간에 물량수주를 위한 처절한 경쟁을 하고 있으며, 영세업체 간의 과당경쟁 덤핑 행위 등으로 보수시장을 혼탁하게 하고 있을 뿐 아니라, 중소보수업체는 이러한 덤핑구조 하에서 보수업 유지를 위하여 낮은 기술 인력을 사용하고, 형식적인 점검 및 고장수리 지연 등으로 이용자 안전을 위협하는 결과를 초래하고 있다(전해진 외, 2009).

영세 업체들의 저가 수주가 만연되어 승강기 유지관리에 파행적 저가 수주가 일반화 되다보니 부실 점검으로 인한 안전사고가 증가할 수밖에 없다. 이제라도 국민안전처는 승강기 표준유지관리비 공표 시 공표한 표준관리비의 70% 이하로 유지관리 계약된 자체점검 현장에 정부합동 불시점검을 강력히 실시하여 부실 점검을 예방하고 문제 있는 유지관리업체에 법적 책임을 물어 시장에서 퇴출되도록 해야 할 것이다. 또한 대기업의 단순유지보수(POG)계약을 점차 금지하고, 승강기부품의 원가대비 국산화 비율 금액 및 부품 수를 정해주어 중소유지관리업체의 존립기반을 확보해주며, 중소업체들의 사고 또는 고장 신고를 종합적으로 상담 또는 신고를 접수할 수 있는 애프터서비스용 플랫폼 마련 및 지역별 인수합병을 할 수 있도록 인센티브 정책을 제시하여 유지관리 용역에 대한 담보책임을 질 수 있는 일정 규모 이상으로 육성하는 방법도 고려해 봐야 할 것이다.

## 3. 승강기 검사 문제와 대안

2015년 8월 11일 승강기시설 안전관리법 개정되어 2016년 7월 1일 승강기의 안전인증, 안전검사, 안전에 관한 조사연구, 기술개발 및 교육 등을 실시하던 2개의 공공 재단인 국민안전처 관할의 (재)한국승강기안전관리원(관리원)과 고용노동부 관할의 (재)한국승강기안전기술원(기술원)이 통합하여 청사를 경남 진주혁신도시로 마련하면서 한국승강기안전공단[55]으로 새로이 출범하였다.

우리나라의 전체 승강기 대수는 매년 꾸준히 증가하고 있어 승강기 검사

55) 승강기시설 안전관리법 제15조의3(한국승강기안전공단).

기관도 추가 지정될 것으로 예상됨에 따라, 승강기 검사기관에 대한 지도 및 감독이 강화될 필요성이 제기되고 있으나 승강기 완성검사 대행기관은 2개 기관으로 수검자가 검사에 쉽게 합격할 수 있는 검사기관을 선택하거나, 미진한 부분이 있음에도 향후 추가적인 검사신청을 전제로 "봐주기식 검사"를 요구하는 등 검사의 근본 취지가 왜곡되는 현상이 발생하고 있는 실정이라 이에 한국승강기안전관리원(이하 '관리원'이라 함)과 한국승강기안전기술원(이하 '기술원'이라 함)을 통합하여 한국승강기안전공단을 설립하는 한편, 승강기 제조업 등록의 결격사유, 안전관리기술자에 대한 제재처분(업무정지 및 벌칙), 점검 결과를 승강기 안전종합정보망(www.elevator.go.kr)에 입력하도록 하는 등의 내용을 규정하는 등 현행법의 미비점을 보완하여 국민의 안전을 제고하려는 것이다.

여기서 승강기시설 안전관리법의 개정 취지문에 명시적으로 표현된 "봐주기식 검사"에 주목할 필요가 있다. 검사·검증 업무를 하는 대부분의 준정부기관 중에서 직접 지원금을 받지 않는 기관은 관리원과 대한지적공사 2개 기관뿐(기술원은 2013년부터 준정부기관으로 분류 돼 제외했음)으로 정부의 출연금이나 보조금을 받지 않고 자체 사업수익으로 운영되고 있었다.

관리원 수익의 약 80% 이상을 차지하는 검사 수수료는 1992년 승강기 검사수수료가 처음 제정되고 1998년 조정되고 2013년까지 20년 이상 인상되지 못하고 있었는데, 2014년도 발표한 기획재정부의 2014년도 공공기관 경영평가편람에 '승강기 검사점유율 향상성과'를 새롭게 포함시켜 기술원과 관리원의 경쟁체계를 더욱 부추기고 해마다 2만여 대 이상 승강기는 폭발적으로 증가하는데 비해 승강기 검사업무를 담당하는 검사원은 정부의 6차 공공기관 선진화 계획에 따라 관리원의 정원은 오히려 2008년 471명에서 2009년 447명으로 24명(5.1%)이 줄었고 당시 정부는 경영효율화란 명목 하에 모든 공공기관의 정원을 일괄적으로 축소하는 계획을 세우고 집행하였다(이승우·구준모, 2014).

그 결과 승강기 검사 대수의 증가로 인한 관리원의 임원과 관리직의 수를 제외한 검사원 1인당 승강기 검사 대수가 2008년 597.5대/명에서 2012년 741.3대/명으로 크게 증가하였고, 2009년에서야 기타공공기관으로 지정된 기술원의 경우도 임원과 관리직의 수를 제외한 직원 수는 2008년 245명에서 이후 조금씩 증가 2011년 265명이 되었으나 2012년에는 오히려 260명으로 감소하였다. 그러나 직원 1인당 승강기 검사 대수는 2008년 511대/명에서 2012년

615대/명으로 기술원 역시 〈그림 6-3〉과 같이 꾸준히 증가하였다. 해마다 늘어나는 승강기 검사 대수를 감당하기 어려워 1년 단위의 도급계약을 통해 외부 검사보조자를 쓰거나 비정규직 검사원을 늘리는 방법으로 장기적인 검사수요에 적절히 대비하지 못하고 비상근 근로자의 고용으로 검사 품질관리에 문제점이 발생할 우려가 있어 기관차원의 점검과 대응이 필요할 것으로 평가되었다.[56]

그림 6-3 기술원 1인당 검사 대수의 변화 (단위: 명, 대수/명)

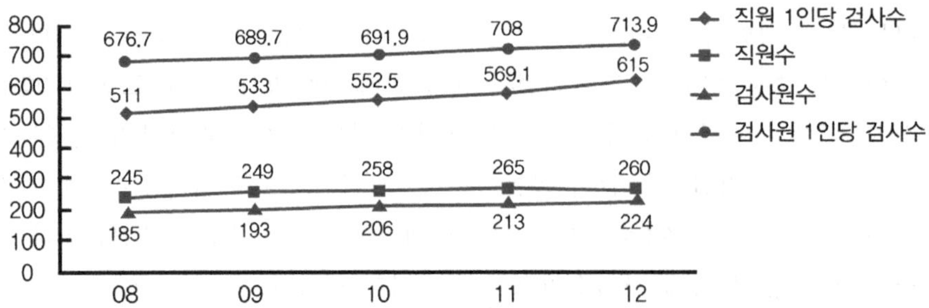


출처: 이승우·구준모(2014), 승강기 안전관리제도의 실태와 공공적 대안 모색.

승강기안전공단에 따르면 인명피해를 동반한 승강기 중대사고는 〈표 6-3〉과 같이 2012년 133건, 2013년 88건, 2014년 71건이 발생했고 2015년 61건이다. 사고원인 중 상당수가 이용자 과실이나 승강기 작업자 잘못이나 관리·보수 부실, 제조불량, 검사부실 등으로 인한 사고도 많다.

〈표 6-3〉에서 보는 바와 같이 승강기 중대사고가 줄었다고 승강기 사고 자체가 준 것은 아니다. 국가승강기정보센터의 사고 통계는 법에서 정하는 중대사고[57]로 상당한 인명 피해가 발생되었을 경우에만 통계로 포함되었고 2008년부터 승강기 사고 신고를 의무화했으나 일상생활에서 발생하는 갇힘사고나 인명피해가 발생되지 않은 승강기 고장은 통계로 집계되지 않았다. 그러나 승강기 고장으로 119구조대가 출동한 사례로 보면 2012년 1만 2,521건, 2013년 1만 3,623건, 그리고 2014년 1만 5,128건으로 승강기 고장 등으로 인한 사고는

56) 한국승강기안전관리원, 2011년도 공기업·준정부기관 경영실적 평가보고서(2012).
57) 승강기시설 안전관리법 제16조의4(사고 보고 의무 및 사고 조사).

매년 꾸준히 증가하였다.[58] 119 출동 건수는 곧 승강기 유지, 보수의 불량을 의미하며 완성, 수시 및 정기검사 시 보완/조건부합격의 남발이 소유자 또는 관리자로 하여금 부실한 유지, 보수 상태를 방치하도록 하는 결과를 초래한다고 판단된다(최기홍, 2007).

표 6-3 승강기 사고통계 사고원인별 목록 (단위: 건)

| 연도 | 이용자 과실 | 작업자 과실 | 관리 부실 | 보수 결함 | 제조 불량 | 검사 과실 | 기타 | 계 |
|---|---|---|---|---|---|---|---|---|
| 2010년 | 107 | 1 | 10 | 6 | 3 | 1 | 1 | 129 |
| 2011년 | 84 | 2 | 8 | 2 | 1 | 0 | 0 | 97 |
| 2012년 | 113 | 1 | 6 | 10 | 3 | 0 | 0 | 133 |
| 2013년 | 65 | 3 | 9 | 10 | 1 | 0 | 0 | 88 |
| 2014년 | 51 | 2 | 3 | 13 | 1 | 0 | 1 | 71 |
| 2015년 | 35 | 5 | 6 | 13 | 1 | 0 | 1 | 61 |

출처: 승강기안전공단 https://www.koelsa.or.kr/wpge/m_143/info/info020204.do

이러한 승강기 사고 중 공동주택에서 발생하는 사고는 우리나라 승강기의 건물용도별 보유 대수에 비례하여 공동주택에서 절반 이상이 발생할 수밖에 없으며 〈그림 6-4〉에서 보는 바와 같이 실제 2013년 발생한 중대고장 건수의 74%가 공동주택에서 발생하였다(황재헌, 2016).

안전사고에 의한 직접손실비용의 예를 보면(2004년 기준)

① 사망자 10명 × 근로손실, 위로금 등 포함한 직접손실액 3억원 = 30억원

② 부상자 50명 × 근로손실, 치료비, 위로금 등 비용 2,000만원 = 10억원 이며,

한편 간접손실비용 승강기 안전사고는 산업재해와 성격이 다르므로 피해 정도를 추산하기 어려우나 적절한 방법이 연구된 바 없으므로 Heinrich 법칙을 적용하여 직접손실액의 4배 적용할 수 있겠다(최기홍, 2007).

58) 내일신문, 승강기 안전관리 내년엔 더 깐깐해진다, 2015.12.22.

그림 6-4 건물용도별 중대고장 현황(2013년 기준)

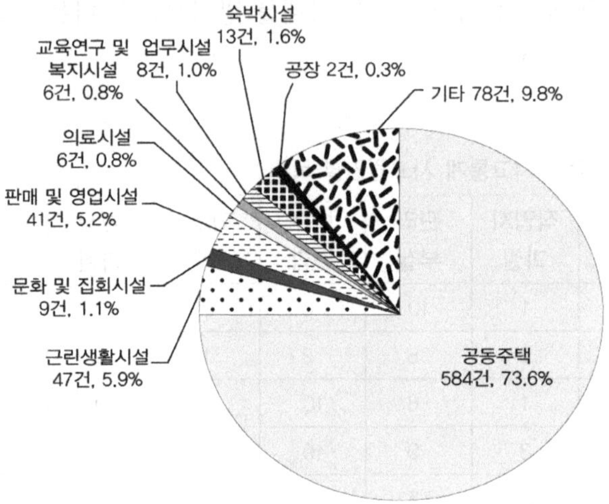


출처: 황재헌(2016), 승강기 안전관리체계의 개선 방안에 관한 연구.

이처럼 승강기 사고가 늘어나는 까닭은 2009년 이후 국내 승강기안전검사는 한국승강기안전관리원과 한국승강기안전기술원에서 수행해 왔는데 두 검사기관이 검사를 주력사업으로 검사 수수료에 의해 운영되다 보니 승강기 검사물량을 놓고 경쟁하는 부작용을 겪게 됐고 더욱이 검사물량이 정부의 기관 경영평가의 지표가 되면서 검사물량 확보를 위해 '봐주기 검사' 논란과 함께 건물주체와 설치업체 또한 두개의 기관을 놓고 저울질하게 됐다. 이러다 보니 이용자 안전보다는 검사물량 확보를 위한 '불량검사'가 있었던 것도 부인할 수 없다.[59)]

실제 2005~2007년 승강기 검사 1만 대당 불합격률이 1.1~1.3대였는데, 2008년 이후에는 0.4대 안팎으로 줄었다. '봐주기식 검사'가 이뤄지고 있다는 반증이다. 검사기관이 제조·설치업자에게 검사물량을 청탁하는 사례도 발생했다. 승강기 안전검사의 공정성과 객관성을 더 이상 담보하기 어려운 상황까지 온 것이다.[60)]

59) 안전신문, 백낙문 승강기안전공단 이사장 인터뷰, 2016.7.29.
60) 내일신문, 승강기 안전관리 내년엔 더 깐깐해진다, 2015.12.22.

관리원과 기술원을 통합하여 설립된 한국승강기안전공단의 설립으로 전문기술력 향상과 업무시스템의 혁신적 개선을 통한 체계적으로 승강기에 관련한 완성검사, 수시검사, 정기검사, 정밀검사를 효율적이고 철저히 수행할 수 있게 되었다. 이용자 안전을 위한 교육과 홍보에 대한 비중을 높이고 검사기관 일원화로 인한 승강기 유지·보수업체의 지도·관리 강화, 유관기관과의 적극적인 협력 등을 통해 승강기관련 제작, 설치, 유지 업체에 대한 권한남용 등의 부작용이 발생 되지 않도록 내부통제를 강화해야 할 것이다. 또한 승강기 증감에 비례하여 검사원의 수를 증가하도록 하고 책임검사 제도를 도입하여 부실검사원에 대해 기술적 도덕적 책임을 묻도록 하여 승강기의 안전에 대해 국민신뢰성을 재구축해 국민생활의 안전을 확보하도록 해야 할 것이다.

## 4. 승강기 유지관리계약 문제와 대안

승강기의 유지관리계약의 종류는 앞에서 본 〈표 6-2〉와 같이 크게 단순유지보수(POG)계약과 종합유지보수(FM)계약으로 구분하는데, 국내의 경우 한 학위논문에서 기술원이 2013년 1월과 2월에 전국에서 실시한 정기점검 대상 270개 현장의 관리주체에 실시한 설문조사 결과 종합유지보수(FM)계약방식을 체결한 곳이 26개로 약 10% 정도로 나타났다(박철구, 2013). 하지만 국내 전체 승강기 중 공동주택에 설치된 승강기 비율 53%로 비례하여 보정하면 6.6% 정도이며, 국내 고급 주상복합 건물이나 초고층아파트, 극히 일부 안전의식이 있는 공동주택 등을 제외한 거의 대부분의 일반 공동주택 관리주체는 단순유지보수(POG)계약을 체결하고 있는 실정이다.

선진국에서는 보통 일반화된 보수계약의 형태로 승강기 유지보수 계약의 80% 이상이 종합유지보수(FM)계약을 채택하고 있고 동남아시아 지역의 국가들도 대부분 종합유지보수약(FM)계약 방식을 채택하고 있다. 예를 보면, 싱가포르 95%, 홍콩 95%, 말레이시아 90%, 태국 70% 등이다(전해진 외, 2009). 또 일본의 경우 종합유지보수(FM)계약이 최소 70% 이상이며 중국도 약 30% 정도이다.[61]

단순유지보수(POG)계약은 인명사고가 나지 않는 한 유지관리업체에서 책임지는 일이 거의 없다. 단순유지보수계약의 세부내용에는 유지관리업체에서

61) 김재협, 승강기 유지보수의 나아갈 방향-계약제도 중심으로, 2002.11, 한국승강기공학회.

보장할 수 있는 보수품질수준과 보수품질을 지키지 않았을 경우의 보상방법 등에 관한 사항이 명확하게 나타나 있지 않다. 따라서 보수에 대한 책임과 의무를 명확히 하고, 보수품질 수준을 향상시키기 위해 유지관리계약을 몇 가지로 유형화하여 각 계약에 따른 권리·의무를 규정화할 수 있는 표준보수계약서 등의 마련이 필요하다.[62] 또한 유지보수계약이 현재의 단순유지보수(POG)계약에서 승강기 안전에 대해 체계적이고 효율적으로 관리할 수 있는 종합유지보수(FM, Full Maintenance)계약으로 갈 수 있도록 유도하는 정책이 필요하다(김용자·박인례, 2006).

예방 점검 및 정비(Preventive Maintenance)로 부품의 열화를 사전 점검 및 정비하여 승강기의 성능과 신뢰성을 극대화(Maximize)하고 고장을 사전에 예방하는 승강기 종합유지보수(FM)계약이 첨단 및 고속승강기에 필수 불가결함에도 단지 경제적인 이유로 승강기의 구체적인 상태변화에 대한 내용이나 성능상태를 기록하지 않는 보전체계의 초기단계인 BM(Breakdown Maintenance)단계의 성격이 강한 단순유지보수(POG)계약에 연연한다면 20~30년 전부터 오피스빌딩 등 일반산업계나 일본이 TPM(Total Productive Maintenance) 활동 등으로 예방정비를 실시하고 최근에는 Remote Monitering에 의한 원격점검 진단 관리체계를 실시하고 있는 것에 비하면 15~20년 이상 뒤처진 후진국 수준의 관리체계로 고장과 중대한 사고의 요인을 제공할 뿐만 아니라 부품이나 승강기의 수명이 절반으로 떨어져 연간 약 6,000억원의 경제적인 손실이 발생되고 있다(전해진 외, 2009).

공동주택의 고층화에 따른 최신 공법 및 종류의 승강기가 설치되고 있으며, 이에 따른 승강기 종합유지보수(FM)계약이 늘어나고 있다. 그러나 국내 전체 승강기의 절반 이상이 공동주택에 설치되어 있음에도 선진 관리기법인 승강기 종합유지보수(FM)계약이 체결되지 못하고 단순유지보수(POG)계약이 성행하는 가장 큰 이유는 안전에 대한 정당한 대가를 가볍게 여기고, 불특정 다수 입주자등의 소중한 안전을 위임 받지 않았으면서 무책임하게 언제 발생할지 모르는 위험에 노출되도록 헐값에 결정해 버리는 입주자대표회의의 월권행위와 국가적인 불행한 안전관련 사고들을 너무나 쉽게 망각하는 국민 전체에 만연된 '안전불감증'이라 사료된다.

62) 한국소비자보호원 보도자료, 아파트 승강기 안전실태 조사결과, 1999.6.9.

종합유지보수(FM)계약이 우수함에도 공동주택에서 단순유지보수(POG)계약이 성행하는 또 다른 큰 이유는 현행 공동주택관리법령 하에서는 승강기 종합유지보수(FM)계약을 체결할 수 없도록 제도적으로 가로막고 있다는 것이다.

승강기가 설치된 공동주택은 장기수선계획을 수립하여야 한다.[63] 승강기의 주요부품은 공동주택관리법 시행규칙 별표 1에 따라 5~15년의 교체주기를 갖는다. 장기수선계획에 따라 승강기의 주요부품의 교체주기가 도래하면 관리주체는 장기수선충당금 사용계획서[64]를 장기수선계획에 따라 작성하여, 입주자대표회의 구성원 과반수 찬성으로 의결을 받아[65] 해당 부품을 교체한다.

장기수선충당금을 사용하여 주요시설물 교체를 위한 사업자를 선정하는 경우에는 전자입찰방식[66]으로 사업자를 선정하여야 한다. 다만, 선정방법 등이 전자입찰방식을 적용하기 곤란한 경우로서 국토교통부장관이 고시하는 경우에는 전자입찰방식을 아니할 수 있다. 사업자는 입주자대표회의가 경쟁입찰을 통하여 선정하고, 관리주체가 집행한다. 경쟁입찰을 시행하여 사업자를 선정하는 경우 낙찰자의 선정 방법은 적격심사제를 원칙으로 하되 관리규약으로 정한 경우에는 최저(최고)낙찰제[67]를 적용할 수 있다.

승강기의 주요부품의 교체는 장기수선계획에 따라야 하며, 비용이 300만원(부가가치세 별도)을 초과하는 경우 공동주택관리법령과 국토교통부장관이 고시(주택관리업자 및 사업자 선정지침)에 따라 입주자대표회의가 계약당사자로서 경쟁입찰을 시행하여 사업자를 선정하고 관리주체가 집행하는 공사계약이다. 이는 입주자 등이 부담하는 승강기유지비 또는 수선유지비로 부과징수 할 수 없다.

즉, 의무관리대상의 공동주택에서 승강기 유지보수를 종합유지보수(FM)계약으로 체결할 경우, 유지보수업체는 선정지침 별표 7에 따라 경쟁입찰 방법으로 입찰하고 관리주체가 계약자로서 적격심사제로 낙찰하는 용역사업자와

63) 공동주택관리법 제29조 제1항 제2호(장기수선계획).
64) 공동주택관리법 시행규칙 제7조(장기수선계획의 수립기준 등).
65) 공동주택관리법 시행령 제14조(입주자대표회의의 의결방법 및 의결사항 등).
66) 공동주택관리법 제25조(관리비등의 집행을 위한 사업자 선정).
67) 주택관리업자 및 사업자 선정지침 제7조(낙찰의 방법).

용역계약을 체결하는 것으로 공사비와 용역비라는 비용의 성격이 다르고 소유자만이 부담하는 것과 사용자도 부담하는 비용부담의 대상도 다르고 계약의 주체가 다르다.

이런 법적 성격이 다른 제한성 때문에 국토교통부는 의무관리대상 단지 공동주택에는 종합유지보수(FM)계약을 할 수 없다는 입장을 고수하다가 승강기 유지보수계약 관련 유권해석 변경(2015.1.1)을 하였다. 승강기 부품교체를 위한 경쟁입찰 진행 절차에 많은 시간이 소요되어 입주자등의 안전, 편익이 취약해질 우려가 있어 승강기 종합유지보수(FM)계약에 관한 그간의 유권해석을 변경하여 장기수선계획서의 총론에 승강기 부품교체 공사 시 종합유지보수(FM)계약에 따라 집행할 수 있는 근거를 마련하고, 승강기종합유지보수업체를 선정·계약하는 것은 가능하다고 한 발 물러섰다.

그러나 이 경우에도 장기수선계획에 따른 부품교체 공사비용은 장기수선충당금으로 집행하고, 유지보수비용은 관리비로 집행하는 것이며 승강기 교체공사는 공개경쟁입찰을 통하여 사업자를 선정하여야 한다고 하여 공동주택의 입주자등의 실질적인 안전에 관한 내용에서는 크게 달라진 점이 없이 사고가 날 때를 기다리는 낡고 위험한 방식의 승강기 유지보수체계를 고수하고 있다.

이제라도 과감하게 예측불허의 관리시스템을 버리고 최소한 승강기에 관한한 현재 생활하는 입주자등이 안전하고 쾌적하게 이용할 수 있도록 신뢰성 중심의 유지보수체계를 확립하고 검사나 부품의 인증 검사 등에 선진 표준을 도입하고 센서기반의 안전진단시스템과 승강기의 운행상태나 주요부품의 상태를 원격제어 및 감시할 수 있는 기법을 장려할 수 있도록 법과 제도를 과감하게 개선해 나가야 할 것이다.

## Ⅳ. 맺으며

사람이 살아가는 가장 기초적인 필수 조건이 의·식·주이며 이중 주택의 기능은 생리적인 욕구와 안전의 욕구를 충족시켜 주는 공간이다. 즉 주택이 입주자등의 안전한 거처로서 기능을 충실히 할 수 있어야 매슬로우의 욕구단계설에 따라 다음 단계인 사회적 욕구를 발현하며 자신의 공동체에 대한 애정과 소속감 및 유대감을 강화할 수 있을 것이다.

주거 공간에서의 이웃 간 마찰과 대립 갈등은 어쩌면 공동체 삶의 일부분일 수도 있으며 이해와 배려를 통한 조정과 화합이 공동체의 질서를 만들며 더욱 안전하고 쾌적한 주거환경을 만들어 갈 것이다. 특별한 사고를 제외하고 승강기 안전사고의 대부분이 이용자 과실에서 비롯되고 있다. 승강기 안전이용에 관한 교육홍보도 국민안전처에서 적극 실시하여야 하며, 공동주택의 승강기 유지보수 관리에도 공동주택의 공유재산인 승강기라는 시설물의 고장에 대한 책임의식을 고취시키고 생활안전에 관한 정당한 안전 비용을 지불하는 사회적 분위기 조정도 필요하다.

이번 승강기안전공단의 탄생과 승강기의 안전관리의 연구들을 살펴보면서 동남아시아도 거의 하지 않는 낡고 위험한 Breakdown Maintenance 방식으로 유독 우리나라 공동주택에서만 단순유지보수(POG)계약이 성행하고 있고, 종합유지보수(FM)계약이 극히 드문 점에 의문을 느끼고 승강기 관련 연구 논문들을 살펴봤고, 안전도 중요한 미래 부가가치 사업이라는 인식이 부족하여 단기적 이익만을 추구하여 승강기 산업 전반이 취약하게 되었다는 것을 알게 되었다. 또한 일정 규모 이상의 의무관리대상 단지의 공동주택을 지배하는 공동주택관리법령의 장기수선제도와 관리비 부과방식의 법리적 해석 때문에 승강기 유지관리분야의 안전을 오히려 위협하고 승강기 유지보수관리 방법의 적시성을 방해하고 있음을 확인할 수 있었다.

## 참고문헌


김용자·박인례(2006), “승강기 안전관리제도 개선방안에 관한 연구”, 한국소비자단체협의회.

김재협(2002), “승강기 유지보수의 나아갈 방향-계약제도 중심으로”, 한국승강기공학회, 2002년호.

김찬오(2015), “승강기 안전관리에 대한 방안 연구”, 서울과학기술대학교 석사학위논문.

도모노 노리오(2007), 이명희 옮김, 『Behavioral Economics』, 지형.

류호정(2011), “승강기 사고사례 분석을 통한 관리시스템에 관한 연구”, 서울과학기술대 석사학위논문.

박성미·김영수·박성준(2014), “초고속승강기 산업기술 연구동향”, 조명·전기설비 28 (4).

박철구(2013), “승강기 유지관리 현황과 안전관리 개선에 관한 연구”, 건국대학교 석사학위논문.

이승우·구준모(2014), “승강기 안전관리제도의 실태와 공공적 대안 모색”, 한국승강기안전기술원.

전해진·조광현·오홍범(2009), “승강기산업 및 안전증진방안에 관한 연구”, 한국승강기안전기술원.

최기홍(2007), “승강기 안전관리제도의 문제점 분석에 관한 연구”, 한국안전학회지 22 (6).

황재헌(2016), “승강기 안전관리체계의 개선 방안에 관한 연구”, 서울과학기술대 석사학위논문.

제7장

# 장기수선계획과 장기수선충당금

이강희(안동대학교 건축공학과 교수)

## Ⅰ. 목적 및 필요성

### 1. 목 적

장기수선계획은 준공 이후 공동주택 중장기 유지관리를 위한 계획의 일환이다. 이것은 공동주택 공용부분의 효율적인 유지관리를 위하여 수반되는 계획으로써 각종 시설물 성능, 기능을 보전·유지하기 위해 소요되는 비용 산출과 시설물의 내구년한[1] 및 수선주기를 제시하는 것이다. 이것을 통해 사전적인 예방측면에서 시설물의 개·보수를 통해 성능과 기능을 일정수준 유지하여 거주자의 쾌적한 주거공간을 확보하게 된다.

시설물의 수선주기와 수선방법, 수선율를 선택하고 확정하여 시설물 특성을 감안한 효과적인 관리대안을 적용함으로써 시설물 성능, 기능을 일정수준 이상 유지하게 함으로써 거주자의 안전하고 쾌적한 공간을 제공하는 것이다. 뿐만 아니라 시설물을 적절한 시기에 수선함으로써 시설물 수명을 연장하고

1) 내구년한(durable life time)과 내용년한(service life time)은 구분되어 사용되는 것이 중요하다. 내구년한(耐久年限)은 부재, 부품이 갖고 있는 성능, 기능이 완전히 제거되는 경과년수를 의미한다. 반면, 내용년한은 일정의 한계성능, 기능은 지니고 있지만, 재실자 혹은 거주자의 쾌적한 사용수준에는 대응하지 못하게 되는 시점까지 준공 이후의 경과년수를 의미하는 것으로 구분할 수 있다. 따라서 내구년한은 내용년한보다 상대적으로 길게 형성되는 것이 일반적이다.

과다한 수선비용 발생을 제거, 방지하는 효과도 지니고 있다.

## 2. 필 요 성

공동주택을 구성하고 있는 다양한 부재, 부품 등의 구성재는 준공 이후 시간의 흐름에 따라 열화가 계속적으로 진행된다. 이때 건축물을 구성하고 있는 각각의 부품은 성능, 물성 등이 물리적·사회적·환경적 측면 등에서 복합적으로 작용하여 열화되는 현상을 보이게 된다.

공동주택을 구성하는 부재, 부품 등의 수선은 시간적인 흐름에 따라 열화가 진행되는 것을 방지 혹은 지연하는 역할을 하게 된다. 열화에 대응하는 방법으로 부품 혹은 부재 기능과 성능의 열화진행과 흐름을 예상하여 사전적으로 대비하는 방법과 기능, 성능이 거주환경에 주요한 역할을 못하거나 정지되었을 때 사후적으로 대응하는 방법으로 구분할 수 있다. 전자는 사전예방(preventive maintenance) 차원에서 대응하는 방법이며, 후자는 사후보전(breakdown maintenance) 차원으로 일컬을 수 있다.

공동주택 구성부품, 부위 등의 열화진행에 대응하는 과정에서는 성능과 기능수준을 유지보전하기 위해 비용이 요구된다. 투입된 수선비용은 부품의 열화진행 정도의 수준만큼 투입된 것으로 전제할 수 있다. 따라서 투입된 수선비용을 시계열적으로 나열하여 열화도 진행정도 수준을 분석할 수 있다. 이것을 통해 준공 이후의 시간적인 경과에 따라 열화도(deterioration degree)를 정량적으로 제시할 수 있다.

이러한 열화진행 정도를 이용하여 사전예방적 측면에서 수선시기는 사전에 성능, 기능수준을 예측하여 보전, 유지하는 시기를 설정하게 된다. 반면, 사후보전적 측면에서는 기능정지 등의 현상이 발생한 시점을 수선시기로 설정하는 방식이다. 각각의 유지관리 보전 방식에 따라 수선시기를 설정하는 방식은 상이하게 나타난다. 이것을 구체적으로 설명하면 다음과 같다.

### (1) 사후보전적(breakdown maintenance) 유지관리

공동주택 성능, 기능이 정지되거나 충분한 거주환경을 제공하지 못하는 경우는 교체, 보수 등의 수선행위가 이루어진다. 사후보전적인 측면에서는 부품, 마감재 등의 구성재가 기능 혹은 성능수준이 현저하게 저하되거나 정지되는 현상이 나타났을 시점에서 수행되는 것이 일반적이다.

그림 7-1 사후보전적 측면에서의 수선시기

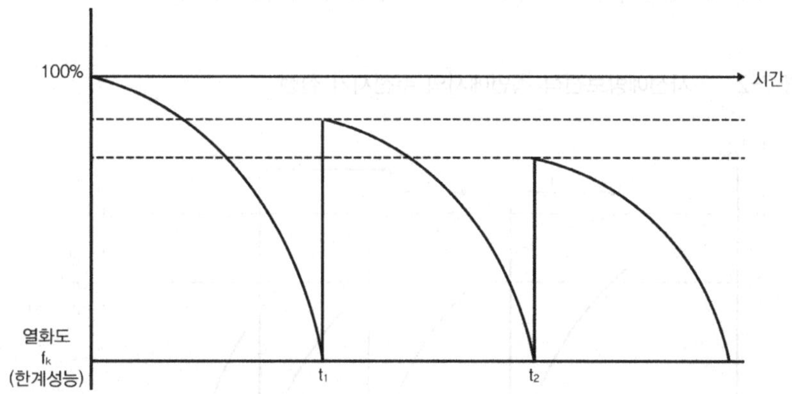


사후보전적(breakdown maintenance) 측면에서의 수선시기는 준공 이후 부품, 부재, 부위 등의 구성재가 연속적인 성능저하에 의해 성능, 기능 발휘가 이루어지지 않는 시점에서 수행된다. 이때 성능 저하수준은 한계성능 수준까지를 의미한다. 즉, 부품, 부재, 마감재 등의 성능이 저하된다 하더라도 최소한의 일정수준 성능을 지니는 것을 의미한다. 사후보전적인 측면에서의 수선시기를 〈그림 7-1〉과 같이 나타낼 수 있다. 그림에서와 같이 $t_1$은 1차 수선시기로 설정할 수 있다. 1차 수선 후에 성능이 연속적으로 저하됨으로써 2차($t_2$), 3차($t_3$) 등이 연속적으로 나타나게 된다.

### (2) 예방보전적(preventive maintenance) 유지관리

부재, 부위 등의 구성재는 준공 이후 시간의 경과에 따라 자연스럽게 열화된다. 이러한 과정에서 성능 혹은 기능이 한계성능까지 저하되어 정지되는 시점까지 기다리기보다는 열화진행 정도를 고려하여 사전적으로 대응하는 유지보전 방식이다. 따라서 고장 등의 기능정지 현상이 발생하기 이전에 사전에 구성재의 성능을 유지하기 위한 방안은 예방보전차원에서 설명할 수 있다.

예방보전(preventive maintenance)은 해당 부품의 성능수준이 더 이상 발휘하지 못할 정도 수준에 이르러서 수선을 하기보다는 사전에 성능을 유지보전함으로써 쾌적한 주거생활 공간을 이루도록 하는 것이다. 그러나 이와 같은 사전 예방 유지보전체계는 사후보전 방식보다는 많은 비용뿐만 아니라 부품의 열화도를 사전에 예측하는 등 다양한 자료가 요구되기도 한다.

그림 7-2 사전예방보전적 측면에서의 수선시기 설정

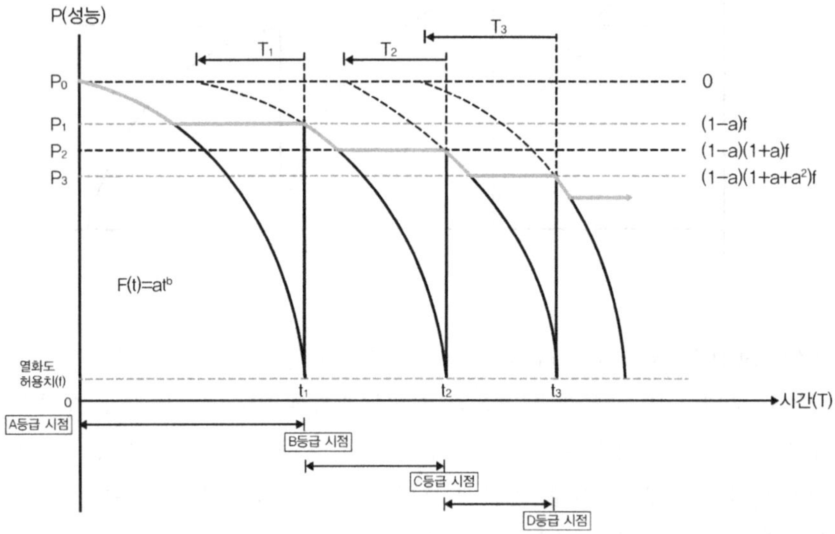


예방보전체계에서 수선시기를 설정하기 위해서는 개·보수 등의 수선행위에 의해 수선 이후의 성능회복수준을 설정하는 것이 필요하다. 성능은 완전한 보수 및 교환, 교체를 할지라도 이전단계 수준을 완전히 회복하기란 한계가 있다. 따라서 성능 회복률(recovery rate)은 이전단계에서 이루어진 보수 및 수선으로 확보된 성능수준에 대비하여 일정 수준의 성능회복 정도를 설명하는 요소이다. 이것은 〈그림 7-2〉와 같이 설명할 수 있다.

공동주택을 구성하는 부재, 부품, 부위를 시간 흐름에 따라 일정의 등급으로 가정할 수 있다. 〈그림 7-2〉에서와 같이 A, B, C, D 등으로 등급을 구분할 수 있다. 이와 같은 등급 구분은 기능, 성능이 준공 이후, 시간적으로 열화되는 수준에 따라 구분한 것이다. 〈그림 7-2〉에서와 같이 열화도 흐름에서 $t_1$시점에서 $T_1$의 여유 기간을 갖는 것이다. 이때 B등급시점에 이르기까지 사전예방 수선범위를 제시하고 있는 것이 $T_1$이다. 즉, B등급시점에 도달하기 전에 $T_1$이 시작되는 시점부터 수선시기로 설정할 수 있는 것이다. C등급의 상태등급으로 평가된 건축부재, 부품은 $T_2$에 해당하는 기간 동안 수선이 사전에 요구되는 것으로 설명할 수 있다. D등급의 상태등급으로 평가된 부재, 부품은 $T_3$에 해당하는 기간에서 수선이 요구되는 것으로 설명할 수 있다.

이와 같은 내용을 감안할 때, 예방보전적인 측면에서 수선시기는 거주환경의 질적(質的)인 측면이 부각되는 공동주택에서는 가능한 1차 수선시기에 도달하기 이전(1차 수선시기($t_1 - T_1$))에서 설정되는 것이 바람직한 것으로 판단된다.

## 3. 소 결

상기와 같은 사후보전적 유지관리, 사전예방적 유지관리 등은 각각의 장단점을 지니고 있다. 사후예방적인 측면은 부품의 성능, 기능이 정지되는 현상이 발견되거나 최소한의 수준을 유지하는 것으로, 거주환경에 적극적인 역할을 수행하지 못할 경우 대응하는 방식이다. 이것은 기능정지 등이 현시적으로 나타남으로써 쉽게 대응할 수 있는 방식이기도 하다. 그러나 해당 부품의 기능이 정지됨으로 나타나는 거주환경의 불편함 등을 감내해야 한다는 한계를 지니고 있다.

사전예방적 유지관리는 부재, 부품 성능열화수준을 사전에 예측하여 거주환경에 불편을 초래할 정도의 수준에 도달하기 전에 유지보전을 하는 체계이다. 이것을 위해서는 부품의 열화도 흐름, 수선시기 등의 다양한 자료가 요구된다. 실제적으로 고장, 기능 정지 등으로 거주환경에 영향을 미치는 부분이 없어, 거주환경 유지를 위한 효과적인 대응방식이다. 그러나 사전에 수선에 대비할 수 있는 계획체계, 비용확보 등이 주요 관건으로 대두된다.

분양주택과 같은 개인이 소유하는 경우는 거주환경을 위한 다양한 유지관리 대안이 마련된다. 개별세대가 주택을 소유하게 됨으로 유지관리를 위한 비용을 세대별로 조달하고, 계획수선을 위한 장기적인 마스터플랜이 마련되는 것이 용이하다. 따라서 사전예방적인 측면에서 유지관리를 함으로써 기능 정지, 고장 등을 사전에 방지할 수 있는 장점을 지니게 된다. 반면, 이를 위한 비용, 계획 등이 사전에 요구됨으로 준비하는 과정이 필요하다.

사전예방보전과는 달리, 사후 보전적인 측면은 최소한의 유지관리비용을 통해 성능을 유지하도록 하는 것이다. 임대주택과 같이 세대별 소유의 개념보다는 임대로 이용되는 경우는 수선을 위한 최소한의 비용으로 유지관리를 하는 것이다. 이것은 비용적인 측면에서 예방보전보다는 상대적으로 양호하나, 부재, 부품 등 구성재의 성능과 기능을 일정 수준 이상 유지하는 측면에서는 다소 불리한 측면이 있다.

## Ⅱ. 장기수선계획 수립기준 항목[2)]

공동주택관리법이 2016년 8월에 시행됨으로써 기존의 주택법 시행규칙에 포함되어 있던 장기수선계획 수립기준이 조정되었다. 이에 따라 장기수선계획 수립기준 항목은 최근 입법예고 되었다. 기존에 147개 수선항목에서 73개의 수선항목으로 조정되었다. 입법예고된 수선항목은 〈표 7-1〉과 같다. 입법예고된 장기수선계획 수립기준 항목은 총 73개의 항목으로 이전보다는 대폭 축소되었다. 이전과 같이 6개의 구분형태는 취하고 있으며, 여기에는 건물외부, 건물내부, 전기, 소화, 승강기 및 지능형 홈 네트워크 설비, 급수, 위생, 가스 및 환기설비, 난방 및 급탕설비, 옥외부대시설 및 옥외복리시설 등이다. 장기수선계획은 3년마다 조정하며, 주요시설을 신설하는 등의 관리여건에 따라 전체 입주자 과반수의 서면동의를 얻는 경우는 3년이 경과되기 전에 조정이 가능하다.

2) 공동주택관리법 시행규칙(2016.8.12. 시행), [별표 1] 장기수선계획의 수립기준(제7조 제1항 및 제10조 관련).

**표 7-1** 장기수선계획 수립기준 항목

1. 건물외부

| 구분 | 공사종별 | 수선방법 | 수선주기(년) | 수선율(%) | 비 고 |
| --- | --- | --- | --- | --- | --- |
| 가. 지붕 | (1) 모르타르 마감<br>(2) 고분자도막방수<br>(3) 고분자시트방수<br>(4) 금속기와 잇기<br><br>(5) 아스팔트 슁글<br>잇기 | 전면수리<br>전면수리<br>전면수리<br>부분수리<br>전면교체<br>부분수리<br>전면교체 | 10<br>15<br>20<br>5<br>20<br>5<br>20 | 100<br>100<br>100<br>10<br>100<br>10<br>100 | 시멘트액체방수 |
| 나. 외부 | (1) 돌 붙이기<br>(2) 수성페인트칠 | 부분수리<br>전면도장 | 25<br>5 | 5<br>100 | |
| 다. 외부창·문 | 출입문(자동문) | 전면교체 | 15 | 100 | |

2. 건물내부

| 구분 | 공사7종별 | 수선방법 | 수선주기(년) | 수선율(%) | 비고 |
| --- | --- | --- | --- | --- | --- |
| 가. 천장 | (1) 수성도료칠<br>(2) 유성도료칠<br>(3) 합성수지도료칠 | 전면도장<br>전면도장<br>전면도장 | 5<br>5<br>5 | 100<br>100<br>100 | |
| 나. 내벽 | (1) 수성도료칠<br>(2) 유성도료칠<br>(3) 합성수지도료칠 | 전면도장<br>전면도장<br>전면도장 | 5<br>5<br>5 | 100<br>100<br>100 | |
| 다. 바닥 | 지하주차장(바닥) | 부분수리<br>전면교체 | 5<br>15 | 50<br>100 | |
| 라. 계단 | (1) 계단논슬립<br>(2) 유성페인트칠 | 전면교체<br>전면도장 | 20<br>5 | 100<br>100 | |

3. 전기·소화·승강기 및 지능형 홈네트워크 설비

| 구분 | 공사종별 | 수선방법 | 수선주기(년) | 수선율(%) | 비고 |
| --- | --- | --- | --- | --- | --- |
| 가. 예비전원<br>(자가발전)<br>설비 | (1) 발전기<br><br>(2) 배전반 | 부분수선<br>전면교체<br>부분교체<br>전면교체 | 10<br>30<br>10<br>20 | 30<br>100<br>10<br>100 | |
| 나. 변전설비 | (1) 변압기 | 전면교체 | 25 | 100 | 고효율에너지<br>기자재 적용 |

|  | (2) 수전반<br>(3) 배전반 | 전면교체<br>전면교체 | 20<br>20 | 100<br>100 |  |
|---|---|---|---|---|---|
| 다. 자동화재 감지설비 | (1) 감지기<br>(2) 수신반 | 전면교체<br>전면교체 | 20<br>20 | 100<br>100 |  |
| 라. 소화설비 | (1) 소화펌프<br>(2) 스프링클러 헤드<br>(3) 소화수관(강관) | 전면교체<br>전면교체<br>전면교체 | 20<br>25<br>25 | 100<br>100<br>100 |  |
| 마. 승강기 및 인양기 | (1) 기계장치<br>(2) 와이어로프, 쉬브(도르레)<br>(3) 제어반<br>(4) 조속기<br>(5) 도어개폐장치 | 전면교체<br>전면교체<br>전면교체<br>전면교체<br>전면교체 | 15<br>5<br>15<br>15<br>15 | 100<br>100<br>100<br>100<br>100 |  |
| 바. 피뢰설비 및 옥외전등 | (1) 피뢰설비<br>(2) 보안등 | 전면교체<br>전면교체 | 25<br>25 | 100<br>100 | 고휘도방전램프 또는 LED 보안등 적용 |
| 사. 통신 및 방송설비 | (1) 엠프 및 스피커<br>(2) 방송수신 공동설비 | 전면교체<br>전면교체 | 15<br>15 | 100<br>100 |  |
| 아. 보일러실 및 기계실 | 동력반 | 전면교체 | 20 | 100 |  |
| 자. 보안·방범 시설 | (1) 감시반 (모니터형)<br>(2) 녹화장치<br>(3) CCTV(폐쇄회로 텔레비전)카메라 및 침입탐지시설 | 전면교체<br>전면교체<br>전면교체 | 5<br>5<br>5 | 100<br>100<br>100 |  |
| 차. 지능형 홈네트워크 설비 | (1) 홈네트워크기기<br>(2) 단지공용시스템 장비 | 전면교체<br>전면교체 | 10<br>20 | 100<br>100 |  |

4. 급수·가스·배수 및 환기설비

| 구분 | 공사종별 | 수선방법 | 수선주기(년) | 수선율(%) | 비고 |
|---|---|---|---|---|---|
| 가. 급수설비 | (1) 급수펌프<br>(2) 고가수조(STS, 합성수지) | 전면교체<br>전면교체 | 10<br>25 | 100<br>100 | 고효율에너지기자재 적용(전동기 포함) |

| | (3) 급수관(강관) | 전면교체 | 15 | 100 | |
|---|---|---|---|---|---|
| 나. 가스설비 | (1) 배관<br>(2) 밸브 | 전면교체<br>전면교체 | 20<br>10 | 100<br>100 | |
| 다. 배수설비 | (1) 펌프<br>(2) 배수관(강관)<br>(3) 오배수관(주철)<br>(4) 오배수관(PVC) | 전면교체<br>전면교체<br>전면교체<br>전면교체 | 10<br>15<br>30<br>25 | 100<br>100<br>100<br>100 | |
| 라. 환기설비 | 환기팬 | 전면교체 | 10 | 100 | |

5. 난방 및 급탕설비

| 구분 | 공사종별 | 수선방법 | 수선주기(년) | 수선율(%) | 비고 |
|---|---|---|---|---|---|
| 가. 난방설비 | (1) 보일러<br>(2) 급수탱크<br><br>(3) 보일러수관<br>(4) 난방순환펌프<br>(5) 난방관(강관)<br>(6) 자동제어 기기<br>(7) 열교환기 | 전면교체<br>전면교체<br><br>전면교체<br>전면교체<br>전면교체<br>전체교체<br>전면교체 | 15<br>15<br><br>9<br>10<br>15<br>20<br>15 | 100<br>100<br><br>100<br>100<br>100<br>100<br>100 | 고효율에너지기자재 적용(전동기 포함)<br>밸브류 포함 |
| 나. 급탕설비 | (1) 순환펌프<br><br><br>(2) 급탕탱크<br>(3) 급탕관(강관) | 전면교체<br><br><br>전면교체<br>전면교체 | 10<br><br><br>15<br>10 | 100<br><br><br>100<br>100 | 고효율에너지기자재 적용(전동기 포함) |

6. 옥외 부대시설 및 옥외 복리시설

| 구분 | 공사종별 | 수선방법 | 수선주기(년) | 수선율(%) | 비고 |
|---|---|---|---|---|---|
| 옥외 부대시설 및 옥외 복리시설 | (1) 아스팔트포장<br>(2) 울타리<br>(3) 어린이놀이시설<br><br>(4) 보도블록<br><br>(5) 정화조<br>(6) 배수로 및 맨홀 | 부분수리<br>전면수리<br>전면교체<br>부분수리<br>전면교체<br>부분수리<br>전면교체<br>부분수리 | 10<br>15<br>20<br>5<br>15<br>5<br>15<br>5 | 50<br>100<br>100<br>20<br>100<br>10<br>100<br>15 | |

| | | | | | |
|---|---|---|---|---|---|
| | (7) 현관입구·지하주<br>차장 진입로 지붕 | 부분수리<br>전면교체 | 10<br>15 | 10<br>100 | |
| | (8) 자전거보관소 | 전면교체 | 10 | 100 | |
| | (9) 주차차단기 | 전면교체 | 10 | 100 | |
| | (10) 조경시설물 | 전면교체 | 15 | 100 | |
| | (11) 안내표지판 | 전면교체 | 5 | 100 | |

# Ⅲ. 장기수선계획 작성

## 1. 고려사항

장기수선계획을 작성하는 과정에서는 용어정의, 적용범위 등의 부분에서 어려움에 부딪치는 경우가 있다. 면적과 수량산출 단위 혹은 수선율 적용, 적용단가 등이 계획을 작성하는데 정확하고 구체적인 정의가 수립되지 않은 것에 기인하기도 한다. 이러한 작성과정에서의 어려움을 제거하기 위하여 몇 개의 용어와 적용과정, 반영내용 등을 정리하면 다음과 같다.

### (1) 면적 및 수량

장기수선계획 작성, 조정과정에서 면적과 수량은 최초 수립된 장기수선계획서에서 제시된 면적과 수량을 기준으로 하는 것이 일반적이다. 그러나 장기수선계획서에 없는 경우나 부합하지 않는 경우는 준공 당시의 설계도면을 참조하여 면적이나 수량을 구하는 것이 적당하다. 그리고 설계도면에 표시되지 않거나 면적과 수량을 구하기가 어려운 경우에는 개략 면적과 수량을 구하여 입주자 대표회의 의결을 받아 결정하는 것이 적절하다.

표 7-2 개략 면적 혹은 개략 수량으로 계획을 수립, 조정하는 사례

| 분류 | 구분 | 공사종별 | 세부항목 | 비고 |
|---|---|---|---|---|
| 1. 건물외부 | 가. 지붕 | 고분자 도막방수 | 우레탄 도막방수 | 당초는 모르타르 마감방수이나 차후 수선시에는 고분자도막방수를 적용 |
| | 나. 외부 | 수성 페인트칠 | 수성페인트칠 | 설계도면을 기준으로 개략수량 산출 |
| 2. 전기·소화·승강기 및 지능형 홈네트워크 설비 | 다. 자동화재 감지설비 | 수신반·중계기 | R형수신기 | 중계기는 고장즉시 보수를 요하는 항목임. 따라서 수선주기전에는 부분수선비용으로 처리함 |
| | 라. 소화설비 | 소화수관(강관) | 각종 백강관 | 옥내수화전과 방수구, 스프링클러 등 배관 포함 |
| | 마. 피뢰설비 및 옥외전등 | 보안등 | 가로등 | 현재는 메탈할라이드 등이며 교체시 LED 전등으로 교체예정이므로 수량 산출함 |
| 3. 급수·위생·가스 및 환기설비 | 바. 가스설비 | 배관 | 각종 백강관 | 최초 장기수선계획서에 누락되어 있으며 설계도면에서 산출이 불가능하여 개략 수량을 산출함 |
| | 사. 배수설비 | 오배수관(주철) | 각종 주철배관 | 최초 장기수선계획서에 누락되어 있으며 설계도면에서 수량산출이 불가능하여 개략 수량을 산출함 |
| 4. 난방 및 급탕설비 | 아. 난방설비 | 난방관(강관) | 각종 백강관 | 해당없음 |
| | 자. 급탕설비 | 급탕관(동관) | 각종 동관 | 해당없음 |
| 5. 옥외 부대시설 및 옥외 복리시설 | 옥외 부대시설 및 옥외 복리시설 | 울타리 | 안전울타리 | 최초 장기수선계획서에 누락되어 있으며 설계도면에서 산출이 불가능하여 개략 수량을 산출함 |
| | | 현관입구, 지하주차장 진입로 지붕 | 폴리카보네이트 주차장 진입로 지붕 | 최초 장기수선계획서에 누락되어 있으며 설계도면에 기재되어 있지 않아 개략 수량을 산출함 |

### (2) 전면수리(교체, 도장, 수선) 주기와 부분수선(교체, 도장, 수선) 수선주기

공동주택관리법 시행규칙 [별표5]의 전면수선(교체, 도장, 수선) 주기와 부분수선(교체, 도장, 수선) 주기를 기본으로 하여 수립한다. 그러나 조정이 필요한 경우에는 구체적인 대상의 내구성(耐久性), 성능과 기능 등을 점검하고, 전문가의 자문을 통해 그 결과를 감안하여 적절한 기간 연장 또는 기간 단축을 하는

것이 적절하다. 이때 수선시기 연장 혹은 단축은 입주자대표회의 결정에 의거하여 의사결정을 투명성을 확보한다.

공동주택관리법 시행규칙 [별표5]에 규정이 없는 경우, "공사종별"이나 단지 사정에 따라 추가한 경우, 전면수선 시기와 부분수선 시기는 해당 "공사종별"의 외부전문가의 자문을 받거나 관련문헌을 토대로 하여 입주자대표회의 의결에 따라 조정한다. 전면수선 혹은 부분(수선, 교체)수선이 수행되는 마지막 수선시기가 부재, 부품의 최종 내용년한의 잔여시기보다는 짧은 경우는 최종 전면, 부분수선의 경우는 제외하고 계획을 작성하는 것이 바람직하다.

### (3) 수 선 율

장기수선계획 수립·조정에서 수선율은 부분수선(수리, 교체)의 경우에 해당하는 경우가 대부분이다. 수선율은 공동주택관리법 시행규칙 [별표5]의 수선율을 준용한다. 다만, 수선율은 준공 이후의 열화진행 정도에 대응하는 수선 정도로 생각할 수 있다. 따라서 열화진행 정도를 예측할 수 있는 방법이 필요하다. 이것은 다음과 같이 정리할 수 있다.

#### 1) 열화유형 및 특성

공동주택을 포함한 건축물은 준공 이후 시간경과에 따라 자연스럽게 열화(劣化)되는 특징을 지니고 있다. 이때 열화가 진행되는 요인으로는 자연적·인위적 사고나 사회적 측면에서 찾아볼 수 있다. 그리고 설계과정에서의 오류, 건물 사용기간 동안 용도변화 등이 원인으로 작용한다.

열화요인은 크게 물리적·기능적·사회적 및 2차적인 물리적 열화의 4가지로 분류하여 설명할 수 있다. 물리적 측면의 열화는 시간의 경과에 따라 자연조건, 자연환경에 의해 발생하는 것이다. 이것은 파손·오염 등의 자연적인 열화와 반복적인 사용으로 발생하는 마모, 파손, 오염 등의 인위적인 열화를 들 수 있다. 그리고 지진, 화재, 풍수해, 낙뢰 등의 자연현상에 의한 손상, 열화촉진 등도 포함된다. 특히, 설계부실에 의한 건물 손상, 콘크리트 중성화와 동해(凍害)에 의한 박리와 균열, 보행에 의한 바닥 마모 및 파손, 설비기기 등의 운전에 의한 파손 등 인위적인 작용이 주요 요인이다.

기능적 측면의 열화는 건물사용 기간 동안 다양한 기능요구에 부합하지 못해 발생하는 효용저하를 의미한다. 이것은 사회·경제·환경 등의 변화흐름에 적합하도록 건물 구성요소의 유연성이 부족할 때 발생한다. 또한, 신축건물에서 설비 부실, 생활양식 변화로 인한 사용 공간 유연성 부족 등으로 나타나는 열화를 의미한다. 사회적 측면의 열화는 새로운 제품의 출현에 따른 상대적인 열화로 나타나는 것이다. 이것은 사회적인 유행과의 관계 속에서 판단하는 것으로 사회적·경제적 부적합에 의한 효용저하를 말한다. 생활수준의 변화에 따른 기존 형태에서의 생활이 불편해지거나, 지가상승에 따른 기존의 토지 이용효율의 상대적 저하로 인해 발생하는 것을 포함한다. 2차적인 물리적 측면의 열화는 건물이 사회·경제 등의 환경변화에 대응하지 못하고 기능적, 사회적으로 열화된 것을 회복하기 위해 수행된 교환·수선공사로도 더 이상 지속할 수 없을 때에 2차적으로 발생하는 열화이다. 예를 들면 거실 사용면적을 확장하기 위한 발코니공사를 함으로써 구조체가 손상되거나 아래층의 누수가 발생하는 것 등을 들 수 있다.

그러나 위와 같은 5가지의 열화원인은 독립적으로 작용하기 보다는 복합적으로 작용하게 된다. 따라서 복합적으로 작용한 열화진행을 형태적으로 도식하면 직선형, 가속형, 완만형, 일시형 등 4가지로 구분하며 이것은 〈그림

그림 7-3 열화도 진행패턴

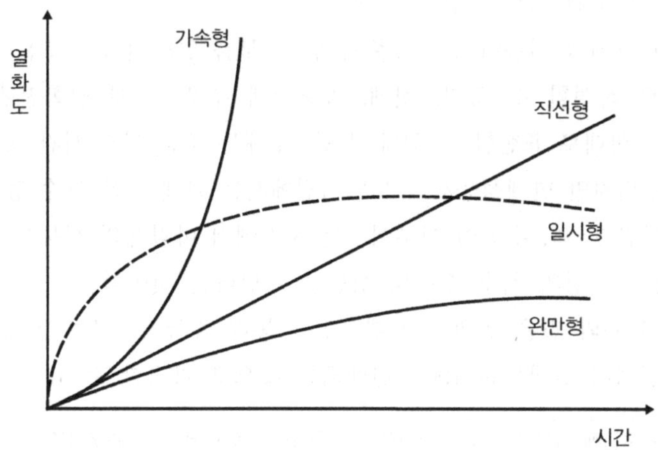

7-3>과 같은 형태로 나타난다. 직선형은 준공 이후 시간 경과에 따라 열화 진행이 매년 일정한 속도로 비례적으로 발생하는 현상이다. 가속형은 시간 경과에 따라 기하급수적으로 열화가 진행되는 형태이다. 완만형은 오랜 시간 동안 점진적으로 열화가 진행되는 것으로 열화 진행속도가 다른 유형에 비해 상대적으로 낮으나 계속적으로 진행하는 형태이다. 일시형은 준공 후 일정 시기까지는 열화 진행이 급격하게 발생하다가 일정 시기가 경과하면서 열화 진행이 매우 느리게 진행하는 형태를 말한다.

### 2) 열화도 형태 산정과정

공동주택 부품, 부재 열화는 내용년한 기간 동안 물리적, 기능적, 사회적 측면 등 다양한 영향요인에 의해 좌우된다. 다양한 열화요인 복합적으로 작용하여 발생하는 열화는 내용년한에 이르는 시기까지 계속적으로 진행하게 된다. 따라서 열화도 형태를 설명하기 위해서는 부재, 부품 등의 구성재 내용년한이 전제되어야 한다.

내용년한 기간 동안에 열화도 진행 정도는 준공 이후 시간 경과에 따른 성능수준 혹은 기능수준 등으로 설명할 수 있다.[3] 반면, 저하된 성능수준을 회복하기 위해서는 성능저하 수준에 상응하는 비용이 투입되는 것으로 가정할 수 있다. 따라서 열화된 성능을 회복하기 위한 비용은 부품, 부재 등의 구성재 수선 요구비용 크기로 설명할 수 있다. 즉, 열화도 진행정도 수준에 대응되는 수선비용이 요구된다는 것이다.

이러한 관계를 이용하여 공동주택 부재, 부품 열화진행 정도는 다음과 같은 과정으로 작성할 수 있다. 첫째, 공동주택 부품, 부재 열화진행은 <그림 7-4>와 같은 형태로 표현할 수 있다. 부품, 부재는 준공 이후 시간 경과에 따라 열화가 진행되지만 한계성능까지 도달시점에서는 교체 혹은 보수 등의 수선행위가 이루어진다. 즉, 수선이 이루어지는 시점에서 마감재의 성능이 완전히 상실되기보다는 일정의 최소 수준의 성능은 지닌다는 것이다.

<그림 7-4>와 같은 열화도 진행과정을 통해 종국적으로는 한계성능(fk)에 도달한 시점에서 열화도는 100% 진행되는 것으로 가정할 수 있다.[4] 결국, 구

---

3) 성능저하 수준에 따른 열화도를 설명하기 위해서는 일반화된 성능 측정기준이 작성되어야 한다. 또한, 성능은 하나의 객관적인 형태로 설명하기란 한계가 있다.

4) 한계성능에 도달한다는 것은 구성재의 성능이 완전히 제거되기 보다는 최소한의 성능수준은

성재의 누적수선비용은 시간 경과에 따라 상응하는 수준이 요구되고 내용년한 도달시점에서 최대가 되는 것으로 설정할 수 있다. 이것을 이용하여 열화도와 누적 수선비용과는 정량적인 관계로 설명할 수 있다. 이때 경과년수와 누적수선비용의 관계는 (식 7.1)과 같이 표현된다. (식 7.1)에서 알 수 있듯이 경과시간에 대한 비선형의 형태로 나타난다.

그림 7-4 열화도 진행과 수선과의 관계[5)]

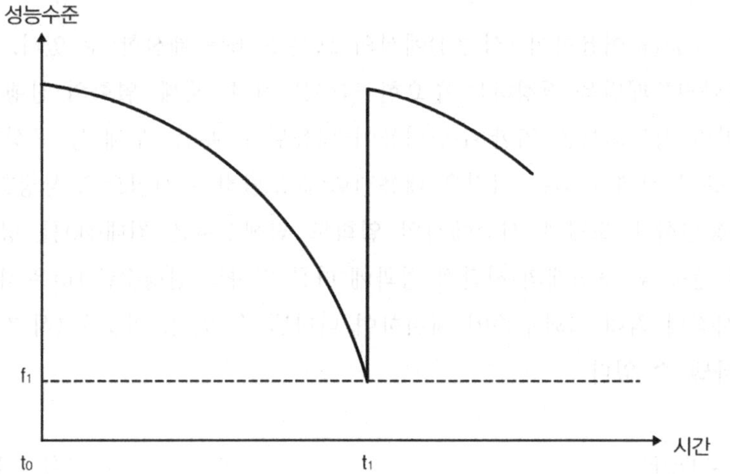


$$Y=aT^{b}$$ (식 7.1)[6)]

여기서 Y : 누적수선비용
T : 경과시간
a, b : 모수

둘째, (식 7.1)에서 나타난 경과시간과 누적수선비용과의 관계에서 열화도

---

유지한다는 것을 의미한다.

5) 高草大明(1992), "空調設備の更新評價に關する理論的研究", 日本建築學會計劃系論文報告集 第435號, pp. 23~31.

6) 대부분의 문헌에서는 시간과 열화의 관계를 비선형함수로 설명하고 있다. 따라서 비선형의 일반적인 형태를 이용하여 모델링을 하였다.

형태에 주요한 역할을 하는 모수 a, b를 추정하기 위해 일반선형형태의 함수로 변환하였다. 이것은 양변에 자연대수(natural logarithm)를 형성함으로써 선형형태로 변화할 수 있다. 이것은 (식 7.2)와 같이 나타난다.

$$\ln Y = \ln(aT^{b})$$
$$\ln Y = \ln a + b \ln T$$
$$y = A + b \ln T \qquad \text{(식 7.2)}$$[7]

(식 7.2)를 이용하여 (식 7.1)에서의 모수 a, b를 계산할 수 있다. 모수 a, b는 열화진행패턴을 결정하는 주요한 역할을 한다. 셋째, 열화의 진행수준 정도에 따라 성능회복을 위한 수선비용이 대응된다. 부품, 부재 등 구성재 누적 수선비용이 최대가 되는 시점은 내용년한에 도달하는 시점으로 상정할 수 있다. 내용년한에 도달한 시점에서의 열화도 진행수준은 최대(Fk)를 형성한다. 따라서 준공 후 구성재의 시간적 경과에 따른 열화도 진행수준(Fn)은 내용년한 도달 시점의 최대 열화수준에 대비하여 나타낼 수 있다. 이것은 (식 7.3)과 같이 나타낼 수 있다.

$$F = Fn/Fk \qquad \text{(식 7.3)}$$

여기서 Fn : 내용년한 도달시의 열화도 수준
Fk : 경과시간에 대응하는 열화도 수준

(식 7.3)은 내용년한 도달시 부재, 부품에 잔여(殘餘)된 한계성능에 대한 정보가 없이 수선비용을 이용하여 열화도를 산정할 수 있는 장점을 지니고 있다. 이것은 최대 열화수준에 대비하여 경과시간의 열화를 설명하는 것으로 〈그림 7-5〉과 같은 우하향의 열화도 진행형태로 나타낼 수 있다.

7) (식 7.2)에서 분석된 a, b의 모수를 이용하여 (식 7.1)의 모수 a, b를 산정하여 열화도 진행형태를 도식화하였다.

그림 7-5 열화도 진행형태

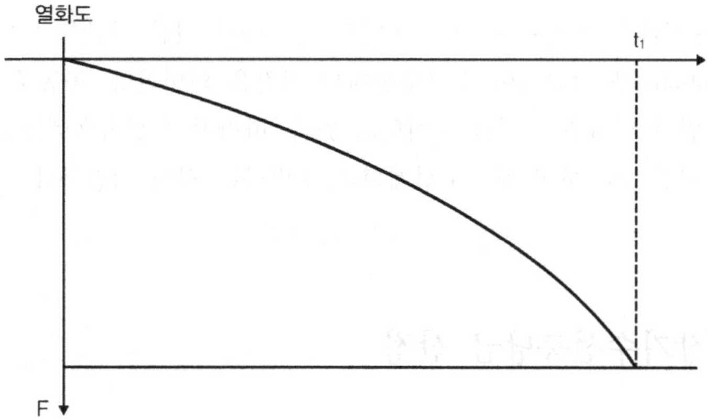


### (4) 단 가

장기수선충당금 산정을 위한 단가는 LH공사에서 공표한 단가, 조달청 실적공사비 자료, 한국물가정보, 적산정보 등의 간행책자를 참고하여 산출하는 것을 추천할 수 있다. 다만, 단가(單價) 산정시에는 해당 자료의 출처를 명확히 기록하여 추후의 공사진행에 따른 비용변동에 대응하는 등의 방안을 마련하는 것이 필요하다.

### (5) 수선항목 제외 및 추가

공동주택관리법 시행규칙 [별표 5]에 포함된 "수선항목"을 최대한 반영하여 수립, 조정하였으나 적립된 장기수선충당금이 장기수선계획금액에 현저히 부족하거나 입주자의 장기수선충당금 부담액이 지나치게 많은 경우가 발생할 수 있다. 이때는 수선항목 중요성이 적거나 전면교체 또는 부분수선 계획금액이 적은 "공사종별"과 반영구적인 "공사종별"은 입주자의 동의를 받거나 입주자대표회의 의결에 따라 제외하는 것도 대안이다. 반면, 단지내 설치된 주요설비 중에 공동주택관리법 시행규칙에서 포함되지 않고 있는 전면교체(수선, 수리)와 부분수선(수리, 교체)의 수선항목은 입주자대표회의의 의결에 따라 포함할 수 있다.

### (6) 장기수선계획 기간

장기수선계획 기간은 수선비 총액을 산출하기 위한 기간을 의미하며, 내용년한(內用年限)을 감안하여 장기수선계획 기간을 의미한다. 공동주택의 수명은 법인세법에 의하면 40년을 제시하고 있다. 따라서 우선적으로는 40년의 내용년한을 기간으로 하여 장기수선계획을 수립하는 것이 적합하다.

# Ⅳ. 장기수선충당금 산정

## 1. 개　　요

공동주택 등의 건축물은 일정수준 이상의 거주환경을 확보하기 위해서 주기적이고 연속적인 수선, 개·보수 등의 유지관리 활동이 동반되어야 한다. 준공 이후, 공동주택 성능, 기능과 관련한 건물 유지관리를 위해서는 준공 이후 장기수선계획 수립기준을 활용하여 유지관리계획을 수립하도록 되어 있다. 반면, 공동주택은 개별세대가 단지 영역내 시설을 공유하는 거주형식으로 이에 소요되는 비용부담 역할을 동시에 지니게 된다. 그러나 외부도장, 방수공사, 승강기 등의 공종에 소요되는 비용은 개별세대가 일시적으로 부담하기에는 한계가 있다. 따라서 준공 이후 공종에 대한 수선예상 시기를 설정하고 각 시기에 도래하는 공종의 수선공사를 대비하여 계속적으로 비용을 적립하는 전략이 중요하다.

장기수선충당금은 관리비 항목의 하나로 징수되는 비용이다. 2016년 전국의 충당금 평균 금액은 119원/m²인 반면, 실제 사용금액은 76원/m² 정도로 차액은 적립하는 것으로 나타나고 있다. 서울지역의 공동주택 충당금은 평균 124원/m²인 반면, 사용액은 월 36원/m²에 불과하다.[8] 실제 징수되는 충당금과 월사용액에서는 차이를 발생하고 있다.

이와 같이 장기수선충당금은 장기수선계획에 따라 미래에 발생할 수 있는

---

8) http://www.k-apt.go.kr/

비용을 공사시기 도래 전에 적립하거나 준비하는 등의 유지관리계획이다. 이 계획에 의거하여 수선시기가 도래하는 공종에 대비하기 위해 장기수선충당금을 수선비용으로 활용한다. 그러나 대상공종 수선공사시 장기수선충당금에 대한 적립을 위한 기초자료가 부족한 실정으로 앞서의 장기수선충당금 징수와 사용액의 차이에서와 같이 과다징수 되는 경향을 보이고 있다. 이것은 미래에 발생하는 공종에 대한 수선비용 수준 혹은 수선공사 도래시기까지의 적립금 수준을 예측하지 못하고 있는 것이 한 원인이기도 하다.

## 2. 산정기준

장기수선계획은 공동주택 공용부분과 입주자의 공동소유인 부대시설, 복리시설에 대해 미래에 발생할 수 있는 수선에 대비하기 위한 것이다. 이를 위해 수선에 소요되는 비용을 조달할 목적으로 공종별 혹은 부품, 부위별로 수선시기와 수선범위 등을 설정한다.[9] 장기수선계획 수립기준은 공동주택 주요시설의 교체 및 보수에 필요한 교체범위, 보수시기 및 방법이 명시되어 있다. 그리고 장기수선충당금 요율 산정방법과 적립방법 및 사용절차와 사후관리 등에 관한 필요사항도 제시하고 있다. 그리고 이것은 3년 단위로 하여 입주자대표회의, 관리주체, 관리소장이 조정하여야 한다. 그러나 현실적으로 장기수선계획 수립대상이 되는 시설물이나 설비에 대한 조사, 진단이 없이 조정하는 것이 일반적이다. 따라서 현장의 실태를 반영하는 조정계획이라고는 할 수 없을 것이다. 특히, 장기수선계획에 따라서 유지관리를 실시하지 않을 경우에는 벌칙규정이 적용되어 장기수선충당금 수준에 부응하여 장기수선계획을 조정하는 것이 현실이다.

**월간 세대별 장기수선충당금**

$$= \frac{\text{장기수선계획기간 중의 수선비 총액}}{\text{총공급면적} \times 12\text{개월} \times \text{계획기간(년)}} \times \text{세대당 주택공급면적(㎡)} \qquad \text{(식 7.4)}$$

---

9) 장기수선계획은 공동주택관리법 시행령 제7조(장기수선계획의 수립기준 등), 제10조(장기수선충당금의 적립)에 의거하여 수립한다. 대상은 300세대 이상의 공동주택, 승강기가 설치된 공동주택, 중앙집중식 난방방식을 갖춘 공동주택으로 하고 있다.

반면, 관리주체는 장기수선충당금 적립을 위해 장기수선계획을 바탕으로 주요 시설의 교체 및 보수에 필요한 수선충당금을 개별 세대 소유자로부터 징수한다. 장기수선충당금 요율은 공동주택 공용부분의 내용년한 등을 감안하여 관리규약으로 정하고 있다. 적립금액의 경우는 장기수선계획에서 정하고 있다.

공동주택의 장기수선충당금을 산정하기 위해서는 분석기간 설정, 공종별 수선시기에 따른 수선횟수, 수선율이 설정되어야 한다. 공동주택 내용년한의 기간을 40년으로 설정할 경우, 공종별 수선횟수와 수선율을 반영하여 40년 기간 동안 누적수선비용을 도출할 수 있다. 예를 들어 〈표 7-3〉에서와 같이, 공종별 수선시기, 수선율를 설정한 경우의 공종별 수선횟수, 수선율 등을 설정할 수 있다.

표 7-3 수선범위, 수선횟수, 수선율(사례)

| 수선항목 | | 수선범위 | 수선시기 (년) | 수선율 (%) | 수선횟수 |
|---|---|---|---|---|---|
| Ⅰ. 건물외부 | 1. 지붕보수 | 부분 | 10 | 20% | 3회 |
| | 2. 외부도장 | 전면 | 8 | | 4회 |
| | 3. 외벽보수 | 전면 | 15 | | 2회 |
| | 4. 외부방수 | 부분 | 8 | 20% | 4회 |
| | | 전면 | 20 | | 1회 |
| Ⅲ. 전기·소화·승강기 및 지능형 홈네트워크 | 1. 예비전원 | 부분 | 10 | 30% | 3회 |
| | 2. 변전설비 | 부분 | 10 | 10% | 3회 |
| | 3. 자동화재감지설비 | 부분 | 5 | 20% | 7회 |
| | 4. 소화기 | 부분 | 5 | 10% | 7회 |
| | 5. 승강기 및 인양기 | 부분 | 5 | 20% | 7회 |
| | | 전면 | 15 | | 2회 |
| | 6. 피뢰설비 및 옥외전등 | 부분 | 5 | 25% | 7회 |
| | 7. 통신 및 방송설비 | 부분 | 5 | 20% | 7회 |
| Ⅳ. 급수·위생·가스 및 환기설비 | 1. 급수펌프 | 부분 | 5 | 10% | 7회 |
| | | 전면 | 10 | | 3회 |
| | 2. 급수배관 | 부분 | 10 | 5% | 3회 |

| | | | | | |
|---|---|---|---|---|---|
| | | 전면 | 15 | | 2회 |
| | 3. 배수설비 | 부분 | 5 | 10% | 7회 |
| | | 전면 | 10 | | 3회 |
| V. 난방 및 급탕 설비 | 1. 난방설비 | 부분 | 5 | 10% | 7회 |
| | 2. 급탕설비 | 부분 | 5 | 10% | 7회 |
| VI. 옥외부대시설 및 복리시설 | 1. 어린이놀이터 | 부분 | 5 | 20% | 7회 |
| | 2. 보도블록 | 부분 | 3 | 10% | 13회 |
| | 3. 포장 | 부분 | 10 | 50% | 3회 |

〈표 7-3〉에서와 같이 나타난 공종별 수선횟수, 수선율 등을 감안하여 누적수선비용을 산정하면 〈그림 7-6〉과 같이 나타날 수 있다. 총 누적수선비용의 변화를 살펴보면, 전체적으로 15년, 30년 전후를 경과하면서 공종별 누적수선비용은 급격하게 증가하는 패턴을 보이고 있다.

〈그림 7-6〉에서 경과년수와 총 누적수선비용과의 관계를 살펴보면, 전체적으로 30년이 경과된 이후의 누적수선비용은 증가는 제한적인 수준으로 나타

그림 7-6 경과년수와 누적수선비용과의 관계

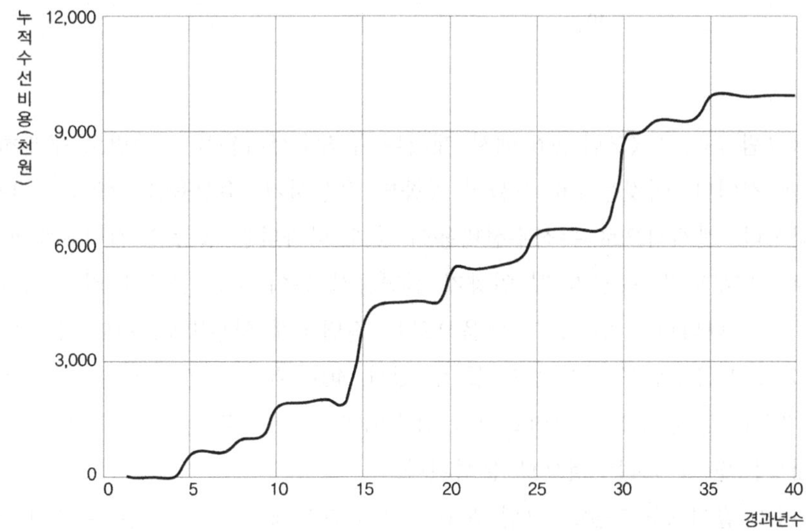

나고 있다. 다만, 15년, 30년 전후를 경과하면서 누적수선비용은 급격히 증가하는 모습을 보이고 있다. 이것은 공종별 수선시기를 살펴보면, 15년, 30년 경과년수 시기에 많은 공종의 수선이 포함되어 있기 때문인 것으로 풀이된다. 전체적으로 준공 이후의 누적수선비용은 40년의 경과기간에 이를 때까지 점차적인 비례수준으로 증가하는 특징을 보이고 있다.

그림 7-7 공종별 경과년수와 누적수선비용과의 관계

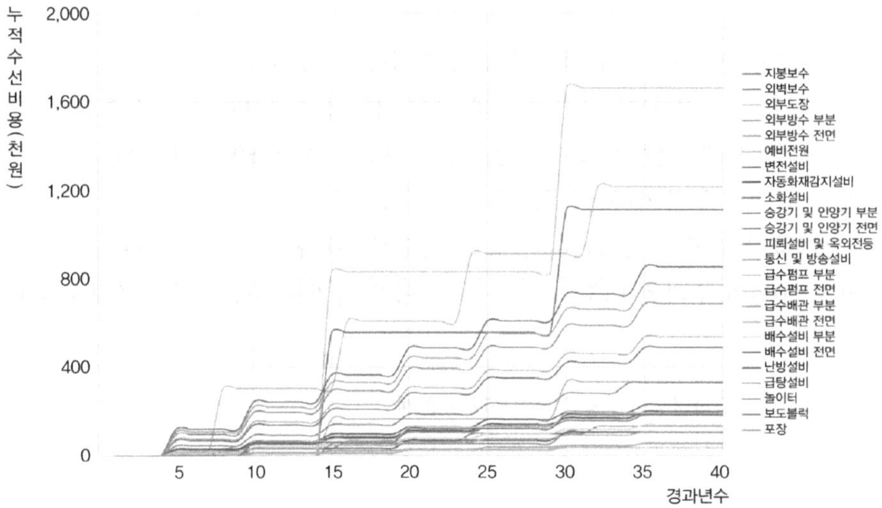


〈그림 7-7〉은 〈그림 7-6〉에서 제시된 누적수선비용을 공종별로 구분하여 나타낸 것이다. 이것은 〈표 7-3〉의 공종별 수선시기, 수선율을 감안하여 나타낸 것이다. 전체적으로 누적수선비용이 높게 나타나는 공종은 전면교체의 급수배관, 외부도장, 승강기 및 인양기 전면공사 등이 다른 공종에 비해 상대적으로 높게 나타나고 있다. 그 다음으로는 전면교체 외부방수, 전면 배수설비, 전면교체의 급수펌프 공사 등을 들 수 있다. 40년 분석 기간 동안 총 수선누적비용가운데 전체적으로 전면교체의 급수배관, 외부도장, 승강기 전면공사 등이 대부분을 차지하는 것으로 분석된다.

이와 같이 〈표 7-3〉, 〈그림 7-6〉, 〈그림 7-7〉에서와 같이 누적수선비용을 도출한 뒤, 세대별 부담을 산정하기 위해서는 (식 7.4)를 이용한다. 공동주택의 내용년한을 40년으로 전제하고 이에 따른 세대별 누적수선비용을 산출하면, 세대당 부담비용은 12,840원/세대·월 정도의 수준으로 제시할 수 있다. 그리고 전면수선의 외벽도장공사와 승강기 및 인양기의 전면공사를 위해서는 각각 3,473.8원/세대·월, 2,759.2원/세대·월 정도의 장기수선충당금이 요구되는 것으로 분석된다. 그리고 전면교체의 급수배관 공사를 위해서는 4,147.4원/세대·월 적립수준인 것으로 나타나고 있다.

## V. 맺으며

건물은 준공 이후 성능, 기능 등이 점차적으로 열화되는 특징을 지니고 있다. 거주자의 쾌적한 생활을 확보하기 위해서는 열화되는 성능, 기능을 방지하거나 지연하는 등의 유지관리가 수반되어야 한다. 그리고 공동주택 열화진행 정도를 예측하고 성능을 회복하기 위한 수선기술, 비용적용 등이 뒤따라야 한다. 지금까지의 유지관리는 기능정지, 성능저하 등이 현시적으로 나타난 후에 대응하는 사후보전적인 접근이 일반적이다. 이것은 기능정지라는 현상이 발생함으로써 대응하여 수선비용 측면에서는 유리할지 몰라도 거주자의 쾌적한 생활환경 유지, 확보라는 측면에서는 한계를 지니고 있다. 따라서 사후보전적 유지관리(breakdown maintenance) 측면의 접근방식보다는 예방적 유지관리(preventive maintenance)방식이 대안으로 제시되고 있다. 이를 위해 공동주택을 구성하는 부품, 부재의 열화를 예상하는 방법이 선행적으로 구축되는 것이 필요하다. 열화도 예측을 통해 공동주택 내용년한 기간 동안의 공종별 누적수선비용을 예측할 수 있다. 뿐만 아니라, 수선시기를 사전적으로 준비함으로써 수선에 소요되는 비용을 적립하는 등 계획적인 유지관리를 수행할 수 있다.

장기수선계획은 공동주택의 중장기적인 측면에서 성능, 기능을 일정 수준 이상으로 계속적으로 확보하기 위한 유지관리계획이다. 미래에 발생할 수 있는 공종별 수선내용을 사전에 범위화하고 준비함으로써 수선에 따른 세대의 부담을 줄이고 적합한 수선기술을 선택할 수 있는 계획의 일환이다. 2016년 4

월에 고시된 공동주택관리법 시행규칙의 장기수선계획의 수선항목은 이전의 147개에서 73개의 수선항목으로 대폭 수정하였다. 이것은 기존에 지니고 있던 불필요한 수선항목을 줄이고, 수선기술, 재료, 구법 등의 발전으로 중장기적인 계획이 다소 비효율적으로 판단된 것으로 풀이된다.

이와 함께 장기수선충당금은 장기수선계획에서 요구되는 수선항목을 수행하기 위한 비용으로 활용하는 것이다. 그러나 현실적으로 미래에 소요되는 공종별 장기수선충당금을 예상하여 적립수준을 설정할 수 있는 대안마련이 제한적이다. 이것은 장기수선충당금에 대한 부담주체, 부담금의 운용과 적립 등의 여러 부분에서 불협화음이 발생하여 그 효과에 대한 의문을 가지고 있다. 그러나 공동주택의 유지관리가 사후보전적인 측면에서 사전예방적인 측면으로 변화됨으로 적극적인 수선충당금 적립계획과 대안이 마련되어야 할 것이다. 이것은 공종별, 부재별 열화진행에 따른 수선비용의 예측모델과 대안을 계속적으로 개발하여야 할 것이다.

## 참고문헌


곽한성·이동은(2015), "추계적 공동주택 장기수선충당금 산출 및 분석방법론 개발", 한국시공학회 학술 기술논문발표회 논문집 통권 제28호, pp. 243-244.

김광희·박우열·안성훈 공저(2011), 『건축적산』, 대가.

김문세·진상윤(2015), "공동주택 유지관리의 현실성을 위한 장기수선충당비용 산정에 관한 연구", 대한건축학회 창립 70주년기념대회 및 추계할술발표대회논문집 제35권 제2호, pp. 581-582.

김선국·김태희·김기수(2004), "공동주택의 장기수선충당금 산정 알고리즘", 대한건축학회 논문집 『구조계』 제20권 제2호, pp. 143-149.

김정수·최도승 공저(2005), 『건축적산[적산 및 견적]』, 구미서관.

박수진·김경래(2005), "경제성 분석을 통한 공동주택의 장기수선충당금 개선에 관한 연구", 2005년 한국건설관리학회 전국대학생 학술발표대회 논문집, pp. 292-295.

(사)대한주택관리사협회(2014), 장기수선계획 수립·조정교육 심화과정 I -수선공사 및 내역서 작성실무-.

(사)대한주택관리사협회(2014), 장기수선계획 수립·조정교육 일반과정-표준장기수선계획서 작성 및 시스템 활용실무-.

이강희·채창우(2016), "공종별 수선비용 추계모델을 활용한 공동주택 장기수선충당금 적립금액 산정", 한국생태환경건축학회 논문집 제16권 제3호, pp. 1-7.

장정희·이강희·임석호(2006), "임대주택 부품의 수선위계 설정 제안에 관한 연구", 대한건축학회논문집 『계획계』 22 (4), pp. 31-38.

BELCA (2012), *Handbook of Building Service Life*, Central Economics.

Robert Johnson (1990), *The Economics of Building*, John & Sons, pp. 32-35.

日本住宅綜合センター(1988), マンション計劃修繕に係る指針策定に關する調査研究.

(社)全國建設研修センター(1984), 耐久性向上技術の動向, p. 21.

內海仁 外 1人(1991), 建築の LCCにおける 長期修繕計劃に關する研究-事務所ビルの 事業收支と 應用事例, 學術講演梗概集.

(財)マンシン管理センター(2003), 計劃修繕工事のすすめ方.

(財)マンシン管理センター(2003), マンシンの修繕積立金算出マニウアル.

高草大明(1992), "空調設備の更新評價に關する理論的研究", 日本建築學會計劃系論文報告集 第435號, pp. 23－31.

http://www.k－apt.go.kr/

제 8 장

# 장기수선계획과 장기수선충당금(홍콩)[1)]

이현정(경희대학교 주거환경학과 부교수)

마천루로 즐비한 글로벌 도시 홍콩(Hong Kong Special Administrative Region of the People's Republic of China)은 전체 가구의 절반 가량이 공공주택에 거주하고, 공공부문에 의한 주택건설 공급비율이 세계에서 두 번째로 가장 높은 곳이다. 수많은 인구와 매우 높은 주택 수요에도 불구하고 가파른 지형으로 택지 공급이 제한적이기 때문에 초고층의 대형 주상복합 단지가 보편적이다. 아시아의 대표적인 주요 도시인 홍콩을 서울과 비교하면 두 도시 모두 자가소유율[2)]과 도시화율에서 유사하지만, 소득(1.6배), 면적(1.8배), 인구밀도(11배), 임대주택 수(3.1배) 등에서 홍콩이 서울보다 훨씬 앞선다[부록 표 8-A]. 높은 인구밀도와 주택수요에 대응하기 위해 정부 주도의 대대적인 공공주택단지 건설로 초기부터 공공부문에서 주택관리의 필요성이 제기됨에 따라 주택관리의 제도화가 일찍 시작되었다. 개인과 기업의 자유로운 경제활동을 최대한 보장하고 정부의 시장 개입을 극도로 최소화하는 경제체제(laissez-faire economy)의 홍콩은 성장 우위의 개발주의 국가모형(developmental state)과 유교주의 사회 질서 속에서 특유의 주택관리 모델을 발달시켜 오늘날 핵심 서비스 산업으로 자리 잡았다. 짧은 역사 속에서 전문화, 고급화, 대형화로 대변하는 오늘날 홍콩 주택관리 모델을 발전시킨 배경에는 시장-정부의 관계에서 주택관리와 관련한 다양한 이해관계자들의 역할과 기능이 중요하게 작용하였고, 이들이 단체를 조직화하여 집단

---

1) 본 장은 2015년도 정부(미래창조과학부)의 재원으로 한국연구재단의 지원을 받아 수행된 연구임(과제번호: 2015R1C1A2A01053741).

2) 홍콩에서 공공주택에 거주하는 가구 비율은 높지만, 동아시아 주요 국가와 비교하여 홍콩의 자가소유율은 높지 않음[부록 그림 8-A], [부록 그림 8-B].

으로 행동하면서 상호 이해관계가 복잡 다양해졌다. 초창기 사회복지적 접근에서 시작한 홍콩의 주택관리는 괄목할 만한 성과와 긍정적인 효과를 낳았지만, 정치경제적 변화에 따라 주택관리 시스템은 자산가치 증대[3]에 초점을 두면서 주택개발업체, 주택관리업체, 거주자 간의 입장이 첨예하여 늘 갈등과 분쟁의 불씨를 안고 있었다. 이는 주택관리 업무가 단지별 특성에 따라 다양하여 천편일률적인 기준이나 정확한 지침을 제시하는 것이 어렵고 무의미한 경우가 허다한 현실과 무관하지 않다. 일례로, 장기수선계획과 장기수선충당금과 같은 주택관리에서 핵심 사항들은 공공부문이 주택관리의 기초적인 수준에서 가이드라인을 제시하며 단지 특성에 따른 편차를 고려하여 유연성을 인정하고 있다. 또한, 주택관리는 소비자의 만족도를 최우선시하는 주거서비스 산업이므로, 다양하고 이질적인 거주자 특성을 배제하고 동일한 잣대로 만족도를 정량화하고 객관화할 수 없는 한계점이 있다. 거주자(소유주 및 임차인)는 거주성을 향상시키기 위하여 필요한 주택관리 서비스의 규모와 범위에 대한 정보가 온전하지 못하고, 일련의 관리업무를 수행하는 주택관리사들의 능력을 평가할 만한 기준이 불완전하며, 거주자의 주택관리(예: 단·중·장기적 관리 업무, 예산 집행 등)에 대한 권리와 의무를 간과한 오랜 관행으로 이해관계자들에 의한 선택적 의사결정을 용이하게 하는 여건에 기인한다. 실제, 일선에서 근무하는 주택관리업체는 소속 주택개발업체와 주거서비스 비용을 부담하는 단지 거주자들 간의 미묘한 입장에서 주택관리업무를 처리해야 하는 실상은 이에 대한 단적인 예시이다. 그러므로 주택관리에 대한 제한된 정보 속에서 조직 내 소수에 의한 의사가 조직 전체를 대표하여 내리는 경우가 빈번하고, 이로 인한 이해당사자 간의 갈등은 조직의 권한 또는 집단적 의사로 맞서면서 악화되었다. 이러한 문제점을 시정하기 위한 제도적인 보완이 지속되어 왔지만 그 보완책 마저 조직의 의사로 결정하여 근본적인 문제들을 해결하기에 여전히 미흡한 점이 많다. 따라서, 행동경제학에서 지적하는 인간의 제한된 합리성과 그 선택의 결과는 홍콩의 현대 주택관리 모델 발달 과정에서도 나타나고, 부문별 주택관리 격차를 심화시키는 요인으로 작용하였다. 다양한 이해 당사자들이 제각각의 이익을 대변하고 동시에 분쟁의 소지를 제거하고 구성원을 통제하기 위해

3) 홍콩의 주택가격은 변동폭이 큰 편이나 연간 주택가격 상승률(1980-2015년 평균 9.4%)은 경제성장률(동 기간 평균 4.7%)을 상회함[부록 그림 8-C].

조직을 구성하고 규칙을 마련하여 나가기가 그들의 선택과 자유를 제한하여 조직 활동을 강화시켜 집단의 이익을 관철시킴으로써 그로 인한 파장이 어떠한지를 살펴보는 것은 한국식 주택관리 모델 재정립에 함의하는 바가 크다 하겠다.

# Ⅰ. 홍콩의 공동주택관리 개요

홍콩에서 수선하지 않고 비위생적인 주택건물, 불법적인 건물 개보수, 낡은 간판 등은 공공 안전의 위험요소로 인식하므로, 홍콩정부는 주택을 포함한 건물 소유주에게 안전하고 위생적인 건물 상태로 유지 관리할 법적 의무를 규정하고 있다. 즉, 시의적절한 보수와 건물관리는 건물의 노후화를 지연시키고 안전하고 깨끗한 거주환경을 보전시키며 쾌적한 생활환경을 제공하고 자산가치를 증진시키며 거주자들의 소속감과 공동체 의식을 함양한다. 오늘날 홍콩의 주택관리사는 인적, 물적, 경제적 자원을 능숙하게 그리고 효과적으로 조절하며 주택관리 서비스를 적시적소에 조달하여 양질의 거주성과 쾌적한 단지 환경을 조성하는 일련의 업무로 보며, 이를 위해 주택관리사는 경제적 효율성과 인간적 도덕성을 모두 겸비하도록 요구받고 있다. 그럼에도 불구하고 시장에 의한 자유 경쟁과 정부 개입 최소화를 중시하는 경제체제로 부문 간 주택관리는 뚜렷한 차이를 보이는데, 이는 각기 다른 발달 경로에 기인한다.

## 1. 주택관리의 정의와 발달 배경

홍콩의 주택관리는 광의적 개념과 협의적 개념에서 그 정확한 의미를 찾아볼 수 있다. 광의적 의미의 주택관리는 가용 자원을 동원하여 주택에 관한 문제들을 조정·개선·제거하는 모든 행위를 포함한다(Chan, 2005). 반면, 협의적 의미의 주택관리는 Macey and Baker(1982)의 정의에 기초하는데 임대인과 임차인 관점으로 구분된다. 즉, 임대인(소유주) 입장에서의 주택관리는 주택과 부속 자산을 경제적 효율성에 근거하여 관리하는 자산관리이며, 임차인(거주자)

입장에서 주택관리는 내 집처럼 편안하며 가족처럼 행복하게 지내고 해당 커뮤니티의 일원으로서 소속감을 느끼게 해주는 주거관리다. 오늘날 홍콩의 주택관리는 주택 분야의 전문가들, 서비스 공급자, 소유주, 거주자가 관여하는 인간 중심의 다각적인 전문 서비스 영역이며, 문제 예방과 해결, 주택에 관한 모든 협상과 거래에 이르기까지 고도의 숙련된 기술이 요구된다(Chan, 2011; Yuen, 2011). 이 때 기술이라 함은 주택, 단지 주변환경, 어메니티까지 모두 관리하고, 임대인과 임차인의 우호적인 관계를 촉진하며, 원만하고 결속력이 있는 커뮤니티를 조성할 수 있는 능력을 의미한다. 따라서, 소유주의 교환가치와 거주자의 사용가치를 높이는 주택관리에서 한발 더 나아가 상호협력과 연대책임을 강조하는 커뮤니티 활성화를 통해 사회적 자본 형성과 도시의 지속가능성까지 포괄적으로 아우른다.

홍콩에서 오늘날과 같은 위상의 주택관리가 발달할 수 있었던 배경에는 1997년 중국으로 반환되기 전까지 150여 년에 이르는 영국 통치의 영향이 무엇보다 가장 크다. 2차 세계대전 종료와 중화 인민 공화국 수립 이후 귀환민과 이민자의 대규모 유입으로, 1949-1951년 홍콩 인구는 60만 명에서 2백만 명으로 폭발적으로 증가하였으며, 당시 대부분의 주택은 2차 세계대전 이전에 건축되어 심하게 낡았고, 위생설비나 생활공간이 거의 없는 주택들로 도시 전체의 주거 여건은 매우 열악하였으며 주택부족이 극심하였다(Chan, 2011; Chow, 2008). 수많은 가구들은 낡고 오래된 건물의 큰 공간을 칸막이로 구획하여 만든 좁은 방에서 비싼 집세를 내고 기거해야만 했다. 특히 갓 이민 온 가족들은 중국식 상가주택(Chinese shop–houses)에 주로 거주하였는데, 이는 좁고 긴 건물(가로 3.9m2, 세로 12.2m2)의 1층은 상점이, 2층 이상은 부엌과 화장실이 딸린 주택으로, 부엌과 화장실을 공유하는 쪽방에서 비싼 사용료를 내며 여러 가구들과 함께 한 건물에서 살았다(Kwong, 2011). 이러한 주거과밀과 주택난으로, 무단 점유, 불법 건축물, 슬럼화, 화재 위험, 공중위생 위협(예: 전염병, 불결) 등의 각종 도시문제들이 발생하였다. 당시 주택난을 해결하기 위해 비영리단체 및 공공기관 등 3곳에서 주택을 주로 공급하였는데, 홍콩주택협회(Hong Kong Housing Society, HKHS), 재정착부(Resettlement Department), 현 홍콩주택청(Hong Kong Housing Authority, HKHA)의 전신인 구(舊) 홍콩주택청(Former Hong Kong Housing Authority, FHKHA)이 주택건설을 도맡았다(이현정·윤정득, 2010).

영국 주교의 도움으로 1948년 비영리단체로 설립한 홍콩주택협회(Hong Kong Housing Society, HKHS)는 1951년 준정부 단체로 법적 인가를 받으면서 공공 토지를 저렴하게 대여 받고 저리의 정부 융자금과 기부금으로 1952년 최초의 주택단지(Sheung Li Uk estate)를 완공하였다(Yeung & Wong, 2003). 당시 홍콩주택협회(HKHS)는 주택건설 뿐만 아니라 주택관리에도 관심이 많아 영국 현지 주택관리사를 초청하여 지역 주택관리사를 양성하고 주택관리 업무를 처리하였다. 이후 건설된 주택단지들(Hung Hom Estate, North Point Estate)에서도 주택관리사가 직접 주택단지 전체를 책임지고 관리하는 시스템이 적용되었으며, 이들 단지들은 수십 년이 지난 후에도 여전히 관리가 잘되어 인기가 많았다.

홍콩의 초기 주요 주택공급기관 중 하나인 재정착부(Resettlement Department)는 1954년부터 공공주택을 건설하기 시작하였다. 당시 홍콩정부는 판자촌에 있는 상당수 이민자들이 중국 본토로 귀환하리라 기대하였고, 중국 본토의 공산정권이 홍콩을 영국 지배령 하에 계속 유지시킬지에 대한 우려로, 주택문제에 매우 소극적이었으며 거의 방임에 가까운 수준이었다. 그러나, 1950년 1월 구룡 반도의 판자촌 대화재로 20,000명의 이재민 발생과 1953년 성탄절 구룡(Kowloon) 반도 동북쪽 Shek Kip Mei 지역의 판자촌에서 일어난 대규모 화재로 53,000명의 이재민이 발생하면서 홍콩정부는 더 이상 수수방관할 수 없게 되었고, 그 결과 재정착부는 1954년 초 임시주택을 건설하기 시작했다(이현정·윤정득, 2010; Yeung & Wong, 2003). 이들 주택은 이재민을 수용하기 위한 목적으로 공급되어 매우 협소하였고(2.2㎡/인), 부엌과 화장실은 공용이었으며, 원룸형의 공간에 한 가족이 모두 사용하였고, 시설이나 설비 모두 빈약하였다. 재정착부의 주택공급은 1950년대와 1960년대까지 지속되었으며, 임대주택의 입주 대상자는 당초 자연재해로 인한 이재민 뿐만 아니라 도시재개발에 따른 이주민들까지 확대되었다. 그러나, 수용이라는 기능이 강했기 때문에 주택관리는 전혀 이루어지지 않았고, 이로 인해 공공임대주택의 각종 문제점들(예: 과밀, 불결, 범죄, 마약, 청소년 비행, 각종 일탈 행위, 전대, 단위 주호의 전용, 건물 노후화, 관리 부실, 임대료 체납 등)이 드러나면서 낙인효과(stigma effect)를 초래하였다.

1950년대 초 저소득층 가구를 위한 임대주택 수요가 절대적으로 높았지만, 홍콩주택협회(HKHS)에서 공급하는 임대주택이 고작이었다. 이후 제2차 주택종합계획(1973-1983년) 추진에 따라 1973년 구(舊) 홍콩주택청(Former Hong

Kong Housing Authority, FHKHA)을 신설하고, 택지와 건설자금을 지원받아 공공주택을 대규모로 공급하였다. 당시 구(舊) 홍콩주택청(FHKHA)은 단지 관리와 관리 인력 운용에서는 자율성을 부여받은 대신 임대료를 통해 단지 관리에 소요되는 모든 비용을 자체적으로 조달해야 했다. 홍콩주택협회(HKHS)와 마찬가지로 주택공급 못지 않게 주택 및 단지 관리의 중요성을 인지한 구(舊) 홍콩주택청(FHKHA)은 영국 현지의 주택관리 분야에서 경험과 지식이 풍부한 전문가들을 섭외하여 이들을 통해 홍콩에서 필요한 인력을 훈련시켜 주택관리사를 배출하였으며, 특히 저소득층 가구의 주거욕구를 효과적이고 효율적으로 대응할 수 있는 주택관리에 역점을 두었다.

이상에서 살펴본 바와 같이 주택건설 후 합리적인 주택관리가 뒷받침된 주택단지와 그렇지 않은 주택단지 간의 차이는 현저하였고, 특히 주택관리 부재에 따른 사회경제적 파급효과는 컸다. 즉, 주택관리가 이루어지지 않은 주택단지는 각종 사회문제의 온상이 되어 또 다른 사회적 비용을 유발하며, 결국 거주자의 쾌적한 주거환경을 위협하고 나아가 지속가능한 도시 생태계를 파괴시킬 수 있는 요인으로 작용하였다. 홍콩에서 주택관리의 도입과 제도화는 아시아 지역의 다른 어느 국가나 도시보다 빨랐으며, 독자적인 관리 모델을 구축하였다.

## 2. 공공부문의 공동주택관리

60여 년의 홍콩주택관리 역사에서 오늘날과 같은 주택관리의 수준과 위상을 수립하게 된 시점은 1980년대부터였고, 공공부문의 역할과 기여가 매우 컸다. 1950년 전후 홍콩정부는 저소득층을 위한 고층의 대형 임대주택 단지를 대량으로 공급하면서 현대화 된 시설들을 도입하였고, 수많은 세대와 거주자들이 한 곳에 살면서 일종의 소도시를 형성하자 단지 전반에 걸쳐 체계적으로 관리할 필요성이 제기되었다. 즉, 가계재무 상담, 이웃과의 친목, 전대(轉貸), 과밀, 애완동물 사육, 주민대상 청결 수칙, 실내 개조 및 리모델링 등 다양한 이슈들이 등장하고 이를 해결하고 조정할 관리시스템이 필요하였다(Chan, 2006). 주택관리 분야 전문가가 없던 당시 홍콩은 영국의 주택관리 모델[4]을 벤

4) 1860년대 영국의 Octavia Hill 여사는 산업혁명으로 도시에 대규모 인구가 유입되자 주택난이

치마킹하였으며, 이로 인해 초기부터 주택관리사로 사회복지 전공자들을 선호하였고, 실제 이들은 사회복지 관련 지식과 봉사정신으로 저소득층 입주자들에게 호혜적으로 응대하며 주택관리 업무들을 처리하였다. 1960년대 들어 제1차 주택종합계획(1964–1973년)이 시행되면서 공공임대주택 건설 물량이 폭증하고, 일부 단지에서 종합쇼핑센터가 선보이자 주택관리와 관련 분야의 법률적 지식과 기술 관련 문제들을 해결할 수 있는 전문 지식이 요구되었으며, 일선 주택관리사들도 전문성을 강화하려는 욕구가 커졌다. 이에 주택관리 실무자들을 대상으로 하는 훈련 프로그램들이 등장하게 되었고,[5] 주택관리 대상 단지 수가 급증하면서 정부는 주택관리업체에 의한 위탁관리를 부분적으로 도입하였다.

제2차 주택종합계획(1974–1983년) 수립에 맞춰 1973년 주택부(Housing Department)는 재정착부(Resettlement Department)를 흡수하고, 구(舊) 홍콩주택청(FHKHA)을 조직 개편하여 현 홍콩주택청(HKHA)으로 탈바꿈시켜 모든 주택 현안을 일원화하였다(이현정, 2014; 이현정·윤정득, 2010; Chiu, 2007). 그 일환으로 주택관리 부재로 각종 문제가 발생하고 있는 재정착부의 공공임대주택을 홍콩주택청(HKHA)이 맡아 주택관리를 의무화하였다. 비협조적이고 냉소적인 거주자들, 주택관리를 대수롭지 않게 여기는 분위기, 주택단지의 심각한 노후화와 과밀 등 산적한 문제들로 주택관리 실무자들에게는 큰 도전이 아닐 수 없었다. 수년에 걸친 각고의 노력 끝에 노후 공공임대주택단지의 거주성은 크게 향상되고 만성적인 문제들이 많이 해결되면서 새로운 삶의 터전으로 거듭나게 되

---

심화되자 이윤을 추구하는 임대인과 가난한 임차인 간의 갈등과 대립 관계를 동반자적 관계에서 상호존중하고 주택을 잘 관리해야 한다고 주장하였고, 주택관리를 하나의 직업으로서 전문성을 강화시키기 위한 일련의 노력(예: 주택관리모델 수립, 1916년 여성주택관리사협회 설립 등)을 기울였음(Macey & Baker, 1982; Clapham, 1997; Franklin, 1998; Clapham, et. al., 2000). 즉, 영국의 초창기 주택관리 모델은 박애정신에 근거한 사회복지 차원에서 접근하여 임차인이 거주하는 동안 주택과 생활 전반에 대한 태도를 변화시켜 그들의 거주성 뿐만 아니라 더 나은 삶으로 도약할 수 있는데 초점을 두었음(Clapham, 1997; Franklin, 1998; Clapham, et. al., 2000).

5) 당시 비영리단체와 대학교에서 인력 양성을 위한 프로그램이 운영되었는데, 전자는 오늘날 아시아태평양 지역 주택관리협회(the Chartered Institute of Housing Asian Pacific Branch, CIH APB)의 전신으로 1965년 설립된 홍콩주택협회(Institute of Housing)이며, 후자는 홍콩대학교(University of Hong Kong)로, 주택관리 전문 강좌를 1968년 개설하여 수료증을 발급하였으며, 이후 학사학위과정으로 발전하였고 1992년 석사학위과정까지 개설함(이현정, 2014; Chan, 2006).

었다. 이를 계기로 홍콩 정부는 모든 공공주택단지의 주택관리 의무화를 전면 확대하였으며, 당시 가장 주목할 만한 성과는 임차인을 대상으로 2년마다 임대료 인상을 정례화하는 합의안 도출이었다(Shum, 2011; Yuen, 2011). 공공임대주택은 저소득층을 위한 주거 안정을 목적으로 하기 때문에 임대료가 턱없이 낮고, 임대료와 명목상의 관리비 부담만으로는 주택관리에 관한 일체 비용을 충당할 수 없어 거의 모든 단지는 만성적인 큰 적자에 허덕였다. 적자를 메우기 위해 홍콩주택청(HKHA)은 임대료 상승이 불가피하였고, 공공임대주택의 주택관리 의무화 실시를 계기로 단지별 임대료를 현실화하였다. 기본 임대료를 부담하던 단지에서는 최대 50%까지 임대료가 대폭 인상되는 등 임대료의 현실화에도 불구하고 기존 임차인들의 반발과 저항이 크지 않았던 이유는 주택관리 실무자들의 남다른 노력과 헌신에 의한 결과였다(Chan, 2011; Shum, 2011). 즉, 이들은 공정성과 합리성에 입각하여 주택관리 업무를 수행하였으며 임차인들과 지속적으로 소통하였고 거주자들의 의견과 고충에 귀기울이며 부지런히 일하였는데, 이러한 고객응대와 근면 성실한 모습에 임차인들은 신뢰감을 느꼈으며 임대료 인상과 현실화에 동의하지 않을 수 없었다.

1970년대 후반 들어 도시 전반에 걸친 재개발 사업과 신도시 건설 등으로 신규 주택단지 수가 큰 폭으로 빠르게 증가하였는데,[6] 기존 거주자들의 이주와 재정착, 신규 주택단지의 완공과 관리 대상 단지 급증, 커뮤니티 시설과 상업시설 증가 등으로 주택관리 실무자들의 업무량과 범위가 비약적으로 증가하였다. 즉, 촉박한 재건축 일정, 이주 대상 임차인들의 다양한 요청사항, 상업시설의 임차인들 요구안, 외부사회단체들의 개입, 현대화 된 쇼핑센터와 상업시설의 보급 등으로 보다 정교하고 혁신적인 관리 기술들이 요구되었다. 또한, 빠른 경제 성장과 함께 주택구매력이 향상되면서 1978년 홍콩정부는 중하 소득계층(lower middle-class) 또는 공공임대주택 거주 가구를 대상으로 한 공공분양주택 프로그램(Home Ownership Scheme, HOS)을 도입하였고, 1980년 첫 입주가 시작되면서 이들 단지의 주택관리(예: 각 세대별 상호협약서(Deed of Mutual Covenant, DMC) 체결, 모기지 신청, 매매 거래 집행과 매매가 결정, 관리비 징수, 건물 수

6) 홍콩은 1970년대부터 주택건설의 황금기를 맞이하게 되며, 공공부문의 공급물량이 민간부문을 상회하였고, 건설된 공공주택의 절대 다수는 중소형주택(100㎡ 미만)이었음[부록 그림 8-D], [부록 그림 8-E], [부록 그림 8-F], [부록 그림 8-G].

선 및 유지 관리, 청소, 보안 등)는 기존의 공공임대주택과 다른 관리방식이 요구되었다. 이에 따라 주택관리 영역은 고급화, 전문화가 불가피하였고, 1987년 홍콩주택청(HKHA) 감독 하에 민간주택관리업체에 공공분양주택단지 2곳(Yue Shing Court, Shum Chi Court)을 위탁 관리하는 계약을 최초로 체결하였다. 이를 계기로 공공주택단지의 관리업무 아웃소싱과 함께 외부업체에 의한 위탁관리가 본격화되었다. 한편, 거주자의 편리와 단지 내 편의시설 확충이라는 목적으로 공공주택단지 내 쇼핑센터와 상업시설 도입은 홍콩주택청(HKHA)의 수입원[7]을 확보하는 수단으로 보다 강화되었다. 즉, 공공임대주택단지의 운영 손실을 보전하고 공공주택건설 자금원을 확보하기 위해 기존의 소극적인 관리 방식에서 탈피하여 수익 창출에 초점을 맞춘 적극적인 관리 방식으로 전환되었다.

1980년대 홍콩의회의 민주적 선출방식 채택, 경제구조 조정, 중국 본토 반환에 따른 사회 불안 고조 등으로 홍콩 주택관리는 새로운 전환기를 맞이하였으며, 주택관리 실무자들은 전례 없이 커뮤니티 개발과 활성화에 깊이 관여하게 되었다. 즉, 주택관리 실무자들은 단지 관리만 잘해서 경쟁력을 갖출 수 없었고, 정치인들도 주택 현안에 대한 관심이 커졌으며, 거주자들도 단지 관리에서 정책결정과 일상적인 관리업무에 참여하려는 의사가 높아졌다. 이러한 분위기에 홍콩주택청(HKHA)은 1984년 공공자문(public consultation)을 지원하기 시작하였고 주택단지별 주민자치조직 결성을 적극 권장하면서 주택관리사들의 지원 업무와 역할이 중요해졌다. 아울러 주택정책의 현안들 상당수(예: 공공주택 배분과정, 경제적 형편이 상대적으로 더 좋은 임차인에 대한 지원 범위 축소, 임차권의 세대 세습, 임차인 우선 공공임대주택 분양제도 등)는 일선 현장에 근무하는 주택관리 실무자들의 업무와 직결되고 새로운 제도나 프로그램이 시행될 때마다 거주자들에게 충분히 설명하고 정보를 제공해야 했다. 이러한 과정에서 주택관리 실무자들은 주민들 간의 갈등과 분쟁을 직접 목격하고 체험하면서 크나큰 인내심, 설득력, 대화와 협상능력을 자의 반 타의 반으로 습득하게 되었다. 주택관리사들의 입장이 불리하고 곤란해지는 경우가 빈번해지면서 주택관리 실무자들 사이에서는 주택관리사들의 권익을 대변하고 전문직으로서 주택관리사의

7) 대규모 공공주택단지 내 수많은 거주자들과 비교적 높은 구매력이 뒷받침되어 안정적인 수입과 높은 수익을 확보할 수 있음. 수익률 극대화를 위해 민간 전문업체에 위탁 관리하고, 비즈니스적 방식(예: 서비스, 질, 경쟁력 등)으로 운영되는 쇼핑센터로부터 벌어들이는 수입은 홍콩주택청(HKHA) 연간 총 수입의 최대 1/3을 차지함(Chan, 2011).

위상을 높일 그들만의 자생단체가 필요함을 인식하여 1988년 홍콩주택협회(Hong Kong Institute of Housing, HKIH)[8]를 설립하였다.

1990년대 홍콩은 1997년 중국 반환과 민주화 열기(예, 정당수 증가, 시민권 확대, 직접 선거에 의한 홍콩의원 선출 방식 시행 등)로 정치적 과도기에 있었다. 이러한 정치적 변화로 1995년 홍콩주택청(HKHA)은 임차인의 주택단지 관리 참여, 임차인과의 소통 확대, 민주적인 주택관리 등을 지원하는 주택단지자문위원회(Estate Management Advisory Committees, EMAC)라는 프로그램을 시행하였다. 이 무렵 공공분양주택(HOS) 단지의 주택관리 업무를 도맡은 홍콩주택청(HKHA)의 계약 만료가 임박하였는데, 대부분의 단지 거주자들은 홍콩주택청(HKHA)과 계약을 연장하길 원함으로써 주택관리에 대한 공공주택부문의 역량을 재신임하고 위상을 재확인하는 계기가 되었다. 이는 공공부문에서 종사한 주택관리 실무자들의 전문성을 인정하는 것으로, 당시 높은 보수와 지위를 보장하는 민간주택관리업체로 스카우트되어 이탈하는 사례가 빈번하였다. 이들의 풍부한 경험과 노하우가 민간부문의 주택관리에 투입되면서 주택관리 산업의 발전을 가속화시켰다. 1990년대 후반부터 주택관리에 대한 부문별 특징이 뚜렷해졌는데, 민간부문의 주택관리는 고객 만족을 지향하는 원스톱 서비스를 제공하고, 첨단기술, 선진화된 관리모델, 비용절감 등을 통한 운영의 효율성에 역점을 두었다. 반면, 공공부문은 관료적인 조직 문화로 인해 주택관리 인력과 프로그램들이 방만해져 공공임대주택 관리업무의 아웃소싱, 위탁관리, 민영화 추진에 적극적이었고 나아가 2000년부터 관리 인력의 명예퇴직제도까지 도입하였다. 한편, 1980년대부터 주택건설 호황으로 주택관리 시장이 커지고, 관련 산업이 약진하면서[9] 주요 대학에서 주택관리 전문 강좌들이 개설되고, 1992년 홍콩대학교(Univ. of Hong Kong)의 석사학위과정을 필두로 대부분의 주요 대학에서 학위 취득 과정을 운영하였다(이현정, 2014; Chiu, 2011). 이를 통해 주택관리 분야의 고급 인력 배출이 가능하였고, 나아가 중국 본토의 급격한 도시화에 따른 주택

---

8) 홍콩주택협회(HKIH)는 주택단지와 주택관리사 양성을 위한 직업 훈련을 제공할 뿐만 아니라 주택관리사의 전문자격요건을 검증하고, 2000년 주택관리사 등록제도(Registered Housing Managers)를 법제화하였음(이현정, 2014).

9) 1995-2004년 홍콩의 주요 주택관리업체들의 연평균 수익률(ROIC 4.6%, WACC 8%)은 연평균 주택가격 상승률(-2.0%)과 연평균 경제성장률(GDP, 3.0%)보다 높았음[부록 그림 8-C](Census and Statistics Department HKSAR, 2016; Hui, et. al., 2007).

관리 인력 수요 증가에 대비할 수 있는 기틀을 마련하였다.

## 3. 민간부문의 공동주택관리

공공부문의 주택관리와 달리 민간부문의 공동주택관리는 뒤늦게 점진적으로 발전하였는데, 그 배경에는 2가지 이유가 있다. 첫째, 자유방임주의에 가까운 시장중심의 경제체제(laissez-faire economy)로 민간부문의 무한경쟁과 시장 활성화를 위해 정부의 개입이 원칙적으로 자제되었다. 둘째, 대형 주택단지는 홍콩주택청(HKHA) 또는 홍콩주택협회(HKHS)에 의해 주로 건설된 반면, 민간부문에 의한 대규모 주택단지는 1960년대 중반 이후 고층 건물이 선보였기 때문에 그 이전까지 주택관리가 절실하지 않았다. 실제, 2차 세계대전 이후 홍콩의 민간임대주택 대다수는 엘리베이터 없이 계단으로 연결된 저층 건물로, 통상 건물 소유주가 같은 건물에 살면서 계단이나 공용공간의 점등을 직접 하고 임차인들이 모두 귀가한 후 손수 소등하였다. 건물도 그리 높지 않아 수압에 큰 어려움이 없어 집집마다 외부 상수도관에 연결해서 원활한 수도공급이 가능하였고, 전기 공급은 전력회사와 건물 소유주와 직접 계약하여 각 세대별 사용량을 파악할 수 있도록 전기계량기를 추가로 설치하면 되었다. 즉, 건물 소유주가 나서서 해결할 수 있는 일들이 많아 별도의 외부인을 고용하여 건물관리를 할 필요성이 없었다. 심지어 쓰레기 수거와 계단 청소 조차 관할 구역 내 청소부에게 매월 추가 요금을 지불하고 각 세대별 쓰레기를 대신 수거하고, 수거 때 계단 청소도 함께 부탁하여 간단히 해결되었다. 그러나, 1960년대 초 건물 층고 제한 완화로 초고층 주택단지가 등장하면서 건물 당 단위 세대 수가 급증하였고, 단지 내 공용공간, 커뮤니티 시설, 각종 설비(예: 엘리베이터, 전기, 배수, 복도와 계단의 조명시설 등) 수가 현저히 늘어나자 각 세대별 소유주가 관리해야 할 대상이 많아졌다. 즉, 이들 시설과 설비를 전문적으로 관리하고, 거주자가 요구하는 서비스(예: 보안, 안전, 청소, 주차, 회계 등)를 조달하며, 소요 비용을 책정하여 세대별로 정기적으로 부과하고 징수하는 등의 일련의 업무들을 맡아줄 인력이 필요하였다. 즉, 이러한 관리 업무들은 경비원이나 일반 관리인이 처리할 수 없는 고도의 전문적인 지식과 경험이 요구되었다. 민간주택단지에서 주택관리사의 최초 고용은 1967년 Mei Food Sun Chuen 주택단지(99개 동의 13,110 세대)로, 이 단지는 30여 년이 지난 뒤에도 관리 상태가 매우 우수하였다. 그 결과 주택 매매가는 높아졌고 거래량도 인근의 신규 민간주택단지 못지 않게 활발하였다. 이 단지에서 보여준 주택관리의 성공 사례는 민간주택개발업체에 큰 반향을 일으키며, 주택개발 시 주택관리 서비스를 자연스럽게 포함하는 계기가 되었다.10)

1970년대 후반부터 본격화된 신규 주택 건설 붐으로 특화된 주상복합 건물이 폭발적으로 공급되면서 전문지식과 경험을 갖춘 주택관리사의 수요가 기하급수적으로 증가하였다. 당시 주택관리사에 대한 자격증 제도가 없고, 허술한 주택관리업체 허가요건으로 관련업체들이 우후죽순 생겨나면서 업체들 간의 경쟁이 치열해졌다. 동시에 이러한 제도적 결함과 당시 정치적 상황에도 불구하고, 민간주택단지의 관리는 주택개발업체가 결정하였고, 주택관리사는 상당한 수준의 법적 지식만 갖춘다면 주택관리 업무를 수행하는데 큰 어려움이 없었다. 즉, 민간주택단지 관리에서 주택관리 실무자들은 건물관리령(Building Management Ordinance, BMO)과 현장에서 수행하는 모든 관리업무의 근거가 되는 상호협약서(Deed of Mutual Covenant, DMC)에 익숙하면 되었다. 현행 건물관리법령(BMO)의 전신인 집합건물법령(Multi-storey Buildings Ordinance)은 1970년 제정되었는데, 책임있는 주택관리로 공중보건과 안전을 기하고자 마련되었다. 그 배경에는 1960년대의 상황이 관련되는데, 당시 건물 노후화로 인한 슬럼화, 불법 확장 및 개조, 용도변경이 만연하면서 이로 인한 거주자의 건강과 안전이 위협받고 주변 환경과 일반인에게까지 피해를 주었다. 이에 정부는 노후 건물들과 불법 시설물의 철거, 그 일대 재개발을 추진하려 했으나, 복잡한 소유관계로 난관에 부딪혔다. 올바른 건물관리라는 취지로 집합건물법령을 제정하면서 입주자대표회의(Owners' Corporation, OC)를 구성하고, 소유주는 주택관리업체에 의한 위탁관리를 할 수 있게 되었다. 그러나 당시 대다수 소유주들의 무관심, 입주자대표회의(OC) 구성을 위한 회의를 소집하기 위해 개발업체의 50% 이상 지분 소유, 그리고 입주자대표회의(OC) 구성을 예외로 하는 건물 조항 등으로 실효성이 없었다(Shum, 2011; Yuen, 2011). 현실적으로 민간부문에서 주택단지와 건물을 관리하기 위한 근거는 집합건물법령보다 우위에 있는 상호협약서(DMC)

10) 홍콩에서 주택개발업체가 주택관리업체를 자회사로 두어 건설된 주택단지를 입주 후에도 관리하는 경우가 흔해지고 이러한 모습은 오늘날 당연한 현상으로 받아들여짐.

로, 이는 소유주의 권리, 의무, 이해관계 등을 규정하고 법적 효력을 갖는 문서다. 원칙적으로 주택개발업체, 주택관리업체, 최초 주택구입자 및 후속 소유주 등의 이해관계가 공정하게 명시되어야 하지만, 주택단지 개발업체의 변호사가 작성하기 때문에 그 세부 내용은 개발업체에게 유리하고 주택구입자에게 불리한 조항으로 구성된다(Chan, 2006; Shum, 2011).[11] 이 상호협약서(DMC)에 최초 주택구입자가 일단 사인을 하면 그 합의사항에 대한 법적 구속력은 양도 시 후속 소유주들에게까지 적용되었다. 따라서, 1970년대 당시 상호협약서(DMC) 대부분은 개발업체에게 유리하였기 때문에 입주자대표회의(OC) 구성하지 못하도록 하고, 소유주의 건물관리 권리를 박탈시켰다. 이러한 불공정 약관을 제재할 조치는 없었고, 동시에 민간부문의 주택관리 발전을 저해하는 요인이 되었다.

한편, 민간부문의 주택관리를 위축시키는 관행을 시정하고자 홍콩정부(Registrar General)는 1986년 2월부터 모든 비산업용 상호협약서(DMC)는 정부 승인을 받도록 하고 신규 상호협약서(DMC)는 정부가 제시한 지침을 준수하도록 하였지만, 여전히 개발업체와 관리업체에게 주택관리에 대한 보다 많은 권한이 부여되었다(Chan, 2011; Shum, 2011). 민간주택단지의 다양성과 특수성을 반영하지 못한 채 천편일률적인 상호협약서(DMC)를 적용하는데 있어 각종 문제점이나 혼란이 많아지자 정부는 1987년 범부처 검토를 거쳐 문제점을 보완한 결과, 1993년 집합건물법령을 폐기하고 건물관리법령(BMO)[12]을 제정하여 일상적인 주택관리 업무는 내무부(Home Affairs Department) 관할로 일임하였다. 이후 건물관리법령(BMO)은 입주자대표회의(OC) 구성을 위한 최소 인원의 소유주 요건을 완화하기 위해 2000년 추가로 개정하였고, 이어 민주당 소속 의원들 발의로 그 충족 요건 수는 더욱 더 완화되었다. 이러한 입주자대표회의(OC) 구성 요건 완화는 1980년대 초반 부적절한 주택관리 관행의 재발 방지를 위한 것이었지만, 현실적으로 정부를 대상으로 뛰어난 로비력과 상당한 압박을 행사하는 주택개발업체와 수적으로 우세한 소유주들 간의 이해관계에서 절충점

11) 이러한 계약조건 때문에 주택관리업체는 주태개발업체와 종속관계에 있을 수밖에 없고, 주택관리에서 주택관리업체의 일방적인 관리 결정과 비용 책정이 가능하였으며 이로 인한 소유주 및 거주자의 불만이 제기되어도 법적 소송에서 상호협약서(DMC) 때문에 패소하는 경우가 빈번하였음.

12) 건물관리법령(BMO)은 상호협약서(DMC)가 주택개발업체에게 유리된 조항들, 소유주에게 불리하게 된 조항을 없애고, 입주자대표회의(OC)에게 훨씬 더 많은 권한(예: 입주자대표회의 구성 조건 완화, 주택관리사 고용 및 해임, 관리비용 결정 등)을 부여하였음.

을 찾기 쉽지 않으며 나아가 소유주에게 절대적으로 유리한 민간부문의 주택관리 관행과 권리 옹호는 상당한 어려움이 뒤따른다.

## Ⅱ. 공동주택관리의 법적 근거 및 주체

급속한 도시화와 산업화로 소득이 상승하고 주택구매력이 크게 향상되었다. 이와 함께 주택 수요가 높아지면서 주택건설과 관리 산업의 호황으로 이어졌다, 신규 공급되는 주택단지는 미니 타운 수준이었으며, 단지 내 부대 및 복리시설의 고급화, 쇼핑시설의 대형화로 주택관리업무는 전례없이 방대하고 고도의 기술을 요구하게 되었다(예: 토지와 자산 가치 보전, 수천 세대의 주호 유지 관리, 상업시설 운영, 수천 또는 수만 명의 거주자 관리, 예산 집행, 정부 지원금 집행, 건물관리, 도시계획 관련 업무 처리, 커뮤니티 활성화 등). 초기부터 주택관리는 도시관리 차원에서 접근하여 공중보건과 쾌적한 거주환경 조성에 중점을 두었지만, 지속적인 경제성장에 힘입어 공동주택관리는 경제적 효율성과 자산가치 보전에 치중하였다. 이러한 변화로 공동주택관리는 공공주택기관 및 민간주택개발업체, 주택관리사와 주택관리 실무자들, 소유주 및 거주자들 간의 다양한 이해관계가 얽히면서 주택관리 서비스를 제공받는 소비자에게 불리하고 불만이 끊임없이 제기되었다. 억울한 소비자와 영리목적의 공급자 간의 대립관계는 정치적 민주화 과정에서 집단 권리를 옹호하기 위한 조직 구성과 정치적 활동으로 이어지면서 대립하게 되었다. 이 와중에 시장 친화적인 홍콩 정부는 주택관리에 대한 책임을 법률로 명시하고, 주택관리 업무 중 개괄적인 사항(예: 건물 수선 및 보수, 장기수선계획, 장기수선충당금 등)에 대해 지침을 마련하는 수준에서 미온적인 입장을 취하여 사실상 소비자의 권리를 지켜주지 못하는 실정이다.

### 1. 공동주택의 관리 및 운영에 관한 법률적 규정

홍콩법(Common Law)은 건물 소유주나 임대인은 소유한 자산에 대한 관리 의무를 명시하고 있으며, 그 의무는 구조체, 건물, 시설물의 마감재 등의 유지와 수선 일체를 포함한다. 주요 법령으로 홍콩법 123장 건물법령(Buildings Ordinance, BO), 홍콩법 344장 건물관리법령(BMO), 홍콩법 7장 임대차법, 홍콩법 95장 소방법, 홍콩법 102장 상수도법령, 홍콩법 358장 수질오염관리법령, 홍콩법 406장 전기법령, 홍콩법 51장 가스안전법령, 홍콩법 327장 승강기 및 안전법령, 홍콩법 502장 상업용 건물 방재법령, 홍콩법 314장 거주자책임법령, 홍콩법 228장 경범죄법령, 홍콩법 132장 공공보건 및 도시서비스법령, 홍콩법 201장 뇌물방지법령 등이 있으며, 이들 법령보다 법적 효력이 훨씬 클 수 있는 상호협약서(DMC)[13]가 있다. 이들 중 건물법령(BO), 건물관리법령(BMO), 상호협약서(DMC)가 주택관리에 직접적으로 그리고 가장 큰 영향력을 미친다.

사유재산의 건물과 그 수선작업은 건물법령(BO)에 저촉을 받으며, 건물의 디자인, 시공, 사용 그리고 안전 유지는 최소 안전 및 보건위생 기준을 준수해야 한다. 건물법령(BO)에 따라 건물청(Building Authority, BA)은 공식 등록시스템을 운영하며, 이 시스템에서 건축가, 기술자 또는 측량사 등 적법한 작업인(Authorized Persons, AP), 등록된 구조기술사(Registered Structural Engineers, RSE), 등록된 전문기술자(Registered [General Building or Specialist] Contractors, RC)의 명단을 포함하게 된다. 건물청(BA)은 이들을 대상으로 건물 시공 작업에서 책임자의 기준과 관련 규제를 적용한다. 건물 개보수 작업을 하는 건물 소유주 또는 담당자는 적법한 작업인(AP)과 등록된 구조기술사(RSE)를 고용하여 계획안을 건물청(BA)에 제출하고 승인을 받아야 한다. 이후 건물 개보수 작업은 등록된 전문기술자(RC)가 맡게 되며, 주택부(BD) 홈페이지는 등록된 구조기술사(RSE)와 등록된 전문기술자(RC)에 관한 자세한 정보를 제공한다.

건물관리법령(BMO)은 거주자와 소유주가 위험에 노출되지 않도록 각 건물별 단위 주호의 개별 소유주들에게 건물관리와 관련 각종 사안들을 처리할 수 있도록 의무화한다. 개인이 소유한 건물과 부속물의 구조적 안전과 소방안전은 관할 건물청(BA)이 담당하며, 안전을 위협하는 상태(예: 파손, 배수불량, 급경사, 흙막이, 불법 개보수, 화재위험, 기타)의 시정 명령에 건물 소유주는 반드시 조치를 취해야 하고 필요할 경우, 해당 사안을 조사할 수 있도록 법적 권한을 부여하고 있다.

한편, 상호협약서(DMC)는 홍콩 지적부(the Land Registry)에 등기된 건물 소

13) 상호협약서(DMC)의 법적 효력은 상위법 우선의 원칙에 따라 1980년대 후반부터 제한됨.

유주에 관한 법적 문서로, 사유공간, 공용공간, 커뮤니티 시설의 감독, 행정, 유지관리에 관하여 소유주, 거주자, 임차인, 관리소장에 대한 권리, 이익, 의무를 명시한다. 일반적으로, 상호협약서(DMC)에는 첫째, 지번, 둘째, 건물 전체의 총지분, 단위주호의 관리 지분, 공동지분, 셋째, 소유주가 사용하는 건물의 특정 부분(예: 지붕, 평지붕)의 소유와 기타 권리행사(예: 굴뚝과 간판 설치), 넷째, 공용공간의 범위, 다섯째, 개별 소유주의 권리와 책임, 여섯째, 관리주체의 선정, 권한, 의무, 일곱째, 개별 소유주의 관리비 부담, 여덟째, 입주자대표회의 및 운영위원회의 구성을 위한 절차와 규칙 등의 정보를 포함한다(HKSAR Buildings Department, 2002). 소유주는 상호협약서(DMC)를 잘 숙지하고 그에 따른 권리를 행사하고 의무를 이행해야 하며, 원본 분실 시 매매과정에서 법무사 또는 지적부로 부터 상호협약서(DMC) 사본을 얻을 수 있도록 하고 있다.

### (1) 건물수선 및 보수

쾌적한 생활환경을 조성하기 위해서 건물의 수선과 관리는 밀접한 관계에 있으며, 이러한 건물관리는 보안과 청소 이상의 업무들을 요한다. 즉, 건물 수선계획을 수립하고 실행하기 위해서 그리고 효과적인 관리감독을 위해 반드시 육안 검사를 병행해야 한다. 건물에서 발생하는 각종 결함은 심각한 또는 치명적인 상해를 유발하는 위험요인으로 발전될 수 있으므로, 주택단지를 정기적으로 순찰하고 직접 확인함으로써 문제점들을 조기에 발견하도록 권고하고 있다. 이는 예방이 사후 수습보다 사회경제적 비용 측면에서 훨씬 효과적이라는 접근에서 비롯된다. 이를 위해 건물 소유주가 흔히 경험하는 유지관리 문제들은 관련 정보 부재에서 비롯된다고 판단하고 홍콩 정부는 각종 가이드라인을 만들어 제공하고 있다. 주택단지별 특성이 다양하여 건물관리에 대한 문제들은 복잡할 수밖에 없지만, 건물의 안전관리와 자산보전에 큰 영향을 미치는 단기적 유지 관리에서 흔히 발생하는 문제로, 건물 균열, 누전 및 누수, 설비 결함이 있다. 이들 문제점들에 대한 각각의 증상과 원인을 정리하면 〈표 8-1〉부터 〈표 8-3〉에서 보는 바와 같다.

표 8-1 빈번하게 발생하는 주택단지 내 건물 균열의 대표적인 증상 및 원인

| 구분 | 증상 및 현상 | 원인 |
|---|---|---|
| 천장의 석고보드 이탈 또는 균열, 콘크리트 결함 | • 표면에 물때 또는 녹슬음, 누수<br>• 일정한 균열<br>• 콘크리트 파편, 돌출, 철근 노출,<br>• 석고보드 또는 타일 탈락 | • 건물 노후화<br>• 상습적인 누수<br>• 콘크리트 타설 시 염수 사용, 건물 하중 과부하 등 |
| 외벽, 창문, 지붕, 천장 등의 침수 | • 물 때<br>• 페인트 또는 벽지 벗겨짐<br>• 물 떨어짐<br>• 곰팡이<br>• 콘크리트, 석고보드, 타일 등의 균열<br>• 녹슬음 | • 외벽 균열, 허니콤 콘크리트, 창문 밀폐제 균열, 지붕 방수막 균열, 외부 수로와 배수관의 균열 등 다양함 |
| 구조적인 벽 균열 | • 마감재에서 콘크리트 또는 벽체로 이어지는 균열<br>• 벽을 가로지르는 긴 가로선 균열<br>• 창호 또는 문 코너의 대각선 균열<br>• 녹슬은 균열 | • 건물구조의 강한 움직임, 지반 침하, 건물 하중 초과, 건축재의 부식/퇴화, 사고에 의한 충격, 부실 설계 또는 공사 등<br>• 정확한 원인과 수리를 위하여 정밀조사가 요구됨 |
| 구조적인 기둥 균열 | • 마감재에서 콘크리트 또는 벽돌로 이어지는 균열<br>• 부풀어 오름 | |
| 비구조적인 균열 (석고보드 또는 시멘트 모래로 마감한 곳) | • 실금<br>• 여러 방향으로 갈라지는 균열 (수축 균열)<br>• 벽돌 벽, 기둥 등의 구조체와 비내력벽 간의 균열 | • 석고보드 또는 다른 마감재의 수축 균열은 안전과 상관없이 미관상으로만 나타날 수 있음<br>• 철근 콘크리트 구조로 연결되지 않고 마감재에서만 나타나는 가늘고 작은 균열이 그러한 예임 |
| 외벽 마감재, 모자이크 타일, 세라믹 타일, 석조 마감재, 커트 월의 균열 | • 망치로 가격 시 울림이 발생하는 벽의 마감재 또는 타일 탈착<br>• 벽 표면의 균열<br>• 움푹 들어간 곳에 부풀어 오름<br>• 벗겨짐<br>• 균열<br>• 부품 풀림 | • 노후화, 건물 침하, 부실한 설치와 작업 마무리, 온도 변화에 의한 움직임, 접합부의 결함, 외부적인 요인에 따른 손상(예: 태풍으로 인한 낙하 또는 비래), 구조체와 마감재 간의 투습 등 |

출처: HKSAR Buildings Department(2002).

표 8-2 누전과 누수의 주요 위치 및 원인

| 위치 | 원인 |
|---|---|
| 지붕 아래쪽(예: 평지붕), 소형 우물의 바닥 | • 방수층의 파손 또는 노후화<br>• 지붕 해치문(top hatch doors)의 투습<br>• 파형 철지붕 재료와 접합부의 노후화<br>• 물탱크 주변의 파손<br>• 방수막 둘레 벽의 균열<br>• 지붕 슬라브의 개폐구 연결관의 부실 시공과 관리<br>• 건설 접합부의 과다한 움직임 |
| 실내 천장과 상층부 | • 욕실 또는 부엌의 가구, 욕조, 샤워부스, 매립 파이프 또는 배수관 등에서 접합부와 밀폐제의 부실 시공, 균열로 인한 누수<br>• 바닥 타일 아래나 바닥 위의 방수 시멘트, 콘센트 또는 전선관 설치로 손상된 방수용 설치물<br>• 외부에 면한 물품이나 장치(예: 발코니 또는 외벽 윗부분)의 방수 불량 |
| 벽 | • 외벽 파손(예: 균열, 접합부, 정류장치, 깨짐, 취약점, 구멍, 뚫어진 곳, 공사 잔해 물질, 외벽 물체의 움직임 등)으로 인한 투습<br>• 파손된 외벽(예: 모자이크 타일의 접착 이완, 세라믹 타일과 페인트칠 표면의 균열, 외벽 마감재 또는 커튼월의 부실 시공, 방수재료의 노후화 등)에 따른 투습<br>• 조립식 설치물 또는 건물 간 공유벽의 누수 |
| 바닥 | • 배관 또는 위생도기의 파손으로 인한 누수<br>• 홍수, 범람<br>• 파손된 욕실 기구(예: 욕조, 샤워부스, 세면대 등) 또는 부실한 배관공사와 방수작업 |
| 창호 | • 창문틀 이음새 처리 부실<br>• 창문틀과 새시의 변형, 파손된 공구(gasket), 불량 밀폐제와 유리 창틀 접착제(putty)<br>• 에어컨 박스 또는 지지대의 기울어짐<br>• 에어컨 주변의 접착제 부족 |
| 지하실 | • (외부 충격 또는 구멍으로) 방수 탱크의 손상<br>• 방수 지지물의 노후화 |
| 매립 또는 지하 배수관 및 파이프 | • 접합부의 부실 시공, 건물 구조체, 지반, 지하수면 등에 가해진 외부 충격 등에 따른 투습<br>• 바닥과 벽이 교차하는 곳의 파이프 부식<br>• 과도한 압력 적체로 인한 막힘<br>• 설치류나 식물 뿌리에 의한 공격 |
| 노출 파이프 또는 배수관(파이프 덕트 포함) | • 잘못된 배수관 디자인(예: 좁은 직경의 관로, 급격한 휘어짐 등)<br>• 휘어진 곳이나 트랩에 쌓인 쓰레기나 모래에 의한 배수관 막힘<br>• 파이프의 손상을 유도하는 꺾쇠의 부족 또는 노후화<br>• 식물 또는 쓰레기 등으로 개방된 접합부의 막힘<br>• 배수관에 부하를 초래하는 불법 추가물 |

출처: HKSAR Buildings Department(2002).

표 8-3 설비 결함의 주요 증상 및 원인

| 구분 | 증상 및 현상 | 원인 |
|---|---|---|
| 수도 | • 수압 부족 또는 물이 잘 나오지 않음 | • 파이프 또는 밸브 등 공급 시스템의 막힘 또는 누수 |
| | • 녹물 또는 모래, 이물질 | • 녹슨 파이프 또는 불결한 물탱크 |
| | • 물 공급 중단 | • 펌프 고장, 수도 파이프의 파손 |
| | • 누수 | • 물탱크, 파이프(접합부) 또는 밸브 파손 |
| | • 불결한 물, 조류 서식, 이물질 등 | • 물탱크 개폐구의 결함 |
| | • 물 소비량 급증 | • 수도계량기 파손 또는 수도관 누수 |
| | • 수도 펌프의 소음, 수도 유입로의 소음 | • 수도 펌프의 결함, 지나친 수압 |
| 전기 | • 공급 중단/시스템 고장 | • 퓨즈 또는 전기 자동 차단기 고장 |
| | • 갑작스런 또는 빈번한 퓨즈 또는 전기 자동 차단기의 작동으로 인한 정전 | • 누전, 과다 사용 |
| | • 스위치 또는 배선 과열 | • 과다 사용 |
| | • 갑작스런 또는 잦은 전기 차단, 전력 과다 사용 | • 고르지 못한 전력 공급 |
| | • 전기 스파크 또는 충격, 감전 | • 불충분한 접지 |
| 방재 | • 불충분한 수압 | • 파이프 또는 밸브 등 시스템상의 막힘 또는 누수 |
| | • 물 공급 중단 | • 펌프 고장, 소방 시스템 고장 |
| | • 누수, 녹슨 얼룩 | • 파이프, 접합부 또는 밸브의 파손, 부식 또는 고장 |
| | • 시험 운영 시, 화재 경보기와 경고 등의 미작동과 오작동 | • 경보 배선 불량, 합선 |
| | • 휴대용 소방 물품 분실, 고장난 경보 배선 상자와 유리 패널 잘못된 배치 | • 불충분한 점검 또는 관리 부실 |
| | • 기기 작동 불량 | • 관리 부실 또는 서비스 부족 |
| 승강기 및 에스컬레이터 | • 정지, 운행 시 소음과다, 지시등 꺼짐, 불안정한 작동, 버튼과 지시등 고장 | • 부품 노후화, 기계 고장 |
| | • 간헐적인 과동작 | • 오정렬 착지 |
| | • 개폐문 고장 | • 부품 노후화, 기계 고장, 이물질 끼임 |

| | | |
|---|---|---|
| | • 부품 결함, 잦은 운행 정지, 경보기 작동 | • 서비스 부족 |
| 에어컨/ 난방 | • 시원찮은 냉난방 작동 | • 효율 불량, 냉매 누수, 열전송핀(heat transmission fin)의 먼지와 분진 |
| | • 소음, 공기흐름이 없음 | • 부품 접합 이완, 송풍기(또는 프로펠러) 고장 |
| | • 송풍기와 프로펠러 작동 소음 | • 모터축의 오정렬 |
| | • 실내공기질 악화 | • 불충분한 공기 유입, 공기흡입 필터 불량 |
| | • 불량한 냉·온기, 물 떨어짐 | • 절연 불량 |

출처: HKSAR Buildings Department(2002).

### (2) 장기수선계획 및 장기수선충당금

입주자대표회의(OC)의 의무사항은 건물관리법령(BMO)과 상호협약서(DMC)에 명시되어 있으며, 이를 근거로 개별 세대의 단위 주호 뿐만 아니라 공용공간을 청결하고 유지 관리하게 된다. 주요 의무사항은 관리업무를 수행할 주택관리사와 실무자들을 고용하여 일상적인 관리업무를 처리하도록 하며, 단지 내 건물들은 보험에 가입해야 하고, 관리 예산 집행에 대한 외부 회계 감사를 받아야 하며, 리모델링, 단지 환경 개선, 미장 처리 등을 수행해야 하는 것이 포함된다. 다만, 이러한 조항들은 구체적인 업무 지침을 명시하지 않아 불이행에 따른 법적 제재는 없으나, 법령에 의한 관리 조치를 불이행 시 상당한 벌금을 부과하고 있다. 일상적인 관리업무에는 임대료와 관리비 책정 및 징수, 상호협약서(DMC) 또는 임대차 계약조건 이행, 건물 보수 및 수리, 청소, 보안, 주차장 및 단지 내 도로 관리, 단지 내 잡상인 출입금지, 관리사무소 직원과 서비스 용역업체의 감독 등 다양하며, 이 중 평상시 단지 내 거주자와 자산을 보호하는 보안이 가장 중요하다.

또한, 입주자대표회의(OC)는 장기수선계획을 수립하고, 관리에 필요한 자금을 마련해야 한다. 장기수선계획 수립은 효과적인 유지관리를 통해 건물이 제 기능을 하고, 비용을 절감하는데 그 목적이 있다. 즉, 효과적인 유지관리는 거주환경의 질을 향상시킬 뿐만 아니라 자산 가치를 상승시킨다. 일반적인 유지관리는 서비스 제공(예: 검사, 청소, 기름칠, 조임 등), 수선(예: 정기적인 사소한 수선), 교체(예: 경제수명에 따라 정기적인 부품 교환), 개량(예: 미장, 기기 교체, 리모델링 등)으로 구분될 수 있으나, 주택관리에서는 관리계획 유무에 따라 사후 대처와 예방 조치로 대별된다. 전자는 문제가 발생하면 수선이나 조치가 즉시 시행되기 때문에 소극적 범위의 유지관리에 해당된다. 흔히 서비스 공급이 갑작스럽게 중단되며 거주자들에게 상당한 불편을 야기하고 신속하게 수선 작업을 요구하므로 비용이 많이 드는 편이다. 따라서, 보다 적극적인 범위의 유지관리인 예방 조치가 바람직하며, 이는 주택관리사와 주택관리 실무자들에게 미리 충분한 시간과 재원 확보를 가능하게 해준다. 예방 조치는 정기적인 점검을 통해 건물상태를 철저히 조사하는데서 시작되며, 이어 상황에 맞는 작업내용을 파악하여 적절한 수선과 수리 조치가 뒤따른다.

일상적인 유지관리 업무뿐만 아니라 장기수선계획을 실행하기 위해 관련 예산을 마련해야 한다. 건물관리법령(BMO) 20조에 의거, 입주자대표회의(OC)는 총 4가지의 기금을 마련해야 한다. 첫째, 일반기금은 일상적인 관리업무 처리와 목돈 지출이 요구되는 비용(예: 임대료, 수리 및 수선 비용)을 충당하기 위해 마련된다. 둘째, 관리기금은 매년 지불 또는 납부해야 하는 각종 관리비 및 요금, 인건비, 소유주들이 야기한 비용을 충당하도록 조성되어야 한다. 셋째, 상호협약서(DMC) 또는 건물관리법령(BMO)에 근거하여 주택관리사가 매년 의무적으로 조성해야 하는 특별기금은 주택관리 사무실에서 부담할 수 없는 지출에 사용된다. 넷째, 예상하지 못한 비용이나 긴급 자금을 조달하기 위해 별도로 마련된 조건부 기금은 일반기금이 부족할 경우 사용할 수 있다. 일반적으로 유지관리 예산은 3가지 방식으로 산출되어 매년 편성된다. 첫째, 연간 총관리 예산의 일정 비율을 할당하는 방식으로 가장 흔히 사용되는데, 전년도 예산에 근거하여 산출하고 예산이 부족한 경우가 많다. 둘째, 공식에 기초하여 산정하는 방식으로, 면적당 비용, 현재 부품가에 의한 교체 비용을 근거로 명목상의 비용을 산출한다. 셋째, 건물 및 설비 상태를 근거로 예산을 산정하는 방식으로, 철저한 조사와 수선 작업 정도를 파악해야 한다. 정확한 비용을 산출할 수 있는 장점이 있지만, 시간이 많이 들고, 매년 동일한 적용이 어려운 단점이 있다.

한편, 장기수선충당금은 준공 직후 입주와 함께 마련되는 자금으로, 향후 공용공간의 리모델링, 대수선과 대형 설비(예: 수도 펌프, 전기 개폐기, 비상 발전기, 공조시설, 지붕 방수 등) 교체에 소요되는 큰 비용에 대비하게 된다. 매월 거주자

표 8-4 주택단지의 유지관리 및 수선주기

| 시설 또는 설비 | 작업 내역 | 주기 |
|---|---|---|
| 외벽 페인트 | 재단장 | 4~5년 |
| 외벽 마감 | 정기 점검 | 매년 |
| 내벽 | 세부 검사 및 점검 | 5~6년 |
| | 재단장/마감 | 3년 |
| | 구조적 수선 | 수시로 |
| 수도 공급 | 유분, 펌프 스위치, 밸브 점검 | 매월 |
| | 물탱크 청소 및 밸브 점검 | 3개월 |
| 변기 수도 공급 | 유분, 펌프 스위치, 밸브 점검 | 매월 |
| | 물탱크 청소 및 밸브 점검 | 6개월 |
| 창문, 외벽 난간 및 철재 마감재 | 상태 점검 및 수리 | 매년 |
| | 쇠와 철 마감부분에 대한 페인트칠 | 2~3년 |
| 지붕 배수로 | 배수로 점검 및 배수관 청소 | 주 2회, 태풍 및 장마 전후 |
| 지상 배수로 | 결함 또는 식물 성장 체크 | 매년 |
| 지하 배수로 | 맨홀 검사 및 청소 | 2개월 |
| | 하층토에서 빈번한 움직임이 관측될 경우, 지하 배수로에 CCTV 검사 | 2년 |
| 승강기(엘리베이터) | 기름칠 및 서비스 점검 | 매월 |
| | 시스템 점검 및 정비 | 매년 |
| 방화서비스 | 관리직원에 의한 점검 및 수리 | 매주 |
| | 소방서 신고 및 시스템 점검 | 매년 |
| | 방화문 | 1~2일 |
| 놀이기구 | 관리직원에 의한 점검 | 1~2일 |
| | 기술자/전문가에 의한 점검 | 연간 |
| 경사지 및 옹벽 | 관리직원에 의한 배수로 및 안전 보호 장치 점검 | 우기(雨期) 전, 폭우 또는 태풍 직후 |
| | 정기 점검 | 매년 1회 이상 |
| | 토목기사 및 전문 기술자에 의한 점검 | 5년 |
| 기타 | 화재경보기, 단지 내 방송시스템(CABD), 경비 등 | 6개월~1년 |
| | 지붕공사, 바닥공사, 마감재 등 | 매년 |

출처: HKSAR Buildings Department(2002).

에게 징수하는 관리비에 장기수선충당금 적립 비용을 포함하며, 그 비율은 단지 규모와 시설수에 따라 다양하다. 이 비용을 마련하기 위해서는 건물 수명주기에 대한 이해가 요구되는데, 홍콩 정부가 널리 제시하고 있는 유지관리의 수선주기는 〈표 8-4〉에서 보는 바와 같다. 다양한 용도의 기금 마련, 각각의 지출내역, 수선계획에 대한 거주자의 알 권리는 비교적 제한적인데, 특히 주택관리사의 권한이 큰 민간주택단지에서 예산 수립과 집행, 그에 따른 관리비 증가는 정치 이슈화하여 홍콩 의원 선출시 투표권 행사를 통해 거주자의 뜻을 관철시키는 경우가 빈번해졌다.

### (3) 공동주택관리의 공공성

인구밀도가 높고 초고층 건물이 밀집한 홍콩은 도시 전체의 60%가 언덕 및 구릉 등 경사지고 가파른 곳이 많아 내생적으로 각종 화재나 전염병에 취약한데 이는 역사적으로 크고 작은 사건과 사고에서 잘 나타나 있다. 과거 주요 대형 재해[14]는 주택관리의 중요성을 일깨우는 계기가 되었고 관련 기준이나 규제가 도입되었다. 즉, 사유재로서 주택을 소유에만 국한하지 않고, 공공재로서의 가치와 파급효과를 고려하여 최소 수준 이상의 주택관리를 요구하고, 일정 범위 내에서 정부가 개입한다. 근래 들어 홍콩 경제 전반에 가장 치명적인 영향을 가져다 준 사건은 2003년 발발한 중증급성호흡기증후군(Severe Acute Respiratory Syndrome, SARS), 일명 사스(SARS) 사태이다. 사스(SARS) 사태는 대외 무역과 글로벌 자본 유입에 크게 의존하는 홍콩 경제구조를 순식간에 마비시키고 인근 지역과 인접 국가까지 연쇄적으로 영향을 줄 수 있음을 확인하는 사건이었다. 또한, 대형 화재나 폭우로 인한 산사태와 같은 국지적인 사건과 달리 사스(SARS) 사태는 최단 시간에 도시 전체를 경직시키고 단기간 경제(예: 관광, 주가, 주택가격, 소비, 고용 등) 전반에 큰 타격을 주었으며, 특히 그 전염병의 확산에는 주택단지가 연루되었다. 이 사건을 계기로 홍콩에서는 주택관리의 공공성이 한층 더 강화하는 계기가 되어 이에 대해 살펴보도록 하겠다.

홍콩의 사스(SARS)는 2003년 초 약 4개월 간 홍콩을 강타하였으며, 2003년

14) 인명 피해가 동반된 주요 재해로는 대화재(1950년, 1953년, 1962년, 1971년, 1986년, 1988년, 1992년, 1994년, 1996년, 1997년, 2000년, 2008년 등), 산사태(1972년, 1976년), 인플루엔자(1968-1969년), 사스(SARS, 2003년), 조류 독감(swine flu, 2009년) 등이 있음.

3월 11일부터 5월 20일에 걸쳐 총 1,718명이 감염되었고, 이 중 253명이 사망하여 치사율이 15%에 육박하는 사건이었다(Lee, 2003). 홍콩에서 사스(SARS)가 발발하기 전 2002년 11월 인접한 중국 본토의 광둥성(Guangdong Province) 주도 광저우(Guangzhou)와 주강삼각주(Pearl River Delta) 일대에서 먼저 발생하였다. 2003년 3월 초 광저우 출신의 비정형 폐렴을 앓고 있는 교수가 홍콩의 한 호텔에서 체류하면서 전염이 시작되었다. 같은 층에 머물던 홍콩인이 사스(SARS)에 감염되어 지역 한 병원에 입원하게 되었고, 이 환자를 치료하던 중 병원 근무자(예: 의사, 간호사 등) 100명이 감염되면서 순식간에 사스(SARS)가 확산되었다. 이후 사스(SARS) 전염이 확산되던 중 3월 말 구룡지역(Kowloon district) 소재 도대화원(淘大花園, Amoy Garden)[15)]이라는 중산층 주택단지에서 대규모 감염자가 발생하면서 전염이 정점에 이르렀다(그림 8-1). 이 주택단지의 최초 전파자는 중국 사천(Shenzen)시에 거주하는 33세의 한 남성으로, 도대화원에 거주하는 형의 집을 자주 방문하였다. 3월 14일 홍콩의 대형 병원에서 만성신장질환을 치료받고 있던 중 사스에 감염되었고, 3월 14일과 19일 두 번에 걸쳐 형의 집에 방문하였으며 체류 중 설사 증세를 보여 집의 화장실을 사용하였다. 이 기간 중 남성을 문병하던 형과 형수, 그리고 병원에서 치료하던 간호사 2명 모두 사스에 감염되었고, 이어 4월 15일 도대화원 단지 거주자 321명이 사스에 감염되었다. 이 주택단지의 감염자 중 41%는 이 남성이 방문했던 집, 즉 형이 거주하는 주호가 위치한 E동(block E)에 집중되었다. 홍콩 정부의 범부처 합동조사를 실시한 결과, 도대화원의 하수배출 시스템의 결함이 감염확산의 경로로 밝혀졌다. 즉, 도대화원의 각 동(block)은 8개의 오·폐수 수직관이 설치되어 있으며, 이 관들은 모든 층의 단위 주호, 특히 화장실, 세면대, 욕조, 욕실 바닥 배수 등에서 발생하는 오·폐수를 수거하도록 되어 있다. 욕실 내 각 위생도기들은 U자형 트랩(U trap)이 장착되어 있고, 이 트랩은 다른 주호의 변기들에서 발생하는 악취와 벌레 등이 오·폐수 수직관을 통해 역류되는 것을 막기 위한 것으로 항상 일정량의 물이 고여 있어야 한다. 그러나 대부분의 가구들은 욕실을 습식이 아닌 건식으로 사용하면서 트랩의 물이 말라 진공 상태가 되었고,

15) 1981년 건설되어 19,000명 내외가 거주하는 도대화원(Amoy Garden)은 33층 높이의 19개동(Block A-S)으로 구성된 민간주택단지로, 각 층별 8개 단위 주호가 있으며, 세대별 규모는 48㎡으로 욕실, 부엌, 거실, 침실로 구성되어 있고, 욕실은 3.5㎡로 매우 작음.

이로 인해 이물질의 역류와 바이러스 침입이 가능하게 되었다(그림 8-2). 또한, 도대화원의 사스(SARS) 감염자 2/3가 설사 증세를 보였고, 사스(SARS) 환자들이 내뿜는 코로나 바이러스는 변기에서 장시간 머물기 때문에 이들의 바이러스들이 E동의 오·폐수 수직관을 따라 같은 동의 다른 주호로 전파되었다. 이어 감염자들이 이웃들과의 접촉, 공용공간(예: 엘리베이터, 계단 등) 사용으로 단지 내 거주자 뿐만 아니라 외부인들에게까지 사스(SARS) 바이러스를 전파시키면서 감염이 급속히 확산되었다. 환경적 요인이 주원인으로 밝혀지자 사스(SARS) 발발 기간 중 홍콩 정부는 도대화원에 대한 대대적인 소독과 살균 조치를 시행하였다. 홍콩 정부는 19세기와 20세기의 전염병 창궐 당시 취했던(진단-발표-격리-치료-조사-방역으로 이어지는 일련의) 조치들과 달리 이 사건이 단시간에 폭발적인 수의 감염자가 증가한 점을 인식하여 홍콩 전역의 주택단지에 대해 대대적인 청소 및 환경개선 캠페인을 동시에 벌였다. 또한, 사스(SARS) 사태는 관광, 무역, 비즈니스, 고용, 교육, 각종 사회활동 등 홍콩 도시 전반에 치명적

그림 8-1 도대화원(Amoy Garden)의 전경 및 단지 배치도

그림 8-2 도대화원(Amoy Garden)의 세대 내 화장실 배수관

〈정상적인 배수관〉

〈사스 사태 당시 배수관〉

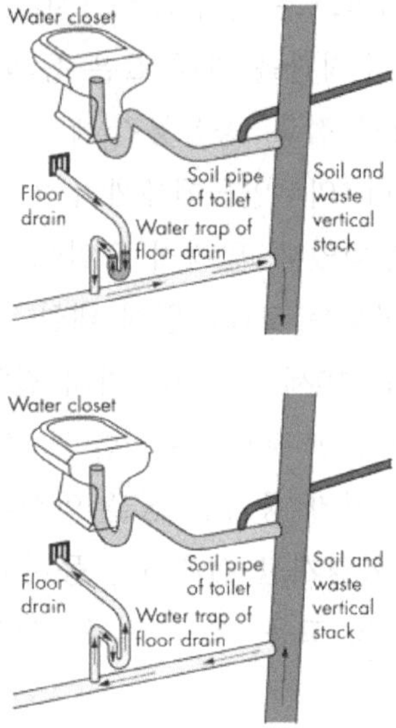


출처: Lee(2003).

인 영향을 주었기 때문에 홍콩 정부는 도시 전반에 걸친 물리적, 사회적, 경제적 환경 개선을 위해 커뮤니티 참여 활성화와 (민관합동) 파트너십을 정례화하였다. 즉, 사스(SARS) 창궐로 홍콩은 주택관리를 보다 체계적인 도시 관리로 접근하였고, 특히 환경오염, 인구이동, 가구변화,16) 난민과 이민자 유입, 신종 바이러스 및 질병 발생, 다양한 라이프스타일 등에 기민하게 대응할 필요성을 일깨우는 계기가 되었다.

사스(SARS) 사태를 계기로 홍콩 정부는 재발 방지를 위한 후속 조치를 단행하였고, 그 일환으로 공공주택단지와 민간주택관리 관리에 대한 구체적인 예방책이 마련되었다(Chan, 2011; Chiu, 2011; Chow, 2008). 먼저 공공주택단지 관리에 대해 홍콩 주택부(Housing Department)는 2003년 9월부터 다음과 같은 조

16) 홍콩의 사회인구학적 특성 중 하나가 가구변화이며, 가장 두드러진 현상은 소핵화에 따른 1~2인 가구의 급격한 증가로 이들 가구변화에 따른 주택관리 서비스의 구성과 내용이 달라짐[부록 그림 8-H].

치를 적용하였는데, 첫째, 연 4회에 걸쳐 공공주택단지 전체의 대대적인 청소와 소독을 실시하는 대청소 프로그램(Operation Tai Ping Tei)을 시행하였으며, 둘째, 매일 엘리베이터를 규칙적으로 소독하며, 특히 엘리베이터 내 버튼 판을 1일 3회 소독하도록 하였다. 셋째, 배수관 점검 및 수리 프로그램(Drainage Ambassador Scheme)의 2단계에 돌입하여 100명의 검사관들로 구성한 후 모든 단위 주호를 일일이 방문하여 배수 상태와 배수관을 검사하여 사소한 결함들은 모두 즉시 수리하였다. 넷째, 전염성 질병을 차단하기 위해 쓰레기 불법 투기와 침뱉기 행위에 대한 강력한 제재를 취하며, 특히 공공주택단지 내 공중보건과 공공위생을 위협하는 28가지의 부적절한 행위를 열거하고 각 행위별로 벌점화하여 2년 내 16점 이상을 받을 경우, 퇴거 조치까지 하는 단지관리를 위한 벌점제 프로그램(Marking Scheme for Estate Management Enforcement)을 강제 시행하였다(표 8-5). 아울러, 민간주택관리와 관련한 몇 가지 조치를 취하였다. 첫째, 홍콩 내무부(Home Affairs Department)는 모든 주택관리업체에게 소독과 사스(SARS) 예방조치를 취해줄 것을 권고하고, 둘째, 내무부는 주택관리업체, 입주자대표회의(OC)와 주민자치위원회(Mutual Aid Committee, MAC)에 단지 내 공용공간의 검사와 소독에 관한 지침을 배포하였다. 셋째, 내무부는 입주자대표회의(OC) 또는 주민자치위원회(MAC)가 없는 주택단지의 경우, 소유주 또는 관리업체를 대상으로 건물 소독과 수선에 대한 자문을 해주며, 넷째, 식품환경위생부(Food and Environmental Hygiene Department)는 입주자대표회의(OC) 또는 주민자치위원회(MAC)가 없는 오래된 주택단지의 경우, 적정 위생기준에 도달할 때까지 청소와 소독을 실시하였다. 다섯째, 건물부(Buildings Department)는 11,000세대 이상으로 입주자대표회의(OC) 또는 주민자치위원회(MAC)가 없는 주택단지에 대해 반드시 외부 배수관 점검을 실시하고, 여섯째, 건물부는 18,000세대 이상 민간주택단지의 입주자대표회의(OC), 주민자치위원회(MAC) 또는 주택관리업체에게 단지 점검을 받도록 권고하였다. 일곱째, 건물부의 대대적인 민간주택단지 점검 결과, 수선이나 수리가 필요한 주택단지에게 배수 결함과 환경적 유해성을 시정하도록 강제 명령하였고, 여덟째, 건물부, 식품환경위생부, 주택부는 각 단위 주호 내 배수관로와 위생도기를 점검하고 수리하는 지침을 민간주택단지에 거주하는 120만 가구와 공공주택에 거주하는 58만 가구에 배포하였다. 아홉째, 2003년 11월부터 2004년 2월까지 18개 구(區) 전역에 걸쳐 건

**표 8-5 단지관리를 위한 벌점제 프로그램**

<table>
<tr><th>구분</th><th>행위</th><th>벌점</th></tr>
<tr><td rowspan="12">경고 조치 후 벌점 부과 행위</td><td>① 지정되지 않은 공공장소에서 빨래를 건조하는 행위</td><td rowspan="4">3</td></tr>
<tr><td>② 창문이나 발코니 외부에 막대걸레를 걸어두는 행위</td></tr>
<tr><td>③ 창문, 발코니, 파사드에 물이 떨어지는 물건을 두는 행위</td></tr>
<tr><td>④ 환기구로부터 물이 떨어지는 경우</td></tr>
<tr><td>⑤ 복도나 계단에 잡다한 물품을 두어 청소를 어렵게 하는 경우</td><td rowspan="4">5</td></tr>
<tr><td>⑥ 고인 물을 만들어 모기 서식을 유발하는 행위</td></tr>
<tr><td>⑦ 소음을 발생시키는 행위</td></tr>
<tr><td>⑧ 에어컨에서 물이 떨어지는 경우</td></tr>
<tr><td>⑨ 주택부 소속 관계자나 직원이 방문하여 수리가 요구될 때 단위 주호 출입을 거부하는 행위</td><td rowspan="4">7</td></tr>
<tr><td>⑩ 배관이나 위생도기의 손상으로 누수가 발생하고 이를 수리하지 않는 행위</td></tr>
<tr><td>⑪ 단위 주호 내 배수관을 손상시켜 누수를 발생시킨 행위</td></tr>
<tr><td>⑫ 임대공간 내 생활폐기물을 대량으로 적재하여 악취와 불결을 일으키는 행위</td></tr>
<tr><td rowspan="16">경고 조치 없이 즉시 벌점 부과 행위</td><td>① 쓰레기를 불법으로 투기하는 행위</td><td rowspan="7">5</td></tr>
<tr><td>② 엘리베이터 로비 또는 뚜껑 없는 쓰레기통에 생활폐기물을 가져다 마구 버리는 행위</td></tr>
<tr><td>③ 임대인으로부터 사전 서면 동의 없이 동물, 조류, 가축 등을 임대공간 내에서 키우는 행위</td></tr>
<tr><td>④ 공공장소에서 동물 및 가축의 배변으로 악취가 발생하는 행위</td></tr>
<tr><td>⑤ 공공장소에서 왁스를 끓이는 행위</td></tr>
<tr><td>⑥ 단지 내 공용공간에서 흡연 또는 불이 붙은 담배를 소지하는 행위</td></tr>
<tr><td>⑦ 공공장소에서 불법 도박을 하는 행위</td></tr>
<tr><td>⑧ 환경위생을 위협하는 물건을 높은 곳에서 던지는 행위</td><td rowspan="8">7</td></tr>
<tr><td>⑨ 공공영역에서 침 뱉는 행위</td></tr>
<tr><td>⑩ 공공장소에서 대소변을 보는 행위</td></tr>
<tr><td>⑪ 단지 내 생활폐기물 이송 관로에 실내마감재나 장식품을 마구 버리는 행위</td></tr>
<tr><td>⑫ 임대공간을 음식 가공소나 보관창고로 사용하는 행위</td></tr>
<tr><td>⑬ 조리한 음식을 불법으로 판매하는 행위</td></tr>
<tr><td>⑭ 홍콩주택청(Hong Kong Housing Authority, HA)의 자산을 파손시키거나 훔치는 행위</td></tr>
<tr><td>⑮ 임대공간을 불법 사용하는 경우</td></tr>
<tr><td>⑯ 높은 곳에서 물건을 던져 상해나 위험을 일으키는 행위</td><td>15</td></tr>
</table>

출처: Hong Kong Housing Authority(2016).

물 점검과 수리에 참여하도록 각종 홍보 캠페인(예: 홍보 영상 배포, 세미나 개최 등)을 실시하였다. 이러한 주택단지에 대한 조치들은 이후 2009년 조류독감 (Swine Flu) 사태에 보다 기민하게 대처할 수 있었다.

## 2. 공동주택 관리주체의 권리와 책임

### (1) 건물소유주와 입주자대표회의

건물소유주는 주택관리에 대한 권리와 책임이 뒤따르는데, 개인은 소유한 자산과 대지 지분을 포함하는 권리를 획득하며, 소유주는 상호협약서(DMC)와 건물관리법령(BMO)에 따라 다음과 같은 권리를 행사한다. 첫째, 소유권에 따른 전유, 사용, 점유, 향유할 권한이 있다. 둘째, 소유 건물에 부여된 재산권과 이익을 타인에게 자유로운 양도, 대여, 허가할 수 있다. 셋째, 건물의 공용공간(예: 계단실, 복도, 출입, 승강기 등)과 부대시설(예: 소방시설, 수도, 배수, 전기, 보안, 오락 프로그램 등), 커뮤니티 복지시설 다른 소유주와 자유롭게 사용한다. 넷째, 관리에 관한 결정사항들을 투표한다. 또한, 건물소유주는 개인 주호의 전유공간과 공유공간 모두 유지하고 관리해야 할 책임이 있는데, 구체적으로, 첫째, 상호협약서(DMC)에 나와 있는 조항에 따라 관리비와 유지 및 관리 기금(장기수선충당금)을 납부해야 한다. 둘째, 개별 소유 주호 뿐만 아니라 건물 구조체, 공용공간, 커뮤니티 시설을 관리해야 하며, 셋째, 개인 소유 자산에 부과된 세금과 비용을 지불해야 한다. 넷째, 상호협약서(DMC)에 명시되어 있거나 상호협약서(DMC)에 따라 입주자대표회의(OC) 또는 입주자 운영위원회(Owners' Committee)가 의결한 자치규칙(House Rules)을 준수해야 하고 주택관리 사무소에서 이를 집행한다. 또한, 건물의 공용공간을 유지관리하기 위해 그 업무를 직접 수행할 입주자대표회의(OC)와 운영위원회(Owners' Committee)를 구성하거나 그 업무를 대리 수행할 관리소장(주택관리사)을 지명하도록 권고한다.

효과적 유지관리와 운영관리를 위해 건물소유주는 입주 직후 건물관리법령(BMO)에 따라 입주자대표회의(OC)를 구성해야 한다(그림 8-3). 단지 내 각종 시스템 관리, 계획 수립, 규약/규칙 집행을 담당할 주택관리사와 관리직원을 고용하고, 이들을 관리 감독하는 위원회(예: MAC, DMC, OC)를 둔다. 입주자대표

그림 8-3 입주자대표회의(OC) 구성 절차

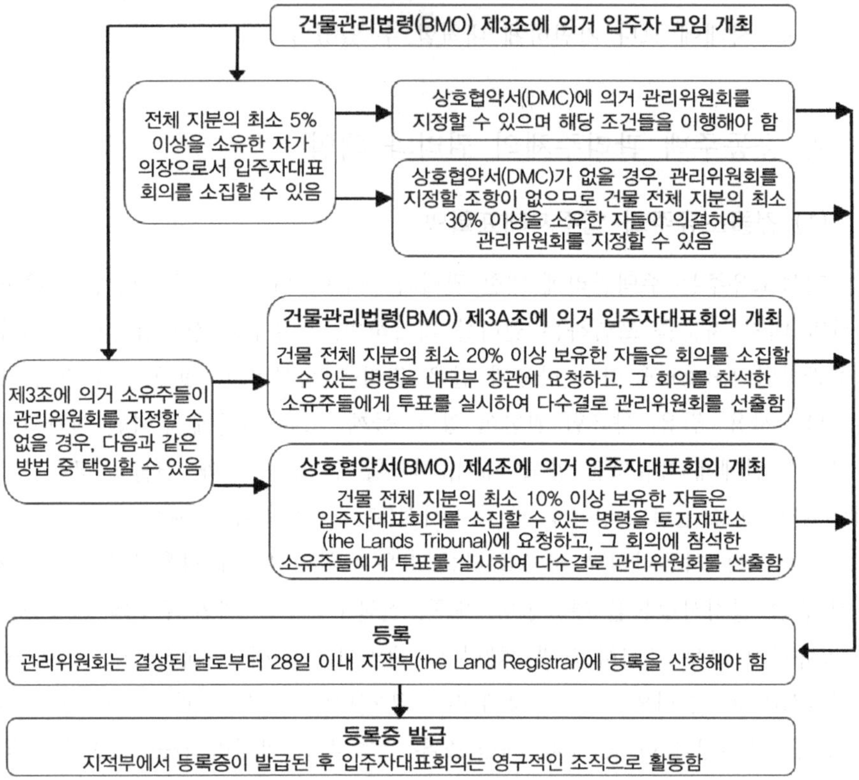


출처: HKSAR Buildings Department(2002).

회의(OC)는 주택관리에 대한 책무를 이행하는 과정에서 각종 다양한 현안에 대해 공공기관 및 비영리 단체[17]로부터 자문을 구할 수 있다.

---

17) 정부 유관 부처로는 주택부(Buildings Department), 토목공학부(Civil Engineering Deppt.), 전기 및 기계서비스부(Electrical & Mechanical Services Dept.), 환경보호부(Environmental Protection Dept.), 방재부(Fire Services Dept.), 식품및환경위생부(Food & Environmental Hygiene Dept.), 내무부(Home Affairs Dept.), 부정부패척결위원회(Independent Commission Against Corruption), 수도공급부(Water Supplies Dept.) 등이 직접적으로 연관이 있으며, 그 외 국민연금청(Mandatory Provident Fund Schemes Authority), 노동부(Labour Department)가 간접적으로 관련됨. 유관단체로는 홍콩건축가협회(Hong Kong Institute of Architects), 홍콩기술자협회(Hong Kong Institution of Engineers), 홍콩측량사협회(Hong Kong Institute of Surveyors) 등이 있음.

### (2) 주택관리업체와 주택관리사

1950년대와 1960대 홍콩정부는 저소득층을 위한 공공임대주택을 대량 건설과 함께 주택관리제도가 도입되면서 홍콩의 주택관리는 공공부문의 주도 하에 크게 발달하였다. 반면, 민간주택부문에 대해 홍콩정부는 최소 개입 또는 개입 자체 원칙을 고수하여 이 부문의 주택관리 제도는 사실상 전무하였으며, 1970년 집합건물법령(Multi-storey Buildings Ordinance) 제정으로 비로소 민간부문에서 전문적인 주택관리가 강조되었다. 이어 집합건물법령의 한계를 극복하고, 거주하는 주택단지의 관리를 소유주가 책임지도록 하고, 관리주체인 입주자대표회의(OC) 구성을 쉽게 하고, 입주자대표회의(OC)가 주택관리 업무를 대행할 주택관리업체를 고용할 수 있도록 한 건물관리법령(BMO)이 1993년 5월 제정되었다. 그 과정에서 관리 대상 건물 수가 크게 늘어나면서 주택관리시장은 비약적으로 커졌고, 이에 따라 주택관리업체와 관리 인력의 수가 급증하였다. 즉, 1970년대와 1980년대 주택건설 붐으로 관리대상 건물(예: 주택단지, 공용공간, 부대 및 복리시설, 주차장, 상업시설 등) 수가 가파르게 증가하면서 관련 산업은 호황을 누렸다. 이어 1990년대 홍콩주택청(HKHA)의 민영화 정책에 따라 공공주택단지의 관리를 아웃소싱 하면서 대규모 관리대상 물량이 시장에 쏟아졌다. 그러나 주택관리 서비스를 제공하는 주택관리업체와 주택관리사를 감시 감독할 법적 구속력은 미흡하여 입주자대표회의(OC)와 주택관리업체 간의 분쟁과 갈등은 끊이지 않았다.

주택관리 전문 인력에 대한 수요가 높아지면서 비전문가들(예: 측량사, 공무원 등)이 주택관리 업무를 수행하는 경우가 흔해지고 전문성에 대한 문제점들이 제기되었고, 주택관리의 사각지대(예: 나홀로 동의 주택단지, 입주자대표회의(OC) 또는 상호협력서(DMC)가 없는 주택단지 등)에 놓인 건물들이 도시경관을 저해하고 안전과 보건을 위협요인으로 등장하였다. 또한, 민간주택단지의 주택관리 전문가들 상당수는 실무 훈련을 기피하고, 비합리적으로 관리비를 산정하며, 관리업무를 무책임하게 처리하고, 문제 발생 시 미봉책으로 대응하여 사안을 심각하게 만드는 등의 행태를 일삼으면서 주택관리의 위상을 실추시키고 산업 전반에 부정적인 영향을 미쳤다. 실제, 공공부문의 일부 주택관리사들을 제외한 대부분의 주택관리 실무자들은 일상적인 업무 처리과정에서 수시로 도움이 필요한 경우가 허다하지만 도움이나 자문을 받을 수 있는 곳이 마땅치 않았다. 특히 주택관리 실무자들의 전문성 결여로 인한 대형 화재사고나 건물 붕괴 사고들이 발생하고, 인명 피해와 막대한 경제적 손실로 이어지면서 전문적인 주택관리와 예방 차원에서의 보수 및 수선 등 의무화 조치들이 추진되었다. 이처럼 주택관리사의 책임이 더욱 커졌지만, 주택관리사를 보호할 제도적 장치는 미비하였다. 이에 일선 주택관리사들을 지원하고 권익을 보호하는 지역기반의 자생단체인 홍콩주택협회(HKIH)[18]가 1980년대 후반 결성되었으며, 홍콩주택협회(HKIH)는 회원 자격요건(예: 학위취득, 최소 근무년수)을 엄격하게 하여 소속 회원인 주택관리사의 관리능력을 평가하고 자질(예: 책임감, 도덕성 등)을 검증하였다. 나아가 홍콩주택협회(HKIH)는 홍콩정부에 주택관리사 등록제를 건의하여 2000년 법제화에 성공함으로써 주택관리사의 책임과 양질의 주택관리 서비스를 제고하는데 크게 기여하였다. 회원 자격 요건 강화를 통한 주택관리사의 자질 검증을 객관화하고자 주택관리사 단체들(예: HKIH, CIH APB)은 홍콩의 주요 대학들과 연계하여 산업계가 요구하는 인력양성을 위한 학사 및 석사학위과정 프로그램 운영에 협력하였다.

이들 단체의 회원으로 정부에 등록된 주택관리사들이 관리하는 물량이 홍콩 전체 건물(예: 주거용, 업무용, 상업용 등)의 70%에 육박하면서 주택관리업체의 자격도 검증할 필요성이 제기되었다. 주택관리 전문업체들은 1990년 주택관리업체협회(Hong Kong Association of Property Management Companies, HKAPMC)를 설립하여 소속 회원사가 제공하는 주택관리 서비스의 품질을 통제하고자 주택관리업체 자격요건을 도입하였고, 소속 회원사들이 협회의 행동강령을 준수하도록 의무화하여 회원 업체의 서비스 질을 통제하고자 하였다. 또한, 다수의 주택관리 전문업체들은 주택관리 서비스의 품질 제고와 소비자 만족을 높이기 위해 국제표준인증(ISO 9000)을 획득하기도 하였다. 그러나 이는 인증요건을 명시할 뿐 고객만족과 품질향상을 위한 구체적인 전략에 대한 제시가 없어 국제인증 획득이 반드시 해당 업체의 서비스 품질을 보증하는 것은 아니라는 비판적인 시각 때문에 소비자인 소유주와 주택관리업체 간의 분쟁의 소지를 불식

18) 홍콩주택협회(HKIH)는 공무원, 홍콩주택청(HKHA), 홍콩주택협회(HKHS), MTRC, Link, 주택개발업체, 주택관리업체 등에 근무하는 주택관리사 3천명 이상의 회원을 보유하고 있고, 홍콩의 주요 건물들 대부분을 관리하고 있음.

시킬 수 없었다. 이에 2016년 홍콩정부는 주택관리사의 전문성과 주택관리업체의 책임과 경쟁력을 강화하기 위해 자격증 제도를 도입하여 3년 간의 유예기간을 거쳐 전면 시행하기로 확정하였다. 이러한 제도적 보완책 마련[19]은 궁극적으로 주택관리사와 주택관리업체의 자격요건을 강화하여 주택관리 분쟁이나 갈등을 해소하는데 그 목적이 있다.

## Ⅲ. 공동체 활성화[20]

100여 년 전 영국에서 태동한 주택관리 모델을 도입한 홍콩은 공공부문의 주택공급 초기부터 주택관리를 제도화하였고, 지난 60여 년 간 주택관리 업무 종류와 내용은 주택관리사와 주택관리업체가 감당할 수 없을 정도로 방대해졌고 세분화되었다. 정치, 경제, 사회인구학적 변화와 함께 거주자의 주택관리는 소유주의 책임과 권리가 강화되고 공급자 중심의 top-down 방식에서 소비자 중심의 bottom-up 방식으로의 접근이 두드러졌다. 이와 함께 주택관리의 주요 업무 중 기존의 유지관리와 운영관리수행 못지 않게 생활관리가 중요해졌고, 특히 입주자 관리의 핵심인 커뮤니티 활성화가 매우 중요해졌다. 주택관리의 특성상 소유주(또는 입주자대표회의)는 주택을 잘 관리하고 관련 비용을 부담하며 거주자들과의 원만한 공동생활을 위해 자체적으로 규칙을 만들어 이를 거주자로서 이행하는 주체이다. 따라서, 입주자대표회의의 의결과 집행과정에서 단지 내 거주자들, 주택관리 실무자들, 인접 환경, 사회단체, 지역사회와의 관계가 매우 중요해졌고, 이에 따라 주택관리사의 역할이 커졌다.

홍콩에서 주택단지를 근거로 한 커뮤니티 활성화[21]의 시작은 1972년 사

19) 이 제도 시행으로 주택관리서비스청(Property Management Services Authority, PMSA)을 신설하여 주택관리사와 주택관리업체의 자격증을 관장하고, 자격증 취득이 의무화되는 2019년부터 홍콩의 주택관리사는 학위취득과 근무경력 구비, 주택관리사 단체(예: HKIH, CIH APB) 회원가입, 정부의 주택관리사 공식 등록, 주택관리사 자격증 취득 등의 총 4단계 과정을 거치게 됨.

20) 본 내용은 Chan(2011), Chiu(2010), Kwong(2011), Shum(2011), Yuen(2011) 등의 원고를 토대로 재구성하였음.

21) 커뮤니티 개발의 기원은 1967년 공산주의자들의 격렬한 데모로 거슬러 올라가며, 당시 사회적 혼란 직후 홍콩 정부는 특별프로그램(1968년 City District Officers Scheme, 1969년 District

회복지부(Social Welfare Department)의 공공임대주택단지 내 커뮤니티활동사무소(Estate Community Work Offices)를 설치하는 프로그램을 시행하면서부터다. 이 프로그램은 커뮤니티 활동 장소를 제공하고, 커뮤니티 그룹과 관련 프로그램들을 개발하며, 단지 내 거주자들이 사무소와 시설들을 활용하도록 하고, 커뮤니티 거주자들의 자발적인 참여를 독려하는데 목적이 있었다. 이어 공공임대주택단지의 범죄율 증가에 대한 대책으로 1973년부터 모든 공공임대주택단지에 임차인들로 구성된 주민자치위원회(Mutual Aid Committee, MAC)를 결성하는 프로그램을 시행하였다. 주민자치위원회(MAC)는 임차인들에게 책임의식을 고취하고 단지환경에 대한 관리 권한을 부여하고자 도입되었는데, 주로 범죄 예방, 환경위생 개선, 단지 내 거주자 뿐만 아니라 지역사회(예: 홍콩주택청 및 공공기관, 비영리 단체 등)와의 상호협력에 역점을 두었다. 인구 2만명 이상의 공공임대주택단지는 공공부문이, 인구 2.5만명 이하의 공공임대주택단지는 지역사회의 비영리 단체들이 단지별 주민자치위원회(MAC)와 함께 커뮤니티 활성화를 위한 프로그램들을 추진하였다. 당시 공공임대주택단지의 커뮤니티 활성화는 사회복지적 성격이 강하였으며 이러한 경향은 1970년대 후반 들어 비즈니스적 접근이 일반화되면서 퇴색되었다. 특히, 1980년대 들어 공공임대주택 거주자들은 커뮤니티 활동을 통해 권리와 주택관리에 대한 목소리를 강조하였고, 정치인들과 사회단체들과 협력하여 임대료 상승 반대, 건물관리와 시설에 대한 불만 제기, 보안시설과 장치 강화, 주거서비스 개선 등의 요구사항을 관철시켰다. 임차인들의 지속적인 집단행동과 정치적 압력 행사로 1990년대 중반부터 주민자치위원회(MAC)의 역할과 주택관리에 대한 임차인들의 자발적인 참여는 더욱 확대되었고, 이들의 이익을 대변하고 수호하는 특정 정치인을 선출하기 위해 투표 참여와 각종 정치 활동 지원 등 커뮤니티 활동들의 성격이 다소 변질되었다.

한편, 민간주택단지에서 커뮤니티 활동은 1993년 건물관리법령(BMO)이 제정되기 전까지 사실상 전무하였다. 이 법령을 계기로 주택단지의 거주자들이 주택관리 업무에 참여하고 의사결정을 할 수 있는 공식적인 단체인 입주자대표회의(OC)[22] 구성을 의무화하고 입주자대표회의(OC) 아래 각종 위원회 설

Officers Scheme)을 도입하여 각 구(區)에 고위 공무원을 임명해서 지역사회의 주요 단체들과 지도자들과 소통하고 사회 안정을 도모하려는 정치적 의도가 강하였음.

22) 민간주택단지의 입주자대표회의(OC)는 1973년 Mei Foo Sun Chuen 단지로, 당시 이 단지는 주택관리업체가 일방적으로 부과한 관리비와 관리비 대폭 상승에 대해 거주자들은 불만이 컸

치가 가능하면서 커뮤니티 활성화를 본격화할 수 있었다.[23] 그동안 주택관리 발달이 지체되었던 민간부문은 입주자대표회의(OC) 결성을 통해 주택관리사 중심의 수동적 주택관리 접근에서 거주자와 소유주 중심의 능동적인 주택관리 업무 수행이 가능하였다. 즉, 주택관리 업무를 감독하고, 단지 내 주요 의사 결정에 자발적으로 참여하며, 주택단지 내 각종 사안(예: 예산 수립과 집행, 건물 수리와 수선, 주민들 간의 분쟁 등)에 대해 민첩하게 대응할 수 있게 되었고, 주택관리사와 주택관리업체의 고용 및 해고가 용이해졌다. 대규모 민간주택단지의 입주자대표회의(OC)는 주택관리 사안을 정치화하여 정치인으로 입문하는 발판이 되기도 하고 정치활동 단체를 결성하는 계기가 되었다. 이러한 입주자대표회의(OC) 권한이 커지면서 주택관리사들은 거주자들을 관리하고 그들의 요구에 부합하는 서비스를 제공하며 소속감과 주민참여를 격려하는 다양한 커뮤니티 활동들을 적극적으로 지원하였다. 특히 1998년과 2000년 건물관리법령(BMO) 개정을 통해 입주자대표회의(OC) 구성이 쉬워졌으며, 주택단지와 공용공간의 리모델링을 결정할 수 있게 되었고, 고객 만족도[24]가 크게 중요해지면서 주택관리업체의 역량 평가가 다시금 주목받게 되었다. 주택관리업체의 서비스는 유지관리 서비스와 통합적 서비스로 대별되는데, 전자는 단지 내 부대 및 복리시설(예: 수영장, 테니스장, 오락프로그램, 단지 내 셔틀 버스, 운동시설 및 기구, 케이터링, 컨시어지 서비스, 골프장 등)의 유지 관리에 관한 업무이며, 후자는 시설관리, 자산관리, 임대관리 등의 서비스들이 포함된다. 유지관리와 서비스조달과 같은 주택관리사의 주요 기본 업무에 커뮤니티 활성화가 추가되어 주택관리사의 기능이 강화된 것이다. 민간주택단지의 관리에서 커뮤니티 활성화는 시장원리에 근거하여 거주자의 경제적 효율성과 소유주의 자산가치 향상에 초점을 맞추어졌다. 즉, 거주자로서 최소한의 자원과 저렴한 비용으로 최적화된 서비스를 접하고, 소유주로서 주택가격의 상승을 기대하며 이러한 관심에 부합하는 커뮤니티 활동들이 수행되는 경향이 강하였다. 이는 지속적인 홍콩 경제의 호황[25]

---

으며, 이러한 불만을 홍콩 총독이 단지를 방문할 때 탄원서로 제출하였으며 이를 계기로 단지 내 거주자들로 구성된 자치자문위원회를 구성할 수 있게 됨.

23) 그 이전까지 민간주택단지의 거주자들은 주택관리업체가 일방적으로 결정한 관리업무를 수용할 수밖에 없었음.

24) 고객만족도를 조사하는 방법에 설문조사, 여론조사, 전화 인터뷰 등이 있으며, 주요 측정 항목은 주민자치조직 수와 활동 빈도, 분쟁 및 불만 건수, 시설 개선 횟수 등으로 다양함.

25) 1966년부터 2015년까지 반세기 홍콩 경제사에서 연평균 경제성장률이 마이너스를 기록한 해

으로 주택가격이 꾸준히 오르고, 고가의 주택으로 인하여 소유주의 자가거주 비율이 증가하면서 시세 차익에 대한 기대감이 작용한데다 주택가격 상승만큼 소유주의 만족을 높이고 불만족을 잠재우는 좋은 수단이 없기 때문에 입주자대표회의(OC)는 자산가치 상승으로 연결되는 주택관리 업무 수행과 커뮤니티 활동에 더 많은 관심을 갖게 되었다. 민간주택단지의 주택관리에 거주자 참여를 권장하는 법 개정으로 소수의 소유주만으로도 입주자대표회의(OC)를 구성하여 주택자산의 매매가를 높이는 방향으로 주택관리에 적극적으로 개입할 수 있게 되었고, 소유주의 경제적 부담을 최소화 시키면서[26] 자산가치 상승에 탁월한 실적을 내는 주택관리사를 높이 평가하며, 커뮤니티 활성화도 주택가격을 향상시키기 위한 거주자들의 단합과 결속을 도모하는 수단이 되었고, 필요한 경우, 정치단체들과 연합하여 목적을 달성하기도 했다.

최근 20여 년 간 급격한 대내외적 여건 변화로 거주자의 자발적인 참여와 커뮤니티 활성화가 본격화되었으나, 그 이전까지의 부당한 대우에 대한 반작용으로 거주자들은 정부, 주택개발업체와 주택관리업체에게 보다 능동적이고 과격하게 대응하는 경향을 보였다. 즉, 강한 시장 논리와 공공부문의 개입 최소화는 공공주택기관과 주택개발업체 주도의 주택관리 관행으로 거주자의 참여가 제한적이었으나, 민영화와 민주화 흐름에 따라 주택관리에서 거주자 권한이 강화되고 거주자 중심의 자발적인 참여와 커뮤니티 활성화는 정치적 색채를 띠면서 소유주의 이익을 옹호하는 수단으로 변질되었다. 당초 공공 및 민간 주택단지의 커뮤니티 활성화는 단지 내 거주자들 뿐만 아니라 지역사회 주민들과의 교류를 확대하여 소속감을 고양시키고 사회적 자본을 확충하며, 지역사회 내 각종 현안 해결, 정보 공유, 연대의식 강화를 지향하였다. 아울러 주택관리의 업무와 내용이 복잡 다양해지면서 파트너로서 주택관리사와 협력하여 주민들의 자발적인 커뮤니티 활동을 통해 시너지 효과를 기대하였다. 그러나, 주민자치조직(예: 주민자치위원회(MAC), 입주자대표회의(OC), 각종 주민자치기구

는 아시아 경제위기로 인한 1998년(-5.9%), 글로벌 금융위기 여파로 인한 2009년(-2.5%) 등 두 번에 불과함.

26) 일례로, 민간주택단지의 부대시설(예: 수영장, 테니스장, 골프연습장, 피트니스센터, 어린이집, 연회장 등)은 최상급 수준으로 유지비용이 매우 높은 반면 거주자들의 이용이 낮은 편인데, 이들 시설을 거주자들의 이용시간이 현저히 낮은 평일 주간 또는 특정 시간대에 외부인(예: 인근 주택단지의 거주자들, 근처 직장인 등)에게 개방하여 회원제로 운용함. 이를 통한 수입은 관리비를 경감시키는 비용과 주택관리사의 인센티브로 충당함.

등)은 구성원의 권리를 옹호하고 이익을 대변한다는 명분 하에 소수 주도의 의사결정과 감정에 의한 집단행동을 주도하고 나아가 정치적 행동까지 감행하였다. 이러한 집단 이기주의는 주택관리 분야의 이해관계자들 간의 불신과 갈등으로 이어져 주택관리 산업 전반에 부정적인 영향을 주며 주택시장을 왜곡시키고 지속가능한 주거환경을 저해하는 요인으로 작용하였다. 이를 시정하기 위해서는 주민자치조직의 선출과 운영 규칙을 정비하여 공정성과 합리성을 확보하는 일이 무엇보다 선결되어야 하며 이를 위해 정부의 중재 역할이 요구되고 있는 실정이다.

## 참고문헌


이현정(2014), "홍콩과 마카오의 공동주택관리", 한국주택관리연구원 편, 『현대 공동주택 관리론』, pp. 267－292, 박영사.

이현정·윤정득(2010), "홍콩의 주택정책 변천 및 주택계획 특성에 관한 고찰", 대한건축학회논문집 제26권 제11호, pp. 227－235.

Census & Statistics Department (2016), The Government of the Hong Kong Special Administrative Region of the People's Republic of China. *Hong Kong Statistics*. http://www.censtatd.gov.hk/hkstat/index.jsp

Chan, J. C. (2011), *Clubhouse Management and Customer Services*, Lecture note from the International Residential Property Development and Management Program.

Chan, E. Y. L. (2006), "Concepts, principles and evolution." In: R. L. A. Chiu (ed.), *Professional Housing Management Practices in Hong Kong*, pp. 5－34. Hong Kong University Press, Hong Kong.

Chow, A. (2008), *Building Maintenance in Hong Kong Housing Society*, Lecture note from the International Residential Property Development and Management Program,

Chiu, R. L. H. (2010), *Sustainability and Property Management*, Lecture note from the International Residential Property Development and Management Program.

Clapham, D. (1997), "The social construction of housing management research." *Urban Studies*, Vol. 34, No. 5, pp. 761－774.

Clapham, D, B. (2000), Franklin & Saugeres, L. "Housing management." *Housing, Theory and Society*, Vol. 17, No. 2, pp. 68－82,

Franklin, B. & Clapham, D. (1997), The social construction of housing management, *Housing Studies*, Vol. 12, No. 1, pp. 7－26,

Hong Kong Housing Authority (2016), *Marking Scheme for Estate Management Enforcement*, http://www.housingauthority.gov.hk/en/public－housing/estate

-management/marking-scheme-for-estate-management-enforcement/

Hong Kong SARG. GovHK (2016), http://www.gov.hk/en/residents/

Hong Kong Special Administrative Region(HKSAR) (2002), Buildings Department, *Building Maintenance Guide Book*.

Hui, E. C. M., Ooi, J. T. L. & Wong, K. (2007), "Economic performance of property companies in Hong Kong", *Journal of Property Research*, Vol. 24, No. 2, pp. 139-157.

Kwong, T. M. (2011), *Property Management and its Companies in Hong Kong*, Lecture note from the International Residential Property Development and Management Program.

Lee, S. H. (2003), "The SARS epidemic in Hong Kong", *Journal of Epidemiology and Community Health*, Vol. 57, pp. 652-654.

Macey, J. P. & Baker, C. V. (1982), *Housing Management*, Estates Gazette Ltd.

Shum, T. (2011), *Legal Issues & Property Management in Hong Kong*, Lecture note from the International Residential Property Development and Management Program.

Yuen, R. W. K. (2011), *Professionalism and Property Management*, Lecture note from the International Residential Property Development and Management Program.

Yeung, Y. M. & Wong, T. K. Y. (2003), *Fifty years of public housing in Hong Kong*, The Chinese University Press, Hong Kong.

서울연구데이터서비스(2016), 통계로 본 서울 http://data.si.re.kr/

통계청, 국가통계포털 http://kosis.kr/

# 〈부 록〉

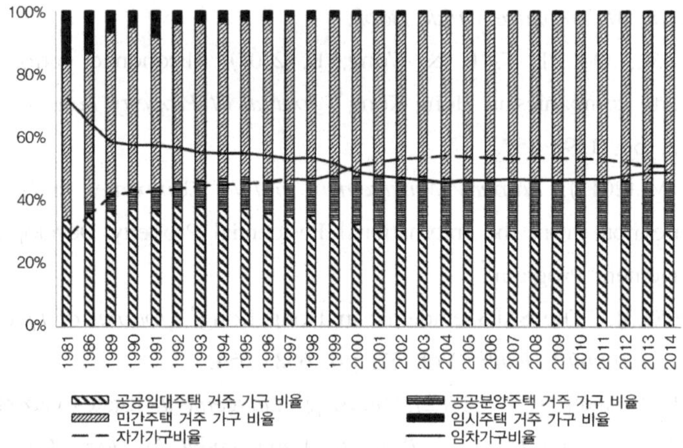


그림 8-A 주택부문별 거주 가구 분포

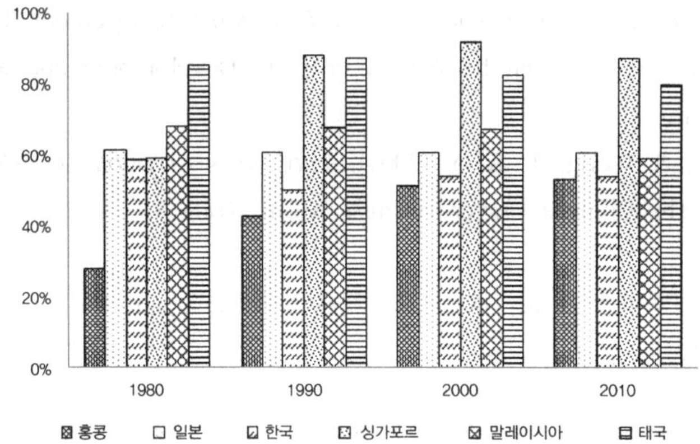


그림 8-B 홍콩과 동아시아 주요 국가 간의 자가소유율 비교

참고: 그림 B의 홍콩의 자가소유율은 1981년, 1991년, 2001년, 2011년 기준임.

출처: 통계청(2016); Census & Statistics Department, The Government of the Hong Kong Special Administrative Region of the People's Republic of China(2016); Malaysia Department of Statistics(2016); National Statistical Office, Thailand Ministry of Information and Communication Technology(2016); Singapore Department of Statistics(2016); Statistics Bureau, Japan Ministry of Internal Affairs and Communication(2016).

표 8-A 홍콩 특별행정구와 서울특별시의 비교

| 구분 | 홍콩 | 서울 |
|---|---|---|
| 공식 명칭 | 중화인민공화국<br>홍콩(香港)특별행정구 | 서울특별시 |
| 면적 | 1,104㎢ | 605.3㎢ |
| 인구 | 7.2백만명 | 9.9백만명 |
| 인구밀도 | 6,650㎢ | 605.3㎢(2010) |
| 연간 인구성장률 | 0.75% | -0.36% |
| 고령인구 비율 | 14.7% | 11.4% |
| 0~14세 | 11.9% | 12.3% |
| 15~64세 | 73.6% | 76.2% |
| 65세 이상 | 14.5% | 11.5% |
| 연간 경제성장률(GDP) | 2.5% | 3.3%* |
| 1인당 국민소득(GDP, PPP)(US$) | 55,084불 | 33,395불* |
| 실업률 | 3.2% | 4.5% |
| 총 가구수 | 2,431천가구 | 3,682천가구 |
| 총 주택수 | 2,672천호 | 3,604천호 |
| 주택보급률 | 91.0% | 97.9% |
| 자가소유율 | 51.0% | 51.0%(2010) |
| 임대주택 수 | 1,179천호 | 375천호 |
| 공공임대주택 비율 | 29.2%(2012) | n.a. |
| 도시화율 | 100% | 100% |

주: 별도 표기된 수치 이외 모든 수치는 2014년 기준이며, *는 국가 전체 기준임.
출처: 서울연구데이터서비스(2016); 통계청(2016); HKSAR Census & Statistics Department(2016).

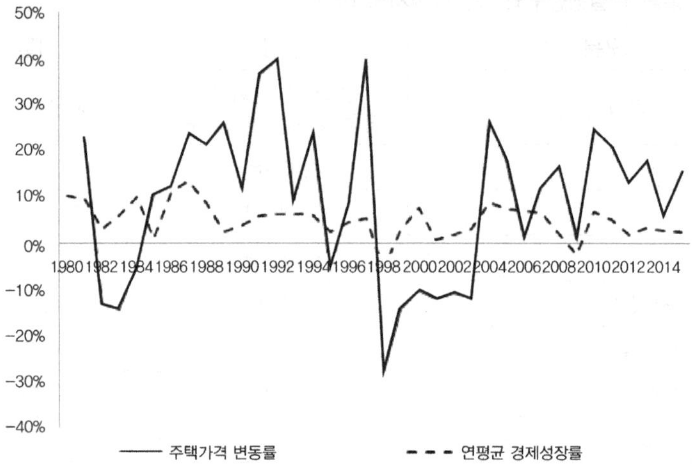


그림 8-C 홍콩의 주택가격 변동과 경제성장률 변화 추이

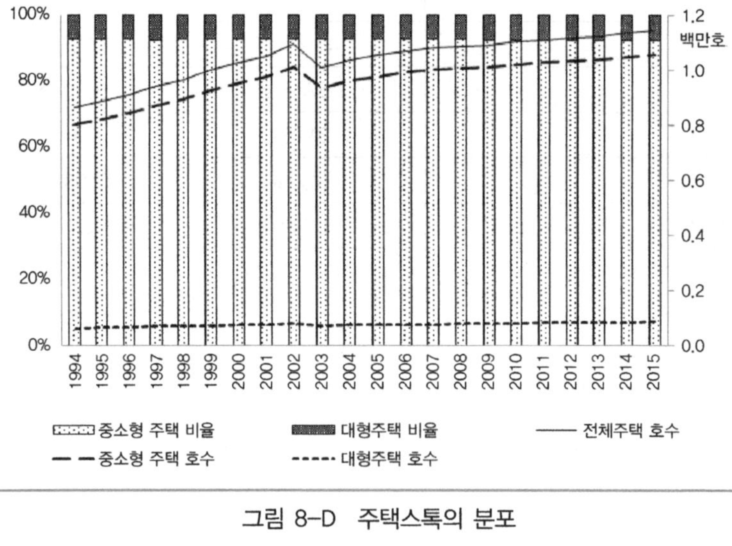


그림 8-D 주택스톡의 분포

출처: HKSAR Census & Statistics Department(2016).

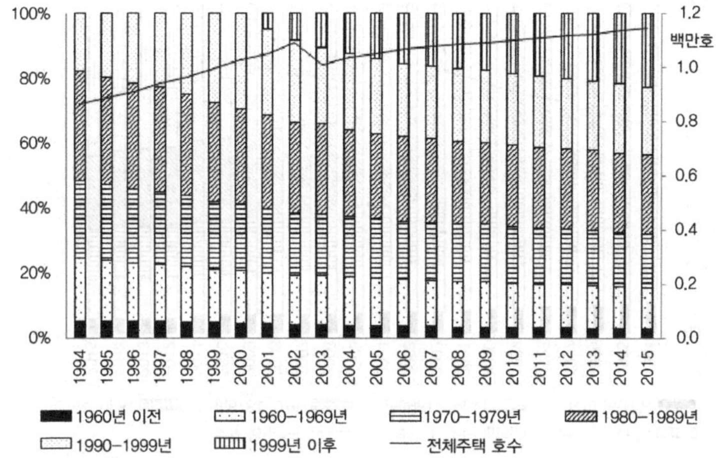


그림 8-E 건설년도별 주택스톡의 분포

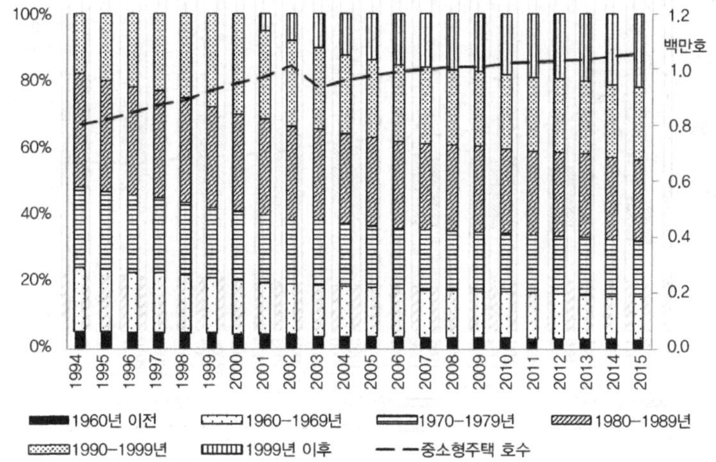


그림 8-F 중소형주택의 건설년도 분포

출처: HKSAR Census & Statistics Department(2016).

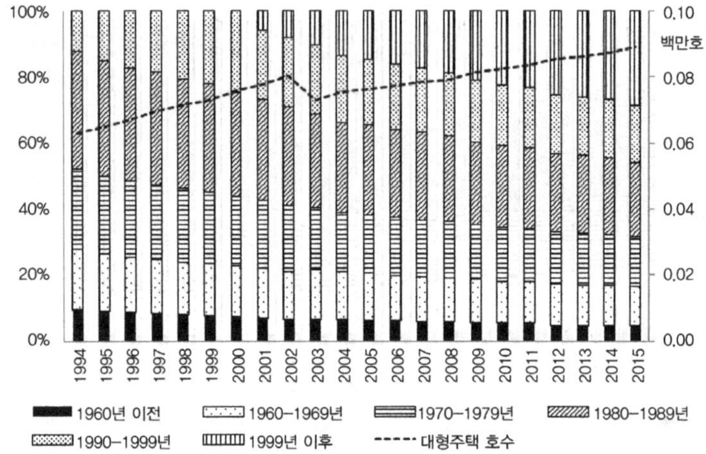


그림 8-G 대형주택의 건설년도별 분포

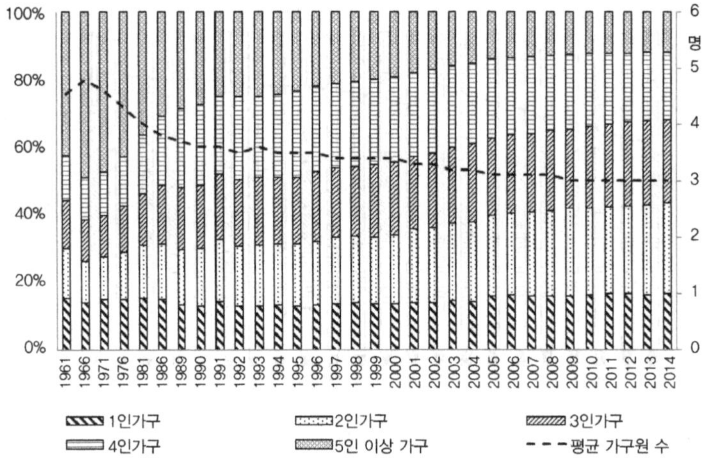


그림 8-H 가구유형 변화

출처: HKSAR Census & Statistics Department(2016).

제 9 장

# 공동주택의 장수명과 리모델링

김수암(한국건설기술연구원 건축도시연구소 선임연구위원)

## Ⅰ. 들어가며

공동주택의 관리 가운데 하나가 건축물(주거동과 단지 공용시설)의 유지관리다. 건축물의 생애주기는 기획-계획-설계-시공-사용 및 유지관리-리모델링-사용 및 유지관리-해체 단계(재건축)를 거치거나 유지관리가 미흡할 경우 리모델링 없이 곧바로 해체·재건축으로 연결된다. 건축물의 생애주기 가운데 유지관리 단계는 기간이 가장 길 뿐만 아니라 사용에 직접적인 관계가 되는 중요한 위치를 차지한다. 그럼에도 불구하고 현실은 건축물 건설 당시에 소요되는 경제성과 기능성, 미적인 측면에 밀려 중요성에서 멀어져 있다. 유지관리를 고려하지 않고 건설된 건축물은 유지관리하기도 어렵고 비용도 많이 소요되며, 조기 노후화하는 구조를 갖는다. 유지관리 가운데서도 특히 수명이 짧은 설비의 유지관리가 문제되어 조기 노후화함으로써 건축물 전체의 성능이 저하하고 조기 재건축하거나 고비용의 리모델링을 하게 되는 원인의 하나로 작용한다. 유지관리가 제때에 이루어지지 않아 발생하는 문제로 국가적·사회적인 자산 및 사회비용 낭비를 초래할 뿐만 아니라 개인적인 재산 가치 저하측면과 비용이 증가한다. 유지관리를 효율적이고 합리적으로 할 수 있는 건축물이 만들어지면 그만큼 유지관리가 용이해지고 관리비용도 감소하며, 사용하기도 좋아지며, 조기 노후화도 막을 수 있고 장수명화할 수 있다.

우리나라 기존 공동주택은 유지관리의 개념을 적용한 설계 사례가 거의 없으며, 유지관리도 계획적으로 이루어지지 않아 조기 노후화하는 경우가 많다. 오히려 유지관리를 소홀히 하여 노후화를 촉진함으로써 조기 재건축을 지향하는 사례가 많다. 공동주택이 노후화하여 재건축 안전진단을 통과하여 재건축할 수 있는 것으로 판정되면 축하하는 경우도 종종 볼 수 있다. 유지관리를 제대로 하지 않고 재건축하는 것을 당연하게 여기며, 재건축을 통하여 더 큰 새집을 가질 수 있다는 인식이 아직도 자리를 잡고 있다. 건축업계에서는 심지어 조기 재건축이 건축산업에 더 유리하다는 인식을 가지고 있는 경우도 종종 볼 수 있다. 주택보급률이 100%를 넘어서 총량으로 주택이 가구수를 넘어섰음에도 불구하고 아직도 공급시대의 인식이 남아있는 것이다. 이제는 주택 시장의 여건이 변화하여 재고시대에 진입하고 있다. 재고시대에는 양호한 재고가 가치를 발휘한다. 유지관리를 통하여 공동주택의 가치를 유지하고 장수명화 함으로써 개인적으로 재산가치의 향상과 주택의 부담비용을 줄일 수 있을 뿐만 아니라 국가적으로 양호한 재고를 통한 경쟁력을 확보하고, 사회비용을 절감할 수 있다.

유지관리는 건축물의 생애주기 가운데 마지막 단계의 건축행위이지만, 계획·설계 시에 유지관리의 개념을 적용하고, 준공 후에 유지관리가 용이하도록 하지 않으면 효율적인 유지관리가 이루어질 수 없다. 유지관리를 고려하지 않은 공동주택은 유지관리하기도 어렵고, 제대로 된 유지관리에 한계가 있기 때문이다. 아울러 기존 노후 공동주택의 경우 리모델링을 실시하게 되는데 이때에도 신축과 마찬가지로 리모델링 후에 유지관리를 고려할 필요성이 있다. 신축과 마찬가지 이유이다. 공동주택 준공 후에 그 상태에서 단순히 유지관리를 잘 하는 것도 중요하지만, 신축 시기와 리모델링 시기에 유지관리 부위와 방향에 대하여 충분히 검토하고 적용하면 보다 유지관리가 쉬워지고 효과도 커진다.

## Ⅱ. 공동주택 구성과 유지관리 개념

본 장에서 공동주택의 유지관리를 고려하는 기반으로 공동주택의 수명 개념을 바탕으로 공동주택 구성과 유지관리 개념에 대하여 간략하게 검토한다.

## 1. 수명의 개념

공동주택의 수명이 얼마인가 하는 것은 다양한 상황과 조건이 있으므로 한마디로 말하기 어렵다. 수명에 대해서도 다양한 정의가 있으며, 준공후의 유지관리와 사회적인 상황변화에 따라서 달라질 수도 있다. 건축물 수명은 다양하지만, 여기서는 구조체의 물리적 수명과 기능적 수명에 한정하여 설명한다.[1)]

모든 건축물은 각각 수명이 다른 수많은 자재·부재·부품 등 구성재의 조합에 의하여 이루어진다. 공동주택도 마찬가지다. 공동주택을 구성하는 부재나 부품은 시간이 흐름에 따라 낡아지거나 손상, 파손, 고장, 변질 등의 성능이 저하하여 사용하지 못하게 되는 경우가 발생하게 되므로 처음 건설시의 물리적 성능을 유지할 수 없게 된다. 이것이 물리적 수명이다. 주택을 구성하는 부재나 부품의 물리적 수명은 각각 다르지만, 수명이 짧은 부분부재나 부품의 일부분이 손상되거나 문제가 생겨도 주택 전체를 사용하지 못하는 것은 아니다. 문제가 되는 부재나 부품을 보수, 수선, 교체하여 그 기능을 유지할 수 있으면 주택 전체의 기능은 유지된다. 주택을 구성하는 구성재 가운데 가장 수명이 긴 부재·부품의 물리적인 수명이 주택 전체의 물리적인 수명을 결정하게 된다. 철근콘크리트 구조를 위주로 하는 우리나라의 공동주택은 구조체의 물리적 수명이 가장 길며, 구조체의 수명이 공동주택 전체의 물리적 수명이 된다. 나머지는 외장, 내장, 설비의 수명으로 분류할 수 있는데, 특히 설비 수명이 짧아 이에 대한 배려가 필요하다. 설비수명은 설비가 물리적으로 사용 불가능하여 수리할 수 없는 단계의 수명을 말하고, 구조체 수명의 1/5-1/10 정도에 이르는 경우도 있으므로 수리나 교환·교체가 전제되어야 한다.

그러나 물리적인 수명이 지속되는 것만으로 공동주택의 수명이 충분하다고 말할 수만은 없다. 정보화 사회, 저출산 고령화 사회 등 사회의 급속한 변화의 흐름 속에서 가족의 개념변화, Life style, 가치관 및 의식의 변화 등의 다양성과 변화에 대응할 수 없는 주택은 물리적인 수명이 남아있다 하더라도 사

1) 渡辺喜代司, マンツョンにおける耐久·耐用計画と住宅部品, better living, 97夏号, no. 157, pp. 15-17.

용하기 어렵거나 시대에 뒤떨어진 주택이 된다. 즉, 사회변화나 생활양식의 변화에 따라 기능적으로 가치를 잃는 연수가 도래한다. 이것이 기능적 수명이다.

공동주택은 물리적인 수명만의 문제가 아니고 기능적인 수명을 동시에 유지하여야 건설시의 기능이나 성능을 충족할 수 있는 것이다. 건축물의 적절한 성능과 기능을 가질 수 있도록 하는 것이 유지관리의 영역이다.

공동주택을 계획하는 경우는 목표로 하는 수명을 고려하여 건축물 전체의 수명과 각각의 부위, 부재, 부품, 설비 등의 수명을 고려하여 설계, 시공과 동시에 계획적으로 유지관리를 할 수 있도록 하는 것이 수명 계획의 기본이 된다.

## 2. 건축물의 구성

건축물의 구성은 구조체와 비구조체로 구성된다. 구조체는 건축물의 하중을 지지하는 가장 기본적인 골조이며, 기본적으로 수명을 결정하는 가장 중요한 구성재이다. 비구조체는 일반적으로 외장, 내장, 설비 등의 부재나 부품으로 이루어진다. 구조체는 물리적인 수명이 긴 것이 일반적이므로 건축물은 구조체가 유지되는 동안 수명이 짧은 비구조체는 점검, 보수, 교체 등을 통하여 전체적인 수명을 유지하게 된다.

1인 소유의 건축물에서는 구조체와 비구조체로 구분하여 설계·시공·사용과 유지관리가 이루어지게 된다. 의사결정 주체가 1인이므로 구조체와 비구조체로 구분하는 물리적인 구성체계가 곧 소유, 사용과 유지관리의 체계와 일치한다. 그러나 구분소유를 기반으로 하는 공동주택의 경우는 단지의 공동체 구성원의 영역과 개인의 영역이 중복되는 부분과 개인만의 영역으로 구분되는 부분이 하나의 건축물에 공존하게 되므로 구조체와 비구조체의 구성으로 해결할 수 없는 부분이 존재한다. 여기서 장수명화를 위한 사용과 유지관리를 위해서는 새로운 개념 정의가 필요하게 된다. 이것을 명확하게 하는 것이 유지관리를 위해서 중요하다.

## 3. 공동주택 구성 요소와 장수명화

공동주택은 일반적으로 소유자가 1인인 건축물과 달리 구분소유 건축물이다. 구분소유 건축물에서는 가장 중요한 것이 구분소유를 위한 건축물의 요소와 사용상의 구분이 명확하게 이루어지는 것이 기본이 되어야 한다. 즉, 공공과 개인의 의사결정을 지원하기 위한 것으로 구분되어야 한다. 소유자가 1인인 건축물은 구조체와 비구조체로 구분하는 것이 기본이다. 그러나 소유주들이 공통으로 소유하고 사용하는 공통의 부분이 존재하는 구분소유형 건축물에서는 소유주들의 공공 생활을 지원하는 지지체인 공용부분과 개인의 생활을 지원하는 분리 가능한 개인적인 부분으로 구분된다. 따라서 단순한 구조체와 비구조체로 물리적인 부분으로 구분할 수 없다.

그림 9-1 공동주택의 구성

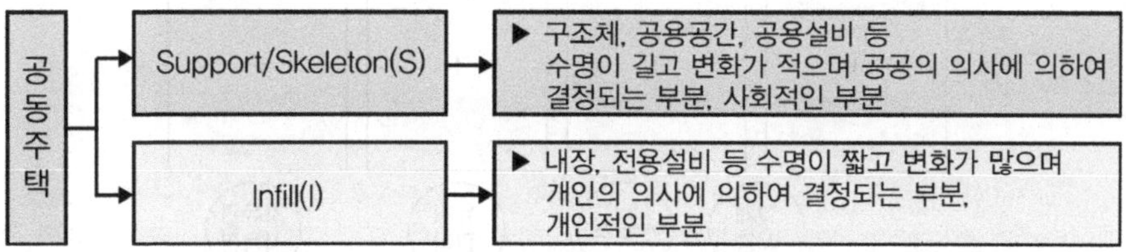


여기서 구조체와 같은 건축물의 골격을 구성하는 부분과 공동생활을 지지해주는 공용공간이나 공용설비는 공공의 의사에 의하여 결정되는 부분으로 수명이 길고 변화가 적은 사회적인 부분이 여기에 해당한다. 국제적인 용어로 Support라고 지칭하는 부분이다. 일본에서는 특히 Skeleton으로 표현한다. 반면 내장·전용설비와 같이 개인의 의사에 의하여 결정되는 부분으로 수명도 짧고 변화도 많으며 개인적인 부분이 있다. Infill로 지칭하는 부분이다. 여기서 외장과 같은 부분은 구조체일 수도 있고 비구조체일 수도 있는데, 콘크리트이면 구조체와 같이 변경하기 어려워 Support로 볼 수 있지만, 커튼월이나 새시와 같은 경우에 개인이 마음대로 교체할 수 있으면 Infill의 영역에 속한다. 단지의 거주자들의 의사결정을 따를 경우는 비내력벽이지만 Support로 다루어진다. 여기서 Support와 Infill은 구조체와 비구조체로 구분하는 물리적인 부분이 아니라 개인이 마음대로 처리할 수 있느냐 단지 구성원의 공동의사에 따르느냐 하는 의사결정으로 구분하는 부분이다. 이러한 의사결정부분과 건축물의 물리적인 부분, 사용부분, 관리부분, 재산부분이 명확하게 구분되면 사용과 유지관리가 명확해진다.

이처럼 공동주택은 의사결정에 따른 2가지 다른 부분인 Support와 Infill로 구성되어 있기 때문에 이에 따라 명확하게 구분되고, 물리적으로는 분리될 수 있도록 접합구법으로 구성되어야 한다. 그러나 현재 국내 공동주택은 이러한 점에서 명확하지 않는 부분이 있고, 물리적이나 사회적으로 불명확하게 얽혀 있는 한계가 부분적으로 존재한다.

그림 9-2 공동주택의 Support와 Infill의 구분

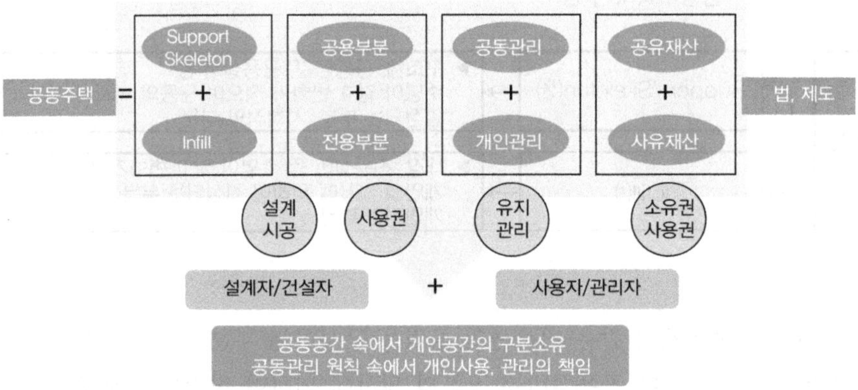


이러한 2가지의 구분의 문제는 도시교통에 비유하면 알기 쉽다. 즉 공동주택의 Support는 도시교통에서 도로에 해당하며, Infill은 자동차에 해당된다. 도로가 공공영역으로 공공에 의해서 만들어지나 자동차는 자신의 능력이나 기호나 선호에 의하여 선택된다. 자동차는 개인적인 부분이기 때문이다. 공동주택에서 Support는 단지 내 공동의 영역으로 건축가(포괄적)의 설계에 의하여 시공자에 의해서 만들어지지만, Infill은 개인의 영역으로 소유자(거주자)에 의하여 선택되고 만들어진다. 우리나라의 경우에는 일반적으로 소유자(거주자)의 참여가 거의 이루어지지 않는 부분으로 선택이나 참여의 기회가 거의 없는 한계가 있지만, 개인적인 영역으로 선택이나 개조가 이루어지는 것은 마찬가지로 볼 수 있다.

## 4. 우리나라 공동주택의 얽힘

우리나라의 공동주택의 특징 가운데 하나가 얽힘[2] 현상이다. 주택에서 얽힘이란 구분소유관계나 수명관계, 사용관계, 유지관리, 의사결정 등이 체계적으로 이루어져 있지 못한 것을 의미하는 것으로 주택건축 과정에서 물리적인 부분과 사회적인 부분이 위계적으로 이루어져 있지 않은 것을 의미한다. 물리적으로는 수명관계에 따라서 수명이 긴 부분(Support)과 수명이 짧은 부분(Infill)의 위계, 같은 수명이라도 사용관계에 따른 위계, 유지관리를 위한 배려 등이 이 부분에 해당된다. 사회적으로는 개인의 소유관계와 의사결정의 관계가 이에 해당한다.

물리적으로 얽혀있는 대표적인 것으로 수명이 긴 구조체 속에 수명이 짧은 설비가 매설되어 있는 경우를 들 수 있다. 수명이 짧은 부류인 내장과 설비도 동일한 서열의 위계이나 사용성의 측면에서 가변이나 사용성 측면에서 상대적으로 사용빈도가 높은 것은 일체식 구법을 사용하여 부품화하거나 쉽게 교체할 수 없거나 어렵게 한 접합방법을 사용한 경우도 동일한 서열의 위계이지만 얽혀있는 경우의 하나이다. 일반적으로 시공되고 있는 경량기포콘크리트 속에 온돌배관 설비를 매설하는 경우도 여기에 속한다. 수명이 짧은 설비의 점검·보수·교체 등을 위한 점검구를 설치할 필요가 있으나 이에 대한 배려가 이루어져 있지 않은 경우 또한 얽혀있는 것으로 볼 수 있다. 실 단위로 구획된 내력벽은 공간 사용의 다양성을 저해하는 측면에서 얽혀있는 것으로 볼 수 있다. 우리나라에서 가변형으로 분양하는 공동주택에 설치하는 경량칸막이벽체는 보통 온돌층 속과 천장 속 구조체 속에 매설되어 있고, 현장에서 스틸 스터드(Steel stud)를 설치하고 차음재와 석고보드 등의 보드류를 마감하여 가동이 불가능한 것으로 이 또한 사용상의 얽힘으로 볼 수 있다.

한 장소에 고정되어 설치되어 있는 콘센트와 같은 설비 단말기기도 실내 가구배치의 다양성·사용성의 제약이라는 측면에서 얽힘의 하나이다.

사회적인 얽힘의 대표적인 것은 공공과 개인의 사용 및 소유관계, 개인과 개인의 소유와 사용관계가 원활하게 이루어질 수 없게 설계·시공된 경우이다.

---

2) 네이버 사전에 의하면 '얽히다'라는 것은 '관계, 일, 감정 따위가 이리저리 복잡하게 되다'라는 의미이다.

그림 9-3 공동주택의 얽힘

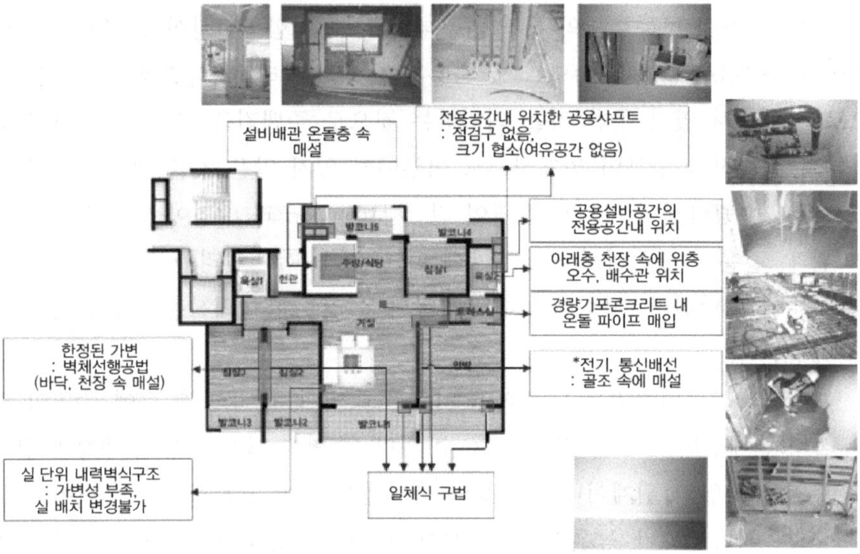


공용배관공간이 세대 내부에 배치된 경우와 더불어 배관의 점검·유지보수·교체 등을 위한 점검구가 없는 것은 공공의 소유·사용과 개인의 소유·사용에 대한 얽힘의 하나이다. 또한 윗집 화장실 등 물 사용공간의 오·배수 수평배관이 아랫집 화장실 천장 속에 배치되어 사용시의 소음과 유지관리를 위하여 아랫집에 폐를 끼치는 경우는 개인 간의 소유와 사용관계가 얽혀있는 대표적인 예이다.

이러한 공동주택의 얽힘은 사용과 유지관리라는 측면뿐 아니라 리모델링 시에도 비용소요 등의 측면에서 많은 한계를 가지게 된다. 따라서 공동주택의 얽힘을 물리적으로 설계와 시공을 통해서 풀어야 할 필요성이 있다.

## 5. 유지관리 개념

건축물은 건축시의 성능수준을 어떻게 설정하고 유지관리할 수 있도록 하는가에 따라 건축물의 수명과 성능수준이 좌우된다. 건축물은 많은 부재나 부품 등으로 구성되어 있고 이들은 수명을 가지고 있기 때문에 시간 경과에 따라 성능이나 기능이 저하하거나 고장 등이 발생하게 된다. 이에 대한 적절한 대책을 마련해 주지 않으면 건축물 전체의 성능수준이 저하하게 되기 때문에 적정한 수준을 유지하거나 시간의 흐름에 따라 변화하는 기능에 대응하여 성능을 향상시킬 필요성이 있다. 구조체의 내구성능은 시공 시에 결정되지만, 수명은 사용조건과 유지관리에 따라 달라질 수 있기 때문에 유지관리를 잘 실시하는 것이 중요하다.

유지관리란 건물이나 건축설비, 장치 등의 유지보전에 관련된 제반행위 및 그 제반행위를 실시하기 위한 제반 관리업무를 지칭한다.[3)]

유지보전(maintenance)은 건물이나 건축설비, 장치 등의 전체 또는 부분의 초기성능 및 기능을 유지하기 위해서 실시하는 보전을 의미하며, 운전, 청소, 점검(일상점검과 정기점검), 보수, 수선, 개수, 갱신 등을 포함한다. 보전이란 기존 건축물이 존속하는 기간 동안 그 전체 또는 부분의 기능 및 성능을 사용목적에 적합하도록 유지 또는 개량하는 제반행위를 말한다. 수선(Repair)은 성능이 저하한 부위·부재 혹은 기기 등의 성능 또는 기능을 초기수준 혹은 실용상 지장이 없는 상태까지 회복시키는 것으로, 유지보전에 포함되는 행위의 일부이다. 다만, 보수 범위에 포함되는 정기적인 작은 부품의 교체는 제외한다. 보수는 부분적으로 열화한 부위 등의 성능·기능을 실용상 지장이 없는 상태까지 회복시키는 것을 말하며, 개수(Improvement)는 건축물(설비를 포함한다) 또는 부분의 성능 및 기능을 초기 수준 이상으로 개선하는 행위를 말한다. 갱신이란 열화한 부재·부품이나 기기 등을 새로운 것으로 교체하는 것을 말한다.

결국 일본건축학회에서 유지관리(maintenance)를 대상물의 초기성능 및 기능을 유지하기 위한 제반 행위로 정의하고 있으나 竹林芳久는 "대상물의 전체 또는 부분의 성능 및 기능을 사용목적에 적합하도록 유지 또는 개량하는 제반행위"[4)] 즉, 일상보전에서 대규모 개수까지 포함한 제반행위로 보고 있다.

대규모 개수까지 포함하게 되면 리모델링과의 경계가 애매해지는 부분도 있고, 리모델링도 건축물의 사용과정에서 성능과 기능의 개선을 수반하게 되며, 용도나 기능을 변경하게 되는 범위나 수준의 차이는 있지만 수명연장의 차

---

3) 新·LC設計の考え方, BELCA, 2002.8. P4, 및 LC設計の考え方 p. 4.
4) 竹林芳久, 建築と設備のメンテナンス, 建築と設備のライフサイクルデザイン, 日本建築学会 1995. 8, p. 12.

원에서 유지관리와 맥락을 같이 하기 때문에 리모델링의 일부도 포함하여 생각한다.

따라서 이 글에서는 공동주택의 주동차원에서 전체 또는 부분의 성능과 기능을 사용목적에 적합하도록 유지 또는 개량하는 제반 행위에 중심을 두지만, 단순히 건설 후의 유지관리를 잘 해나가는 차원이 아니라 유지관리를 용이하게 할 수 있도록 계획·설계하는 데 초점을 맞춘다. 이것은 유지관리가 용이하게 이루어지도록 사전에 계획·설계하는 것이 건축물의 장수명화를 위해서 유효성이 더 크다는 점과 우리나라의 공동주택은 초기 분양과 건축비절감에 치우쳐 사용 시에 발생하는 유지관리는 거의 고려하고 있지 않다는 측면에 기인한다.

## Ⅲ. 공동주택의 장수명화와 유지관리

신축 공동주택의 설계에서 유지관리에 대한 일반적인 인식의 바탕위에서 사용 시 유지관리를 용이하게 하기 위한 방향과 수법에 대하여 기술한다. 합리적이고 효율적이며 비용을 줄이는 유지관리는 결국 설계에서 시작하여 시공을 통해서 구현된다.

### 1. 공동주택 설계와 시공에서 유지관리에 대한 인식

#### (1) 우리나라의 유지관리 관련 상황

우리나라 주택 상황은 주택보급률이 100%를 넘었지만 여전히 주택시장의 흐름은 공급자 중심의 사고방식에 머물고 있으며, 양질의 주택 재고에 대한 중요성과 사용자를 고려한 사고방식의 전환은 이루어지지 않고 있는 실정이다. 특히 공동주택은 여전히 대량공급 흐름의 연장선상에 있으며, 공급자 위주의 시각에서 주택을 공급하고 있다. 즉, 분양시의 분양률과 수익을 높이기 위한 시각적·표피적인 부분에 치우쳐 있고, 준공 후의 사용 편리성, 유지관리 용이성 및 비용의 절감, 내구성과 가변성, 리모델링 용이성 등 장수명화를 위한 사항에는 아직도 관심이 극히 낮은 상황이다. 2014년 12월 24일 장수명 주택 인증제도의 시행 이후 2016년 4월까지 1,000세대 이상 단지의 인증현황을 보아도 법규에서 규정한 최소한의 규정만 지키고 있는 상황을 보아도 알 수 있다.[5) ] 이러한 상황은 공급자와 사용자가 분리되어 있고, 공급자는 공급시의 최저한의 법적인 규정과 더불어 하자와 기본적인 성능을 유지하고 이익을 얻는데 중점이 있을 뿐, 준공 후의 성능 유지와 관리는 공급자의 업무영역에서 벗어나는 것으로써, 이를 위한 설계와 시공은 비용 증가와 더불어 업무증가에 대한 부담을 가지고 있는 것으로 인식되고 있다.

유지관리는 건축물의 Life cycle 상의 프로세스에서 보면 준공 후에 이루어지는 행위이다. 설계자나 시공자들은 건축물 준공 후에 시간경과에 따른 성능저하를 방지하거나 유지하는 소극적인 행위로서 생각해 왔다. 설계자들은 관행적으로 건축시의 비용과 성능, 디자인 중심의 사고가 중심으로, 준공 후의 업무는 건축사들의 업무 밖의 영역으로 생각한다. 따라서 건축물 설계 시에 준공 후 유지관리를 고려한 설계에 대해서는 관심 밖이다. 건축물은 설계에서 시작하기 때문에 설계에 반영되어 있지 않으면 시공이 이루어질 수 없다. 따라서 설비의 유지관리를 용이하게 할 수 있는 계획과 설계가 기본이 된다. 유지관리 행위의 시작은 설계에서부터 시작한다.

그러나 설계자나 시공자는 유지관리가 자신들의 업무영역이 아니기 때문에 유지관리를 고려한 설계와 시공을 중요하게 생각하지 않는다. 기존의 관행 속에서 유지관리를 배제한 채 건축시의 기능과 성능, 경제성 중심의 설계와 시공이 계속되고 있다.

우리나라 공동주택의 구조와 시공방법은 철근콘크리트 내력벽식 구조의 현장타설 습식공법이다. 철근콘크리트 현장 타설공법이 일반화된 상황에서 설비를 매설하면 실내에서는 설비 단말만 있게 되어 깨끗한 내부를 유지할 수 있게 된다. 설비가 실내에 노출되면 부실시공 혹은 공사가 완공되지 않은 것으로 인식하는 것도 한몫을 했을 것이다. 많은 공동주택을 빨리 건설하던 시기에

---

5) 한국건설기술연구원의 조사결과 장수명 주택 인증제도(3가지 성능으로 내구성, 가변성, 수리용이성을 평가함)에서 의무로 규정하고 있는 1,000세대 이상 176개 단지에서 취득한 인증등급은 모두 최저기준인 일반등급(100점 만점에 50점 이상 60점 미만)이며, 84개 단지에서 50점, 88개 단지에서 51점을 취득하고 있는 것으로 나타나고 있다.

는 설비단말 부분만 위치를 고정하면 다른 배관이나 배선의 설치를 위한 별도의 시공기술이 필요하지 않고 쉽게 해결할 수 있는 하나의 방안이 되었을 것이다. 공급우선의 사회에서 시공하기만 하면 팔리던 건설 중심의 시기에는 유지관리나 리모델링에 대한 개념은 존재하지 않았고 중요성에 대한 인식도 없었다.

이러한 흐름 속에서 공동주택의 설계나 시공에서 설비를 구조체에 매설하거나 온돌층이나 습식벽체 등에 매설하는 것이 일반화되어 왔으며, 현재도 시공방법이니 유지관리와 리모델링에 대한 인식의 변화 없이 그대로 설계와 시공을 하고 있다.

시간이 경과하면서 수명이 긴 구조체 속에 수명이 짧은 설비를 매설시공하면 유지관리와 개보수뿐만 아니라 리모델링도 불리해진다는 사실은 시간경과 후 설비가 노후화된 후에야 알 수 있는 것이다.

2000년대에 들어와 유지관리와 리모델링의 중요성을 인식하여 정부에서는 주택성능등급표시제도, 녹색건축인증제도, 리모델링에 대비한 특례, 장수명주택 인증제도 등에서 유지관리와 관련된 규정들을 도입하고 있다.

### (2) 선진국의 유지관리 고려

석조문화를 기본으로 하는 유럽에서는 설비가 노출되어 시공된 사례나 점검이나 보수를 고려하는 것이 일반적이다. 국제적으로 오픈 빌딩 혹은 오픈 하우징이라는 이름의 주거형에서 설비의 유지관리와 리모델링을 고려한 설계법과 공법들이 적용되고 있다. 특히 네덜란드의 마투라 시스템은 구조체에서 설비를 분리 독립한 시공공법과 구성방법으로 이루어진 전형적인 시스템이다.

1980년대 초에 개발한 일본의 백년주택(Century Housing System)에서는 설비의 점검과 교환을 중요한 요건 가운데 하나로 삼고 있으며, 이를 계승한 SI주택은 구조체 등의 공용부분(Skeleton)과 전용설비 및 내장 등(Infill)을 명확하게 분리한 주택으로 규정하고 있다. 나아가서 200년 주택으로 불리는 장기우량주택에서도 이 이념을 계승하고 있으며, 유지관리 관련 규정들을 두고 있다.

싱가폴의 경우도 공공주택 세대내부에서 화장실, 부엌 배관, 거실과 침실 등 전기 배선은 구조체에서 분리·독립되어 있는 것뿐만 아니라 아예 노출되어 있는 것이 일반적이다. 점검과 교체 용이성을 우선시하는 까닭이다.

이렇게 볼 때 재고사회로 전환된 나라들에서는 유지관리와 리모델링 등을 고려한 설계와 시공 개념이 건축에서 기본이 되고 있다.

## 2. 공동주택 장수명화를 위한 유지관리 용이한 계획·설계 방향과 수법

공동주택 유지관리의 대상은 물리적인 측면에서 볼 때 구조체, 외장, 내장, 설비 부분으로 구분할 수 있다. 공동주택은 수명이 다른 많은 자재·부재와 부품으로 구성되어 있다. 건축물은 이것은 건축물의 구성이라는 측면에서 볼 때 내용연수의 차이에 따른 점검, 보수, 교체가 필요하도록 할 필요가 있다.

공동주택의 장수명화를 위해서는 Support 가운데서도 구조체의 내구성을 확보하는 것과 더불어 수명이 짧은 부재나 부품의 교환, 갱신을 어떻게 합리적으로 할 수 있도록 할 것인가의 물리적인 수명의 향상과 장래의 기능저하·다양화에 대비한 부품이나 설비·기기의 교환, 갱신 등의 성능향상, 혹은 공간내의 가변성향상·개량을 쉽게 할 수 있는 기능적인 수명을 어떻게 향상할 수 있도록 할 것인가가 중요한 요건이 된다.

### (1) 수명을 고려한 설계

건축물을 설계할 때 설계한 건물이 몇 년의 수명을 가질 수 있도록 설계할 것인가를 먼저 설정하고 그것에 적합한 구조체와 설비, 내·외장 수명을 설정하여 설계를 한다. 건물의 골조가 가지는 수명을 설정하고 설비나 내·외장 부재나 부품이 몇 년을 경과하면 노후화되어 교체나 교환을 해야 할 것인가를 미리 가정하여 설정된 시점에서 용이하게 리모델링할 수 있도록 설계하는 것이다.

Support 부류에 속하는 구조체가 위계상 가장 우선하고, 구조체와 공용설비의 관계를 검토한다. Infill 부분인 내장과 전용설비는 구조체에 비하여 수명이 짧으므로 후시공이 기본이다. 내장이나 설비부품의 경우에도 수명과 사용성의 관계를 검토하여 전후 시공 순서를 고려하여 설계한다. 즉, 다양한 부재와 부품에 대하여 몇 개의 군(group)으로 구분하여 수명을 검토하여 설정된 수명에 맞추어 보수 및 교체·교환이 이루어질 수 있도록 하는 것이 중요하다.

구성부재와 부품의 수선주기, 교체·교환주기 등을 검토하여 주기가 일치하도록 함으로써 보다 용이한 유지관리가 가능하게 되는 것이다.

### (2) 구조체와 설비, 내·외장재의 분리 설계

수명설계를 고려한 다음 단계로 수명이 긴 구조체와 수명이 상대적으로 짧은 설비, 내·외장재 등을 분리하여 설계하는 것이다. 분리 설계한다는 것은 현재 일반적으로 이루어지고 있는 구조체내에 설비를 매설하거나 내·외장재의 일부가 구조체 속에 묻히거나 구조체와 내·외장재가 용접 등으로 일체화하는 설계를 하지 않는 것을 의미한다. 즉, 설비배관은 노출시키거나 구조체를 통과해야 할 경우에는 슬리브(sleeve)를 묻어 두는 등의 설계를 하고 내·외장은 볼트접합이나 해체·교체가 용이한 접합방법을 고안하여 활용하도록 한다. 설비 배관·배선이 구조체 속에 매설되면 문제가 발생했을 때 점검·수선·교체가 어려워진다. 구조체는 구조체만으로 설계·시공되어 설비나 내·외장재의 간섭이 이루어지지 않고 독립적으로 구성되어야만 구조체의 수명을 유지할 수 있고, 설비나 내·외장재는 용이하게 교환이나 교체가 이루어질 수 있기 때문이다.

### (3) 구조체의 내구성 향상

철근 콘크리트구조에서 구조체의 성능저하는 박리, 철근의 부식, 콘크리트의 중성화가 서로 영향을 미치면서 진행한다. 철근 콘크리트의 내구성 향상 방안으로 콘크리트 피복두께의 유지와 물결합량의 조절과 같은 콘크리트 품질의 향상이 중요한 요소가 된다. 이에 대한 구체적인 내용은 시방서나 법규의 기준이 있으며, 장수명 주택인증제도의 내구성 부분에서 나타나 있으므로 여기서는 생략한다.

공동주택의 수명은 일차적으로 구조체인 철근콘크리트의 수명에 좌우하므로 물리적인 수명유지를 위한 기본적인 조건을 갖추어 두는 것이 기본이다.

### (4) 부재·부품의 건식화 및 교체 대책

분리설계 후 구체적인 호환성을 갖추도록 부재의 건식화 또는 부품화를 통하여 용이한 교체나 교환을 할 수 있는 상세설계 하는 방법의 확립이 필요하다. 건축물 전체의 질서 있는 설계와 공간위치·부재 및 부품의 위치설정, 상호관계

등을 합리화하기 위한 수단으로써 모듈정합설계(MC설계, Modular Coordination)를 바탕으로 할 필요가 있다. MC설계는 「주택의 설계도서 작성기준」을 준용하면 될 것이다.

각 부재나 부품의 교환·교체가 용이하게 이루어질 수 있고 동반공사가 발생하지 않도록 구성방법, 조합방법, 접합방법을 고려한 접합부의 상세설계가 확립될 필요가 있다. 수명의 장단이나 설치, 교환, 해체 시에 타 부재 및 부품에 영향을 미치지 않도록 순서나 접합방법을 고안하도록 한다. 즉, 교환·교체, 해체될 것을 미리 가정하여 시공·조립순서는 교환·교체, 해체의 역순을 고려하여 설계한다. 재활용을 고려하여 재료사용은 혼합재료를 사용하지 않도록 하는 것도 중요한 고려사항의 하나이다.

부품화·조립화·유니트(unit)화된 설비배관의 사용도 교체를 위하여 중요하다. 설비배관의 용이한 교체·교환을 위해 배관자체가 부품화되어 있는 것을 사용하면 시공효율이 좋아지며, 성능의 향상을 기할 수 있다. 이런 측면에서 부품화된 설비를 설계에 적용하는 것이 바람직하다.

내장의 경우에도 구조체와 내장부품, 내장부품과 내장부품의 접합방식과 상세설계의 검토가 필요하다. 건식화된 부재나 부품을 많이 사용하는 것이 분리 설계에 유리하지만, 바닥과 천장과 벽체의 시공순서를 고려한 설계 및 접합방법이 동시에 검토되어야 한다. 해체나 교체를 고려한 상세설계가 효과를 발

그림 9-4 자립하는 칸막이벽체

NEXT21

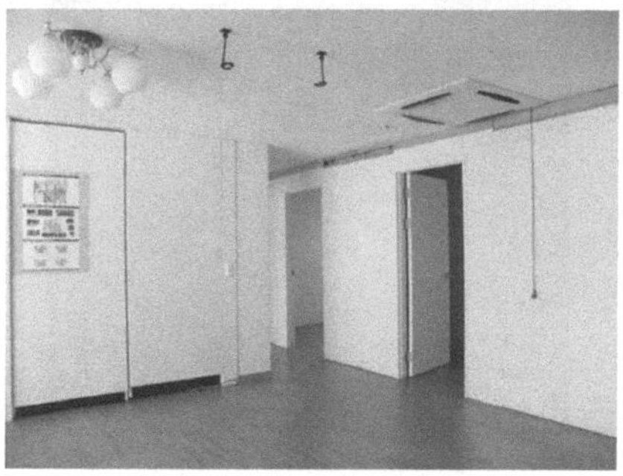

PLUS50 환경공생주택

휘하는 부분이 이 부분이다. 예들 들면 공간의 가변성을 위해서 바닥과 천장의 선행시공 벽체 후행 시공이 바람직하고, 자립할 수 있는 구조와 접합부를 손상시키지 않도록 한다.

### (5) 공용설비배관·배선 공간(PS)의 배치와 유지관리 용이한 설계

공용설비배관배선은 급수관, 배수관, 전력간선, 통신간선, 가스관 등이 위치한다. 설비배관배선은 세대 전용부분에 영향을 주지 않고 점검과 보수, 교환을 할 수 있는 것이 바람직하다. 이들 간선은 계량을 수반하므로 공용부분에서 미터박스(Meter box)에 배관되어 있다. 배관, 배선의 교환을 쉽게 하기 위해서 공구를 사용할 수 있는 배관 이격거리의 확보, 교환 시의 예비배관을 설치할 수 있는 공간을 확보해 두는 것이 좋다. 공용배수배관 공간 즉 오수·배수 PS는 한정된 층고와 천장고 내에서 실내의 전용 수평배관의 구배를 확보하기 위하여 부엌이나 화장실과 인접하여 설치하는 것이 일반적이다. 이 조건을 만족하고 공용부분에서 유지관리할 수 있는 계획은 많은 제약이 따르게 된다. 따라서 배관관이 설치되어 있는 물 사용 부분(Wet zone)과 공용부분의 위치관계를

그림 9-5 배관공간의 노출

어바넥스산조

후렉스 코트 요시다

충분히 배려한 주동계획과 세대계획을 계획단계부터 고려해야 한다.

공용설비 공간은 공동으로 사용하는 설비이므로 개인의 생활이나 활동을 침해하지 않는 공용부분에 배치하여 외부나 공용부분에서 접근이 용이하도록 하는 것이 바람직하다. 급수를 비롯한 공급계통 부분은 모두 공용부분에 위치시키고, 오수나 배수 등의 부분은 발코니에 설치하여 수리를 가능하게 할 수도 있다. 발코니 확장을 전제로 하여 설계하는 우리나라의 실정에 비추어보면 발코니도 바람직한 위치가 아니지만 세대내부에 위치하는 경우보다는 외부 쪽에 치우치는 것이 유지관리 측면에서 유리하다. 물을 사용하는 공간과 관련된 설비의 수명이 짧거나 하자발생 등으로 교체·교환 등의 중요성이 크기 때문에 이에 대한 배려가 필요하기 때문이다.

### (6) 화장실의 층상배수배관 시스템과 유지관리 용이성 확보

현재 우리나라 공동주택의 중요한 특성의 하나가 화장실의 층하 오배수배관 시스템이다. 위층의 화장실 사용으로 아래층에 소음이 전달되며, 아래층 화장실에서 위층 화장실을 유지관리해야 하는 물리적·사회적으로 얽힘이 있는 구성적인 문제점을 안고 있다. 유지관리 측면에서 근본적으로 층상배관방식으로 변화되어야 할 필요성이 있다.

**그림 9-6** 화장실 배관방식

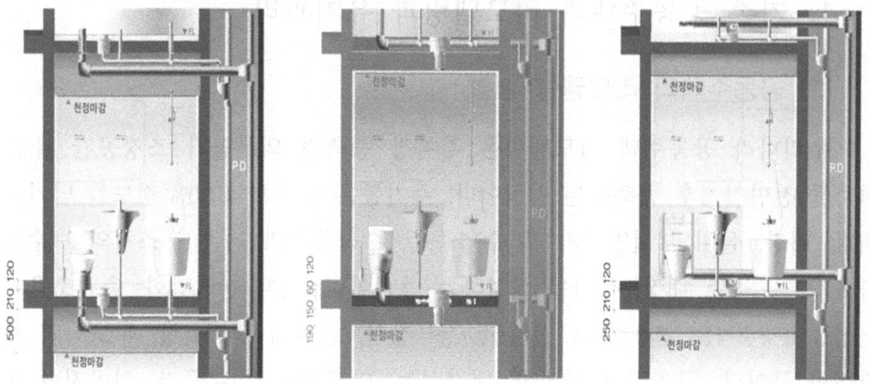


층하배관방식 층상배관방식 벽배관방식

최근 이러한 문제점 해결을 위하여 층상배관시스템이 적용되고 있는데 2가지 방식이 있다. 하나는 바닥 슬래브 상부에 배관을 설치하는 바닥배관방식과 기존 벽과 독립된 블록벽으로 구획하여 배관을 설치하는 벽배관방식이 있다. 바닥배관방식은 오배수 배관의 구배를 위하여 바닥 슬래브에 단차를 만드는 방식(Slab down 방식)과 단차 없이 슬래브 상부를 삭감하는 방식이 개발되어 있다. 벽배관방식은 욕조나 샤워, 바닥의 배수만을 바닥에서 처리하고, 변기는 벽 부착형식으로 오수배관과 세면기의 배수배관은 벽을 따라서 배수된다. 2방식 모두 당해층 화장실에서 점검과 보수가 가능하나, 습식마감일 경우는 점검을 위한 점검구가 필요하거나 점검을 위한 조치가 필요하며, 건식화가 바람직하다.

# Ⅳ. 공동주택의 리모델링과 유지관리

기존 공동주택의 리모델링에 대하여 유지관리 관점에서 리모델링의 현황과 문제점을 살펴보면서 리모델링 시에 신축과 같은 관점의 유지관리를 용이하게 하는 방향에 대하여 검토하고 리모델링에서 유지관리 수법을 기술한다.

## 1. 기존 공동주택의 리모델링과 유지관리

### (1) 공동주택의 리모델링 현황

우리나라 공동주택 리모델링은 주차장 증축과 외부공간 조경공간 확보, 건축물 전면철거후 증축하는 방식이다. 주거동은 구조체의 80% 정도를 남기고 외장, 내장, 설비의 전면철거 후 수평증축, 수직증축과 기존 구조체의 보수보강을 거쳐 외장, 내장, 설비를 신설하는 방식이며, 이때 단열강화, 층간소음차단성능(중량충격음, 경량충격음, 설비소음 등) 강화, 엘리베이터 확장, 복도식의 계단식화 등이다. 구조적인 안전성, 내진성능, 단열성능, 외부공간, 인공지반 녹화, 주차장 확대, 내부 공간성능, 차음성능 등 많은 성능이 향상되고 자재도 고급화되었으나, 가변성이나 리모델링 대응성, 유지관리 대응성 등은 여전히 기존의 방식을 답습하고 있다.

리모델링을 실시한 사례들에서 나타나는 공통적인 특징들을 보면 ① 수평방향 확장형 리모델링, ② 전면철거형 리모델링, ③ 일체식 구법의 습식공법을 사용하는 매설형 리모델링, ④ 공급자 중심형 리모델링의 4가지로 요약할 수 있을 것이다. 이러한 리모델링의 결과는 다음과 같은 한계로 나타나고 있다.

첫째, 거주자 이주 후 구조체를 제외하고 전면철거한 후 구조체의 보수·보강과 수평증축을 하고 습식공법과 일체식 구법을 적용하는 리모델링이다. 특히 기존의 설비와 내장을 전면 철거하고 새로운 부위에 물을 사용하는 공간(화장실, 부엌, 다용도실 등)에 대응하기 위한 다양한 설비경로(샤프트, 배관, 배선공간 등)를 새로 마련하고 기존의 설비경로를 메우는 작업을 한다. 철거공사 때 발생하는 소음과 비산먼지에 대한 주변 거주자들의 민원과 철거 폐자재를 처

그림 9-7 리모델링의 이미지[6)]

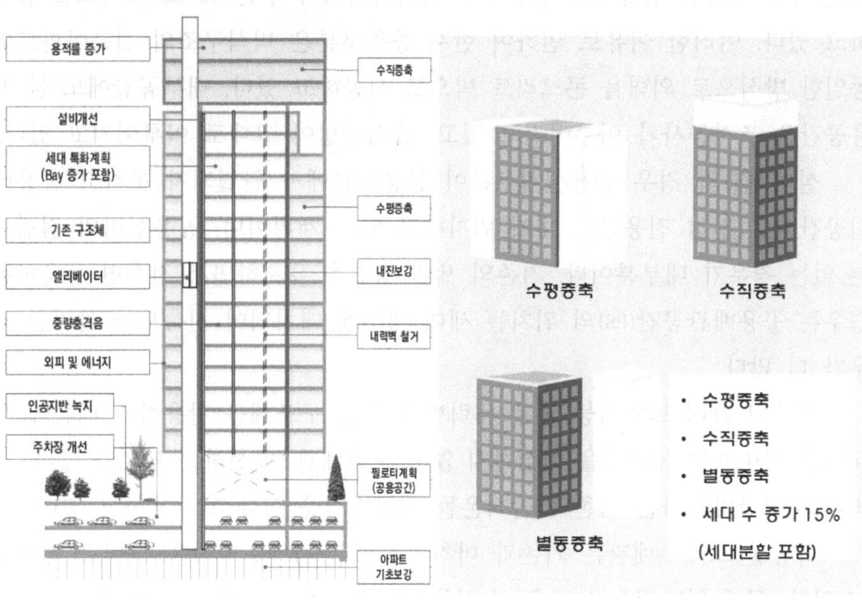


6) 김수암, "공동주택장수명화를 위한 리모델링의 현황과 과제", 『주거』, 한국주거학회지, 2016.6, Vol. 11, No. 1, p. 19.

리하는데 많은 노력과 시간과 비용을 소모하는 한계를 보이고 있다.

둘째, 리모델링을 실시한 공동주택은 초기는 기둥식 구조방식, 최근은 내력벽 구조방식으로 거주자의 요구조사를 통하여 평면을 재구성하고 자재의 수준을 높이면서 자재의 옵션, 평면선택 등을 부분적으로 적용하고 있으나 거주자의 다양한 요구나 리모델링 후의 변화를 수용할 수 있는 방향에는 한계가 있다. 세대와 주동 평면형의 특성은 전용면적 30% 이내에서 수평방향으로 전·후면을 증축하는 형태이며, 세대출입방식의 측면에서 보면 복도식이 사라지고 상자형(box) 2호 1엘리베이터·계단식 위주의 출입방식 중심으로 나타나고 있다. 향후는 수직증축형이 시도될 것이다.

### (2) 유지관리 측면에서 본 리모델링의 현황

내력벽을 기반으로 한 기존의 구조방식으로 인한 공간 재구성의 한계가 있으며, 기존의 베이를 그대로 유지하거나 통합·증축을 통하여 베이증가를 한 경우도 있다. 또한 가변을 위한 기반이 되는 내장과 이동대응 설비 부품의 시장은 아직 미숙한 상황으로 현장시공 건식화이거나 부분적으로 조적조를 활용하고 있다. 이러한 이유로 인하여 현재 증축부분은 벽식구조의 신축아파트와 동일한 방식으로 외벽을 콘크리트 벽으로 시공하고 있다. 내부공간에도 물 사용공간은 조적공사가 이루어지고 있고, 습식공법이 그대로 이루어지고 있다.

설비계획의 경우 공용설비부분이 공용부분에서 완결되지 못하고 공용배관공간이 여전히 전용공간 내에 위치하고 있는 계획이며, 공용설비의 점검구는 없는 경우가 대부분이다. 기존의 세대 평면을 유지하면서 전후면 증축하는 경우는 공용배관공간(PS)의 위치는 세대 내부에 배치되어 신축보다 불리한 경우가 더 많다.

기존의 슬래브와 기둥 혹은 내력벽과 같은 구조체를 활용하기 때문에 세대내부 설비배관과 배선을 매설하지 않고 노출배관·배선하는 부위가 많다. 그러나 바닥난방공사는 기존의 습식온돌 시공방식을 그대로 사용하고 있다.

화장실 오배수배관은 기존과 마찬가지로 층하배관방식을 그대로 적용하고 있다. 현재 일반적으로 신축 시 시공하는 방식이 그대로 리모델링에서도 적용되고 있는 것이 현실이다. 현재 일반적인 신축 아파트 건설방식과 마찬가지로 습식구법이 일반적인 상황이며, 유지관리를 위한 계획이나 시공도 거의 적

그림 9-8 리모델링의 증축과 보수

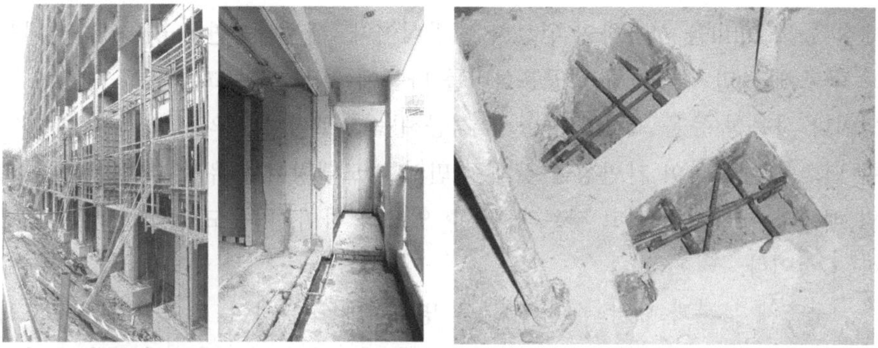

기존 구조체에 신설 구조체 연결 증축

기존 파이프 관통부위를 메우기 위한 철근보강

용되고 있지 못한 상황이다.

종합적으로 공동주택 리모델링 사례들은 유지관리와 장수명화의 관점은 아직 염두에 두고 있지 않은 설계와 시공방법을 취하고 있는 한계점이 있다.

## 2. 기존 공동주택의 유지관리를 용이하게 하는 리모델링 방향

공동주택의 리모델링은 물리적으로 기존 구조체의 유지를 기반으로 하고, 내장과 외장, 설비 등을 전면 철거한 후 일부 구조체를 수평 혹은 수직으로 증축하고 외장, 내장, 설비를 신설하는 형태이다. 1층을 필로티로 하면 1개층을 증축할 수 있으며, 수직증축의 경우는 최고 3개층까지 법적으로 허용된다. 신축하는 부위를 제외하고 기존 구조체를 활용하기 때문에 신축과 달리 구조체 속에 설비배관·배선을 매설할 수 없으며, 노출방식이 된다. 구조체와 설비의 분리가 자연스럽게 이루어질 수 있는 구조이다, 이것은 Support와 Infill의 분리방식의 하나로 구조체와 설비 분리의 일부분이다. 기존 구조체를 사용하므로 Support와 Infill을 분리하는 방식의 시초가 된다.

SI분리란 Support와 Infill을 상호 구분하고 S와 I를 단계별로 나누어 설계·시공하는 방식을 말하는 것으로 신축건축물에서도 장수명화를 위한 수법으로 유효하며, 리모델링에도 동일하게 적용할 수 있는 유효한 수법이다. 구조체와 공용설비 등의 Support를 1단계로 먼저 시공 완료한 후에 2단계로 전용설비와 내장 등의 Infill을 시공하여 완료하는 방식이다. 세분하자면 Support 가운데서도 구조체를 먼저 시공하고 공용설비를 다음에 시공한다. 그 다음에 Infill의 수명이나 사용성 등을 고려하여 설계·시공해 둠으로써 시간의 경과에 따른 다양한 변화에 대응하여 가변성을 갖게 하면서 리모델링이나 유지관리 할 때 Infill의 해체와 재설치를 쉽고 빠르게 할 수 있도록 하며, 비용도 절약할 수 있도록 하는 것이다.

구조체 부분과 내장·설비 부분을 명확하게 구분하여, 전용설비는 구조체나 경량콘크리트 온돌층(소위 방통) 속 등에 매설하지 않으며 공용배관 공간은 엘리베이터 홀, 복도, 계단실 등 세대 외주부 공용부분에 설치하여 점검·보수·교체 시 거주자에 피해를 주지 않도록 하는 것이다.

리모델링 공사를 실시할 때 구조체만 남기고 기존의 설비와 내·외장을 철거한 후 구조체의 보강과 증축을 실시한 연후에 구조체만 있는 상황은 SI분리방식으로 신축하는 주택의 구조체 시공을 완료한 상태와 거의 동일하다. 따라서 설비배관과 배선의 노출가능성이 높다. SI분리방식은 가변성과 리모델링, 유지관리를 용이하게 함으로써 공동주택의 장수명화를 실현하는 기술의 하나

그림 9-9 Support 상태

철거한 후의 보수·보강이 완료된 상태

SI방식으로 건설된 구조체 상태

이다. 여기에 점검과 보수를 위한 점검구의 설치 등의 조치는 리모델링에서도 유지관리를 위한 방향이다.

우리나라의 경우는 리모델링 시에도 외장은 콘크리트현장타설 습식공법을 여전히 사용하고 있고, 온돌설비는 경량콘크리트로 하고 있다. 화장실은 층하배관방식을 그대로 사용하고 있으며, 증축으로 인한 공용설비배관 공간의 공용부 설치는 한계가 있다. 그러나 유지관리의 용이성을 실현하기 위한 방향으로서 SI분리방식은 리모델링에서도 유지관리를 용이하게 하는 방향으로서 유효하다.

## 3. 리모델링에서 유지관리 용이성 수법

리모델링할 때 유지관리를 용이하게 하기 위해서는 기본적인 방향으로서 SI분리방식을 적용하는 것이 유효하다는 것을 앞에서 설명하였다. 리모델링을 한 경우 구조체의 보수보강으로 인한 수명증가가 수반되기 때문에 유지관리의 필요성이 커진다. 이후에는 재건축까지 내장과 설비 등 인필개수형 리모델링이 있을 수 있고 리모델링 준공 후 유지관리를 용이하게 하고 비용을 줄이기 위해서도 유지관리 용이성 수법은 필요하다. 이를 위한 수법에 대하여 살펴보고 현실성에 대하여 설명한다.

### (1) 유지관리 용이성을 위한 수법

#### 1) 공용설비와 전용설비의 분리

공용 급수배관, 전기간선, 통신간선 등의 공용설비와 개인의 전용설비가 명확하게 분리되면 관리하기가 용이해지고 책임한계가 분명해진다. 이것은 신축의 경우와 마찬가지이다. 공용부분과 전용부분을 어디까지로 설정할 것인가에 대한 규정과 함께 공용설비에서 분기하여 전용설비와 연결될 경우 연결부에 대한 분리 가능성에 대한 고안이다. 이음부분에 분리가능한 장치 등을 사용하여 쉽게 공용설비와 전용설비를 분리할 수 있도록 설계·시공할 필요성이 있다.

#### 2) 구조체 및 온돌층 속에 전용설비 매설금지

리모델링의 경우에는 기존 구조체를 활용하는 부분이 많기 때문에 구조체

그림 9-10 구조체와 분리한 설비배관

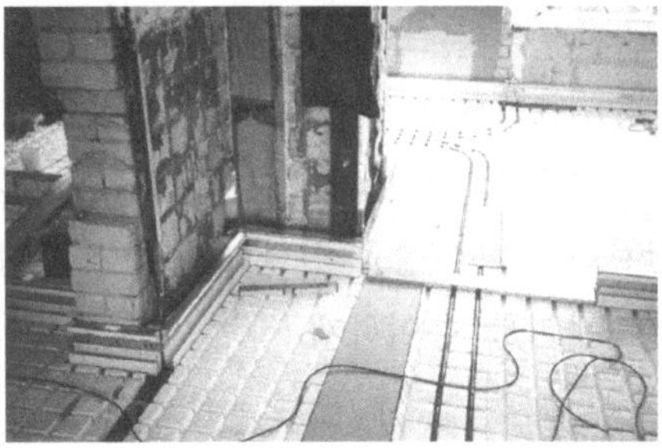

리모델링에 적용한 마투라 시스템
(네덜란드 Voorburg, 자료: Stephen kendall)

리모델링에 적용한 2중바닥과 배수시스템
(일본 구루마가에시 단지)

에 설비를 매설하는 경우는 적을 수 있으나, 신축하는 부분에는 기존과 같은 관행을 되풀이할 수 있다.

온돌난방배관은 경량기포콘크리트 속에 매설하는 시공이 일반적이지만, 온돌층에 매설되는 급수배관, 부엌배수 배관 등의 유지관리를 위한 조치가 필요하다. 온돌층의 건식화와 2중바닥과 결합하여 설비배관을 매설하지 않고 관리할 수 있는 방안이 바람직하다. 습식구법인 경우는 2중배관의 사용, 벽체와 인접한 위치에 트렌치형이나 부분 2중바닥과 같이 수평 전용 배관의 이동경로를 확보하는 것이 바람직하다.

### 3) 공용설비의 위치설정과 유지관리를 위한 점검구

공용설비배관공간은 공용부에 설치하여 큰 점검구를 설치하면 세대내에 피해를 주지 않고 유지관리가 용이하다. 큰 점검구를 설치하지 못할 경우는 건식화 구법으로 마감하면 필요시 해체가 가능하다. 기본적으로 공용설비는 세대 개인공간과 분리하여 설치하는 것이 바람직하다.

### 4) 화장실의 유지관리를 위한 층상배관방식 적용

화장실의 층하배수방식을 탈피하여 층상배수배관방식을 적용하여야 자신의 세대 내에서 유지관리가 가능하다. 특히 우리나라에서는 다른 나라에서 거의 볼 수 없는 바닥 단차와 바닥배수시스템(Floor drain)이 있다. 기존 바닥을 활

그림 9-11 계단실 공용설비공간의 건식시공

용하면서 배수구배와 냄새방지를 가능하게 하면서도 층상배관시스템을 적용하도록 하는 어려움이 있을 수 있으나 기본적인 방향으로 검토할 필요가 있다. 층상배관방식의 하나인 벽배관방식과 건식마감의 활용은 유지관리의 용이성을 증가시킨다.

### 5) 내장벽체의 건식화와 부품화

내력벽구조인 경우 사용부위가 극히 제한되어 있으나, 내장벽체의 경우는 건식화와 부품화 방향으로 시공하는 것이 향후의 인필개수 및 유지관리를 위

그림 9-12 벽배관 화장실과 시스템

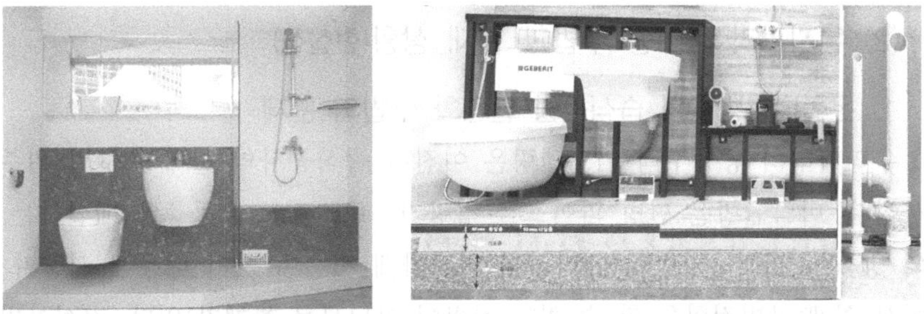

하여 바람직하다. 특히 거주 중에 공간의 가변이나 실의 재배치가 필요한 경우 이동이나 해체 등을 고려할 때 전기설비 등과 연계하여 고려할 수 있도록 하는 것이 바람직하다. 화장실에 인접한 벽체는 여전히 조적공사를 하고 있는 경우가 있으나, 건식공사의 기술발전으로 시공전환이 가능하다.

그림 9-13 내장 공사

내장 건식 마감공사

내장 조적공사

6) 전기배선을 위한 2중 벽체화 및 2중천장

기본적으로 리모델링에서 전기배선, 천장소화설비를 위한 스프링클러 설비배관 등은 노출되므로 2중천장을 설치하게 된다. 사용자 변화, 공간변화와 수반하여 2중천장과 2중벽체의 시공은 공간이동에 대한 대응의 용이성, 유지관리에 용이성을 제공해 준다. 필요한 부분에 점검구를 설치하는 것도 유지관리의 용이성 관점에서 필요하다.

### (2) 유지관리 용이성 수법과 현재 상황(현실성)

1) 온돌난방방식의 습식공법 일체화 구법의 문제

우리나라의 공동주택 리모델링은 여전히 습식공사의 일체식 구법 위주의 공사이다. 바닥난방은 난방 파이프를 경량기포콘크리트 온돌층에 매설하는 기존의 방식이 건식난방방식에 비하여 현저하게 비용이 낮기 때문에 시공자 입장에서 쉽게 공법전환을 할 수 있는 상황이 아니므로 한계가 있다. 건식공법에 대한 개발과 적용을 위한 노력이 있으나 여전히 시간과 인식의 전환이 필요하다.

이러한 상황에 대응하여 급수배관의 경우는 2중배관을 사용하여 유지관리에 대응한 시공방법이 적용되고 있다.

#### 2) 공용배관공간(PS) 등의 공용부 배치와 점검구 설치

공용수직 간선배관, 전기간선, 통신간선 공간 등을 위한 수직간선류의 공간을 공용부에 설치하는 것에도 한계가 있다. 일부는 공용부에 배치하여 건식 마감을 하고 있거나 점검을 위한 점검구를 가지고 있지만, 일부는 여전히 세대 내부 공간에 설치되고 있다. 이것은 계단식 위주의 출입방식으로 변화하고 있는 리모델링 평면형식상 엘리베이터 홀 주위 공간이 협소하여 배치할 수 있는 공간의 한계가 있다는 점과 전후면 증축을 통한 깊이가 더 깊어지는 평면형에서 물을 사용하는 화장실과 부엌공간의 위치가 세대내부에 설정됨에 따라 인접하여 PS를 위치시키는 설계 상황에 따른다. 기존 공동주택의 층고가 낮기 때문에 2중바닥의 적용은 거의 불가능한 상황도 한계이다. 이러한 상황에 개선할 수 있는 방안은 엘리베이터 홀 부분에 급수계통, 전기, 통신 간선은 집중시켜 점검구를 설치하고 세대내부는 오배수 전용수직배관 공간을 물사용 공간에 인접시키고 부분적으로 점검구를 설치하는 방법일 것이다. 급수계통보다는 배수계통의 유지관리의 문제가 적다고 판단하기 때문이다.

#### 3) 화장실의 층상배관 방식 적용

화장실은 신축이든 리모델링이든 여전히 층하배관방식을 일반적으로 적용하고 있다. 신축의 경우에는 슬래브 다운형 층상배관방식이 일부 적용되고 있고, 벽배관방식도 적용되기 시작했다. 리모델링의 경우에는 증축하는 부분에 화장실이 배치되지 않으면 기존의 슬래브 상태에서 슬래브 다운형 화장실을 시공하기는 어렵다. 최근 슬래브 다운 없이 사용할 수 있는 층상배관타입도 개발되어 있으나 적용은 되고 있지 않은 실정이며, 벽배관방식은 슬래브의 변경이나 손상없이 가능하다. 벽배관방식의 경우 건식 마감을 사용하거나, 습식 마감일 경우 점검구를 설치하면 자기 세대내부에서 유지관리 할 수 있게 된다.

#### 4) 건식내장벽제와 2중바닥, 2중천장의 적용

건식내장벽체의 적용은 구조방식에 따라 달라진다. 기둥방식인 경우에는 건식벽체의 사용부위가 넓지만, 내력벽식의 경우에는 극히 일부로 제한된다. 건식벽체를 사용하더라도 현장에서 프레임을 설치하고 마감재를 붙이는 시공 형태가 일반적이다. 이 경우는 손상이 적은 접합구법을 적용하는 것으로 대응한다. 천장의 전기배선, 통신배선, 스프링클러 등은 노출배선, 배관으로 2중천장·건식마감을 적용하고 있다. 점검구가 있으면 유지관리에 유리하다. 전기 스위치나 콘센트 등 벽체에 매설되는 경우는 2중벽체가 유지관리를 위해서는 바람직하지만, 현실은 매설위주로 이루어지고 있다.

현실적으로 SI방식은 우리에게 새로운 기술로 설계와 시공의 기술적인 기반이 형성되어 있지 않기 때문에 실행에 옮기기는 쉽지 않을 것이다. 리모델링 시점에서 근시안적인 사고와 경제성만으로 판단할 것이 아니라 현실에서 문제점이라고 생각하는 것을 개선하고자 하는 자세가 중요하다. 구조체와 공용공간과 공용설비를 포함한 Skeleton 측면에서 우선적으로 Infill을 수용할 수 있도록 고려하고 가능하면 공용설비는 공용부분에서 점검하고 관리하도록 할 필요성이 있다.

전용공간에서는 습식공정을 줄여 건식공법화하거나 설비배관·배선 등은 천장의 이용, 온돌설치 외주부 트렌치 형성, 부분 2중바닥, 부분 2중벽, 설비전용벽체, 내장벽체 또는 내장벽체+문 시스템 등과 연계하여 생각해볼 필요가 있다. 기존의 일체식 구법과 습식공법, 설비의 매설, 점검과 보수가 어려운 공용공간의 위치와 시공, 아랫집 천장 속에 위치한 윗집 화장실 배관 설치, 자르고 이어붙이는 시공 관행 등에 익숙하여 새로운 기술개발에 인색하면서도 입주 시의 상황만을 우선하는 사고방식을 바탕으로 한 산업의 후진성이 리모델링 산업의 발전을 저해하는 요소가 될 수 있다.

## V. 맺으며

주택보급률이 100%를 넘어서 단순히 건설하는 시대에서 성능이 중시되는 시대로 전환하고 있다. 건설중심의 공급시대가 지나가고 재고가 중요시되는 시대로 전환해 가고 있다. 재고시대에는 유지관리 여부가 주택의 가치를 결정한다. 처음 건설한 상태로 방치해 두면 시간이 지남에 따라 저하되는 주택의 성능과 기능을 유지시키는 것이 유지관리이며, 유지관리를 잘 할 수 있으면 주택의 수명은 연장된다. 유지관리는 건축물 준공 후의 상태에 대한 단순한 점검·보수를 위한 행위에 그치는 것이 아니라 좋은 건축물 재고를 확립하기 위하여 필수적인 중요한 행위이다. 유지관리는 건축물 라이프 사이클(Life cycle) 프로세스 가운데서 준공 후에 일어나는 행위로 보는 소극적인 생각에서 벗어나 계획·설계 시에 유지관리에 대한 개념을 포함하여 유지관리를 쉽게 할 수 있고 잘 할 수 있으며, 비용이 적게 소요되도록 하는 적극적인 태도가 중요하다. 이러한 관점에서 신축시 장수명화를 고려한 유지관리 방향과 리모델링 시에 수명연장을 위한 유지관리 방향에 대하여 기술하였다. 유지관리를 용이하게 하는 방향은 신축과 리모델링에서 별 차이가 없으나, 실제 설계·시공에서는 신축은 자유도가 큰 반면 리모델링은 기존 구조체의 대부분을 유지한다는 전제와 각각 다른 건축적 조건을 가지고 있다는 점에서 적용수법은 많은 차이가 있다.

이 장에서 기술한 내용이 현재 시점에서 즉시 적용할 수 없는 방향과 수법이라고 하더라도 향후에는 적용되어야 할 방향임에는 틀림없다. 또한 건축물의 라이프 사이클 프로세스 가운데서 가장 오랜 기간이고 사용자들과도 가장 밀접하게 관련되어 있는 단계이며, 행위이다. 사용단계에서 유지관리를 위한 실천적인 행위는 이미 계획·설계단계에서 결정된다. 유지관리를 잘 할 수 있도록 하는 것이 유지관리의 첫걸음이자 마지막이라 할 수 있다. 계획·설계단계에서 유지관리 배려 중요성이 여기에 있다. 유지관리를 잘 할 수 있도록 만들어진 공동주택은 준공 후에도 유지관리를 잘 할 수 있다는 점을 염두에 둘 필요가 있다.

## 참고문헌

김수암(2016.6), "공동주택장수명화를 위한 리모델링의 현황과 과제", 『주거』, 한국주거학회지, Vol. 11, No. 1.

김수암(2003.4), "설비의 리모델링을 고려한 건축계획 및 설계", 『설비』.

김수암(2011.12), "일본 SI주택의 유지관리 및 리모델링 대응 계획수법 분석", 한국퍼실리티매니지먼트학회논문집, 제6권 제1호.

이보라·이형수·김수암(2005.1.24.~25), "오픈 하우징의 레벨 구분 적용을 위한 공동주택의 얽힘에 관한 고찰", 대한건축학회 창립60주년기념 학술대회논문집, 제25권 제1호, PP. 51-54.

Stephen Kendall (1994.1), *The Entangled American House*, National Building Museum.

Stephen Kendall and Jonathan Teicher (2000), *Residential Open Building*, E & FN Spon, London and New York.

特集:住宅部品の耐用年数とメンテナンス, *better living*, 1997夏号, no. 157.

深尾精一, 集合住宅の設計·建設手法と長期の耐用性, 住宅総合研究財団研究年報, 1992. No. 19.

제10장

# 공동주택 내 근로관계와 공동주택관리 관계자의 상생 방안

한영화(한영화 법률사무소 대표변호사)

## Ⅰ. 공동주택 내 근로관계

국내 삶의 터전 중 대다수를 차지하고 있는 "공동주택" 안에는 '사람'이 담겨있다. 이를 반영한 '공동주택관리법'을 들여다보면, 두 축의 공동주택관리 관계자, 즉, '의결기구'인 입주자 등을 대표하는 입주자대표회의, '집행기구'인 주택관리업자, 관리사무소장의 각 존재와 그 상호작용을 살필 수 있다.

결국, 공동주택이라는 삶의 터전은 사람으로 시작해서 사람으로 끝나는, '사람의, 사람에 의한, 사람을 위한' 관계로 이루어진다는 점에서, 특히 관계 중에서도 '의결기구'와 '집행기구' 두 축을 연결하고 있는 기본이자 기반이기도 한 '근로관계'를 잘 살펴볼 필요가 있는바, 이하에서 보듯, 근로관계는 크게 양자관계인 '자치관리', 삼각관계인 '위탁관리'로 구분하여 볼 수 있다.

### 1. 자치관리 시 근로관계

#### (1) 양자관계: 입주자대표회의(의결기구)와 자치관리기구(집행기구)

자치관리 시 근로관계는 '양자관계', 즉 '의결기구'인 입주자대표회의와 '집행기구'인 자치관리기구로 이루어져 있다.

즉, 자치관리로 관리방법을 정한 공동주택의 경우 자치관리기구의 대표자인 관리사무소장을 관리주체로 규정하고 있고(공동주택관리법 제2조 제1항 제10호 가목), 위 자치관리기구의 대표자 내지 관리주체인 관리사무소장과 자치관리기구의 직원은 입주자대표회의 구성원 과반수의 찬성에 의해 임면되는바(공동주택관리법 시행령 제4조 제3항, 제14조 제1항 및 같은 조 제2항 제9호), 입주자대표회의의 구성원은 자치관리기구의 직원을 겸할 수 없고, 자치관리기구는 입주자대표회의의 감독을 받는다(공동주택관리법 시행령 제4조 제2항 및 같은 조 제5항).

결국, 자치관리기구의 대표자인 관리사무소장과 그 직원은 비법인사단인 입주자대표회의의 업무집행기관에 해당하는바(대법원 2015.1.29. 선고 2014다62657 판결 참조), 관리사무소장이 공동주택을 안전하고 효율적으로 관리하여 공동주택의 입주자 등의 권익을 보호하기 위하여 입주자대표회의에서 의결한 공동주택의 관리업무 등을 집행하고 공용부분의 유지·보수 등 업무를 담당함에 있어(공동주택관리법 제64조 제2항), 입주자대표회의는 위와 같은 관리사무소장의 업무에 부당하게 간섭하여서는 아니 된다(공동주택관리법 제65조 제1항).

특히, 한국주택관리연구원이 2015.7.부터 같은 해 12.까지 관리사무소장등을 대상으로 한 설문조사 결과에 따르면, 관리사무소장이 입주자대표회의로부터 법 또는 관리규약에 반하는 업무를 지시받은 경험(128.27%), 관리사무소장의 단지 관리 개선 의견이 입주자대표회의로부터 묵살당한 경험(117.25%) 등이 많은 비중을 차지한 점에서 정당한 업무 수행 환경의 현실화가 절실히 필요한 실정이다.

### (2) 주요 사례

자치관리 시 근로관계에서 쟁점이 되고 있는 주요 사례는 이하에서 보는 바와 같다.

#### 1) 자치관리 시 근로관계의 성립

근로자가 입주자대표회의 회장과 서면으로 근로계약을 체결하고 근로를 제공하였으며 근로기간의 임금을 지급받은 사실이 확인되는 이상, 비록 회의록이 비치되어 있지 않다고 하더라도 이는 입주자대표회의의 내부적인 규정 위반에 해당한다고 할 수 있을 뿐 이러한 사실만으로 근로관계 성립 자체를 부인할 수는 없다 할 것이고, 이를 해고의 사유로 삼을 수도 없으므로, 정당한 해고사유가 존재하지 않는 부당해고에 해당한다고 본 사례가 있다(경기지방노동위원회 2015.1.8. 판정 2014부해1554 참조).

### 2) 자치관리 시 근로관계의 종료

#### ① 해고통보의 부당성

자치관리를 하는 경우 자치관리기구 직원의 임면에 관한 사항은 입주자대표회의의 의결사항으로 규정되어 있기는 하나, 의결기관에 불과한 입주자대표회의가 회장이 존재함에도 불구하고 회장의 의사에 반하여 직접 근로자에 대한 해고통보를 한 것은 그 권한을 넘어선 것으로 효력이 없어 부당한 해고라고 본 사례가 있다(서울지방노동위원회 2014.11.24. 판정 2014부해2772 참조).

마찬가지 맥락에서, 입주자대표회의가 근로자에 대해 정당하게 해고를 의결하였다고 하더라도 의결내용을 근로자에게 직접 통보한 것은 그 권한을 넘어선 것으로 효력이 없어 부당해고이므로, 징계사유의 정당성 여부 등은 더 이상 살펴볼 필요가 없다고 본 사례 또한 존재한다(중앙노동위원회 2015.2.16. 판정 2014부해1272 참조).

#### ② 해고사유의 부당성

사용자가 근로자에 대한 해고사유로 적시하고 있는 사항들의 발생과정을 보면 고의성이 있었다거나 중대한 과실이 있었다고 보이지 아니하고, 그 내용이 막연하고 구체화되어 있지 않고 객관적인 입증자료도 부족하여 그 정당성을 인정하기 어렵다 할 것이고, 업무수행에 있어 근로자에게 다소 잘못이 있었다 하더라도 징계사유와 징계처분 사이에는 사회통념상 상당하다고 인정되는 균형의 존재가 요구되는바 위 사유가 사회통념상 고용관계를 계속할 수 없을 정도로 근로자의 책임 있는 사유로는 볼 수 없다고 한 사례가 있다(전남지방노동위원회 2008.6.5. 판정 2008부해179 참조).

또한, 근로계약 갱신의 관행이 정착되어 있고 채용 시 장기근무가 가능함을 구두상 약속하였으며 근로계약서에 근로계약기간 만료 시 자동갱신을 원칙으로 규정하고 있는 점 등에 비추어 볼 때, 근로계약이 갱신될 수 있을 것이라는 정당한 기대권이 존재한다고 보아야 할 것이고, 입주자대표회의가 제시하는 아파트 감사결과 및 조치계획 보고서의 기재 내용만으로 근로계약 갱신거

절의 사유로 삼기에는 명확하지 아니한 점, 근무 당시 입주자대표회의로부터 표창장을 받은 점 등을 종합하여 볼 때, 근로계약 갱신을 거절할 만한 합리적 이유가 없다고 본 사례도 있다(인천지방노동위원회 2015.7.22. 판정 2015부해1769 참조).

유사한 맥락에서, 근로계약서에 계약기간이 3개월 또는 6개월로 기재되어 있으나, 자동연장 조항이 있어 실질적으로는 기간의 정함이 없는 근로계약으로 볼 수도 있는 점, 비록 계약기간의 변동이 있긴 하였으나, 근로계약이 2회 갱신되었던 점 등에 비추어 볼 때, 근로자에게 근로계약 갱신에 대한 기대권이 인정되는 것으로 봄이 타당하고, 근무태도 등을 평가항목으로 하는 업무평가 결과에 따라 근로자와 2회 계약을 갱신하였던 점, 사용자는 최종 업무평가결과에 따라 근로자와의 근로계약 갱신을 거절하였다고 주장하나, 해당 업무평가 관련 자료를 제시하지 않고 있는 점, 인사위원회가 개최되지 않아 근로자의 과실로 인해 입주자대표회의 회장과 다툼이 발생되었다는 사용자의 주장을 객관적으로 확인하기 어려운 점 등을 종합하여 볼 때, 근로계약 갱신 거절에 합리적인 이유가 있다고 보기 어렵다고 본 사례가 있다(서울지방노동위원회 2015.9.18. 판정 2015부해1769 참조).

한편, 수습기간 중에 근로자를 해고할 수 있다는 근로계약서의 조항은 있으나, 해고가 정당화되려면 합당한 사유가 있어야 할 것인바 일부 입주민들의 민원이 제기되었다고 해고한 것은 합당한 이유로 볼 수 없어 부당해고로 판정한 사례가 있다(서울지방노동위원회 2012.8.10. 판정 2012부해1330 참조).

또한, 광고시설물 설치업체 선정 건이나 알뜰장 운영업체의 월납금 미납 건은 근로자가 입사하기 전부터 문제가 되었던 것으로 근로자에게 그 책임을 모두 물을 수는 없다고 보이는 점, 입주자대표회의는 근로자가 알뜰장 운영업체의 월납금 미납 사실을 숨긴 탓에 그 사실을 알지 못하였다는 취지의 주장을 하나, 월납금 미납 사실은 매월 개최되는 입주자대표회의에서 조금만 더 주의를 기울였으면 충분히 파악할 수 있었을 것으로 보이는 점, 사용자는 근로자의 직원관리 능력 또한 부족하다고 하나 이를 가늠할 수 있는 사실 또한 사용자 앞에서 전기과장과의 다툼 등과 같이 일부에 불과하여 근로자의 직원관리 능력 부족을 단정하기에는 부족해 보이는 점 등을 종합하면, 비록 근로자가 시용기간 중에 있다고 하더라도 해고는 객관적으로 합리적인 이유가 존재하여 사회통념상 근로자에게 고용관계를 지속할 수 없을 정도의 귀책사유가 있다고 할 수 없다고 본 사례도 있다(경기지방노동위원회 2012.7.19. 판정 2012부해718 참조).

나아가, 해고사유로 주장하는 옥상방수공사 및 외벽도장공사 소홀, 소독계약업체와의 유착의혹, 관리규약 개정지연 및 자의적 조작, 관리규정 위배, 비상연락망 삭제, 회의록 삭제, 직원 감독 및 통솔능력 부족, 상사에 대한 불손한 언행 등은 업무수행과정에서 발생할 수 있는 경미한 사항이거나 객관적 타당성이 부족한 입주자대표회의의 일방적 주장에 불과하며, 그 상당부분이 입주자대표회의의 결정에 따라 그 최종적인 결재를 받아 시행하여 이에 대한 책임이 전적으로 관리사무소장에게 있다고 보기 어려우므로 부당해고를 인정한 사례도 존재한다(중앙노동위원회 2000.12.22. 판정 2000부해495 참조).

마찬가지로, 대체근무자 부족으로 인한 경비원의 고충과 시간 외 수당지급 문제 해결 등 관리사무소 직원들의 근로조건 개선 및 복지증진에 관한 사항, 아파트 하자보수에 관한 사항 등은 그 책임이 근원적으로 사용자인 입주자대표회의에 있다고 할 것임에도, 이러한 책임을 모두 관리사무소장인 근로자에게 전가하여 이를 징계사유로 삼아 해고함은 부당하다고 본 사례도 있다(서울지방노동위원회 2003.11.26. 판정 2003부해837 참조).

**③ 해고절차의 부당성: 입주자대표회의의 의결 부존재 또는 취업규칙상의 인사·징계위원회 미구성**

법에 근거하여 관리규약에 입주자대표회의의 구성원 과반수의 찬성으로 관리사무소장을 해임할 수 있다고 명시하고 있으나 입주자대표회의의 의결을 거치지 아니하고 해고한 것은 절차상 하자이므로 부당해고를 인정한 사례가 있다(부산지방노동위원회 2015.11.4. 판정 2015부해580 참조).

더 나아가, 공동주택 관리규약 및 취업규칙에서 별도로 인사위원회를 구성해야 한다고 규정하고 있는 점, 인사위원회에서 근로자의 징계를 결정하는 것이 시행령에 위반된다고 보기 어려운 점, 사용자가 인사위원회를 독립적으로 구성하여 직원의 징계 여부를 결정하였던 적이 있었던 점 등을 종합하여 볼 때, 입주자대표회의 의결과는 별도로 구성된 인사위원회의 심의·의결절차를 거쳐야 한다 할 것이므로 절차상 중대한 하자가 있어 부당하다고 본 사례가 있다(전남지방노동위원회 2015.7.20. 판정 2015부해203 참조).

마찬가지로, 법령과 관리규약 등에 “자치관리를 하는 경우 자치관리기구 직원의 임면에 관한 사항은 입주자대표회의에서 그 구성원 과반수의 찬성으로 의결"하도록 규정한 점, 취업규칙에 징계를 위한 인사위원회는 입주자대표회의 임원 전원으로 구성하도록 되어 있으나 징계한 시점에서 임원들이 구성되어 있지 아니하였을 뿐만 아니라 근로자의 징계를 위한 별도의 인사위원회를 구성하지 아니한 점, 인사위원회에 개최 이전에 구두로 해고 결정을 단정하여 해고예고를 사전 통지한 점 등을 종합해보면, 징계절차상 중대한 하자가 있는 부당한 해고라고 본 사례가 있다(제주지방노동위원회 2015.2.25. 판정 2015부해2 참조).

한편, 위와 유사하게, 근로자에 대한 징계는 취업규칙상 징계위원회에서 결정하여야 함에도 입주자대표회의에서 회의 도중 인사위원회로 전환한다는 선언만을 한 후 근로자의 해고를 결정하였으므로 절차상 하자가 있어 부당해고로 본 사례도 존재한다(서울지방노동위원회 2003.10.30. 판정 2003부해609 참조).

또한, 취업규칙에서 징계위원회 구성에 대하여 규정하고 있음에도 징계위원회를 개최하지 아니한 점, 입주자대표회의 구성원으로 징계위원회를 구성할 수 있었음에도 징계위원회 자체를 구성하지 아니한 것에 대하여 정당한 사유가 있다고 보기 어려운 점, 징계위원회에 갈음하여 입주자총회로서 해고를 의결한 것이 절차상 하자를 치유한 것으로 보기 어려운 점, 취업규칙에서 징계절차를 규정하는 취지는 피징계자에게 징계의 공정성과 함께 징계절차의 적정성을 보장하도록 하는 데 있는 것인 점 등에 비추어 볼 때, 입주자총회에서 해고를 의결한 것은 절차적 하자로 부당하다고 판정한 사례도 있다(서울지방노동위원회 2015.8.10. 판정 2015부해1573 참조).

나아가, 사용자는 입주자대표회의를 개최하여 근로자를 징계위원회에 회부하면서 징계위원을 5명으로 구성하여 취업규칙에 맞는 징계위원회는 재적위원 3분의 2 이상인 최소한 4명의 징계위원 참석이 필요한바, 징계위원 3명이 참석하여 의결한 근로자에 대한 해고처분은 절차상으로 중대한 하자가 있어 부당해고에 해당한다고 판정한 사례가 있다(전남지방노동위원회 2013.5.7. 판정 2013부해108 참조).

마찬가지로, 입주자대표회의 징계위원회에 참석한 징계위원인 동별 대표자들은 모두 입주자대표회의에 참석하여 의결 내용이 기재된 입주자대표회의록에 서명하였고, 주무행정관청에서는 "입주자대표회의석상에서 사임을 결의

하였고, 사임결의를 적은 의사록과 그 내용이 속기록에 남아 있어 회의록에 서명한 동별 대표자들은 사퇴한 것"이라고 회신하였으며, 입주자대표회의에 참석하여 회의록에 서명하였던 동별 대표자를 입주자대표회장으로 작성한 입주자대표회의 구성 등 신고서를 입주자대표회의 구성원 자격미달을 이유로 반려함으로써 이들이 동별 대표자로서의 자격이 없음을 다시 한 번 확인한 점 등을 볼 때, 이들은 이미 동별 대표자의 자격을 상실한 자로서 관리규약 및 취업규칙에 의한 입주자대표회의 징계위원회의 징계위원으로서의 자격이 있다고 볼 수 없다 할 것이므로 사용자가 징계위원의 자격이 없는 위원 5명이 참여한 가운데 징계위원회를 개최하여 근로자에 대하여 징계처분을 의결한 것은 권한 없는 자의 행위로서 징계절차에 있어 중대한 하자라 할 것이고, 이러한 징계권의 행사는 징계사유와 양정을 살펴볼 필요도 없이 무효라고 본 사례도 있다(경기지방노동위원회 2014.2.5. 판정 2013부해1636 참조).

④ 양정의 부당성

징계처분을 함에 있어서 어떠한 징계를 할 것인가는 원칙적으로 징계권자의 재량에 맡겨져 있지만, 징계처분이 사회통념상 현저하게 타당성을 잃은 경우에는 재량권을 남용한 것으로 인정될 수 있는바, 근로자에 대한 일부 징계사유는 확정되지 아니하고 불분명할 뿐만 아니라 다른 사유의 경우도 근로자의 귀책사유가 인정되기는 하나 근로관계를 단절하는 해고에 이를 정도의 중대한 사유로 보여지지 아니하므로 징계양정에 있어 지나치게 과중하여 징계재량권을 일탈 내지는 남용한 것으로 부당해고임을 인정한 사례가 있다(제주지방노동위원회 2007.11.23. 판정 2007부해77 참조).

나아가, 징계 의결에 참석한 자들이 만장일치로 근로자에 대한 해고에 찬성하여 징계의결권이 없는 자를 제외하고도 징계의결 정족수를 충족한다고 하더라도, 징계사유에 비해서 그 양정이 과하여 근로자에 대한 해고는 부당하다고 한 사례가 있다(경북지방노동위원회 2010.5.17. 판정 2010부해150 참조).

또한, 근로자가 제품검수과정에서 확인을 소홀히 한 점, 시공업체가 아닌 하청업체가 시공한 사실을 확인하지 못한 점 등 근로자가 관리책임자로서 선량한 관리주의 의무를 소홀히 한 점이 인정되어 징계사유에 해당한다 하더라도 LED조명 시공업체의 선정은 입주자대표회의의 의결로 이루어진 점, 시공상의 책임은 1차적으로 시공업체의 책임인 점 등을 볼 때 해고라는 중징계 처분을 한 것은 사회통념상 근로계약을 계속시킬 수 없을 정도의 귀책사유에 해당한다고 볼 수 없어 징계사유와 처분의 형평성에 있어 부당하다고 본 사례가 있다(전남지방노동위원회 2015.5.15. 판정 2015부해102 참조).

같은 맥락에서, 근로자의 행위가 징계사유에 해당한다고 할지라도 그 징계사유에 대한 징계처분은 상당할 정도의 비례관계가 유지되어야 하나, 이중징계 등 사용자의 징계양정은 사회통념상 현저하게 타당성을 잃어 재량권의 범위를 벗어난 것으로 부당하다고 한 사례도 있다(경북지방노동위원회 2016.4.28. 판정 2016부해123 참조).

한편, 근로자들의 근로계약서에 업무 내용이 경리업무와 서무업무로 정해져 있었고, 수년 동안 동일한 업무를 수행하였기 때문에 갑작스러운 보직변경은 상당히 수용하기 어려운 인사명령이었음에도 불구하고 사용자가 처음 보직변경 명령을 통보하면서 사전에 아무런 협의도 없었던 점, 보직변경 명령 이후에도 근로자들은 기존의 수행하던 업무를 계속 수행하였고 사용자도 근로자의 기존 업무 수행에 대해 상당기간 묵인하였을 뿐만 아니라 그로 인해 사용자에게 아무런 실질적인 피해가 발생하지 않은 점, 근로자들이 장기간 근무하면서 단 한 차례도 징계를 받지 않았을 뿐만 아니라 오히려 포상 전력이 있는 점 등을 종합하면 단 한 차례 보직변경 명령 불응을 이유로 처분한 해고조치는 그 징계양정이 과중하다고 본 사례가 있다(서울지방노동위원회 2015.7.28. 판정 2015부해1279 참조).

나아가, 사용자가 징계해고사유로 삼은 수의계약규정 위반, 선량한 관리자의 주의의무 위반, 소화기 분사로 인한 상해 등은 근로자가 관리소장으로서 관리·감독상 일정한 책임이 있다 하더라도 위 징계사유가 사회통념상 고용관계를 계속할 수 없을 정도로 근로자에게 중대한 책임 있는 해고사유라고 할 수 있는 정도라고 볼 수 없어 징계해고 처분은 징계사유에 비하여 징계양정이 너무 무거워서 징계권자에게 맡겨진 재량권의 범위를 일탈한 것이라고 본 사례도 있다(전남지방노동위원회 2008.8.18. 판정 2008부해279 참조).

또한, 사용자의 허락을 구하지 아니한 채 입주자대표회의 회장 직인을 날인한 사실은 징계사유에는 해당된다 할 것이나, 관례적으로 사용자의 위임 아래 관리소장이 입주자대표회의 회장 직인을 관리해왔고, 특히 일반적인 업무수행에 있어서는 별도 사용자의 허락 없이 관리소장이 직접 직인을 날인해왔었던 점, 관리소장으로 채용된 근로자가 관할 행정관청에 관리소장 배치신고를 한 것은 일반적인 업무로 분류할 수 있는 점, 또한 엘리베이터 계약과 관련하여 입주자대표회의 총무이사에게 보고한 후 동 총무이사 등의 입회 하에 계약이 이루어진 점 등을 볼 때 이러한 근로자의 비위행위가 사회통념상 근로관계를 지속케 하는 것이 현저히 부당하다고 할 정도의 비위행위를 하였다고 보기 어려워 해고처분은 그 양정이 과한 조치로서 부당하다고 본 사례도 존재한다(경남지방노동위원회 2008.6.26. 판정 2008부해103 참조).

#### (3) 소 결 론

자치관리 시 근로관계의 성립 및 종료는, 주로 자치관리기구의 대표자 내지 관리주체인 관리사무소장과 자치관리기구의 직원이 '입주자대표회의 구성원 과반수의 찬성에 의해 임면되었는지 여부'에 따라 그 정당성이 좌우된다.

특히, 주요 사례에 따르면, 통상적으로 해고절차상 하자가 있어 부당한 경우 해고사유의 정당성 여부 등에 대하여는 더 살펴볼 필요가 없다거나, 근로자의 해고사유가 인정된다고 할지라도 절차상 중대한 하자가 있는 부당한 해고라고 보는 경우가 상당하다는 점에서, 양자관계인 자치관리 시 중대한 절차인 '입주자대표회의의 의결'을 양자 모두 각별히 유의하여 잘 준수할 필요가 있다.

### 2. 위탁관리 시 근로관계

위탁관리 시 근로관계는 '삼각관계', 즉 '의결기구'인 입주자대표회의와 '집행기구'인 주택관리업자, 관리사무소장으로 이루어져 있다.

보다 구체적으로, 입주자대표회의와 주택관리업자 사이에는 '공동주택 위·수탁 관리계약'이, 주택관리업자와 관리사무소장 사이에는 '근로계약'이 각 존재한다.

#### (1) 입주자대표회의와 주택관리업자: 공동주택 위·수탁 관리계약

위탁관리로 관리방법을 정한 공동주택의 경우 입주자대표회의와 주택관리업자 사이에 공동주택 위·수탁 관리계약을 체결하는바, 주택관리업자의 지위에 관하여 공동주택관리법에 규정이 있는 것 외에는 민법 중 위임에 관한 규정을 준용한다(공동주택관리법 제52조 제6항).

따라서, 주택관리업자는 선량한 관리자의 주의로써 업무를 하여야 하고(민법 제681조), 입주자대표회의의 승낙이나 부득이한 사유 없이 제3자로 하여금 업무를 하게 하지 못하는바(민법 제682조 제1항), 이처럼 주택관리업자가 공동주택을 관리하는 경우에는 주택관리업자의 직원인사·노무관리 등의 업무수행에 부당하게 간섭해서는 아니 되고(공동주택관리법 시행령 제14조 제5항), 입주자대표회의가 이를 위반하여 주택관리업자의 직원인사·노무관리 등의 업무수행에 부당하게 간섭한 경우 입주자대표회의가 사용자 배상책임을 진다(서울특별시 공동주택관리규약 준칙 별첨 1 공동주택 위·수탁 관리계약서 제9조 제2항).

한편, 공동주택 위·수탁 관리계약은 각 당사자인 입주자대표회의 또는 주택관리업자가 언제든지 해지할 수 있으나 당사자 일방이 부득이한 사유 없이 상대방의 불리한 시기에 계약을 해지한 때에는 그 손해를 배상하여야 하고(민법 제689조), 계약 종료의 경우에 급박한 사정이 있는 때에는 주택관리업자는 그 업무를 계속하여야 하는바 이 경우에는 계약의 존속과 동일한 효력이 있다(민법 제691조).

### (2) 주택관리업자와 관리사무소장: 근로계약

공동주택관리법상 '관리주체'는 공동주택을 관리하는 방법에 따라 달라지는바, 앞서 본 바와 같이 입주자대표회의가 직접 관리하는 자치관리의 경우에는 자치관리기구의 대표자인 공동주택의 관리사무소장을, 공동주택의 관리를 주택관리업자에게 위탁한 위탁관리의 경우에는 주택관리업자를 각 관리주체로 규정하고 있다(공동주택관리법 제2조 제1항 제10호 가목 및 같은 호 다목).

따라서, 주택관리업자가 공동주택을 위탁관리하는 경우에는 주택관리업자가 관리주체임이 명백한 이상, 주택관리업자가 관리사무소장을 두고 있다 하더라도, 그 관리사무소장은 해당 주택관리업자의 직원에 불과하므로 관리주체로 볼 수 없다(인천지방법원 2016.3.4. 선고 2015과636 결정 및 법제처 2015.4.30. 회신 15-0188 해석례 등 참조).

결국, 위탁관리로 관리방법을 정한 공동주택의 경우 주택관리업자와 관리사무소장 사이에 근로계약을 체결하는바, 위 관리사무소장과 같은 근로자를 보호하기 위한 조치로서, 입주자대표회의는 관리사무소장의 업무에 부당하게 간섭하여서는 아니 되고(공동주택관리법 제65조 제1항), 「아파트 종사근로자의 근로조건 보호에 관한 지침」이 존재한다(서울특별시, 2008).

이에 따르면, 주택관리업자를 변경하는 경우, 주택관리업자가 입주자대표회의로부터 독립하여 근로자에 대한 인사·노무관리의 전권을 행사하는 경우(판단기준: 주택관리업자가 관리업무 종사자의 채용·해임·승진·배치전환·징계 등 인사 조치에 관하여 전권을 행사하는 경우, 주택관리업자가 매월 관리비 등의 징수·사용·보관 및 예치에 관하여 전권을 행사하는 경우)에는 고용승계에 관한 별도의 약정이 없는 한 원칙적으로 고용승계 의무가 없다.

반면, 주택관리업자가 근로자인 관리사무소장에 대해 근로계약 체결 등 형식적 사용자의 지위를 가질 뿐, 입주자대표회의가 사실상의 사용자로서 근로자의 인사·노무관리에 직접 관여하는 경우(판단기준: 관리업무 종사자에게 정기적으로 지급되는 임금·퇴직금 등의 지급·결정에 있어서 최종 결재권을 행사하는 경우, 입주자대표회의가 관리업무 종사자의 채용·해임·승진·배치전환·징계 등 인사 조치와 관련하여 주택관리업자에게 지시하거나 최종적으로 결재하는 경우, 입주자대표회의가 외형상 위탁관리 방식을 취하면서도 관리업무 전반에 사실상의 집행권을 행사하는 경우)에는 입주자대표회의가 사용자로서의 지위를 가지므로 특별한 사유가 없는 한 고용은 유지되어야 할 것이라고 본다.

### (3) 주요 사례

위탁관리 시 근로관계에서 쟁점이 되고 있는 주요 사례는 이하에서 보는 바와 같다.

#### 1) 실질적 사용자성: 입주자대표회의 대 주택관리업자

입주자대표회의와 사이에 공동주택 위·수탁 관리계약을 체결한 주택관리업자의 대리인인 관리사무소장이 관리사무소에서 근무하게 된 직원들과 근로계약을 체결하였다면 그 직원들은 주택관리업자의 피용인이라고 할 것이므로, 주택관리업자와 공동주택 위·수탁 관리계약을 체결하였을 뿐인 입주자대표회의가 직원들에 대하여 임금지급의무가 있는 사용자로 인정되기 위하여는 그 직원들이 관리사무소장을 상대방으로 하여 체결한 근로계약이 형식적이고 명

목적인 것에 지나지 않고, 직원들이 사실상 입주자대표회의와 종속적인 관계에서 그에게 근로를 제공하며, 입주자대표회의는 그 대가로 임금을 지급하는 사정 등이 존재하여 관리사무소 직원들과 입주자대표회의와 사이에 적어도 묵시적인 근로계약관계가 성립되어 있다고 평가되어야 한다(대법원 1999.7.12.자 99마628 결정 참조).

위 요건을 전제로, 입주자대표회의가 근로자와 채용 전 면담에서 임금 등 근로조건을 직접 결정한 것으로 보이는 점, 근로자에 대하여 무단조퇴, 무단결근, 업무지시 위반 등의 사유로 수차례에 걸쳐 업무정지 및 해고를 통보하였다고 주장하는 점, 업무정지 이후 임금과 보고 및 지시하지 않은 시간 외 수당에 대하여 지급할 수 없음을 통보하였다고 주장하는 점 등을 종합하여 볼 때, 비록 주택관리업자가 근로자와 근로계약을 체결하는 등 외형상 위탁관리의 형식을 취하고 있으나, 입주자대표회의가 근로자에 대한 최종 결정권한을 갖고 사실 상 자치관리를 해온 실질적인 사용자로서 근로자와 사이에 묵시적인 근로계약관계가 성립되어 있다고 본 사례가 있다(경남지방노동위원회 2016.4.8. 판정 2016부해76 참조).

마찬가지로, 근로자들의 근로계약이 계속적으로 작성되지 아니한 점, 입주자대표회의 회장과 총무가 채용면접에 참여한 점, 임금결정과 휴가와 관련된 사항을 의결하고 그에 대한 승인을 한 점, 임금·퇴직금 및 사회 보험료를 관리비 계좌에서 직접 지급한 점, 최저임금 진정 건에 대하여 입주자대표회의 회장이 합의를 하고 금품을 지급한 점, 새로운 관리업체로 고용승계되어 근무중인 직원들의 퇴직금이 위원회 심문회의 시까지도 지급되지 아니한 점, 예산 및 결산, 관리사무소의 기구와 정원의 조정, 관리사무소 직원의 임금 및 복리후생의 조정 등에 관하여 사용자의 승인을 받도록 하고 있는 점, 위·수탁 관리계약서에는 '관리주체가 변경될 경우 관리업무의 계속성 등을 위하여 입주자대표회의의 요구가 있을 경우 새로운 관리주체에게 그 고용을 승계할 수 있다'고 정하고 있고, 기존에는 관리사무소 직원 전원이 고용승계된 점, 위탁수수료가 ㎡당 1원으로 형식적 금액에 불과한 점 등을 종합하여 볼 때, 입주자대표회의가 실질적으로는 근로자들의 인사권 및 사실 상의 업무지휘 명령권 등을 행사함으로써 상당한 지휘·감독을 한 것으로 보이므로 근로자들의 사용자에 해당한다고 한 사례도 있다(경기지방노동위원회 2013.9.11. 판정 2013부해1052

참조).

반면, 입주자대표회의는 주택관리업자와 사이에 위·수탁 관리계약을 체결해왔고, 근로자는 주택관리업자와 사이에 근로계약을 체결하고 근무를 하게 된 점, 근로계약을 체결하면서 근로자는 주택관리업자에 성실히 근무하겠다는 내용의 서약서 및 신원보증보험 가입 및 보험처리 동의 각서를 작성해주었고 신원보증보험도 주택관리업자를 피보험자로 하여 가입한 점 등의 사정에 비추어 보면 입주자대표회의가 근로자의 사용자라고 보기 어렵다고 본 사례가 있다(창원지방법원 2016.1.13. 선고 2015가소13369 판결 참조).

또한, 근로자들은 위탁관리업체와 근로계약을 서면으로 체결하였으며 관리소장, 관리과장으로 근무해왔던 점, 입주자대표회의에서 관리사무소 직원들의 급여 수준이나 급여 체계 변경 등을 결정한 사실이 있으나, 이는 관리비 등의 집행을 위한 예산의 승인 등을 의결하기 위한 것이고, 관리비의 집행상황에 대한 위임인의 감독 차원에서 이루어진 것으로 보이는 점, 입주자대표회의에서 업무계획서를 승인하여 왔으나 이는 관리소장이 위탁관리업체의 대행인으로서 업무계획서의 결재를 행하고 합리적인 아파트 관리를 위하여 입주자대표회의의 승인을 받은 것으로 보이는 점, 위탁관리업체는 독자적인 취업규칙을 마련하여 운영하고 있고 다른 위탁관리도 하고 있어 사업주로서 독자성이 없다고 볼 수 없는 점 등을 종합적으로 고려할 때, 입주자대표회의와 근로자들 간에 묵시적 근로계약관계가 성립되어 있다거나 위탁관리업체가 근로계약의 당사자로서 가지는 근로자들에 대한 인사권과 업무지휘 명령권 등이 모두 배제 내지 형해되어 근로자들과 체결한 근로계약이 형식적인 것에 지나지 않는다고 할 수 없으므로 근로계약을 체결한 위탁관리업체가 근로자들의 사용자로서의 지위를 갖는다고 본 사례도 있다(경남지방노동위원회 2013.4.8. 판정 2013부해55 참조).

### 2) 입주자대표회의가 실질적 사용자인 경우 주택관리업자 변경 시 근로자의 고용승계 대상 제외의 부당성

주택관리업자는 위·수탁 계약서상 입주자대표회장이 경비원에 대하여 교체 요구할 권한이 있고 이에 따라 근로자들을 배제하였음을 간접적으로 인정하고 있는바, 이는 주택관리업자가 입주자대표회의의 노무지휘권한을 수임 받은 자에 불과하다고 볼 수 있고, 정당한 이유 있는 해고라 할 수 없다 한 사례가 있다(서울지방노동위원회 2001.6.13. 판정 2001부해182 참조).

마찬가지로, 관리사무소 모든 직원에 대한 급여와 위탁관리수수료를 포함한 관리비를 모든 세대를 대상으로 징수하였으며, 이와 같이 징수한 관리비 중에서 일부 근로자들의 급여를 평소와 같이 지급하여 왔음에도 단지, 입주자대표회의 회장이 경비원 중 일부 근로자들만 고용승계대상에서 제외하여 달라는 이유만으로 일부 근로자들을 선별적으로 해고한 것은 주택관리업자의 재고용 약속을 믿고 계속 경비업무에 종사한 일부 근로자들에게 근로관계를 지속하기 어려운 책임 있는 중대한 사유가 있다고 볼 수 없으므로 해고는 부당하다고 한 사례가 있다(서울지방노동위원회 2001.9.13. 판정 2001부해692 참조).

또한, 근로자들은 관리업체가 변경되어도 근로조건의 변동 없이 근무하여 왔고 근속기간도 단절되지 아니하여 왔으며, 관리업체가 계약만료 또는 해지될 때 근로자들은 입주자대표회의 소속으로 환원되도록 되어 있는 점과, 입주자대표회의가 아파트 관리를 위탁하였다 할지라도 근로자의 인사 노무관리에 직·간접으로 관여하였으므로 입주자대표회의는 사용자의 지위에 있다고 볼 것이고 아울러 자치관리와 다름없다고 할 수 있으므로, 비록 위탁관리업체가 변경되더라도 이는 입주자대표회의의 노무지휘권을 수임 받은 자의 변경에 불과하다 할 것이어서, 특별한 사유가 없는 한 근로자의 고용관계는 유지되어야 할 것인바, 위탁자의 변경을 이유로 고용관계의 유지가 이루어지지 않은 것은 부당한 해고라고 판단한 사례도 있다(중앙노동위원회 1999.4.29. 판정 98부해550 참조).

이와 유사하게, 근로계약서의 상대방은 수탁관리업체로 되어 있다고는 하나 이는 형식적이고 명목적인 것에 지나지 않고, 실제로는 입주자대표회의와 종속적인 관계에서 근로를 제공한 묵시적 근로관계가 인정되는바, 근로관계 자동종료 사유로 인정할 수 없는 위탁관리업체 교체를 이유로 근로관계를 종료하겠다는 취지의 통지는 실질이 해고에 해당한다고 할 것이고, 입주자대표회의 입장에서 '위탁관리로의 전환 내지 변경'은 사업을 계속할 수 없는 경우라고 볼 수도 없어 그 정당성을 인정할 수 없다고 본 사례도 있다(중앙노동위원회 2014.4.24. 판정 2014부해138 참조).

### 3) 해고사유의 부당성

해고가 정당화되기 위해서는 사회통념상 고용계약을 계속시킬 수 없을 정도로 근로자에게 책임 있는 사유가 있는 등 근로기준법상의 정당한 이유가 있어야 할 것임에도 위탁관리 재계약 전까지 근로자에 대하여 입주자대표회의로부터 별다른 이의제기도 받지 않은 상태에서 위탁관리 재계약 시 입주자대표회의가 "관리업무 미흡"이라는 추상적 이유로 근로자를 대체 요구한 사실만으로 근로자와 재계약을 거부함은 부당한 해고라고 한 사례가 있다(서울지방노동위원회 2006.11.8. 판정 2006부해967 참조).

또한, 주택관리업자는 근로자가 업무를 독단적으로 처리하여 입주민들 또는 동별 대표자들과의 불화를 야기하였고, 이에 따라 입주자대표회의로부터 근로자의 교체 요구가 있었으므로 수습기간이 끝나 정식근로계약을 체결하지 않았다라고 주장하고 있지만, 입주자대표회의 회장이 근로자에게 부당한 금품을 요구하여 이를 교부받았다가 다시 돌려주는 일련의 과정에서 입주자대표회의 회장의 근로자에 대한 사적 감정이 나빠진 점에 비추어 볼 때, 입주자대표회의 회장 주도로 이루어진 사실진술서의 기재만으로는 근로자가 정상적인 업무를 수행하지 않아 동별 대표자 및 입주자대표회의 회장과 불화를 야기한 것으로 인정하기 어렵고, 수습기간 중이라고 할지라도 그 정식 근로계약 체결을 거절함에 있어서는 정당한 사유가 있어야 하나 그 정당한 사유를 찾아보기 어려우므로 부당해고를 인정한 사례도 있다(서울지방노동위원회 2010.3.29. 판정 2010부해97 참조).

나아가, 위·수탁 계약의 만료 및 중도해지는 주택관리업자와 입주자대표회의와의 계약으로서 근로자와는 직접 관련이 없는 점, 사회통념상 고용관계를 계속할 수 없을 정도로 근로자에게 책임 있는 사유가 있는 경우에 해고가 행하여져야 함에도 근로자에게 행한 해고는 그 정당성이 인정될 수 없고 인정되더라도 과도한 점, 주택관리업자의 귀책사유를 가지고 경영상의 해고에 의한 법리를 적용한바 없이 근로계약서에 나타난 문구만을 근거로 해고한 사실, 근로계약서에서 사업장의 위·수탁 계약기간 만료 및 중도해지 시 근로계약관계를 종료한 것으로 간주하는 규정은 최저기준을 정한 강행법규인 근로기준법을 위반한 것으로 무효라는 점을 감안할 때, 해고처분은 부당한 해고라고 판단한 사례도 존재한다(전남지방노동위원회 2007.3.16. 판정 2007부해5 참조).

#### 4) 해고절차의 부당성: 근로기준법 및 취업규칙 등을 위반한 절차상의 하자

근로기준법 제27조는 사용자가 근로자를 해고하려면 해고사유와 해고시기를 서면으로 통지하여야 효력이 있다고 규정하고 있는데, 이는 해고사유 등의 서면통지를 통해 사용자로 하여금 근로자를 해고하는 데 신중을 기하게 함과 아울러, 해고의 존부 및 시기와 그 사유를 명확하게 하여 사후에 이를 둘러싼 분쟁이 적정하고 용이하게 해결될 수 있도록 하고, 근로자에게도 해고에 적절히 대응할 수 있게 하기 위한 취지이므로, 사용자가 해고사유 등을 서면으로 통지할 때는 근로자의 처지에서 해고사유가 무엇인지를 구체적으로 알 수 있어야 하고, 특히 징계해고의 경우에는 해고의 실질적 사유가 되는 구체적 사실 또는 비위내용을 기재하여야 하며 징계대상자가 위반한 단체협약이나 취업규칙의 조문만 나열하는 것으로는 충분하다고 볼 수 없다(대법원 2011.10.27. 선고 2011다42324 판결 참조).

또한, 취업규칙 등에서 근로자를 징계하고자 할 때에는 징계위원회의 의결을 거치도록 명하고 있는 경우, 이러한 절차를 거치지 아니하고 한 징계처분은 원칙적으로 효력을 인정할 수 없다(대법원 2001.4.10. 선고 2000두7605 판결 참조).

위와 같은 법리를 토대로, 징계위원회 의결내용 결과 통보서에 해고의 구체적 사유가 명시되지 아니하여 근로기준법 제27조를 위반하였다 할 것이므로 해고의 사유 및 양정의 정당성 여부에 대하여는 더 나아가 살펴볼 필요가 없다고 한 사례가 있다(경북지방노동위원회 2015.7.22. 판정 2015부해319 참조).

나아가, 사실상 자치관리를 해온 입주자대표회의가 주택관리업자를 변경하면서 근로자를 고용승계 대상에서 제외한 것은 해고로서, 근로자를 해고하면서 해고사유와 해고시기를 서면으로 통지하지 않은 점, 취업규칙에서 규정하고 있는 징계위원회의 의결을 거치지 않은 점 등을 고려하면, 이는 절차상의 하자로 부당한 해고라고 판단한 사례가 있다(경남지방노동위원회 2016.4.8. 판정 2016부해76 참조).

특히, 관리규약상 입주자대표회의 의결사항에 근로자의 징계에 관한 사항은 포함되지 않는 것으로 확인되는 점, 입주자대표회의가 취업규칙상 징계위원회가 아닌 입주자대표회의의 의결로 근로자에게 직무정지 처분을 한 사실이 확인되는 점 등을 종합해 볼 때, 입주자대표회의가 근로자에게 직무정지 처분을 함에 있어서 징계위원회가 아닌 입주자대표회의에서 의결한 것은 절차상 하자가 있어 무효라고 본 사례에 유의할 필요가 있다(경남지방노동위원회 2016.3.2. 판정 2016부해24 참조).

#### (4) 소 결 론

위탁관리 시 근로관계는 '삼각관계'로서 특히, 주요 사례에 따르면, 우선적으로 근로자의 실질적 사용자가 입주자대표회의인지 주택관리업자인지 여부부터 논란이 되는바, 비록 주택관리업자가 근로자와 근로계약을 체결하는 등 외형상 위탁관리의 형식을 취하고 있더라도, 입주자대표회의가 근로자에 대한 최종 결정권한을 갖고 사실상 자치관리를 해온 실질적인 사용자로서 근로자와 사이에 묵시적인 근로계약관계가 성립되어 있는지 여부, 즉 근로관계의 실질을 면밀히 살펴볼 필요가 있다.

다음으로, 입주자대표회의가 실질적 사용자로서 근로자의 인사·노무관리에 직접 관여한 경우라면 특별한 사정이 없는 한 주택관리업자 변경을 이유로 근로자를 고용승계 대상에서 제외하는 것은 부당하다고 봄이 상당하므로 이를 잘 확인해보아야 한다.

마지막으로, 해고절차상 앞서 이미 살펴본 자치관리의 경우와는 달리 위탁관리의 경우 그 직원의 임면에 관한 사항은 입주자대표회의의 의결사항이 아니므로(공동주택관리법 시행령 제14조 제2항 제9호), 근로기준법상 해고의 예고(근로기준법 제26조) 및 해고사유·시기 등의 서면통지(근로기준법 제27조), 취업규칙상 인사·징계위원회의 구성 등의 절차를 더욱 세심하게 준수하여야 한다.

## Ⅱ. 공동주택관리 관계자의 상생 방안

### 1. 관계자별 개인적 측면: 心化 → 體化 → 文化

관계자별 개인적 측면에서 공동주택관리 관계자의 상생 방안을 살펴볼 때, 선행적으로 필요한 것은 바로 위 각 관계자가 상생에 대한 '관심'을 우선순위 가치로 두는 것이다. 이는 곧 각 관계자 고유의 사명감, 나아가서는 각 관계자를 향한 신뢰형성과 연결되는 주요한 토대가 될 것이다.

이러한 '心化' 과정을 통해 '體化' 과정으로서의 실천이 이어질 수 있다. 그 일환으로 관계자별로 노동관계법령 등을 반영한 현실화·구체화·명확화된 표준 업무 매뉴얼 마련이 점진적으로 필요하고, 법정교육의 내실화를 통해 그 실질적 효과를 도모하는 것 역시 중요하다(강혜경 외 6인, 2003).

위와 같이 '心化'에서 '體化'로 이어지는 과정을 통해 관계자별 개개인 간의 '文化'가 창출될 수 있고 이는 아래에서 보는 관계자 간 사회적 측면과 중요한 연결고리가 될 수 있으리라 본다.

## 2. 관계자 간 사회적 측면: 성장 → 성숙

관계자별 개인적 측면에서 나아가, 관계자 간의 상호작용이 공존하므로 관계자 간 사회적 측면을 함께 살펴볼 수 있다.

첫째로, 앞서 본 관계자별 개인적 측면에서의 우선순위 가치인 관심과 병행적으로 공동주택관리 관계자의 상생을 정책의 우선순위로 두고 중점적·지속적인 투자가 이루어질 필요가 있다.

둘째로, 제·개정 등을 통해 노동관계법령 등의 규정을 현실화하되 현행 규정이 유명무실화되지 않도록 규정을 실질화하는 게 중요하다. 이는 곧 관계자 간의 상호작용을 향한 사회적 신뢰형성과 연결되는 단단한 기반이 될 것이다.

셋째로, 업무방해요인의 최소화를 통한 역량발현의 최대화를 도모할 필요성이 상당하다. 특히, 한국주택관리연구원이 2015.7.부터 같은 해 12.까지 관리사무소장, 경비원, 미화원을 대상으로 한 설문조사 결과에 따르면, 평균 근로계약기간이 관리사무소장의 경우 1.22년, 경비원의 경우 1.16년, 미화원의 경우 1.31년으로 상당히 짧게 나타난 실정인바, 입주자대표회의 등은 근로자에게 적정한 보수를 지급하고 근로자의 처우개선과 인권존중을 위하여 노력하여야 하며, 근로자는 입주자 등에게 수준 높은 근로서비스를 제공하여야 하는 규정(공동주택관리법 제65조 제6항 및 같은 조 제7항)의 실질화가 필요하고, 나아가 부당간섭·해고 등으로부터 벗어난 근로환경의 안정화를 위하여 중요사항이 명시된 공동주택 위·수탁 관리 표준계약서의 마련, 의무관리대상 공동주택에 배치된 자격자의 경우 자격자단체에의 가입 의무화, 오피스텔 등 사각지대를 중심으로 한 의무관리대상 공동주택의 범위 확대 등을 고려할 필요가 있다(하성규 외 13인, 2014).

넷째로, 복잡한 인간행동을 이해하는 데에는 '사람', '상황' 그리고 그와 같은 상황을 만들어내고 유지하는 '시스템'이라는 세 가지 요인이 어떤 기여를 하는지 밝혀내는 것이 필요하다는 맥락에서(필립 짐바르도, 2007), 위와 같은 과정을 반영한 경력·전문성 정도에 따른 인증 및 추천 등의 시스템 구축이 필요하고, 위와 같은 과정상의 사전적·사후적 대응과 관련하여 산학·민관 협력도 함께 요구된다.

이상과 같은 주요 과정을 통해 기존 성장 중심에서 나아가 성숙한 삶의 터전인 공동주택으로의 이행이 가능하리라 본다.

## Ⅲ. 맺으며

이상에서 구체적으로 살펴본 바와 같이, 행동경제학적 관점에서 본 공동주택 내 근로관계는 크게 자치관리의 경우 '입주자대표회의의 의결 준수 여부', 위탁관리의 경우 '실질적 사용자 해당 여부' 등과 같이 노동관계법령 등에 규정된 내용·절차 상의 '法治'가 아닌 '人治' 중심으로 쟁점이 나타나는 경향이 있다.

이는 곧 공동주택관리에 종사하는 관계자 간의 상호 불신을, 더 나아가 궁극적으로 공동주택 내 거주하는 입주자 등의 손해를 야기할 수 있다.

따라서, 이러한 경향을 직시하고 바람직한 방향을 정립해나가는 맥락에서, 공동주택관리 관계자의 상생에 대한 관계자별, 관계자 간 '관심'을 첫 걸음으로 개인적·사회적 측면에서의 '관점'을 형성해나가고 이를 통해 타당한 '관계'로 향하는 걸음을 부단히 잘 이어나가야 할 것이다.

## 참고문헌

강혜경 · 계선자 · 김경숙 · 임정빈 · 이강희 · 최덕경 · 최동숙(2003), 『공동주택관리론』, 신정.

서울특별시(2008), 『알기 쉬운 아파트 관리』.

필립 짐바드로(2007), 『루시퍼 이펙트』,

하성규 · 홍형옥 · 김정인 · 한영화 · 은난순 · 김성중 · 박경옥 · 하세정 · 김영주 · 박신영 · 이현정 · 김선중 · 강혁신 · 강순주(한국주택관리연구원 엮음)(2014), 『현대 공동주택관리론』, 박영사.

www.moleg.go.kr

www.nlrc.go.kr

www.scourt.go.kr

www.seoul.go.kr

제11장

# 관리규약준칙과 자치규범으로서의 관리규약

김주현(한국주택관리연구원 책임연구원·변호사)

## Ⅰ. 들어가며

1960년대 이후 급격한 산업화에 따라 도시로의 인구 유입이 급속히 증가하며 빠른 속도로 도시화가 진행되었다. 이에 따라 도시의 주택난을 해소하기 위하여 1970년대와 1980년대에 걸쳐 서울을 비롯한 대도시에 아파트라 불리는 공동주택의 건설과 공급이 눈에 띄게 늘어났다. 공급된 공동주택의 수만큼이나 공동주택에 거주하는 인구 또한 증가하였다. 그 결과 오늘날 전체 국민의 60% 이상이 공동주택에 거주하고 있다.

거주형태가 공동주택으로 일반화되기 전 대다수의 국민은 단독주택에 거주하였다. 단독주택은 「주택법」[1]에서 규정하는 주택 유형의 일종으로, 동법 제2조 제2호에서 "1세대가 하나의 건축물 안에서 독립된 주거생활을 할 수 있는 구조로 된 주택"이라 정의하고 있다. 1970년대까지만 해도 단독주택에 거주하던 대다수의 국민이 공동주택이라는 새로운 형태의 주거에 거주하기 시작하면서 그동안은 경험하지 못한 새로운 형태의 갈등 즉, 주거의 일부를 공유함으로써 발생하는 분쟁이 등장하기 시작하였다. 왜냐하면, 동법 동조 제3호에 규정되어 있듯이, 공동주택은 단독주택과 달리 입주자들이 "건축물의 벽·복도·계단이나 그 밖의 설비 등의 전부 또는 일부를 공동으로 사용"하는 특징을 지

1) 전부개정 2016.1.19. 법률 제13805호.

니고 있기 때문이다.

대다수의 국민들이 1세대가 하나의 건축물에서 거주하는 독립된 생활을 영위하다가 주거의 일부를 공동으로 사용하다보니 공동주택의 갈등 해소와 쾌적한 주거환경 조성을 위한 규칙의 중요성이 대두되기 시작하였다. 그 결과 "공동주택관리규약"이라는 용어가 대통령령인 「공동주택관리령」에 등장하여 공동주택의 관리 또는 사용에 관한 내용을 규율하다가, 2003.5.29. 전부개정된 「주택법」(법률 제6916호) 제44조로 상향시켰고, 오늘날 「공동주택관리법」[2] 제3장 입주자대표회의 및 관리규약이라는 제목으로 법률의 한 장의 일부를 구성하고 있다. 관리규약에 관한 내용이 대통령령에서 국민의 권리·의무를 규율할 수 있는 법률로 상향되었다는 것은 그만큼 공동주택에서 관리규약이 차지하고 있는 비중이 크고 입주자들에게 미치는 영향이 중대하다는 것을 방증하는 것이다.

## Ⅱ. 관리규약준칙

### 1. 관리규약준칙의 개념 및 성질

공동주택관리법 제18조 제1항에 따르면 공동주택의 입주자등을 보호하고 주거생활의 질서를 유지하기 위하여 특별시장·광역시장·특별자치시장·도지사 또는 특별자치도지사(이하 "시·도지사"라 함)는 공동주택의 관리 또는 사용에 관하여 준거가 되는 공동주택관리규약의 준칙(이하 '관리규약준칙'이라 함) 을 작성하여야 하는 의무가 있다. 공동주택관리법 혹은 주택법의 전신인 공동주택관리령으로 공동주택을 규율하던 시기에는 특별시장·광역시장 또는 도지사의 관리규약준칙 작성은 의무사항이 아닌 임의사항[3]에 불과하였다. 시·도지사의 관리규약준칙 작성이 임의사항에서 의무사항으로 바뀌었다는 것은 시간이 지날수록 공동주택을 관리하고 규율하는 것이 단순히 사(私)적인 영역이 아니라

2) 일부개정 2016.1.19. 법률 제13786호.

3) 공동주택관리령 제9조 ⑤ 도지사는 공동주택의 입주자등의 보호와 주거생활의 질서유지에 필요한 범위 안에서 제1항의 관리규약에 관한 준칙을 정할 수 있다. [개정 94·8·3, 98·12·31]

합리적 관리를 위한 행정적 개입이 필요함을 시사한다.

특히 대부분의 입주자와 공동주택 관계자들이 법률전문가가 아님을 감안하면, 시·도지사가 공동주택관리를 위한 관리규약준칙을 작성하고 제시하는 것은 개별법령인 공동주택관리법이 추구하는 효율적인 관리 등을 통한 국민주거수준 향상이라는 목적 달성을 위하여 지방자치단체(혹은 지방자치단체장)가 당연히 해야 하는 사무라고 볼 수 있다. 전국의 모든 아파트(공동주택)에서 합리적인 공동주택관리규약을 제정할 수 있도록 시·도지사가 작성 및 배포한 관리규약준칙이 참조자료이자 길잡이 역할을 하는 것이다. 공동주택관리법 시행령 제19조 제1항에 따르면 관리규약준칙에서 입주자등이 아닌 자의 기본적인 권리를 침해하는 사항을 제외한 입주자등의 권리 및 의무, 위·수탁관리계약에 관한 사항, 공동주택의 관리책임 및 비용부담 등의 주택 관리 전반에 관한 사항을 규정하는 것을 보면 관리규약준칙의 역할이 보다 분명해진다. 또한 각 지방자치단체별로 추구하는 공동주택관리의 방향에 차이가 있기 때문에 관리규약준칙을 통해서 각 지방자치단체의 공동주택관리 정책을 반영하기도 한다.

그리고 이러한 관리규약준칙은 2016년 현재 서울특별시 등 총 17개의 시·도에서 관리규약준칙을 작성하여 게시하고 있다. 다만 이러한 관리규약준칙은 각각의 공동주택의 관리규약을 제정하는 가이드라인 역할을 할 뿐 관리규약 제정시 관리규약준칙이 규정하는 내용을 모두 반영하여야 하지 않아도 되므로, 관리규약준칙 자체가 가지고 있는 한계가 존재한다. 이러한 한계에 대하여는 후술하기로 한다.

## 2. 관리규약준칙의 필요성

관리규약준칙 제정이 필요한 첫 번째 이유는 관리규약준칙이 법률전문가가 아닌 대다수의 입주자와 공동주택관리 관계자들이 공동주택관리규약을 제정할 때 활용할 수 있는 자료가 되기 때문이다. 입주자들과 주택관리 관계자들이 제정하는 관리규약은 해당 공동주택의 입주자들을 규율하는 규범인데, 제3자에게 영향을 미치는 규범을 비전문가들에게 일임하면 불합리한 현상이 발생한다. 불합리성을 배제시키고 중앙정부 및 지방자치단체의 책임있는 행정과 효율성을 달성하기 위하여 각 지방자치단체가 공동주택관리규약준칙을 제정하여야 하는 것이다.

둘째로, 지방자치단체가 관리규약준칙을 작성함으로써, 관리규약의 제·개정시 공동주택관리에 대하여 지방자치단체가 가지고 있는 정책을 반영할 수 있어 지역 실정에 부합하는 행정을 수행할 수 있다. 관리규약준칙 제정이 지방자치단체의 사무인 만큼, 지역적 특성에 따른 공동주택관리를 가능케 하여, 각 지역의 특수성과 고유성을 반영한 적합한 공동주택관리 정책을 펼칠 수 있게 된다. 예를 들어, 서울특별시의 경우 일찍이 다른 지방자치단체보다 공동주택 내 공동체 활동에 대한 관심이 높고, 공동주택을 입주자들의 의식주를 위한 편리한 공간으로만 인식하는 것을 넘어 우리나라의 전통적인 공동체 공간으로 탈바꿈하여 입주자들의 화합을 이룰 수 있는 활동에 관심이 컸다. 이러한 서울특별시의 공동주택 관련 정책을 서울 지역 공동주택에 반영하기 위하여 서울특별시는 2010.9. 「서울특별시 공동주택관리규약준칙」을 정하면서, 공동체(커뮤니티) 활성화를 위한 자생단체 및 활동에 관한 조항을 준칙 제33조의1 내지 제33의5[4] 총 5개 조항에 걸쳐서 규정하였다. 이것은 서울특별시라는 지방자치

---

4) 서울특별시 공동주택관리규약준칙

제33조의1【공동주택 활성화 단체 구성 및 활동지원】① 단지 내 입주민등은(필요시 전문가, 시민단체 구성원을 말한다) 10인 이상으로 구성된 공동체 활성화 단체를 구성할 수 있다. 구성된 단체는 공동체 활성화 사업을 추진하고, 구성 일시, 대표자, 구성원 등이 포함된 신고서를 입주자대표회의에 제출해야 한다.

② 입주자대표회의는 신고된 공동체 활성화 단체 또는 10인 이상의 입주민등이 대표자를 지정하여 주민공동체 활성화 사업계획을 입주자대표회의에 제출하면 안건으로 처리하고 필요시 사업비를 자생단체에 지원하여야 한다. 또한 입주민등 개인이 자생단체에 사업을 자유롭게 제안할 수 있도록 지원하여야 한다.

제33조의2【공동체 활성화 단체의 기능】단지 내 공동체활성화 단체는 공동주택단지 내·외 주민 간 커뮤니티 사업을 추진하고 공동보육시설운영, 자원봉사프로그램등 자체 운영프로그램 개발과 입주민의 참여를 위하여 노력하여야 한다.

제33조의3【소요비용의 지원】① 입주자대표회의는 공동체활성화 단체는 추진하는 사업에 소요되는 비용을 제59조의 규정에 의한 잡수입의 100분의 40(예시) 범위내에서 사업계획 및 추진실적 등에 따라 매년 또는 매분기 집행할 수 있다.

② 공동체 활성화 단체는 활동별 사업실적 및 결과보고서를 매월 입주자대표회의에 제출하여야 한다.

제33조의4【공동체 활성화 단체의 활동제한】① 단지 내 공동체 활성화 단체는 사전에 입주자 대표회의의 의결 또는 사전협의를 거치지 아니하고 입주민에 부담을 주는 행위나 기업체 등으로부터 금전의 기부 등을 받을 수 없다.

② 공동체 활성화 단체는 제33조의3 및 제34조4의 각 ①항에도 불구하고 시·자치구로부터 공모사업 등을 통해 예산 등을 지원받을 수 있다.

제33조의5【봉사활동을 위한 전담운영자】① 단지 내 공동체 활성화 단체는 입주민 상호간 또는 입주민이 참여하는 자원봉사를 체계적으로 하기 위하여 전담운영자를 지정할 수 있고 소정의 사례비(현금외에도 단지 내에서 물품, 서비스와 교환할 수 있는 명칭을 불문하고 봉사포

단체의 주택 정책과 지역적 특성을 반영한 관리규약준칙을 만들어 지역 실정에 부합하는 주택정책과 행정을 수행한 대표적인 예시로 볼 수 있다.

셋째로, 관리규약준칙은 공동주택관리의 기본질서를 수립하여, 공동주택관리 분야의 효율성과 합리성을 수립할 수 있는 규범적 기초로서의 역할[5]을 하므로 그 필요성이 인정된다. 관리규약준칙의 제정을 통하여 관리규약의 제·개정시 합리적인 방향으로 규약의 내용을 유도하는 모범을 만들어 놓는 것이다.

## 3. 관리규약준칙의 한계

관리규약준칙에 관하여 공동주택관리법 제18조 제1항은 "특별시장·광역시장·특별자치시장·도지사 또는 특별자치도지사(이하 "시·도지사"라 한다)는 공동주택의 입주자등을 보호하고 주거생활의 질서를 유지하기 위하여 대통령령으로 정하는 바에 따라 공동주택의 관리 또는 사용에 관하여 준거가 되는 관리규약의 준칙을 정하여야 한다."라고 규정하고 있다. 위 조문이 말해주고 있듯 각 지방자지단체 장에게는 법령에서 부여하고 있는 관리규약준칙 제정의 의무가 있다.

그런데 법령에서 각 지방자치단체 장에게 관리규약준칙 제정을 의무화 시킨 것과는 별개로 공동주택 입주자에게는 해당 관리규약준칙의 준수의무는 없는 것으로 보인다. 왜냐하면 시·도지사가 정한 관리규약준칙은 공동주택의 입주자등이 참조하여 각 단지의 특성에 부합하는 관리규약을 정하는데 활용할 수 있는 참조자료이고, 관리규약의 내용은 입주자등이 자율적으로 결정하는 것[6]이기 때문이다. 판례 역시 관리규약준칙의 법적 규범성을 인정하지 않는 태도를 취하고 있다. 서울북부지방법원 2011.6.9. 선고 2011가합1563 판결에 따르면, 서울특별시 공동주택관리규약준칙은 주택법 제44조 제1항 및 제2항에 ○○아파트의 입주자와 사용자가 공동주택관리규약을 정하는데 있어서 준거로 참조하기 위하여 정해진 것에 불과하므로 그 자체로 이 ○○아파트 입주자 및

인트 등을 포함한다)를 지급할 수 있다.

5) 김규완, "표준관리규약의 제정과 그 주요내용", 「비교사법」 제20권 3호, 2013.8., 608쪽.

6) 서울특별시, 「알기 쉬운 아파트 관리」, 2008.10., 134쪽.

사용자들을 당연히 구속하는 것은 아니라고 하면서 서울특별시 공동주택관리 규약준칙이 규정한 일정한 절차를 준수하지 않은 것이 부당하다고 볼 수 없다고 판시하고 있다.

법령은 물론이고 판례에서도 시·도지사가 정한 관리규약준칙은 입주자들이 관리규약 제·개정시 참고할 수 있는 가이드라인에 불과한 것으로 규정하고 있다. 개별 관리규약이 관리규약준칙 내용을 반영하지 않았다는 사유로 해당 공동주택 또는 입주자들에게 일정한 제재를 가하는 것은 법적인 근거가 없는 것이다.

물론 개별 공동주택마다 가지고 있는 주택관리의 특성이 다르기 때문에 관리규약준칙은 표준화된 주택 관리의 내용을 제시하는 것으로 충분할 수 있다. 관리규약준칙의 1차적이고 기본적인 역할이 관리규약준칙을 통하여 개개의 관리규약을 합리적이고 객관적인 내용으로 구성하게 하는 것이기 때문이다. 다만 이러한 관리규약준칙은 일반적인 법령 등과 달리 법적 규범성이 없다. 그렇기 때문에 관리규약준칙에 중앙정부 또는 지방자치단체가 실현하고자 하는 공동주택관리 정책을 규정한다 하더라도, 관리규약준칙에서 정한 내용을 개별 공동주택에서 관리규약에 반영하지 않는다면 해당 정책을 관리 현장에 적용하는 것이 어려워진다. 법령에서 시·도지사의 관리규약 제정 의무를 부과하지만, 관리규약준칙의 일반 국민에 대한 법적 규범성은 인정되지 않는 것이 관리규약준칙이 가지고 있는 태생적인 한계라고 볼 수 있다.

이러한 관리규약준칙이 가지고 있는 한계 때문에 중앙정부 등이 전국적으로 관철하고자 하는 공동주택관리 정책이나 사무가 있을 경우, 단순히 관리규약준칙에 규정하기보다는 법령 또는 법령의 경과규정을 활용하여 해당 내용을 관리규약에 반영할 것을 요구한다. 예를 들어, 구 주택법 시행령(2016.8.11. 법률 제27444호로 전부 개정되기 전의 것) 제50조 제5항에서는 입주자대표회의의 임원 인원을 회장 1명, 감사 2명 이상, 이사 2명 이상으로 규정하고 있었다. 그런데 공동주택관리법 시행령[7] 제12조 제1항에서는 입주자대표회의의 내부적 감사 기능을 강화시키기 위하여 입주자대표회의의 임원을 회장 1명, 감사 2명 이상, 이사 1명 이상으로 선출하도록 개정하였다. 이러한 개정 내용은 전국적으로 통일적인 처리가 필요한 사항이므로 동법 시행령 부칙(2016.8.11. 대통령령 제

7) 제정 2016.8.11. 대통령령 제27445호.

27445호) 제12조 제1항[8]과 같이 관리규약을 개정할 것을 경과규정을 두어 법령으로 의무를 부과한다. 또한 동법 시행령 부칙 제15조 제2항에서도 입주자대표회의에게 개정된 관리규약준칙에 맞게 관리규약을 반드시 개정하도록 개정의무를 부과[9]하였다. 이렇듯 법령 등을 통하여 관리규약준칙만으로는 실행되기 어려운 전국 단위의 통일적인 공동주택 관리 정책을 관철시키기도 한다.

## Ⅲ. 자치규범으로서의 관리규약

### 1. 자치규범의 의미와 역할

자치규범이란 자치조직 또는 단체가 스스로 제정 및 개정하여 내부관계를 규율하는 일종의 규칙 또는 법규라고 할 수 있다. 자치규범은 조직 구성원의 권리·의무에 영향을 미치며, 이는 근대 사법(私法) 원리인 사적자치의 원칙이 조직 또는 단체의 영역에서 구현된 것이라 할 수 있다.[10]

이러한 자치규범은 그 내용이 법령과 강행법규에 반하지 않는 한 해당 조직의 내부관계를 우선적으로 규율하는 규범으로서 해당 조직의 구성원과 그 기관을 구속하는 효력이 있다.

---

8) 공동주택관리법 시행령 부칙 제12조(입주자대표회의의 임원구성에 관한 경과조치) ① 입주자대표회의는 이 영 시행일부터 2개월 이내에 제12조 제1항에 맞게 해당 공동주택의 관리규약을 개정하여야 한다.

9) 공동주택관리법 시행령 부칙 제15조(관리규약의 준칙 등에 관한 경과조치) ① 시·도지사는 이 영 시행일부터 2개월 이내에 제19조 제1항 제21호·제26호 및 제27호에 맞게 관리규약준칙을 개정하여야 한다.
② 입주자대표회의는 이 영 시행일부터 3개월 이내에 제1항에 따른 관리규약준칙에 맞게 관리규약을 개정하여야 한다.

10) 송재일, "협동조합의 자율성과 사적자치로서 정관자치에 관한 법적연구", 「한국협동조합연구」 제31집 제2호, 2013.8., 142쪽.

## 2. 공동주택 관리규약의 성질

### (1) 관리규약의 개념

공동주택관리법 제2조 제1항 제9호에서 관리규약을 공동주택의 입주자등을 보호하고 주거생활의 질서를 유지하기 위하여 입주자등이 정하는 자치규약이라고 정의하고 있다. 이러한 관리규약은 공동주택의 건물, 부지 그 밖의 부속시설의 관리와 사용에 관한 입주자 및 사용자 등 사이의 합의를 전제로 한 규칙인 것이다. 관리규약 제·개정 절차를 살펴보면, 동법 시행령 제20조 각 항에 근거하여 최초의 관리규약은 사업주체가 제안한 내용을 해당 입주예정자의 과반수가 서면으로 동의하여야 한다. 관리규약의 개정 역시 입주자대표회의의 의결로 제안하거나 전체 입주자등의 10분의 1 이상이 제안하여 전체 입주자등의 과반수가 찬성을 하여야 한다.[11] 이런 점을 종합해보면, 관리규약은 입주자등의 자발적 의사에 따라 공동주택의 관리 및 사용 등에 관한 사항을 제정한 자치규범이라고 할 수 있다. 따라서 관리규약은 강행규정에 반하는 것이 아닌 한 관리규약에 규정된 내용은 유효한 것이 원칙이고, 이 관리규약에 위반하여 행한 입주자들의 의결이나 행위는 무효가 되는 것이다.

그런데 공동주택 입주자등을 규율하는 관리규약의 효력에 대한 해석의 차이로 인하여 공동주택 관리규약의 개념에 대한 견해의 대립이 존재한다. 먼저 1설은 관리규약을 구성원을 구속할 수 있는 자치법규[12]라고 본

---

11) 공동주택관리법 시행령 제20조(관리규약의 제정 등) ① 법 제18조 제2항에 따라 공동주택 분양 후 최초의 관리규약은 사업주체가 제안한 내용(관리규약준칙에 따라 입주예정자와 관리계약을 체결할 때에 제안한 내용을 말한다)을 해당 입주예정자의 과반수가 서면으로 동의하는 방법으로 결정한다.
② 제1항의 경우 상업주체는 해당 공동주택단지의 인터넷 홈페이지[인터넷 홈페이지가 없는 경우에는 인터넷포털에서 제공하는 유사한 기능의 웹사이트(관리주체가 운영·통제하는 경우에 한정한다), 해당 공동주택단지의 관리사무소나 게시판 등을 말한다. 이하 같다]에 제안내용을 공고하고 입주예정자에게 개별 통지하여야 한다.
③ 법 제18조 제3항에 따라 관리규약을 개정하려는 경우에는 다음 각 호의 사항을 기재한 개정안을 제2항의 방법에 따른 공고·통지를 거쳐 제3조 각 호의 방법으로 결정한다.
1.~3. 생략
④ 생략
공동주택관리법 시행령 제3조(관리방법의 결정 방법) 법 제5조 제2항에 따른 공동주택 관리방법의 결정 또는 변경은 다음 각호의 어느 하나에 해당하는 방법으로 한다.
1. 입주자대표회의의 의결로 제안하고 전체 입주자등의 과반수가 찬성
2. 전체 입주자등의 10분의 1 이상이 제안하고 전체 입주자등의 과반수가 찬성

다. 반면 2설은 관리규약은 일정한 범위 안에서 제3자에 대하여도 효력이 있기 때문에 단순한 자치규범이 아니라 그 이상의 특별한 의미와 효력이 부여되어 있다[13]고 주장한다.

관리규약의 성질에 대하여 견해의 대립이 있으나, 판례는 아파트 관리규약을 입주자들의 자치규범으로 보고 있다. 부산지방법원 2011.11.11. 선고 2011구합2570 판결에서 관리규약의 내용과 제·개정 절차에 비추어 공동주택의 관리규약은 당해 공동주택의 입주자들에게 효력이 있는 자치법규라고 판시하였다. 또한 대법원 2001.9.20. 선고 2001다8677 전원합의체 판결에 따르면, 아파트 관리규약은 자치법규이므로 다수의 사람이 공동으로 소유·사용하는 집합건물 또는 공동주택을 헌법이나 다른 법령의 규정에 어긋나지 않는 한 규약을 통하여 구분소유자나 그 특별승계인의 권리에 일정한 제한을 가하는 것을 허용한다고 판시하고 있다. 이 전원합의체 판결은 관리규약이 입주자의 지위를 승계한 자에 대하여도 효력이 있다고 보면서도, 관리규약이 구분소유자 이외의 자의 권리를 해하지 못한다고 규정하고 있는 집합건물의 소유 및 관리에 관한 법률(이하 '집합건물법'이라 칭함) 제28조 제3항에 비추어, 규약의 내용이 입주자 이외의 자들 사이의 권리·의무에 관련된 사항으로서 입주자들의 자치규범인 관리규약 제정의 한계를 벗어나고, 개인의 기본권을 침해하는 사항은 법률로 특별히 정하지 않는 한 사적 자치의 원칙에 반한다는 점 등에 비추어, 특별승계인이 그 관리규약을 명시적, 묵시적으로 승인하지 않는 이상 해당 규정은 특별승계인에게 효력이 미치지 않는다고 판시하였다.

현행 공동주택관리법 제18조 제3항에 따르면, 입주자등의 지위를 승계한 사람에 대하여도 관리규약의 효력이 미친다고 규정하고 있어 입주자 이외의 자들에게도 효력이 있는 것으로 해석할 가능성이 있다. 그러나 공동주택보다 더 상위 개념인 집합건물의 관리 등에 관한 내용을 규율하는 집합건물법에 따르면 규약으로 정한 내용이 구분소유자 외의 자의 권리를 침해하지 못한다고 규정하고 있다(제28조 제3항). 또한 공동주택관리법 제2조 정의 조항에서 관리규약을 입주자등이 정하는 자치규약으로 규정하고 있으며, 동법 시행령 제19조 제1항 2문에서 입주자등이 아닌 자의 기본적인 권리를 침해하는 사항을 관리

12) 김영두, 『집합건물법연구(초판)』, 진원사, 2008, 117쪽.
13) 박태신, "집합건물의 관리규약에 관한 연구", 「집합건물법학」 제3권, 2009, 99쪽.

규약준칙에 포함시킬 수 없도록 규정하고 있다. 이러한 점을 모두 살펴보면 1설과 판례의 입장과 같이 관리규약의 성질을 구성원을 규율하는 자치규범으로 보는 것이 주택법 전체의 유기적·체계적 관계에 비추어 법 전체의 논리적인 맥락에 부합할 것이다.

### (2) 관리규약과 신고

공동주택관리법 제19조 및 동법 시행령 제21조[14]에 따르면, 입주자대표회의의 회장(관리규약의 제정의 경우에는 사업주체)은 관리규약의 제정·개정이 있는 경우 30일 이내에 시장·군수·구청장에게 신고하여야 한다.

관리규약에 대한 신고에 대하여 판례는 신고를 통하여 관리규약의 제·개정의 효력이 부여되는 것은 아니라고 판단[15]하였다. 관리규약이 공동주택 입주자 등의 자치법규인 점을 감안할 때 위 규정취지상 관리규약 개정신고를 하도록 한 것은 행정청의 사후적인 관리·감독을 위한 자료의 수집을 위함이지 그 신고를 통하여 비로소 관리규약 개정의 효력을 부여하려는 것은 아니라는 것이 그 이유이다. 즉 판례는 이 법령에서 요구하는 신고를 자체완성적 신고 또는 수리를 요하지 않는 신고로 판단하였다.

반면 법제처 2012.4.5. 회신 12-0117 해석례에서는 판례의 견해와는 달리 주택법 제43조 제3항에 따른 입주자대표회의의 구성에 관한 신고를 행정요건적 신고, 즉 수리를 요하는 신고로 보았다. 그 이유로는 첫 번째, 동법 제43조 제3항, 동법 시행령 제52조 제3항, 동법 시행규칙 제24조 및 별지 제34조의2 서식에 따르면 입주자가 입주자대표회의를 구성한 경우에는 입주자대표회의의 명칭 및 구성 현황 등을 관할 시장·군수·구청장에게 신고하도록

---

14) 공동주택관리법 제19조(관리규약 등의 신고) 입주자대표회의의 회장(관리규약의 제정의 경우에는 사업주체를 말한다)은 다음 각 호의 사항을 대통령령으로 정하는 바에 따라 시장·군수·구청장에게 신고하여야 한다. 신고한 사항이 변경되는 경우에도 또한 같다.
1. 관리규약의 제정·개정
2. 입주자대표회의의 구성·변경
3. 그 밖에 필요한 사항으로서 대통령령으로 정하는 사항
공동주택관리법 시행령 제21조(관리규약의 제정 및 개정 등 신고) 법 제19조에 따른 신고를 하려는 입주자대표회의의 회장(관리규약 제정의 경우에는 사업주체를 말한다)은 관리규약이 제정·개정되거나 입주자대표회의가 구성·변경된 날로부터 30일 이내에 신고서를 시장·군수·구청장에게 제출하여야 한다.

15) 부산지방법원 2011.11.11. 선고 2011구합3570 판결.

규정하면서, 그와 관련된 증빙서류 등을 제출하여야 한다고 규정하고 있다. 또한 위 서식인 신고서의 뒤쪽에는 신고서가 작성되면 "접수→확인→처리결과 통보"의 순서로 처리된다고 기재되어 있어 확인절차를 거치도록 한 점 등을 열거하면서 입주자대표회의 구성신고 등을 받은 행정관청으로서는 신고 당시에 당해 입주자대표회의가 적법하게 운영될 수 있도록 조치하여야 할 의무가 있어 입주자대표회의의 구성원을 선출하는 과정이 적법하였는지 여부 등 위 법령에서 정한 요건을 갖추었는지 여부를 심사하여 수리 여부를 결정할 수 있다고 보아 이 신고가 수리를 요하는 신고라고 해석하였다. 두 번째, 동법 제59조 제1항 및 동법 시행령 제82조에 따르면 지방자치단체의 장은 입주자대표회의에게 공동주택관리의 효율화와 입주자 및 사용자의 보호를 위하여 입주자대표회의의 구성 및 의결 업무 등에 관한 사항을 보고하게 하거나 자료의 제출, 그 밖에 필요한 명령을 할 수 있고, 공동주택의 시설·장부·서류 등을 조사 또는 검사하게 할 수 있다고 규정하고 있다. 이러한 규정은 신고 당시에 이미 그와 같은 사유가 있다면 신고단계에서 이를 심사하도록 함으로써 불필요한 행정력의 낭비 및 신청인의 불이익을 줄일 수 있다는 점 등에 비추어 보면, 시장·군수 또는 구청장은 입주자대표회의의 구성신고에 대하여 실질적인 요건을 심사하여 신고를 수리하거나 거부할 수 있음[16]을 의미한다고 보아 위 법령의 신고를 수리를 요하는 신고로 해석한 것이다.

판례는 공동주택관리법 혹은 주택법에서 요구하는 관리규약의 제·개정 등의 신고를 수리를 요하지 않는 신고로 보았다. 수리를 요하지 않는 신고가 되기 위해서는 신고요건으로 형식적 요건만을 요구하여야 한다. 그런데 실제 공동주택 관리현장에서 이뤄지고 있고 관리규약의 제·개정에 따른 신고 절차와 이러한 신고를 접수하는 행정관청에서 형식적 요건 이외에 신고의 내용 등 실질적 요건을 검토하여 신고를 수리하거나 거부하고 있다. 즉 행정청은 공동주택관리법령상의 관리규약 제·개정 신고를 법제처 해석례와 같이 수리를 요하는 신고로 취급하고 있다. 관리규약 제·개정 신고를 수리를 요하는 신고(행정요건적 신고)로 이해할 경우, 행정력의 낭비를 방지하고 공동주택관리의 효율화에는 긍정적일 수 있으나, 입주자들의 자발적 의사를 반영하는 자치규범으

16) 대법원 2009.6.11. 선고 2008두18021 판결.

로서의 관리규약의 특성은 줄어든다고 볼 수 있다.

## 3. 자치규범으로서의 관리규약

### (1) 관리규약준칙과 개별 관리규약

2016.1.29.자 서울특별시 공동주택 관리규약준칙(이하 "서울시 준칙"이라 함)과 서울시내 아파트의 관리규약을 비교하여, 관리규약준칙이 개별 관리규약에 어느 정도의 영향력이 있는지 또는 양자의 차이에 대하여 검토해보고자 한다.

#### 1) 관리주체의 업무

| 서울시 준칙 | A아파트·B아파트·C아파트 관리규약 |
|---|---|
| 제53조(관리주체의 업무) ② 관리주체는 입주자대표회의 감사가 규칙 제21조 제5항에 따라 감사업무 수행을 위하여 자료제출 요구시 특별한 사유없이 기피 또는 거부할 수 없으며, 원활한 감사업무가 진행될 수 있도록 적극 협조하여야 한다. | 관리주체의 입주자대표회의 감사의 감사업무에 대한 적극 협조 규정 없음. |

서울시 준칙은 입주자대표회의 감사업무에 대한 관리주체의 협조 의무를 부과하고 있다. 이는 관리주체가 입주자대표회의 감사의 제출서류 요구시 거부나 기피를 방지하기 위한 것으로 민원사항을 반영[17]한 규정이다. 그런데 서울시내 A아파트와 B아파트, C아파트 관리규약에서는 관리주체의 감사 협조 의무에 대한 규정을 찾기 어려웠다. 물론 관리규약 개정 시기의 문제일 수도 있고, 이 규정이 없어도 감사업무에 관리주체가 이미 협조하고 있으므로 해당 규정을 조문화시키는 것이 필요하지 않을 수도 있다. 다만 관리규약준칙의 내용이 개별 아파트의 관리규약 제·개정시 적극적으로 반영되지 않는 경우가 있다는 사실은 인정할 수 있다.

17) 서울특별시 공동주택 관리규약준칙안 신·구 대비표 참조.

| 서울시 준칙 | A아파트, B아파트 | C아파트 |
|---|---|---|
| 제53조(관리주체의 업무) ⑦ 입주자등, 입주자대표회의 및 관리주체 등은 경비원 등 근로자에게 적정한 보수를 지급하고 근로자의 처우개선과 인권존중을 위하여 노력하여야 한다.<br>⑧ 경비원 등 근로자는 입주자등에게 수준 높은 근로 서비스를 제공하여야 한다. | 제47조(관리주체의 업무) ⑤ 공동주택에서 채용한 경비원에 대하여도 「경비원법」 제15조의2를 준용한다.<br>⑥ 입주자대표회의와 관리주체는 경비원의 고용 안정을 위하여 노력하여야 한다. | 경비원 등 근로자의 근로환경에 대한 규정 없음. |

서울시 준칙은 경비원 등 근로자의 처우개선과 더불어 공동주택 관리서비스 개선을 위한 내용을 명문화시켰다. 그러나 서울시내 아파트의 관리규약에서는 이러한 내용을 찾아보기 어려웠다. 물론 2015년에 관리규약을 개정한 아파트의 경우에는 경비원의 업무를 명확화하거나 경비원의 고용안정에 대한 규정을 구 서울시 준칙을 참조하여 명문화시켜 놓았다. 그러나 2013년 이후 관리규약의 개정이 없었던 아파트의 경우에는 경비원 등 근로자의 근로환경 개선 등에 관한 규정은 찾기 어려웠다.

### 2) 자료 열람

| 서울시 준칙 | A아파트, B아파트 | C아파트 |
|---|---|---|
| 열람·복사의 범위 또는 열람 시간에 대한 규정 없음. | 제48조(자료의 종류 및 열람방법 등) ② (중략). 다만, 열람·복사는 업무를 방해하지 않는 범위에서 사업 등을 특정하여 요구하여야 하고, 열람은 2시간 이내로 한정한다. | 제48조(자료의 종류 및 열람방법 등) ② (중략). 다만, 열람·복사는 업무를 방해하지 않는 범위에서 사업 등을 특정하여 요구하여야 하고, 열람은 1시간 이내로 한정한다. |

자료 열람의 범위나 시간에 대하여는 서울시 준칙에서는 규정하고 있지 않다. 그러나 시울시내 아파트 관리규약에서는 열람하고자 하는 자료, 사업을 특정하여야 하고, 자료 열람 시간 역시 1시간 또는 2시간으로 제한하고 있었다. 이것은 자료 열람 등으로 인한 관리 현장 업무 방해를 방지하기 위하여 개별 관리규약에 자발적으로 규정된 것으로 보인다.

### 3) 보존 자료의 종류와 보존 기한

| 서울시 준칙 | A아파트, B아파트, C아파트 |
|---|---|
| 제55조(자료의 종류 및 열람방법 등) ① 관리주체가 보관 및 관리해야 하는 자료의 종류는 다음 각 호와 같으며, 자료의 보존 기간은 주택법령 및 자료의 중요도에 따라서 최소 5년 이상으로 입주자대표회의에서 정할 수 있다. (이 경우 공사준공도면 및 장비이력카드는 영구보존하여야 한다.) (각 호 생략) | 보존 기한에 대하여 하나의 규정에 정리하여 규정하고 있지 않음. |

서울시 준칙의 경우 보존자료의 종류를 구체적으로 명시하고 보존 기한을 명시하여 입주자들과 공동주택 관계자들이 보존자료의 보존 기한에 대한 혼란을 방지하고자 노력하였다. 그런데 서울시내 다른 아파트 관리규약의 경우에는 자료에 대한 보존 기한이 하나의 규정에 정리되어 있지 않고, 여러 규정에 분산된 형태로 존재한다. 또는 개별 아파트의 관리규약에 자료의 보존 기한에 대한 규정이 구체적이고 명확하게 명시하고 있지 않아, 실제 아파트의 입주자대표회의 구성원 혹은 관리주체 등 공동주택 관리 관계자들이 자료의 보존 기한에 대하여 제대로 인식하지 못하는 경우가 왕왕 있다.

### 4) 층간소음 관리위원회 지원

| 서울시 준칙 | A아파트 |
|---|---|
| 제58조의2(층간소음 관리위원회) ② 층간소음 관리위원회는 동별 대표자 1인, 관리사무소장, 선거관리위원회 위원 1인, 부녀회 또는 경로회 회원 1인, 입주자등에서 경륜이 있는 자 1인 이상 총 5인 이상으로 구성하고, 임기는 2년으로 하며 위원장은 호선한다.<br>제58조의3(층간소음 관리위원회 지원 등) ② 층간소음 관리위원회 운영에 필요한 실비, 수당, 교육비용, 자문료 등 경비는 잡수입에서 지출한다. | 제51조의3(층간소음 관리위원회) ② 층간소음 관리위원회는 동별 대표자 2인 이내, 관리사무소장, 선거관리위원 1인, 경로회 1인, 부녀회 1인, 경륜 있는 입주민 1인 총 7인 이내로 구성하고 위원장은 호선한다.<br>제51조의4(층간소음 관리위원회 지원 등) ② 층간소음 관리위원회 운영에 필요한 실비, 출석수당(1회 5만원, 월 10만원 초과할 수 없다), 교육비용, 자문료 등 경비는 잡수입에서 지출한다. |

서울시 준칙의 경우에는 층간소음 관리위원회 구성을 구체화시켰다. 그리고 서울시내 A아파트의 관리규약 역시 서울시 준칙을 참조하여 층간소음 관리

위원회의 구성을 구체화하였다. 다만 A아파트의 경우 아파트 단지가 대규모인 만큼 층간소음 분쟁 발생의 가능성이 높고, 1차적으로 주민 자체적으로 층간소음 분쟁을 해소하기 위하여 아파트 단지의 특성을 반영하여 서울시 준칙과 약간의 차이가 발생한다.

그런데 층간소음 관리위원회의 위원의 임기에 대하여는 서울시 준칙에서는 2년으로 규정하고 있으나, A아파트 관리규약에서는 위원의 임기에 대한 규정은 존재하지 않는다. 반면 출석수당과 같은 금원의 지출에 관하여는 서울시 준칙에는 금원 지출에 대한 권장 금액이 규정되어 있지 않으나, A아파트 관리규약의 경우에는 지출되는 금원에 대한 규정을 명확히 하였다. 이것은 개별 아파트의 관리에서는 절차적인 요소나 행정적인 요소보다는 금원·비용 지출과 같은 경제적 요소에 대한 관심이 더 있음을 의미한다.

### 5) 관리업무 등의 인수·인계

| 서울시 준칙 | A아파트 |
|---|---|
| 제63조(관리업무 등의 인수·인계) ② 입주자대표회의 회장이 변경된 때에는 7일 이내 다음 각 호의 사항을 후임자에게 인계하여야 한다. | 인수·인계 기간에 대한 규정 없음. |

서울시 준칙은 인수·인계에 대한 개정의견을 반영하여 입주자대표회의 회장이 변경된 경우 인수·인계 기간을 7일 이내로 할 것을 규정하였다. 그런데 서울시내 A아파트의 관리규약은 이러한 서울시 준칙의 내용을 전부 반영하지는 못하였다. 개별 아파트의 관리규약은 기간, 임기 등과 같은 행정적인 영역에 대하여는 다소 미흡한 경향을 띠는 것으로 파악된다.

### 6) 체납자에 대한 조치

| 서울시 준칙 | A아파트, B아파트. C아파트 |
|---|---|
| 제85조(관리비등의 체납자에 대한 조치) 체납자에 대한 단전 등의 제재조치에 관한 규정 없음. | 제77조(관리비등의 체납자에 대한 조치) ⑤ 3개월 이상 체납한 세대에 대해 한전에 전기 제한공급(전류제한기 부설 등) 및 단전을 요청할 수 있고, 이 경우 관리주체 및 체납세대 측은 최대한 협조하여야 한다. |

서울시 준칙에는 관리비등의 체납자에 대한 전기제한공급이나 단전 등과 같은 제재규정이 존재하지 않는다. 그런데 서울시내 대부분의 아파트 관리규약에는 관리비 체납자에게 단전 등의 조치를 취할 수 있는 규정이 명문화되어 있다.

서울시 준칙과 서울시내 아파트의 관리규약의 내용을 살펴보면, 금원의 지출 등과 관련된 부분은 서울시 준칙보다 개별 아파트 관리규약이 더욱 구체적으로 명확히 규정하고 있음을 알 수 있다.

### (2) 판례로 보는 관리규약

#### 1) 관리규약의 자치규범성

대법원 2001.9.20. 선고 2001다8677 전원합의체 판결은 아파트의 관리규약에서 체납관리비 채권 전체에 대하여 입주자의 지위를 승계한 자에 대하여도 행사할 수 있도록 규정하고 있다 하더라고, '관리규약이 구분소유자 이외의 자의 권리를 해하지 못한다'고 규정하고 있는 집합건물법 제28조 제3항에 비추어 볼 때, 관리규약으로 전 입주자의 체납관리비를 양수인에게 승계시키도록 하는 것은 입주자 이외의 자들과 사이의 권리·의무에 관련된 사항으로서 입주자들의 자치규범인 관리규약 제정의 한계를 벗어나는 것이고, 개인의 기본권을 침해하는 사항은 법률로 특별히 정하지 않는 한 사적 자치의 원칙에 반한다는 점 등을 고려하면, 특별승계인이 그 관리규약을 명시적, 묵시적으로 승인하지 않는 이상 그 효력이 없다고 보았다.

이러한 판례의 입장에 비추어 볼 때 공동주택의 관리규약은 내적관계를 규율하는 자치규범으로 인식하는 것이 타당하다.

#### 2) 관리규약과 관리업무 위·수탁계약의 관계

대법원 2004.2.26. 선고 2003다60204 판결에서 관리규약과 관리업무 위·수탁계약의 관계에 대하여 판단하였다. 판례는 공동주택의 관리규약은 당해 공동주택을 분양받은 자의 과반수 서면합의에 의하여 제정되고, 1/10 이상의 입주자 또는 사용자나 입주자대표회의의 제안에 의하여 입주자 과반수의 찬성을 얻어서 개정되는 것이어서 특별한 사정이 없는 한 그 관리규약이 당연히 관리주체에게 적용된다고 볼 수 없다고 보았다. 따라서 관리계약상의 손해배상책임 규정이 위 아파트 관리규약과 다르다는 이유만으로 당연히 무효라고 볼 수 없다고 판시하였다.

이 판례를 통하여 관리규약이 자치규범으로서 공동주택의 입주자들의 권리·의무를 규율하는 역할은 당연히 수행하지만, 입주자들 사이의 합의된 규범이 입주자 이외의 관리주체에게도 당연히 적용되는 것은 아니라는 것을 확인할 수 있다. 또한 관리규약이라는 주택관리의 일반적 규칙이 계약당사자를 구속하는 특정한 계약보다 우위에 있다고 보기 어렵다는 것을 보여주고 있다.

### 3) 관리비등의 체납자에 대한 조치

관리비등의 체납이 계속될 경우, 이 체납에 대한 단전 혹은 단수 등의 조치가 가능한지 유무는 판례가 통일된 입장을 보이고 있지는 않다.

먼저 서울고등법원 2003.12.12. 선고 2003나12498(본소), 2003나12504(반소) 판결에서 특별승계인에 대한 체납관리비 징수를 위한 조치로써 단전, 단수 등을 하는 것은 위법하다고 판시하였다. 위 판결에 따르면, 특별승계인에게 공용부분에 대한 관리비 채무를 청구할 수 있다고 하더라도 그 승계된 관리비 채무를 징수하기 위한 조치로서 단전, 단수와 엘리베이터의 정지 또는 공용부분의 사용제한 등의 조치를 정한 관리규약은 구분소유자 이외의 자들과의 사이의 권리, 의무에 관련된 사항으로 자치규범인 관리규약의 제정의 한계를 벗어난 것으로 특별승계인이 그 관리규약을 명시적, 묵시적으로 승인하지 않는 이상 그 효력이 없다고 보았다.

반면 헌법재판소 2012.3.29. 선고 2010헌마770 전원재판부 결정에서 관리비 체납자에 대한 단전, 단수 조치가 일정한 경우 정당행위로 인정된다고 판시하였다. 위 결정에서 청구인의 단전행위는 건물의 관리규약 및 운영위원회의 결의에 따라 적법하게 이루어진 것이고, 건물관리자인 청구인이 한국전력으로부터 전기요금 납부독촉을 받고 있던 궁박한 상황에서 효율적인 건물관리 및 전체 구분소유자들의 이익을 위해 행한 불가피한 조치이므로, 그 동기와 목적, 수단과 방법, 경위 등 여러 사정에 비추어 사회통념상 허용될 만한 상당성이 있는 행위로서 형법 제20조의 정당행위[18]로 보았다.

---

18) 법원은 관리비 체납자에 대한 단전·단수행위의 경우 대체로 ① 관리규약에 관리비 체납자에 대하여 단전·단수조치를 할 수 있다는 내용이 명시되어 있고 그 요건을 충족하였는지, ② 단전·단수조치가 이사회 등 건물관리단의 결의에 따라 적법하게 실시된 것인지, ③ 계속 미납시

#### 4) 관리규약과 국토교통부·법제처의 유권해석

서울북부지방법원 2016.3.16. 선고 2015가합2731 판결에서 국토교통부 및 법제처의 유권해석과 개별 아파트의 관리규약에 대한 관계를 보여주고 있다. 위 판결에서 법원은 국토교통부 및 법제처의 유권해석은 개별적으로 정한 관리규약보다 우선한다고 볼 수 없고, 법적 기속력을 가지는 것이 아니라고 판시하면서 관리규약이 해당 부서의 유권해석보다 우위에 있다고 보았다.[19]

## Ⅳ. 맺으며

관리규약준칙은 공동주택 관리에 있어서 전국적으로 통일적인 업무가 필요한 사항과 각 지방자치단체가 지역적 특성을 반영한 사항으로 구성되어 있다. 그리고 이러한 관리규약준칙은 개별 공동주택의 관리규약 제·개정을 위한 가이드라인으로서의 역할을 한다. 관리규약준칙을 참조하지만 원칙적으로 개개의 관리규약은 입주자들이 합리적인 이성을 가지고 있음을 전제로, 입주자들 사이의 사적자치를 발현하여 합의를 통하여 개별 공동주택의 사정에 부합하는 내용을 담은 자치규범이다. 그런데 현재 공동주택관리 영역은 관리규약을 사적자치의 결과물로 취급하기보다는 다양한 방식으로 행정 개입이 적극적으로 이뤄지다보니, 자치규범으로서의 관리규약의 지위가 약화되고 있는 인상을 준다.

행정 개입이 활발하기 때문에 완전한 사적자치의 결과물로서의 관리규약의 지위가 흔들릴 수 있으나, 궁극적으로 관리규약의 자치규범성이 붕괴되는 것은 아니다. 다만, 개별 관리규약에서 합리적 이성을 가진 인간 사이의 합의 이외에 인간이 가지고 있는 감성 또는 경험에 의존한 의사결정 사항이 구체화되고 강조된다는 특징을 보인다. 특히 공동주택 입주자들이 경험상 가장 중요

단전·단수될 수 있다는 사실을 예고하였는지, ④ 건물 관리 및 다른 구분소유자들의 이익을 위하여 단전·단수할 수밖에 없는 사정이 있었는지, ⑤ 그 밖에 피해자에게 관리비 납부를 거부할 만한 정당한 사유가 있었는지 등을 종합적으로 고려하여 정당행위 여부를 판단하는 것으로 보인다(헌법재판소 2012.3.29. 선고 2010헌마770 전원재판부 결정).

19) 다만, 이 판결이 하급심 판결이고, 위 판결에 대한 항소가 있었으므로 상급심 판결을 주시해 볼 필요가 있다.

하다고 인식하는 금전적인 부분(회의비, 체납 관리비 징수방법 등)에 대하여는 관리규약준칙 또는 행정 개입에 의지하지 않고 입주자들의 경험을 바탕으로 구체적으로 정하고 있다. 반면 절차적 합리성·합법성을 확보할 수 있는 방법에 대해서는 개별 관리규약이 구체적으로 정하고 있지는 않은 것으로 확인할 수 있다.

또한 최근 들어 공동주택의 안전과 관리 서비스에 대한 관심이 증가하고 있다. 내실 있는 안전 관리와 고품질의 관리 서비스를 확보하기 위해서는 경비·관리 업무에 소요되는 비용이 늘어나야 하고, 업무를 직접적으로 수행하는 인력들의 근로 환경 개선이 우선되어야 한다. 그런데 이렇게 비용을 투자하고 근로 환경을 개선하게 되면 당장의 금전적인 손실(관리비 등의 상승)이라는 경제적 부담이 발생한다. 이러한 경제적 부담 때문에 개별 관리규약에서 공동주택의 내실 있는 안전 관리와 관리서비스를 위한 합리적인 선택을 하지 못하는 현상이 발생한다.

이렇듯 개별 관리규약은 입주자들의 "합리적인 이성"을 전제로 입주자들의 합의에 의하여 만들어진 것임과 동시에 입주자들의 "감성과 경험"이라는 합리적 이성 이외의 요소가 혼재되어 있는 특징을 지닌 사적자치의 결과물이라 할 수 있다.

## 참고문헌


김규완(2013), "표준관리규약의 제정과 그 주요내용", 『비교사법』 제20권 제3호.

김영두(2008), 『집합건물법연구』(초판), 진원사.

박태신(2009), "집합건물의 관리규약에 관한 연구", 『집합건물법학』 제3권.

서울특별시 공동주택관리규약 준칙(2010.9).

서울특별시 공동주택관리규약 준칙(2016.1).

서울특별시(2008), 『알기 쉬운 아파트 관리』.

송재일, "협동조합의 자율성과 사적자치로서 정관자치에 관한 법적연구", 『한국협동조합연구』 제13집 제2호, 2013.

대법원 2001.9.20. 선고 2001다8677 전원합의체 판결.

대법원 2004.2.26. 선고 2003다60204 판결.

대법원 2006.6.11. 선고 2008두18021 판결.

서울고등법원 2003.12.12. 선고 2003나12498(본소), 2003나12504(반소) 판결.

서울북부지방법원 2011.6.9. 선고 2011가합1563 판결.

서울북부지방법원 2016.3.16. 선고 2015가합2731 판결.

부산지방법원 2011.11.11. 선고 2011구합3570 판결.

헌법재판소 2012.3.29. 선고 2010헌마770 전원합의부 결정.

법제처 2012.4.5. 회신 12－0117 해석례.

제12장

# 혼합주택단지 분쟁

전창미(서울특별시 주택건축국 주택정책개발센터 연구위원)

## Ⅰ. 혼합주택단지의 개념과 등장 배경 및 특성

### 1. 혼합주택단지의 등장 배경 및 정의

한국에서는 1990년대 후반부터 대규모 택지개발 사업방식의 공공임대주택 단지 공급으로 인한 저소득층의 집단거주로 주거지가 슬럼화 되고, 이러한 주거지 분리는 사회계층간 분리를 초래함으로써 공간의 문제가 계층의 문제로 나타나 사회통합에 부정적인 영향을 끼치게 되었다. 정부 주도하에 저소득층에게 보다 나은 주거환경을 제공하기 위해 공급된 공공임대주택은 인근의 분양임대주택 거주자가 영구임대주택 등 공공임대주택 거주자를 커뮤니티의 일부로 생각하기보다 공간적으로 분리시키고 사회적으로 배제하려는 현상들이 빈번하게 나타나게 되었다. 1990년대 후반 사회적 배제 현상이 유발하는 사회적 문제를 겪으면서 이를 해결하기 위한 노력들의 하나로 혼합주택단지 개념이 대두되기 시작하였다.

이처럼 특히 도시공간 영역에서 사회적 배제가 「도시문제」로 다양한 고찰의 대상이 되기 시작한 것은 1990년대 이후로 공공임대주택이나 민간의 비위생주택 집중지역에 저소득층 계층인 에스닉·마이너리티가 집중거주하고, 실업·학업좌절·복지수급·범죄율이 높고, 건물의 황폐 등의 특성을 지닌 「문제지구」

가 형성되고, 그것에 대해서 도시내부의 격리(segregation)나 추방(relegation)이라는 관점에서 학술적 연구가 이루어져 왔다(Wilson 1987, Wacquant 2007).

그림 12-1 저소득계층의 집단화에 따른 사회적 배제 메커니즘

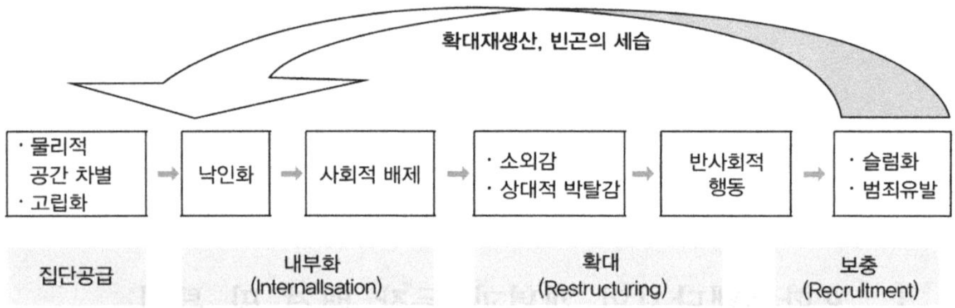


출처: 김위정(2014) 자료, 재구성.

한편, 유럽에서는 이러한 사회적 배제 현상에 대한 해결방법이 포섭(inclusion)으로 사회적 결속이 가능한가에 대한 과제로 지자체, 중앙정부, (EU 등의) 국가연합 수준에서 대책을 모색하는 정책적인 논의가 이루어져 왔다.

이러한 정책적인 논의에 참조된 것이 사회적 혼합(Social−Mix)이다. 사회적 혼합(Social−Mix)은 사회 구성원 모두가 하나의 전체사회로 통합될 수 있도록 사회통합정책의 하나로서 유럽에서 시작된 개념이다. '사회적 혼합'이란 사회적 배제에 반대되는 개념으로 정상적인 사회활동에 모두 관여하고 정치적 활동은 물론 시민활동에도 참여할 수 있는 것으로, 사회적 배제가 일어나지 않도록 하는 과정을 포괄적으로 지칭하는 용어로 사용되고 있다.

혼합주택단지는 임대주택 거주자의 사회적 배제 문제 해결을 위해 주택공급 정책방식을 기존의 공급방식과는 다르게 동일 단지 내에 임대주택과 분양주택을 단지계획 측면에서 사회계층을 혼합(Social−Mix)하여 공급한 단지이다. 한국에서의 혼합주택단지는 공공임대주택에 대한 부정적인 이미지와 사회적 갈등을 해소하기 위해 분양주택과 임대주택을 한 단지 내에 혼합 배치하고 관

표 12-1 사회적 혼합(Social-Mix)으로 인한 기대 효과

| 경제 및 서비스 영향 | 지역사회수준에 효과 |
|---|---|
| • 공공서비스의 질적 향상<br>• 개선된 민간서비스의 질과 양<br>• 지역경제의 증진<br>• 고용률의 증가 | • 사회적 상호작용의 증가<br>• 커뮤니티와 장소의 애착 증가<br>• 이동성의 감소와 주거안정성의 증가 |
| **사회 행태적 효과** | **사회배제의 극복** |
| • 반사회적 행동의 감소<br>• 부동산과 공원의 향상된 유지<br>• 열망의 증가<br>• 교육적 결과의 향상 | • 지역 오명의 감소<br>• 다른 장소와의 연결성 증가<br>• 사회적 네트워크 향상 |

출처: Kearns & Mason(2007), 박인(2015), 사회적 혼합단지의 운용실태와 향후 정책방향, 재인용.

리사무소, 경로당, 체육시설, 주차장 등 부대복리시설을 공유하게 하여 사회적 통합(social exclusion)을 목적으로 국내에 도입되었다.

## 2. 혼합주택단지의 현황 및 특성

### (1) 법·제도적 조성 연혁

혼합주택단지는 분양주택과 임대주택이 한 단지 내에 혼합된 것으로, 관리사무실, 경로당, 체육시설, 주차장 등 기반·부대·복리시설 등을 공유하는 단지이다. 즉, 공동주택의 계획 측면에서 분양주택과 임대주택을 혼합하여 다양한 계층이 더불어 살면서 갈등을 최소화 할 수 있도록 공급한 단지로, 서울시가 2003년 공공임대주택 10만호 건설정책을 추진하면서 시작되었다. 전용면적 12평 이상의 분양주택단지 내 임대주택을 혼합하여 건설토록 하여 사회적 혼합을 위한 분양·임대 혼합주택단지를 최초로 공급하였다. 이후 은평 뉴타운에도 공급하는 등 이후 관련법 개정 등을 통해 혼합주택단지의 공급을 확대해 오고 있다(표 12-2 참조).

표 12-2 혼합주택단지의 조성 정책 연혁

| 정책 | 내용 |
| --- | --- |
| 서울시 공공임대 10만호 건설계획(2003) | 전용면적 12평 이상 분양주택단지내 임대주택 혼합 건설 등 |
| 「도시 및 주거환경 정비법」 개정(2005) | 재개발이나 재건축시 임대주택을 단지내 건설토록 강제규정 |
| 「국민임대주택건설등에 관한 특별법」 개정(2005) | 국민임대주택과 분양주택의 혼합단지 조성 방침 마련 |
| 서울시 장기전세주택 등 혼합단지 공급(2009) | 장지·발산, 은평 뉴타운에 혼합단지 임대 : 분양을 일정 비율로 공급 |
| 보금자리주택건설 등에 관한 특별법 제정(2009) | 무주택 서민을 위해 2009~2018년까지 보금자리주택 150만호 공급. 이 중 임대주택을 80만호 공급 |
| 서울시 희망둥지 프로젝트(2012) | 임대주택 8만호 공급계획과 소셜믹스의 적용. 임대주택 배치시 입지를 우선 고려하고, 물리적으로 차별 없는 계획과 시공, 점검 및 관리계획 수립 |
| 서울시 임대주택 종합개선대책(2013) | 영구임대주택에 기초생활수급자와 장애인, 한부모 가정 등 뿐만 아니라 공공·국민임대 입주 자격자도 입주, 교차입주 방식을 통한 세대 혼합 시도 |

출처: 국민권익위원회(2012)·은난순(2015) 자료, 재구성.

### (2) 계획적 특성

계획적인 측면에서 혼합주택단지는 독립형, 인접형, 단지내 혼합형, 주동내 혼합형 등 크게 4가지 유형으로 구분 가능하다. 1980년대 후반 영구임대주택단지가 공급되기 시작할 당시에는 독립형 위주였으나 점차 인접형, 단지내 혼합형, 주동내 혼합형 등 다양한 유형이 시도되었다.

**표 12-3** 혼합주택단지 혼합유형 분류

| 혼합유형 | 세대배치 구성 |
|---|---|
| 독립형 | • 임대주택이 8m 이상 도시계획도로로 분리되어 하나의 단지가 구성된 경우<br>• 보행자전용도로에 의해 구분된 단지 |
| 인접형 | • 단지내 도로 또는 대지 구분에 의해 분리되어 임대주택과 분양주택이 인접하여 분리<br>• 1개 단지로 승인을 받았더라도 의도적으로 계획과정에서 임대주택 영역과 분양주택 영역을 분리(출입구 구분, 옹벽, 단지내 도로 등으로 영역분리) |
| 단지내 혼합형 | • 하나의 단지내에 주거동을 구분하지 않고 혼합 배치<br>• 임대주택과 분양주택이 각각 몇 개의 주거동으로 군집되어 하나의 단지 구성 |
| 주동내 혼합형 | • 주거동내 임대주택과 분양주택을 혼합 |

출처: 서수정 외, 2004, 국임임대주택의 사회통합적 계획방안 연구, 대한주택공사, p. 83.

## 3. 혼합주택단지의 갈등 발생 원인

### (1) 혼합주택단지의 관리 관련 법적 측면

사회적 혼합 주택단지와 관련하여 현재 시행되고 있는 법과 제도는 분양주택과 임대주택이 각기 다른 법의 적용을 받고 있다. 분양주택은 「주택법」, 임대주택은 「공공주택특별법」 및 「민간임대주택법」에 근거하여 관리하고 있다. 단, 임대주택의 건설·공급 및 관리에 관하여 「공공주택특별법」과 「민간임대주택법」에서 규정하지 않은 사항에 대해서는 「주택법」, 「공동주택관리법」(2016.8.12. 시행)과 「주택임대차보호법」을 적용하도록 하고 있다. 그리고 이외에도 「집합건물의 소유 및 관리에 관한 법률」, 「민법」등이 적용되며, '서울특별시 공동주택관리규약 준칙'에서도 혼합주택단지의 관리에 관한 사항을 규정하고 있다(표 12-4 참조).

이와 같이 분양세대와 임대세대가 함께 거주하는 혼합주택단지의 경우 한 단지 안에서 「주택법」과 「공공주택특별법」 및 「민간임대주택법」의 적용을 동시에 받고 있으며, 일부 규정에 대해서는 법을 적용할 때 충돌되거나 제시된 기준이 명확하지 않아 분양·임대주택 입주자 간의 갈등 원인으로 작용하고 있다(은난순, 2015).

표 12-4 혼합주택단지 내 분양주택과 임대주택의 관련 법·제도 비교

| 구 분 | 분양주택 | 임대주택 |
|---|---|---|
| 근거법 | 「주택법」 등 | 「공공주택특별법」, 「민간임대주택법」 등 |
| 공동주택관리규약 | 분양 공동주택관리규약 | 임대주택 관리규약 |
| 주민대표회의 | 입주자대표회의 | 임차인대표회의 |
| 주민대표회의의 법적 성격 | 의결 및 감독기구 | 임대사업자와의 협의 기구 |
| 주민대표회의 구성 근거규정 | 「주택법」 제43조 제3항 | 「공공주택특별법」 제50조 및 「민간임대주택법」 제52조 제1항 |
| 주민대표회의 구성 의무 | 의무구성 | 임의구성 |
| 주민대표회의 구성원 | 최소 4명 이상으로 의무구성 | 구성시 최소 3명 이상 |
| 주민대표회의의 운영 및 윤리교육 | 의무사항 | - |
| 관리방법의 결정 및 변경 | 입주자대표회의의 의결 또는 전체 1/10 이상이 제안, 전체 입주자 등의 과반수 찬성으로 결정 | 입주자대표회의 임대사업자가 공동으로 결정 |
| 회계감사 | 의무사항 | 임차인 또는 임차인대표회의 요구시 |

출처: 은난순(2015, pp. 27-29)의 내용을 참고하여 재작성.

또한, 〈표 12-5〉처럼 관리방법이 양분되어 있어 의사결정 과정에서 분양주택 입주자와 임대주택 입주자와의 분쟁이 지속적으로 발생하고 있다. 혼합주택단지에서 분양주택 입주자대표회의는 「주택법」상 대표성을 빌미로 임대주택에 거주하는 임차인들의 참여를 배제하고 단지 전체의 관리권을 주장하는 경우가 많고, 임대주택의 경우는 의무관리대상 범위가 분양주택에 비해 넓고 공동관리에 대한 제한으로 임차인 및 공공임대사업자의 비용부담을 가중시키고 있다. 이처럼, 혼합주택단지의 특성을 고려한 법령 없이 주택공급을 통한 물리적인 사회적 혼합만으로는 사회적 통합이 아니라 오히려 입주자 간의 갈등을 증폭시키고 있다.

그림 12-2 분양·임대주택의 관리방법 결정과정

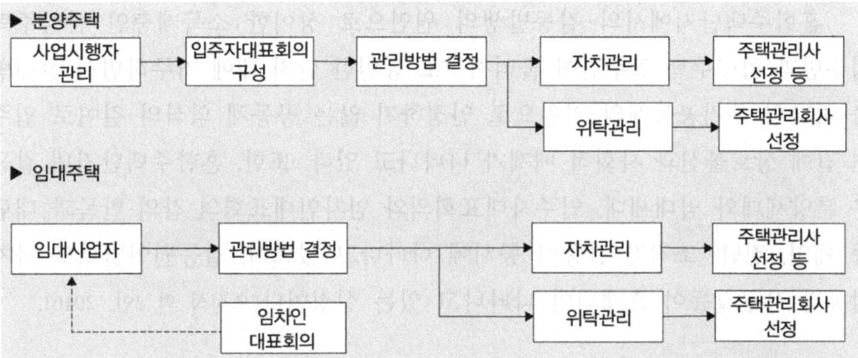


출처: 국민권익위원회(2012), p. 5, 인용.

표 12-5 분양·임대주택의 관리방법 비교

| 구분 | | 분양주택 | 임대주택 |
|---|---|---|---|
| 주민대표기구 | 명칭 | • 입주자대표회의 | • 임차인대표회의 |
| | 법적 성격 | • 의결 및 감독기구(의무구성) | • 임대사업자와 협의기구(임의구성) |
| | 주요 역할 | • 관리규약 제·개정<br>• 관리비 예산·결산, 시설물 보수·대체 및 개량 결정<br>• 설비유지, 운영기준 결정<br>• 관리방법 및 업체 선정 제안<br>• 자치관리기구 직원 임명<br>• 관리주체 업무 감사 | • 관리 관련 임대사업자 협의<br>– 관리규약 제·개정<br>– 관리비<br>– 공용부분, 부대시설 등의 유지보수 및 하자 보수 |
| 관리주체 | | • 자치관리: 관리소장 집행<br>• 위탁관리: 주택관리업자 집행<br>※ 입주자대표회의가 의결·감독 | • 관리주체는 임대사업자이며,<br>• 임대사업자 직영관리 또는 주택관리업자 위탁관리 |
| 주요 시설 보수·교체 비용 | 적립금 | • 장기수선충당금 | • 특별수선충당금 |
| | 비용관리 | • 적립요율은 관리규약으로 규정<br>• 입주자대표회의명의로 관리 | • 표준건축비의 4/10,000 (영구임대의 경우)<br>• 임대사업자가 관리 |
| 근거법령 | | • 주택법 | • 임대주택법 |

출처: 국민권익위원회(2012), p. 5, 재구성.

### (2) 입주자들의 혼합주택단지에 대한 인식 부족

혼합주택단지에서의 갈등발생의 원인으로 상이한 소득계층인 분양주택 입주민과 임대주택 입주민이 물리적으로 동일한 단지 내에 거주하면서 상대방을 하나의 주거공동체의 일원으로 인정하지 않는 공동체 의식의 결여로 입주민 간에 상호불신과 사회적 배제가 나타나고 있다. 또한, 혼합주택단지내 갈등은 분양세대와 임대세대, 입주자대표회의와 임차인대표회의 간의 반목과 대립 등 개인, 집단, 조직간 갈등이 동시에 나타나고 있으며, 갈등원인별로도 가치갈등과 욕구갈등이 혼재되어 나타나고 있는 실정이다(오정석 외 2인, 2016).

# Ⅱ. 서울시 혼합주택단지의 갈등 유형 및 사례

## 1. 서울시 혼합주택단지 공급 정책의 흐름

서울시는 2003년 공공임대주택 10만호 건설 정책을 추진하면서 사회적 통합을 위하여 다양한 소득계층이 모여 사는 혼합주택단지를 계획하였고, 이후 현재까지도 지속적으로 공급하고 있는 실정이다.

2012년 『원순씨 희망둥지 프로젝트』를 통해 임대주택 8만호 공급계획과 소셜믹스(Social-mix)의 적용 계획을 강화한다는 내용을 발표하였다. 즉, 임대주택 공급시 임대주택의 입지를 우선 고려하고, 물리적인 차별이 없는 계획과 시공이 되도록 하고, 점검 및 관리계획을 수립한다는 내용이 포함되어 있다.

또한, 2013년 공공임대주택 종합개선대책을 마련하면서 공공임대주택 입주자격의 교차입주 방식을 통한 세대혼합, 혼합주택단지의 갈등완화를 위해 노력할 것이라는 내용을 포함하고 있다. 공공임대주택 입주자격자들의 교차입주 방식은 영구임대주택에 기초생활수급자와 장애인, 한부모 가정 등 뿐만 아니라 공공임대·국민임대 입주자격자도 입주할 수 있도록 하여 세대혼합을 시도한다는 내용이다. 그리고 사회적 혼합단지의 갈등완화를 위해서는 입주민의 역량강화 교육, 임대사업자의 역할 강화 등의 내용을 포함하고 있다.

## 2. 서울시 혼합주택단지의 현황

2016년 8월말 현재 서울시 혼합주택단지는 226개 단지에 139,646세대가 공급되었고 분양 87,773세대(62.9%), 임대 51,873세대(37.1%)이다. 225개 단지 중 공급방식을 살펴보면, 건설형(117단지)과 매입형(109단지)으로 나뉜다. 건설형의 경우 영구임대주택, 국민임대주택, 장기전세주택, 주거환경임대주택 등의 유형이, 매입형의 경우에는 재개발임대주택, 재건축주택, 장기전세주택 등의 공공임대주택 유형으로 공급되고 있다.

**표 12-6** 서울시 혼합주택단지 현황

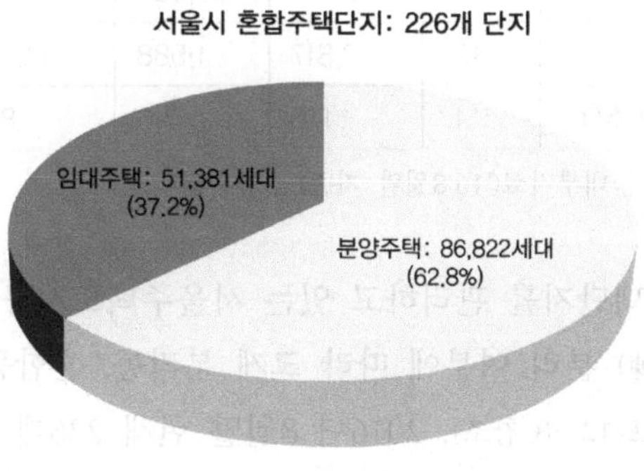


| 공급방식 | 단지수 | 세대수 | | | 공공임대주택 유형 |
|---|---|---|---|---|---|
| | | 계 | 분양 | 임대 | |
| 건설형 | 117단지 | 70,255 | 28,307 | 41,948 | 영구, 국민, 장기전세, 주거환경임대 |
| 매입형 | 109단지 | 69,391 | 59,466 | 9,925 | 재개발임대, 재건축, 장기전세 |

출처: 서울주택도시공사 내부자료('16.7월말 기준).

서울시 혼합주택단지의 공공임대주택 유형별 세대수는 〈표 12-7〉과 같다.

226개 단지 중 국민임대주택+장기전세주택 단지가 80개 단지로 가장 많았고, 재건축주택 + 장기전세주택 56개 단지, 재개발임대주택 51개 단지 등의 순으로 나타났다. 그리고 공공임대주택 유형별 임대주택 세대비율을 살펴본 결과 혼합주택단지에서 임대주택 세대의 전체 평균 비율은 29.5%로 밝혀졌다.

**표 12-7** 서울시 혼합주택단지의 공공임대주택 유형별 세대수

| 공공임대주택 유형 | 단지수 | 세대수 | | | 공공임대주택 유형별 임대주택 세대 비율 |
|---|---|---|---|---|---|
| | | 합계 | 분양주택 | 임대주택 | |
| 계 | 226 | 139,376 | 87,503 | 51,873 | 29.5% |
| 영구임대주택, 국민임대주택, 장기전세주택 | 3 | 2,959 | 1,009 | 1,950 | 60.1% |
| 국민임대주택 | 8 | 5,052 | 2,122 | 2,930 | 47.4% |
| 국민임대주택, 장기전세주택 | 80 | 52,845 | 19,427 | 33,418 | 50.5% |
| 장기전세주택 | 15 | 6,591 | 4,029 | 2,562 | 36.8% |
| 재건축주택, 장기전세주택 | 56 | 25,733 | 23,649 | 2,084 | 6.7% |
| 재개발임대주택 | 51 | 43,201 | 35,589 | 7,612 | 7.9% |
| 주거환경임대 | 12 | 2,817 | 1,588 | 1,229 | 32.9% |
| 외국인주택, 장기임대주택 | 1 | 178 | 90 | 88 | 41.2% |

출처: 서울주택도시공사 내부자료('16.8월말 기준).

서울시 혼합주택단지를 관리하고 있는 서울주택도시공사에서는 임대주택과 분양주택의 동(棟) 분리 여부에 따라 크게 분리동, 혼합동 등 2가지 유형으로 관리하고 있다(표 12-8 참조). 2016년 8월말 현재 226개 단지 중 한 단지내에 임대주택과 분양주택이 동별로 구분되어 있는 경우는 분리동 단지는 103개, 복합동(분리동 + 혼합동) 91개, 혼합동은 32개 단지였다. 혼합동의 경우는 층별 혼합, 라인별 혼합, 무작위 혼합 등의 형태를 띠고 있다.

**표 12-8** 서울주택도시공사 혼합주택단지의 임대·분양세대 동(棟) 분리 여부

| 혼합유형 및 단지수 | 세대배치 구성 |
|---|---|
| 분리동 단지 (103개 단지) | • 한 단지내 임대주택, 분양주택 세대가 동별로 구분되어 있는 단지 |
| 복합형(분리동+혼합동) 단지(91개 단지) | • 한 단지내 임대주택, 분양주택 세대가 동별로 구분되어 있는 동과 섞여 있는 동이 혼재되어 있는 단지 |
| 혼합동 단지 (32개 단지) | • 한 단지내 임대주택, 분양주택 세대가 동별로 구분되어 있지 않고 층별 혼합, 라인별 혼합, 무작위 혼합 등으로 섞여 있는 단지 |

출처: 서울주택도시공사 내부자료('16.8월말 기준).

서울시의 경우 「서울특별시 공동주택관리규약 준칙」을 통해 구성이 가능했던 분양·임대주택 주민대표들로 구성된 공동주택대표회의가 2015년 2월 준칙 개정(9차 개정)으로 인해 관련 조항이 삭제되었다. 따라서, 현재는 공동주택대표회의의 구성에 대한 근거가 없는 실정이며 이것이 혼합주택단지내 분양·임대주택 입주자 간의 갈등을 심화시키는 요인으로 작용하고 있다. 실제로 준칙 개정 직후인 2015년 3월에 서울시 혼합주택단지내 공동주택대표회의의 구성 비율은 38.2%였으나 개정 후 6개월이 경과한 동년 2015년 9월에는 33.2%로 감소했다(오정석, 2016). 그리고 이러한 감소 추세는 준칙의 재개정 또는 별도의 법·제도적 정비가 이루어지지 않는 한 지속될 것으로 예상된다. 2016년 1월 준칙 개정(10차 개정)이 있었으나 분양·임대주택 입주민 간의 합리적인 의사소통과 참여에 대한 기준은 여전히 마련되지 않고 있는 실정이다.

**표 12-9** 서울시 혼합주택단지 내 공동주택대표회의 구성현황

| 기준시점 | 단지수 | 분양·임대 공동주택대표회의 | |
|---|---|---|---|
| | | 구성 | 미구성 |
| 2015년 3월 | 178* | 68(38.2%) | 110(61.8%) |
| 2015년 9월 | 184** | 61(33.2%) | 123(66.8%) |

주 *: 전체 혼합주택단지 205개 중 20호 미만인 27개 단지 제외
**: 전체 혼합주택단지 211개 중 20호 미만인 27개 단지 제외
출처: 오정석(2016) 인용.

## 3. 서울시 혼합주택단지의 갈등 유형 및 사례

### (1) 서울시 혼합주택단지의 갈등 유형 및 사례

혼합주택단지에서의 분양·임대주택 입주민 간 갈등유형을 살펴보기 위해 2011년 1월부터 2016년 8월말까지 서울주택도시공사에 접수된 민원을 살펴본 결과 전자민원 438건, 서면민원 51건으로 총 489건이었다. 이 중에서 분양·임대주택 입주민 간의 갈등으로 인해 발생한 민원건수는 175건인 것으로 나타났다.

표 12-10 서울주택도시공사에 접수된 혼합주택단지 전자민원 현황

| 구분 | 계 | 2011년 | 2012년 | 2013년 | 2014년 | 2015년 | 2016년 8월말 |
|---|---|---|---|---|---|---|---|
| 전자민원 | 438건 | 61건 | 43건 | 29건 | 78건 | 121건 | 106건 |
| 서면민원 | 51건 | 4건 | 5건 | 12건 | 14건 | 8건 | 8건 |
| 갈등 관련 민원 수 | 175건 | 39건 | 15건 | 4건 | 31건 | 50건 | 36건 |

출처: 서울주택도시공사, 내부자료(2011.1월~2016.8월말까지).

접수된 민원 175건을 중심으로 분양·임대주택 입주자 간 갈등유형을 살펴보기 위해 전자민원 내용을 분석한 결과, 크게 용역업체 및 위탁관리업체 등의 선정(28.6%), 혼합주택단지내 주택·부대·복리시설 등의 사용 및 관리·운영(30.9%), 혼합주택단지의 공통관리규약(10.9%), 분양·임대주택 입주민대표회의 구성 및 운영(14.8%), 혼합주택단지의 관리운영에 따른 수입(잡수입) 처리(8.0%), 분양·임대주택 입주민의 권한 관련(6.8%) 등 6가지로 유형화가 가능하였다.

표 12-11 서울시 혼합주택단지의 전자민원으로 살펴본 갈등 유형 (단위: 건, %)

| 민원 유형 | 건수 | 비율 |
|---|---|---|
| 계 | 175 | (100.0%) |
| 1. 용역업체 및 위탁관리업체 등의 선정 관련 | 50 | (28.6%) |
| 2. 혼합주택단지 내 부대·복리시설 등의 관리·운영 및 사용, 관리방법 | 54 | (30.9%) |
| 3. 사회적 혼합 주택단지 공통관리규약 관련 | 19 | (10.9%) |
| 4. 분양·임대주택 입주민 대표회의 구성 및 운영 관련 | 26 | (14.8%) |
| 5. 혼합주택단지 관리운영에 따른 수입(잡수입) 처리 관련 | 14 | (8.0%) |
| 6. 분양·임대 입주민의 권한 관련 | 12 | (6.8%) |

출처: 서울주택도시공사 내부자료(2011.1월~2016.8월말 기준).

갈등 유형별 민원내용을 살펴보면 이하와 같다.

① 용역업체 및 위탁관리업체 등의 선정 관련 주요 민원내용

- 분양 입주민 측의 입주자대표회의에서 관리비가 사용되는 각종 공사 및 용역업체 선정시 단독 결정으로 인한 갈등 발생
- 임대 입주민 측에서 관리비의 부담주체인 임대 입주민과 분양 입주민이 충분한 협의를 거치지 않아 갈등 발생이 발생하는 경우
- 임대세대수가 분양세대수에 대해 많음에도 불구하고 임대세대를 무시하고 관리비가 사용되는 용역업체 선정 등에 대하여 입주자대표회의에서 결정했다는 주장으로 인한 갈등

**✔ 갈등 사례 01**

"혼합주택단지에서 입주자대표회의가 일방적으로 관리비를 부과하고 임차인과의 협의를 하지 않아요" ('15.6.20, 세곡OO단지 등)

**☞ 답변**

주택법시행령 제52조의2에 따라 입주자대표회의와 임대사업자가 공동으로 결정해야 하는 사항이며 관리비부과는 분양세대, 임대세대 관계없이 면적에 따라 사용한 금액만큼 관리주체가 부과하는 내용임을 알려드립니다.

**✔ 갈등 사례 02**

"입주자대표회의가 단독으로 위탁관리업체를 선정하고 재계약하고 있는 것이 불만입니다." ('11.12.3, 세곡OO파크 등)

**✔ 갈등 사례 03**

"혼합주택단지의 용역업체 선정과 관련해서 법령 준수를 요청합니다. 관리비 부과와 관련 용역업체 선정시 법이 정한대로 임차인대표회의와의 협의를 요청합니다." 신속한 절차진행을 위해 임차인대표회의와 협의를 진행하고 싶어요." ('15.8.5, 마곡OO단지 등)

☞ **답변**

주택법시행령 제52조의2(혼합주택단지의 관리)에 의하면 관리비 등을 사용하여 시행하는 각종 공사 및 용역에 관한 사항은 입주자대표회의와 임대사업자가 공동으로 결정하여야 합니다. 마곡OO단지의 소독용역업체는 국토교통부장관이 고시하는 주택관리업자 및 사업자 선정지침을 준수하여 업체가 선정되었습니다. 관련 용역업체 선정시 임대주택법 제29조 제3항 각호의 사항에 관해서는 임차인대표회의와 사전에 협의 후 입주자대표회의와 공동결정을 할 것임을 알려드리오니 이해바랍니다.

✔ **갈등 사례 04**

"경비업체, 청소업체의 재계약이 시급한 상황에서 임대사업자인 SH공사의 담당자가 아직 임차인 측과의 협의가 안 되었다며 지속적으로 업체선정을 지연시키고 있습니다." ('15.4.30, 마곡OO단지 등)

☞ **답변**

임대주택법 제29조 제1항 및 같은법 시행령 제28조에 따라 20호 이상의 임대주택을 공급하는 경우 공동주택단지에 입주하는 임차인은 임차인대표회의를 구성할 수 있도록 하고 있으며, 분양주택의 입주자는 주택법 제43조 및 동법 시행령 제50조에 따라 소유자 등 입주자 과반수가 입주한 때에는 입주자대표회의를 구성할 수 있습니다.

분양 및 임대세대가 혼재된 혼합주택단지의 관리와 관련하여, 주택법 제43조 제10항에 따라 입주자대표회의와 임대사업자는 혼합주택단지의 관리에 관한 사항(주택법시행령 제52조의2 제1항 각호의 사항)을 공동으로 결정하여야 할 것이며, 이때 임대사업자는 임대주택법 제29조 제3항 임대주택관리규약의 제정 및 개정, 관리비, 임대주택공용부분, 부대시설 및 복리시설의 유지보수 등에 대해서는 임차인대표회의와 사전에 협의하여야 할 것입니다. 따라서 주차시설에 관한 사항은 입주자대표회의, 임대사업자, 임차인대표회의가 협의하여 결정하여야 할 것으로 사료됩니다.

② 혼합주택단지 부대·복리시설 등의 관리·운영 및 사용 관련 내용

- 분양·임대 입주민 간의 입장 차이로 부대·복리시설에 대하여 관리·운영 및 사용과 관련하여 원만하지 못한 의사결정
- 임대사업자를 통하여 임대 입주민 측의 입장이 미흡하게 반영된다는 주장(임대 입주민)과 과도하게 반영된다는 주장(분양 입주민)의 대립
- 분양 입주민 위주의 의사결정 또는 관리주체가 임대 입주민 측과 원만한 관계를 유지하지 못함에 따른 분양·임대 입주민 간 갈등

**✔ 갈등 사례 05**

"분양주택 입주민인데 임차인 단지의 주민공동시설을 사용하려고 했더니 임차인대표회의에서 사용하지 못하게 합니다." ('12.2.6, 고덕OO단지 등)

**✔ 갈등 사례 06**

"우리 단지는 임대주택에 거주하는 세대의 비율이 많습니다. 따라서 임차인대표회의가 임대사업자인 SH공사의 위임을 받아서 권한을 행사할 수 있어야 한다고 생각합니다." ('13.12.17, 우면OO단지 등)

③ 혼합 주택단지 공통관리규약 관련 내용

- 분양주택 입주민 측에서는 혼합단지 관리규약에 권한이 없는 임대주택 입주민의 참여에 관한 내용이 규정됨을 주장
- 관리규약에 임대 입주민이 의사결정에 참여토록 규정되어 있는 것은 법령에도 맞지 않으므로 인정할 수 없다는 주장의 내용

**✔ 갈등 사례 07**

"저는 분양주택 입주자인데 관리규약 개정 중에 임차인대표회의측에서 입주자대표회의 동의 없이 혼합단지 관리규약을 개정하고 임대세대 과반수 이상의 서명으로 규약을 통과시키려 하고 있습니다." ('11.3.2, 신내OO단지 등)

④ 분양·임대주택 입주민 대표회의 관련 내용

- 입주민 공동대표회의에 분양·임대 입주민 양측의 참여 인원을 놓고 갈등이 발생한 사례
- 입주민 공동대표회의는 법적 근거가 없다는 이유로 분양주택 입주민 측에서 구성을 기피 등

**✔ 갈등 사례 08**

"입주자대표회의가 아파트 자치법규인 관리규약도 무시하고, 임차인의 대표기관인 임차인대표회의와 공동주택대표회의의 구성을 거절하고 대화도 단절하면서 일방적인 관리운영으로 많은 임차인들이 피해를 보고 있습니다." ('12.2.15, 고덕OO단지 등)

**✔ 갈등 사례 09**

"우리 단지는 SH공사와 '합의'를 통해 시설물관리규약, 주차장관리규약 및 게스트하우스 시행규정을 확정하고 시행에 들어갔습니다. 이는 SH공사안을 대부분 수용한 것으로 주민불편을 해소하기 위해 합의점을 최대한 빨리 찾고자 양보한 것입니다. 이러한 규정에 기반하여 관리 및 단속을 시행하고 있고, 이에 따라 생활환경이 점점 좋아지는 것을 주민들이 체감하고 있는 단계입니다.
하지만 임차인대표회의에서 본인들의 요구가 반영되지 않은 규약을 시행한다고 하여 법령에도 없는 근거로 관리주체에 항의하고, 반복된 악성 민원을 넣어 업무를 마비시키고, 관리소장에게도 지속적인 민원 제기 및 불만사항에 대한 통화 등 월권행위를 행사하고 있습니다." ('15.9.15, 마곡OO단지 등)

**☞ 답변**

본 혼합주택단지는 주택법과 임대주택법을 준용하여 운영되어야 하는 문제로 인하여 분쟁이 발생되고 있는 실정입니다. 임차인대표회의에서 관리주체에 항의하고 민원을 제기하는 부분에 대하여는 저희 공사에서 법적 조치를 할 수가 없는 점을 이해 부탁드리며, 관리주체에서 원활한 업무를 수행할 수 있도록 갈등해소를 위한 노력을 기울일 것입니다.

⑤ 혼합주택단지 관리운영에 따른 수입(잡수입) 처리 관련 내용

- 혼합주택단지 내 잡수입 사용용도에 대한 갈등이 발생한 사례
- 혼합주택단지 내 잡수입 분배방법이나 사용에 대하여 임대·분양 입주민 간에 합의에 이르지 못하여 갈등 발생

**✔ 갈등 사례 10**

"잡수입을 장기수선충당금으로 돌리는 경우 임대주택 입주자에 대한 혜택은 무엇입니까?" "입주자대표회의에서는 우리에게 임차인에게 어떠한 협의도 없이 통보를 하고 있습니다." ('11.3.10, 은평OO단지 등)

**☞ 답변**

당해 단지 공동주택관리규약 제9장 제59조에 따르면 잡수익으로 인하여 발생한 당기순이익은 예산이 부족한 관리비 지출에 충당하기 위하여 해당 연도의 관리비 예산총액의 100분의2 범위에서 예비비로 처분하고, 남은 잔액은 장기수선충당금으로 적립한다. 단 공동주택대표회의 의결로 관리비 보전으로 사용할 수 있다고 명시되어 있습니다.

⑥ 분양·임대 입주민의 권한 관련 내용

- 주택법령과 관리규약에 소유권, 생활권을 기초로 한 권한행사로 볼 수 있는 규정이 있으나, 임대주택 입주민은 법적으로 결정권한이 없으므로 분양주택 입주민이 임대주택 입주민을 협의의 상대방으로 인정하지 않으려는 태도
- 임대세대 및 임대면적인 많은 임대 입주민들이 단지 운영관리에 결정권이 있다고 오해한 사례 등
- 분양 입주민 측에서는 주거단지 관리운영에 대하여 법령상 임대입주민의 결정 권한이 없다는 점, 임대 입주민과 분쟁 등을 이유로 참여를 인정하지 않고 임대사업자와 협의, 결정해야 함을 주장
- 소유권과 관련되지 않은 생활권과 관련된 사항에 대하여는 임대 입주민이 참여를 요구, 분양 입주민 측이 일방적으로 결정한 사항에 대한 불만 표출

- 분양주택 입주민보다 세대수가 현저히 많은 임대주택 입주민의 수적 우위에 따른 무리한 주장
- 분양 입주민은 소유자로서 임대 입주민에 대한 배타적 태도, 의사결정 과정에 임대 입주민보다 실질적 권한을 더 발휘하여야 한다는 우월의식 등으로 인하여 상호불신과 갈등이 발생할 수 있는 구조

**✔ 갈등 사례 11**

"임대사업소의 역할부재에 따른 입주자대표회의의 의결안건이 지속적으로 번복, 지연되고 있으며, 이는 입주민들뿐만 아니라 분양자들의 재산권에도 계속 침해가 발생하고 있으니 강력한 조치를 바랍니다." ('15.6.12, 마곡OO단지 등)

**☞ 답변**

분양·임대 혼합주택단지의 관리와 관련하여, 주택법 제43조에서 입주자대표회의와 임대사업자는 혼합주택단지의 관리에 관한 사항을 공동으로 결정하여야 하며, 이 경우 임대사업자는 임대주택법 제29조 제3항 각호의 사항에 관하여 임차인대표회의와 사전에 협의하도록 하고 있으며, 동관리에 관한 사항, 공동결정의 방법 및 절차 등에 필요한 사항은 대통령령으로 정한다고 규정하고 있습니다. 아울러 주택법시행령 제52조의2 제1항에서 혼합주택단지의 관리에 관하여 ① 관리방법의 결정 및 변경, ② 주택관리업자의 선정, ③ 장기수선계획의 조정, ④ 장기수선충당금 및 특별수선충당금을 사용하는 주요시설의 교체 및 보수에 관한 사항, ⑤ 관리비 등을 사용하여 시행하는 각종 공사 및 용역에 관한 사항등을 공동으로 결정하도록 하고 있습니다. 공사는 주택법 및 임대주택법 등 관련법규를 준수하여 관리를 하여야 함을 알려드리오니 양지하시기 바라며, 마곡14단지의 갈등이 해소되고 원활한 혼합단지 관리가 될 수 있도록 최선의 노력을 다하겠습니다.

### (2) 서울시 혼합주택단지의 갈등 유형 및 사례

혼합주택단지의 갈등 현황을 보다 구체적으로 파악하기 위해서 전자 민원 자료가 갖는 한계점[1])을 보완하기 위해 서울시 임대주택종합개선대책 중 정책

1) 전자민원 자료는 민원 신청 및 자료 기입 특성상 고령자를 비롯한 취약계층의 접근에 제약이

표 12-12 서울시 혼합주택단지의 갈등문제 유형

| 구분 | 주요내용 |
| --- | --- |
| 1. 공동관리 결정사안 | • 공동관리 결정사안에서 입주자·임차인 대표회의 극심한 대립<br>• 임차인대표회의는 안건에 사전 협의할 시간 및 절차 준수 요구<br>• 임대사업자는 사전협의할 시적제한으로 결정되지 않은 상태에서 입주자대표회의만이 의결할 사안까지 포함된 회의에 참석하여 안건 의견 제시 등 의사 결정에 한계<br>• 관리소장은 혼합단지 이해부족으로 분양주택 중심으로 관리 |
| 2. 잡수입 배분 관리·집행 | • 혼합단지 관리로 발생한 수익에 대한 배분관리·집행 및 통장분리에 대하여 임차인과 입주자가 끊임없이 대립 |
| 3. 임대주택 관리 규약(안) 제정 갈등 | • 임대사업자의 임대주택 관리규약(안) 제시안에 대해 임차인대표회의에서 임의로 수정하고 임대사업자의 동의 없이 주민동의로 제정되었다고 일방적 통보<br>• SH공사에서는 임차인대표회의 일방적 관리규약 수정안에 대하여 무효 통보 |

출처: 서울시 자료 재구성.

전문가협의회[2] 회의 시 참석한 전문가의 의견을 반영하여 갈등의 유형을 재분류하였다. 전자민원의 한계점을 보완하여 갈등 현황을 파악하기 위해서 현재 서울시에 사회적 혼합 주택단지의 문제와 관련하여 서울주택도시공사의 주거복지센터 현장 담당자들이 참석한 회의 자료, 전문가의 자문의견 등을 보완하여 서울시 사회적 혼합 주택단지의 주요 갈등문제 유형을 정리하면 크게 ① 공동관리 결정사안, ② 잡수입 배분 관리·집행, ③ 임대주택 관리규약(안) 제정 갈등으로 3가지 유형으로 구분 가능하며 그 구체적인 내용은 〈표 12-12〉와 같다.

또한, 분양·임대주택의 입주민 대표회의 구성, 운영, 잡수입 처리 등과 관련하여 나타나는 갈등 원인을 분양·임대주택 세대의 각 입장별로 정리하면 〈표 12-13〉과 같다.

---

있어 구체적인 사회적 혼합 주택단지의 갈등 현황을 제대로 파악하기에는 한계가 있을 것으로 판단.

2) 서울시가 2013년 임대주택 입주민의 주거복지 개선을 위한 종합대책을 마련하기 위한 '임대주택종합개선대책' 수립시 민간 중심의 민관거버넌스 체계 마련을 위해 구성한 TF로 SH 주거복지 전담기관 전환, 활동가협의회, 제도개선, 시범사업 등 4개의 소위원회로 구성되어 있다. 정책전문가 협의회는 민간전문가(7명), 서울시, SH공사, 서울연구원 등의 전문가들로 구성되어 있으며, 월 1회 운영을 통해 현 문제점의 개선방향 토의, 핵심사업 발굴, 소위원회 진행상황 모니터링 및 평가 등의 역할을 하고 있다.

표 12-13 분양·임대주택 입주민 대표회의 구성 및 운영 관련 분양·임대세대별 갈등 원인

| 구분 | 분양세대 입주자대표회의 | 임대세대 임차인대표회의 |
|---|---|---|
| 1. 공동주택대표회의 구성인원 | • 공동주택대표회의 구성원을 4대 3대 1로 하는 것에 동의<br>• 공동주택대표회의 구성 반대 (법적 근거 미비, 분쟁 야기) | • 종전 서울시 준칙대로 세대수비례 구성 또는 입주자 4, 임차인 4, 임대사업자 1로 구성하여 의결권의 등가성 요구 |
| 2. 공동주택대표회의 회장선출 | • 입주자대표회장을 공동주택대표회장으로 명시 요구 | • 공동주택대표회의 구성원 과반수 찬성으로 선출 요구 |
| 3. 잡수입 | • 잡수입을 면적비례 배분함에 동의<br>• 잡수입 통장 분리 반대 | • 잡수입을 면적비례 배분함에 동의하나 일부 단지는 세대수 비례 요구<br>• 잡수입 통장 분리 요구 |
| 4. 기타 | • 주택법에 따라 단지 공동문제에 대해 입주자대표회의와 임대사업자 간 합의(임차인 배제) | • 주택관리업자 재계약에 임차인대표회의와 사전 협의 요구<br>• 혼합단지규약 찬성 및 조속한 시행 요구 |

출처: 서울주택도시공사 내부자료('16.8월말 기준).

## Ⅲ. 혼합주택단지의 갈등 발생 완화 방안

서울시 혼합주택단지에서 발생하는 갈등의 유형은 관리규약의 혼재로 인한 분쟁과 임대사업자의 역할 및 임차인의 배제, 공공임대주택 입주자에 대한 사회적 편견, 공용시설(기반·부대·복리시설) 사용상의 문제, 관리비와 잡수입의 처리 방법에 대한 것이 주를 이루고 있다.

버그만(Berghman)은 사회적 배제 문제를 해결하기 위한 사회통합 요인으로 ① 시민참여를 촉진하는 민주주의적인 법적 시스템, ② 경제적 통합을 촉진하는 노동시장, ③ 사회적 통합을 촉진하는 복지국가, ④ 개인간의 통합을 촉진하는 가족 및 지역공동체 시스템 등 4가지 시스템 가운데 하나 이상이 실현되지 않을 때 사회적 배제가 발생하여 사회통합이 어렵다고 주장하고 있다.

서울시의 사회적 혼합 주택단지에서 발생하고 있는 갈등을 해소하기 위해서는 버그만이 이야기하는 4가지 요인 중 사회적 통합을 촉진하는 국가의 노

력과 개인 간의 통합을 촉진하는 가족 및 지역공동체 시스템을 통해서 해결이 가능할 것으로 보인다. 즉, 사회적 혼합 주택단지에서 발생하는 갈등해소를 위해서는 관리방안에 대한 제도개선과 공동체 커뮤니티 활성화 방안이 필요할 것으로 판단된다.

### (1) 관리방안에 대한 제도개선

현재 주택법령상 혼합주택단지에 대한 규정이 명확하지 않아 법령 해석상의 이견과 갈등이 심화되고 있으므로 장기적으로 무엇보다 공동주택관리법 시행령상 공동 결정사항 및 범위 및 사전협의 대상에 대해 명확하게 할 필요가 있다. 단기적으로는 분양·임대주택 입주민간 차별을 방지할 수 있는 조항을 규정하도록 유도하는 것이 필요할 것이다.

또한, 혼합주택단지의 궁극적인 정책목표의 달성을 위해서는 단순히 물리적인 혼합에 따른 주택공급이 아닌 소셜 믹스(Social-Mix)에 대한 명확한 개념 정립이 필요할 것이며, 관리적인 측면에 대한 법·제도의 세심한 배려가 필요할 것으로 보인다.

### (2) 공동체 커뮤니티 활성화 방안

혼합주택단지내 분양·임대주택 입주민 간의 갈등을 완화시키기 위해서는 공동체 의식의 함양을 위한 노력이 필요하다. 갈등해소에 가장 큰 영향을 미치는 요소로 포용성인 것으로 나타나(오정석, 2016) 무엇보다 입주민들 간의 인식전환이 중요함을 알 수 있으므로 입주민들의 공동체 의식 함양을 위한 방안 모색이 필요할 것으로 보인다. 분양·임대주택 구분 없이 입주민들 또한 서로가 이웃이라는 포용적인 자세가 무엇보다 중요할 것이다.

또한, 공공임대주택이 저소득층이 거주하는 집단 주거지라는 그릇되고 배타적인 인식을 바로잡기 위한 노력이 필요하며, 공공임대주택 이미지 개선정책 및 프로그램 시행 등을 통해 부정적인 이미지를 줄이고 함께 더불어 살아가는 이웃이라는 입주민들의 인식개선이 필요할 것으로 보인다.

## 참고문헌

김위정(2004), "공공임대주택 거주자들에 대한 사회적 배제 연구－거주지분리를 통한 사회적 배제를 중심으로－", 『도시연구』 제9호, pp. 87－144.

서수정 외(2004), 『국민임대주택의 사회통합적 계획방안 연구』, 대한주택공사.

오정석·남상호·박홍철(2016), "서울시 혼합주택단지의 갈등관리를 위한 입주민 인식조사 연구, 분쟁해결연구", 『분쟁해결연구』, 14 (1), pp. 5－32.

은난순(2015), 『혼합주택단지의 효율적 관리 및 갈등해소 방안 연구』, SH공사.

이주현(2012), "분양·임대 아파트 혼합 거주단지의 공간구성과 사회적 혼합", 『지리학논총』, 제58권, pp. 77－95.

Steven Tiesdell (2004), "Integrating affordable housing within market－rate developments: the design dimension", *Environment and Planning: Planning and Design*, vol. 31, pp. 213－233.

www.seoul.go.kr

www.i－sh.co.kr

제13장

# 임대주택의 관리규약

권명희(울산대학교 주거환경학과 연구교수)

## Ⅰ. 임대주택 관리규약의 이해

### 1. 임대주택 관리규약의 의의 및 필요성

규약의 사전적 의미는 조직체 안에서 서로 지키도록 협의 후 정하여 놓은 규칙이라고 말하는데 이는 법적인 구속력 없이 조직원끼리의 약속과 같은 의미이다. 규약의 예로는 우리나라에서 오랫동안 이어진 향약과 두레를 들 수 있다. 향약은 조선시대에 그 지방의 자치적인 질서유지와 상호 협조 등을 위해 만든 유교적인 규약이며 두레는 농민들이 농번기에 농사일을 공동으로 하기 위하여 부락이나 마을 단위로 만든 자주적 성격이 매우 강한 긍정적인 조직이었다. 향약과 두레의 공통점은 상부상조 정신을 바탕으로 마을의 대소사나 주민들 관계에 대해 마을 구성원들끼리 정하여 '더불어 산다'는 공동체의 가치를 담고 있었다. 이와 같이 마을 주민들이 모여서 형성되는 조직이나 단체는 나 혼자 배를 불리면서 사는 것이 아니라 경제적, 육체적, 정신적 자원을 나누며 이웃과 더불어 사는 따뜻한 역사를 가지고 있다.

현재 우리나라 주택 재고 중 71% 이상을 차지하고 있는 공동주택은 특성상 건물의 소유자가 구분되어 있으며 세대수는 전통마을의 세대수와 비교할 수 없는 다수의 사용자나 소유자가 있다. 그리고 공용시설 및 공용공간 등의 이유로 관리규약에는 건물을 유지하기 위한 물리적인 환경관리에 초점을 두고 있으며, 기본적인 의무와 권리관계에 대해 명시하고 있다. 도시 속의 공동주택을 하나의 마을 개념으로 볼 때, 우리나라의 전통적인 공동체 문화가 사라지고 있다. 따라서 공동주택의 관리규약은 전통적인 두레와 향약의 정서가 깃든 새로운 개념의 구성체계가 필요하다.

건전한 공동생활문화를 창출해 나갈 수 있는 기본적인 원칙으로서 공동주택 관리규약은 현장관리자가 수행해야 할 조직적이고 명확한 업무기준과 관리자와 입주자 간의 관리결과에 대한 책임소재 기준 그리고 입주자 간에 공동생활의 근간이 되는 규범이자 주민 결속 및 분쟁해소의 기준이 되는 공동체적 약속으로서 중요한 역할을 하는 위치에 있다. 그러나 현재 임대주택 관리규약은 주택법 제44조 제1항 및 주택법 시행령 제57조 제1항의 공동주택관리 규정에 의하여 지자체와 SH공사 등에서 작성한 임대주택 표준관리규약 준칙을 기준으로 제시하고 있다. 법 규정 내용은 입주자대표회의, 각종 공사 및 용역, 물품구매관리 등의 운영관리영역, 회계관리를 포함하는 행정관리영역, 장기수선충당금 요율 및 사용절차를 포함하는 유지관리영역, 층간소음, 가축사육과 관련된 기초생활예절을 포함하는 생활관리영역, 광고물·표지물을 부착하는 행위에 대한 단지관리를 포함하는 환경관리영역으로 명시하고 있다. 그러나 법에서 규정하고 있는 임대주택 관리규약의 내용은 분양주택 중심으로 너무 한정적이기 때문에 임대주택 관리현장에서 일어나는 분쟁 및 관리문제를 해결하기에는 미흡하다. 더욱이 관리자와 임차자의 갈등 또는 임차자간의 불신과 갈등이 표면화되어 사회적으로 문제가 여전히 존재하고 있다.

그리고 임대주택 관리규약이 임차인의 보호와 주거생활이 질서유지 및 쾌적한 주거환경 조성을 목적으로 하는 기본규칙임에도 불구하고 관리규약에 대한 동의 절차도 입주계약 시에 받고 있어 임차인은 이를 인지하지 못하고 충분한 검토 없이 임대사업자가 제시하는 관리규약에 동의하고 있는 상황이다. 더욱이 임차인들은 사용자로서 관리규약제정 여부조차 모르고 있고 임대사업자가 임의로 제정하여 사용하고 있어 아파트 관리 분쟁 시 임차인에게 불리하게 적용하고 있다. 일부 민간임대건설 임대사업자의 경우, 아파트관리규약에서 '임차인'을 공동주택의 전용부분의 계약자로 제한적으로 규정하여 임차자의 권리를 제한하고 있다. 따라서 갈등과 분쟁을 해결하는 기준이면서 효율적이고 투명한 관리를 위한 임대주택 관리규약이 필요하며 규약의 내용은 복리 차원에서 더욱 실질적인 부분이 강화되어야 할 것이다.

표 13-1 임대아파트 관리규약의 '임차인' 규정 비교

| A사 | B사 | C사 |
|---|---|---|
| "임차인 등"이라 함은 임대사업자가 소유하는 임대주택을 사용·수익하고 임대사업자에게 이에 대한 차임을 지급할 것을 임대사업자와 주택임대차계약을 체결한 임차인 및 그 임차인과 세대를 구성하여 당해 임대주택에 거주하는 배우자 및 직계 존·비속을 말한다. | "임차인 등"이라 함은 회사와의 임대차계약에 의한 임차권의 목적물인 공동주택의 전용부분의 계약자를 말한다. | "임차인 등"이라 함은 임대사업자와 주택임대차계약을 체결한 임차인 및 그 임차인과 동일한 세대를 구성(주민등록법 상의 세대구성을 말한다)하여 당해 임대주택에 거주하는 배우자 및 직계 존·비속을 말한다. |

출처: 국민권익보호위원회(2012)의 자료를 근거로 재정리하였음.

## 2. 임대주택 관리규약의 변천

### (1) 임대주택 표준관리규약의 제정

각 단체의 임대주택 표준관리규약은 시대와 상관없이 아파트 단지의 임대주택, 부대시설 및 복리시설과 그 대지 및 부속물을 관리 및 사용함에 있어서 필요한 사항을 규정함으로서 쾌적한 주거환경 또는 양호한 주거환경을 확보하기 위하여 기본적으로 공통된 목적을 가지고 있다. 이러한 기본적인 목적 아래 임대주택 표준관리규약은 시대적으로 약간의 차이를 볼 수 있었다. 초창기의 관리규약은 민주적 관리와 주민자치에 초점을 두어 원활한 관리와 운영에 필요한 규정을 하였으며 점차 분쟁을 방지하고 건전한 주택관리문화 정착을 위해 강조하고 있었다. 최근에는 임차인의 보호에 초점을 맞추려는 추세이다.

우리나라 최초로 마련한 참여연대 아파트공동체연구소(2000)의 모범 임대주택 표준관리규약과 시민연대(2000)의 임대주택 표준관리규약은 입주민의 공동이익을 증진하고 쾌적한 주거환경을 조성하여 주민자치의 원활한 실현을 목적으로 제정하여 보급하였다. 이들 관리규약의 특징은 입주자교육 내용과 에너지절약과 관련된 공동체문화프로그램 개발 등의 내용을 포함하고 있으며,

민주적인 관리 및 운영 그리고 임차인 자치권강화에 초점을 맞추고 있다.

지방자치단체에서 최초로 마련한 경기도(2001)의 임대주택 표준관리규약과 대한주택공사(2004)의 임대주택 표준관리규약은 임차인의 공동이익을 증진하고 양호한 주거환경을 확보하기 위한 목적으로 제정하였으며, 회계절차 등의 내용을 포함하여 관리비의 분쟁을 방지하고 투명제고를 통한 건전한 주택관리문화 정착에 초점을 맞추고 있다.

가장 최근에 제정한 LH공사(2010)와 SH공사(2011)의 임대주택 표준관리규약은 임차인 등의 보호와 주거생활의 질서유지 및 쾌적한 주거환경을 조성하는 목적으로 마련하여 보급하였다. 이들 관리규약은 잡수입의 집행과 선거관리위원회의 내용을 포함하여 투명하고 공정함에 초점을 두었다. 그리고 관리비 장부 열람과 세대 간의 생활소음에 대한 규정내용을 포함하여 임차인의 보호와 분쟁조정 그리고 질서유지 등 투명하고 공정함에 중점을 두고 있다.

**표 13-2** 임대주택 표준관리규약의 제정

| 단 체 | 목 적 | 특 징 |
|---|---|---|
| 참여연대 아파트 공동체연구소(2000)<br>시민연대(2000) | 입주민의 공동이익을 증진하고 쾌적한 주거환경을 조성하며 주민자치의 원활한 실현 | • 민주적인 관리와 운영 (공동체문화 프로그램개발 등)<br>• 임차인 자치권 강화 |
| 경기도(2001)<br>대한주택공사(2004)* | 임차인의 공동이익을 증진하고 양호한 주거환경 확보함을 목적 | • 분쟁방지<br>• 건전한 주택관리문화 정착 |
| LH공사(2010)<br>SH공사(2011) | 임차인 등의 보호와 주거생활의 질서유지 및 쾌적한 주거환경 조성을 목적 | • 임차인의 보호<br>• 분쟁조정<br>• 질서유지 |

* 대한주택공사의 관리규약은 한국토지공사와 통합으로 인하여 현재는 운영되고 있지 않음.

개정한 LH공사(2015)와 SH공사(2016)의 임대주택 표준관리규약은 동별 대표자 정원의 2/3 이상 선출된 경우 불필요한 보궐선거를 제한 규정하는 항목을 추가하여 동별 대표자 선출 규정을 완화하고 벌금형 이상의 죄명을 명시하고 회의불참에 따른 동별 대표자 또는 임원 해임규정을 명확히 하였다. 그리고 사업자 선정과정을 공동주택관리정보시스템에 공개하도록 명시하였으며 경비·청소 등 각종 용역업체 선정 시 표준계약서 항목을 신설하는 등 보다 실천적으로 임차인 권한을 강화하고자 노력하고 있다.

### (2) 임대주택 표준관리규약의 내용

임대주택 표준관리규약의 내용에는 시대에 차이 없이 기본적인 사안을 포함하고 있다. 사안에는 임차인권리 및 의무와 책임, 임차인대표회의의 구성 및 운영과 그 구성원의 의무 및 책임, 관리비 등의 부담방법 및 징수절차를 포함한 회계 그리고 주택임대차계약서 등 인적자원과 물적·환경자원을 뒷받침하는데 필요한 운용프로그램인 무형자원에 대한 관리 내용이 있다. 그리고 관리주체의 업무와 책임 등 물적·환경자원 관리의 내용을 포함하고 있으며, 관리주체의 동의기준을 비롯하여 기초생활예절과 관련된 인적자원에 대한 관리 내용이 있다. 최근에는 임차인 권한 보호를 위해 관리비 장부 열람 및 정보공개, 선거관리위원회의 업무 및 운영경비, 잡수입금 운영 등의 무형자원에 대한 내용을 부가적으로 포함하고 있다. 또한 임대주택 공동생활 침해자에 대한 권고 등의 규제 내용과 공동체 활성화 단체 및 활동을 지원하는 인적관리의 내용이 추가되고 있다. 이러한 규약을 시행하기 위하여 필요한 사항을 임차인대표회의는 관리주체와 협의하여 관계법령[1] [2]과 규약이 정한 범위 내에서 관계규정을 정할 수 있도록 명시하고 있다.

따라서 임대주택 표준관리규약이 분쟁을 해소하고 임차인 권한을 강화하는데 초점을 맞추기 위해서는 임차인이 관리주체가 수행하는 업무도 숙지되어야 그들의 권한을 확보하기에 유리할 것이다.

---

1) 임대주택관리에 관한 핵심적인 내용은 임대주택법에서 정하고 있으며, 임대주택법에서 정하지 않은 사항은 주택법을 준용한다. 주택법은 임대주택의 관리에 있어서도 불가분의 관련을 가지고 있다. 임대주택법에서 준용될 수 있는 사항은 공동주택의 공용부분의 유지·보수 및 안전관, 공동주택단지 안의 경비·청소·소독 및 쓰레기 수거, 관리비 및 사용료의 징수와 공과금의 납부대행, 공동주택관리업무의 공개·홍보 및 공동시설물의 사용방법에 관한 지도·계몽, 입주자 등의 공동사용에 제공되고 있는 공동주택단지 안에서 발생한 안전사고 및 도난사고 등에 대한 대응조치 등이 해당된다.

2) 주택법 시행령 제57조 제1항 21개의 항목과 주택법 시행령 제57조 제4항 6개 항목(제4항은 주택법 시행령 제1항 9호에 해당하는 관리주체동의기준에 대한 내용)으로 총27개 항목.

# Ⅱ. 임대주택 관리의 현장

## 1. 임대주택 관리의 당면문제

임대주택 관리의 기준인 임대주택법은 임대업무와 주택관리업무 두 부문으로 규정하고 있다. 임대업무는 임대사업자등록, 전대제한, 임대조건, 입주민 선정, 임대보증금 및 임대료 임대조건, 수선특별충당금 및 요율, 표준임대차계약서 사용, 임대주택분쟁조정위원회, 분쟁조정 신청과 조정의 효력이 명시되어 있을 뿐이다. 이외의 관리는 주택법을 준용하고 있기 때문에 임대주택이 임차자의 다양성 및 임대주택 고유의 관리문제를 고려할 때 임대주택 특성에 맞는 관리를 하기에는 부족한 실정이다.

임대주택은 일반 분양주택에 비해 상대적으로 소득이 낮은 거주자가 많고 임차자의 주인의식 부족과 관리에 대한 무관심 등으로 인해 소홀하게 취급되고 있기 때문에 관리양상은 다르게 나타나고 있다. 실제로 임대주택 관리에 대한 인식은 어떠한가, 입주자 관리 및 참여문제, 수선유지의 문제점이 어떠한가 하는 것은 임대주택 관리의 현주소를 알 수 있는 가장 중요한 지표이므로 부적절한 임대주택 관리현장의 수준을 알아본다.

### (1) 관리에 대한 인식의 문제

우리나라 임대주택의 관리는 건물의 유지수선과 재정적인 기능이 거의 대부분을 차지하는 것으로 간주되어 왔다. 실제로 임대주택 단지의 공용부분을 유지관리하고, 전용 부분 중 입주자에게 책임이 있는 것 외의 부분에 대한 유지수선을 하며, 유지관리에 필요한 비용을 계획, 집행, 징수 등의 관리업무에 중점을 두고 있다. 여기에 자산가치를 보전하기 위한 차원의 장기적인 계획에 의한 유지수순과 임대료의 징수, 입주자에 대한 임대 업무는 관리의 일부로 여기고 있다. 그리고 임차인의 관리 업무에 대한 참여 장치가 제시되지 않아 영구임대주택과 공공임대주택 등 입주자의 주인의식이 형성되지 않은 단지에서는 단지 내 기물파과나 임차인과 관리인의 갈등이 나타나고 있다. 최근에는 임차인에 대한 정보 제공과 상담 업무, 임차인대표회의의 구성 등에 대한 것도 임대주택 관리업무로 포함되어 있지만 실행 정도가 미진하다.

임대주택 관리의 개념은 분양 공동주택을 관리할 수 있는 조직자들이 소유자들의 이해관계를 조정하고 자산의 관리에 필요한 비용을 적절하게 조달하는 기존의 지식과 경험이 거의 그대로 임대주택에 적용되었다. 복지 서비스가 부족하고 지역사회에서 정상적인 생활을 영위하기 위한 환경이 갖추어지지 않은 상태에서 제공된 임대주택 단지에는 범죄, 환경, 위생 등의 문제를 심각하게 경험할 우려가 있다. 이러한 경우에는 협의 관리서비스만으로는 해결하기 어렵다. 한계계층에 놓여 있는 임차인의 상황은 여러 가지 형태의 사회적 관리를 수행할 필요성을 제기한다. 그 예로는 임차인대표회의 활성화이다. 「임대주택법」이 2000년 개정되면서 20호 이상 단지에는 임차인대표회의를 구성할 수 있으며, 영구임대주택에서도 구성되고 있다. 주택관리공단이 관리하는 영구임대주택의 경우 임차인대표회의는 37.6%의 조직률을 보이고 있다. 임대주택관리의 측면에서 임차인대표회의 활성화는 단지 내 반사회적인 행동을 경감시키거나 주민들의 다양한 민원에 효과적으로 대처하고 커뮤니티를 형성하는데 기여할 수 있다. 임차인대표회의는 임대주택의 관리규약을 제정하거나 개정할 수 있으며 관리업무에 관한 사항 중 대통령이 정하는 사항에 대하여 임대사업자와 협의할 수 있다. 임대주택은 특성상 분양주택에 비해 시설물 파손, 생활환경 훼손 등의 문제가 발생하는데 이로 인한 관리비 증가를 억제하기 위해서는 관리사무소의 노력만으로는 실효를 거두기가 어렵고 임차인의 참여와 협조가 절대적으로 필요하다. 관리사무소 직원 및 입주자 등의 인식 부족으로 아직까지 임차인대표회의가 구성된 단지는 전체 임대주택단지의 1/3 정도에 불과한 실정이다. 따라서 임차인대표회의의 필요성과 관리업무 전반에 대한 교육을 활성화해 가능하면 빠른 시일 내 임차인대표회의가 구성될 수 있도록 해야 할 것이다.

### (2) 입주자 관리의 문제

입주자 관리란 관리업무의 일부로서 물적관리와 구분되는 인적관리에 속하여 구분되거나 생활관리나 운영관리의 일부에 포함되거나 확장된 업무로 규정되기도 한다. 임대주택 관리는 일반 분양주택과 달리 입주자 관리업무에서 주로 임차인의 자격과 그 선정에 관한 사항이 중요한 업무이다. 즉 임차인 선정, 부정입주조사, 임대차계약, 입주 및 퇴거관리가 입주자 관리영역에 속한다. 임대주택의 초기 입주자 관리는 공동주택에서 거주자 상호 간의 대립이나 분쟁을 줄이고 이해관계의 조정을 통해 원만한 공동생활을 유지하기 위하여 수행되는 업무로 인식하였다. 그러나 거주자를 위한 사회복지적 서비스 제공 및 임차인 참여를 위한 지원에 대한 요구가 증가하고 거주자의 생활을 지원할 수 있는 관리, 편익과 공동생활의 지원 등의 업무가 확장되면서 입주자 관리의 개념이 점차 확대되고 있는 경향이다.

최근에 공급된 국민임대주택 입주자의 경우, 가구소득이 입주기준을 초과하는 가구가 20% 가량 존재한다. 이는 1~2년 사이 가구소득의 증가 및 정확한 소득파악이 힘들다는 현실을 감안하더라도 부적격입주가구가 상당수 존재한다는 것을 의미한다. 공공임대주택은 임대사업자의 동의를 얻지 않고서는 임차권을 타인에게 양도하거나 전대할 수 없다. 그러나 공공임대주택의 불법 전대행위는 최근까지 상당히 성행하고 있다. 국토교통부에 의하면 2005년부터 지난해까지 적발한 불법 전대 건수는 총 399건이었다. 2005년 46건에서 2006년 16건, 2007년 36건 등으로 증감을 반복하다가 2012년 35건, 2013년 70건, 지난해 116건으로 2년새 3.3배가 늘었다. 퇴거관리의 경우도 제도만 있을 뿐 사실상 유명무실한 실정이다. 현행 제도상 공공임대주택은 매 6개월마다 입주자의 자격여부를 확인하여 자격을 상실한 가구는 퇴거조치 하여야 한다. 그러나 영구임대주택을 제외한 기타 공공임대주택의 경우 퇴거기준이 불분명하고, 관리사무사무소의 입주자 자격에 대한 정기적 조사도 매우 부진하다. 공공임대주택에 대한 퇴거기준을 명확하게 규정하고, 입주자 퇴거조건에 해당되는 경우 임대료 상향조정 여부 등의 대안을 마련할 필요가 있다.

특히 저소득층이 밀집된 공공임대주택 단지의 경우 생활관리 혹은 사회복지적 관리의 중요성이 부각된다. 이는 임대주택을 통한 주거서비스 제공 외에 저소득층의 정상적인 생활과 자립도 감안해야 하는 목표라 할 수 있기 때문이다. 따라서 임대주택 단지에서 취업교육 및 알선, 소득·직업·연령 등을 감안한 서비스는 무엇보다 중요하다. 그러나 현재 임대주택 단지에서는 입주자에 대한 사회복지적 서비스 기능이 거의 없는 실정이며, 영구임대주택의 경우 단지 내에 사회복지관이 있지만 주민들의 생활관리를 전적으로 담당할 수 있는 실정이 아니다. 따라서 임대주택의 주거서비스와 여러 사회서비스를 결합한 관리가 필요하다. 이는 관리사무소와 사회복지관 등 임대주택과 관련된 다양한 주체들과의 협력체계 구축, 입주민 유형별 복지서비스 제공과 전달체계 개선 등을 통해 추진되어야 할 것이다.

### (3) 수선유지관리의 부적절성

임대주택의 유지관리를 위해 수선 시 어려운 사항은 보수 범위 설정과 수선비의 조달, 입주민의 유지관리 인식부족 등으로 볼 수 있다.

#### 1) 보수 범위 설정 문제

임대주택은 임대사업자와 입주자 간의 보수 한계범위가 설정되어 있다. 보수범위 한계의 구분에 따라 수선비의 부담자가 결정된다. 대개 공용부분과 부대시설, 전용부분 일부에 관한 수선비를 임대사업자가 부담하고 있으며, 소모성 지출이나 입주민의 고의 또는 과실로 파손된 부위에 대해서는 입주자가 부담하도록 되어 있다. 그러나 전용공간의 유지관리 의무에도 불구하고 입주자의 부족과 수선비의 경제적 부담 등으로 인해 전용부분의 유지관리는 방치되어 있는 실정이다. 실제로 좌변기 교체, 배수관 청소 등 일반인이 기피하는 시설물 보수를 관리사무소 직원들의 무상으로 보수하고 있으며 이러한 보수 요청사항들이 증가하고 있는 상황이다.

#### 2) 수선비 조달 문제

주택은 준공된 날부터 곧바로 물리적인 수명의 노후화가 시작된다. 특히 공공임대주택의 경우는 비슷한 기간이 경과된 다른 공동주택단지에 비해 주요 설비나 시설물에 대한 파괴행위가 심하여 내구년한이 도래하기 전에 시설물이나 설비를 교체해야 하는 경우가 많다. 임대사업자는 임대료의 일정 부분을 장기수선충당금으로 적립해 장기수선공사에 대비하고 있으나 임대료가 법적으로 제한되어 있는 현실을 고려할 때 수선비 조달에 상당한 어려움이 있다. 장기수선충당금이 부족한 이유는 정부가 고시한 저렴한 임대료를 적용하기 때문이다. 임대료가 적으면 수선유지비를 적립할 수 있는 재원 자체가 한계를 드러낼 수밖에 없다. 비용 조달의 어려움은 사후관리에 치우칠 수밖에 없고 이는 장기적인 측면에서 수선비용의 증대로 이루어지고 있다. 효율적인 임대주택관리를 위해서는 임대료를 현실화해 장기수선충당금을 늘리거나 정부의 재정 지원이 필요하다. 그러나 임대료 인상은 입주민의 부담이 늘어나기 때문에 정부의 재정적 지원이 검토되어야 한다. 따라서 임대주택단지의 경우 일반 분양 공동주택보다 장기수선계획이 더욱 상세하게 수립되어 있어야 하며 이를 위한 비용조달은 어떻게 할 것인지 하는 것이 구체적으로 수립되어 있어야 한다.

#### 3) 유지관리 인식부족 문제

임대주택은 입주민의 유지관리에 대한 인식이 낮고 주인의식이 부족할 뿐만 아니라 특히 영구임대주택의 경우는 국민기초생활 수급자 중심으로 입주자가 선정되기 때문에 현실적으로 입주자가 수선을 위한 경제적 비용을 부담하기 어렵다. 또한 물리적 파손 행위에 대한 문제점도 발생되고 있어 시설물 유지관리에 상당한 어려움을 겪고 있다.

## 2. 임대주택관련 민원 현황

일반적으로 민원(民願)이란 주민이 불만사항들을 행정기관에 해결방안을 요구하는 일을 의미한다. 임대아파트 내에서도 관리와 관련하여 관리주체에게 해결을 원하는 등 임대주택 관리의 민원형태가 다양하다. 점차 임대주택 비중이 높아지고 공동생활 갈등으로 인한 민원이 증가함에 따라 이를 해소하기 위해 주택관리공단과 일부 광역지자체 그리고 국민권익보호위원회에서 운영하는 국민신문고 등에서 민원접수 및 상담실을 운영하고 있다.

〈표 13-3〉에서 제시하고 있는 국민신문고(2012)와 주택관리공단(2012)의 자료에 의하면, 연간 606건의 민원이 접수되었다. 관리업무별로는 임대관리, 임대료 및 보증금, 임차인대표회의, 일반업무, 공사 및 용역, 관리자에 대한 불만 등으로 운영관리업무의 민원내용이 324건(53.6%)으로 절반 이상의 비율을 차지하고 있었다. 더구나 운영관리업무의 민원내용 중 임차인 자격에 관한 내용(11.6%)과 임대차계약 및 퇴거관리(11.1%)의 내용으로 임대관리와 관련된 민원이 가장 높게 나타났다. 퇴거관리 민원은 퇴거 시 벽지 훼손 처리 비용을 과다하게 요구하는 경우와 시설물 훼손에 대한 변상문제 등의 내용을 포함하고 있다. 그 다음은 민원에 대한 책임 회피, 업무처리 미숙함, 시설물 점검 시 불친

절한 태도 등 관리자에 대한 불만(9.7%) 순이었다. 특히 주택관리공단 보고서(2015)에 따르면 2012년부터 2015년 8월까지 임대아파트 관리사무소 직원과 경비근무자들이 일부 민원인으로부터 폭행이나 폭언을 당하는 사례가 무려 850건에 달하는 것으로 조사되었다. 그 이유는 경비원을 향해 주먹을 날리고 주차문제로 다투다가 야구방망이를 휘둘러 관리사무소 집기를 부수기도 하는 등의 사례는 불편접수 민원 등이 빨리 처리되지 않는다는 것이 주된 이유이다(매일경제신문, 2015).

**표 13-3 인터넷 및 전화로 접수된 민원사례 유형**

<table>
<tr><th>관리업무</th><th colspan="3">내용</th><th colspan="2">f(%)</th></tr>
<tr><td rowspan="8">운영관리</td><td rowspan="2">임대관리</td><td>임차인 자격</td><td>임대주택 임차인을 선정하는 자격조건, 분양전환 시 자격문의 등</td><td>70 (11.6)</td><td rowspan="8">324 (53.5)</td></tr>
<tr><td>임대차 계약 및 퇴거관리</td><td>단지 내 보육시설 운영관련 및 복리시설이 테니스장 독서실 등 임대가능 여부, 퇴거관리세대의 점검, 수리 관련 등 퇴거 시 벽지 훼손 처리 비용 과다 요구, 퇴거세대 시설물 훼손 변상 관련</td><td>67 (11.1)</td></tr>
<tr><td>임대료 및 보증금</td><td colspan="2">표준임대료 초과 제한 적용시기, 임대보증기간, 분납임대주택의 표준임대료</td><td>54 (8.9)</td></tr>
<tr><td>임차인 대표회의</td><td colspan="2">임차인대표회의 구성 및 선관위원자격 요건, 혼합단지 대표회의 구성 문의</td><td>42 (6.9)</td></tr>
<tr><td>일반업무</td><td colspan="2">임대주택관리기준, 관리업무 인수 인계, 관리소 내 동대표실 사용권한</td><td>25 (4.1)</td></tr>
<tr><td>공사 및 용역</td><td colspan="2">임차인대표회의 구성 후 관리사무소 업체 교체 가능 여부</td><td>7 (1.2)</td></tr>
<tr><td>관리자에 대한 불만</td><td colspan="2">민원에 대한 책임 회피, 업무처리 미숙함, 시설물 점검 시 불친절한 태도 등</td><td>59 (9.7)</td></tr>
<tr><td rowspan="2">행정관리</td><td rowspan="2">관리비</td><td colspan="2">관리비 협의 및 관리비 예산, 잡수입의 구체적인 사용용도, 임대료 외 비용청구(샤시비용, 발코니 확장 등)의 적법성 여부, 임대주택 관리비 협의 및 관리비 예산, 잡수입의 구체적인 사용용도, 임차인대표회의 운영비 징수 가능 여부, 관리부담과 표준임대료 산정 시 포함되는 수선유지비</td><td>45 (7.4)</td><td rowspan="2">56 (9.3)</td></tr>
<tr><td colspan="2">승강기 부품교체 등 유지보수비 부담주체, 승강기 검사비 부담주체, 화재감지기 공유부분과 개별점유부분 구분 문의, 가스 보일러 등의 교체비용 부담주체, 부식된 화장실 등의 수리비용 부담 여부</td><td>7 (1.2)</td></tr>
</table>

<table>
<tr><td></td><td>관리규약</td><td colspan="2">관리규약 제정에 대한 문의<br>선거관리규약 개정시 입주자대표회의 승인유무</td><td>4<br>(0.7)</td><td></td></tr>
<tr><td rowspan="3">유지관리</td><td>하자보수</td><td colspan="2">임대아파트 하자보수 책임기간, 임대주택준공 시 하자보수 보증금 예치 여부</td><td>18<br>(3.0)</td><td rowspan="3">48<br>(7.9)</td></tr>
<tr><td>특별수선 장기 충당금</td><td colspan="2">임대주택 벽지 및 장판 보수주기, 임대주택 특별수선 충당금 요율문제, 분양 후 특별(장기)수선충당금 등</td><td>13<br>(2.1)</td></tr>
<tr><td>주차분야</td><td colspan="2">무단주차 차량 스티커 제거 요청, 주차난 해결 위한 외부차량 단속 요청</td><td>17<br>(2.8)</td></tr>
<tr><td rowspan="6">기술관리</td><td rowspan="6">시설·설비</td><td>노후화 결함</td><td>도어 및 몰딩 불량, 수전 및 누전차단기 교체 등 노후화로 인한 결함에 의한 교체 및 수선</td><td>14<br>(2.3)</td><td rowspan="6">60<br>(9.9)</td></tr>
<tr><td>난방 온수</td><td>보일러 작동불량, 보일러 분배기 막힘, 온수공급 불량, 온수 조절기 및 밸브 고장, 점화 불능</td><td>12<br>(2.0)</td></tr>
<tr><td>누수 배수</td><td>우수관 및 욕실배관 막힘, 벽·창문틀·천장 등에서 누수</td><td>22<br>(3.6)</td></tr>
<tr><td>승강기</td><td>엘리베이터 점검 및 고장에 대한 수리</td><td>2(0.3)</td></tr>
<tr><td>전기</td><td>콘센트교체, 전등불량 및 교체, 스위치불량</td><td>1(0.2)</td></tr>
<tr><td>통신</td><td>내선 및 인터폰 불량</td><td>8(1.3)</td></tr>
<tr><td rowspan="2">생활관리</td><td>에너지 절감 및 기초생활</td><td colspan="2">각실 온도 조절기 설치 시 에너지 절감 가능성, 층간소음해결에 대한 문의, 생활소음에 대한 법적인 규제</td><td>2(0.3)</td><td rowspan="2">58<br>(9.5)</td></tr>
<tr><td>이웃생활</td><td colspan="2">애완동물사육문제, 층간소음·생활소음 해결에 대한 문의, 생활소음에 대한 법적인 규제 등, 음식물 투척 단속요청, 승강기 내 방뇨 행위자 단속 요망</td><td>56(9.2)</td></tr>
<tr><td>환경관리</td><td>단지환경</td><td colspan="2">나뭇가지 치기, 놀이터 및 경로당의 안전점검 등, 단지 내 청소 불량, 제설작업 미비, 잔손보기 등 보수처리 지연, 단지 내 무단방치 차량 견인 요청, 알뜰장터 마감 후 정리정돈 철저 요청</td><td>61(10.1)</td><td>61<br>(10.1)</td></tr>
<tr><td colspan="4">계</td><td colspan="2">606(100.0)</td></tr>
</table>

자료: 국민신문고(2012)와 주택관리공단(2012)에 접수된 민원 내용을 통합·정리하였음.

운영관리업무 이외의 민원을 보면 단지 내 청소 불량, 제설작업 미비, 잔손보기 등의 보수처리 지연문제, 단지 내 무단방치 차량 견인 요청, 알뜰장처 마감 후 정리정돈 철저한 요청 등 단지환경과 관련된 환경관리 업무의(10.1%) 내용과 애완동물사육문제, 층간소음문제, 음식물 투척 단속요청, 승강기 내 방뇨 행위자 단속 등 이웃생활문제와 연관된 생활관리업무(9.2%) 내용을 볼 수 있다. 행정관리업무에서는 임대료 외 비용청구(샤시 비용, 발코니 확장 등), 잡수입의 구체적 사용용도, 표준임대료 산정 시 포함되는 수선유지비 등 관리비에 대한 민원이 높게 나타났다(8.6%). 관리비 민원 내용 중에는 임대주택의 비효율적인 관리로 인하여 건물의 노후화가 빠르게 진행되어, 수선할 경우 수선비 부담자를 결정하는 어려움을 포함하고 있다. 이는 부품교체나 수리비용 부담에 대한 관리범위와 책임범위에 대한 역할 구분이 모호하므로 관리규약에 하부규정으로 명확하게 제시해야 할 것이다. 기술관리업무 민원은 전체 민원 606건 중 60건(9.9%)으로 노후화에 의한 결함이나 난방 및 온수, 누수 및 배수분야, 승강기분야, 전기분야 그리고 통신분야 등 시설·설비의 민원내용으로 다양하게 나타났으며, 그 중에서 우수관 및 욕실배관이 막히거나 벽, 창문틀, 천장 등에서 누수에 대한 민원이(3.6%)이 가장 많았다. 이와 같은 임대주택 민원사례 유형은 대체로 임차인 간이나 입주인과 관리자 간의 의사소통이나 의사반영 등이 원만하게 이루지지 않았을 때 발생하는 불만으로 야기되어 공동주거생활에 혼란을 불러온다. 이 때문에 민원이 발생했을 경우에는 무엇보다도 임대주택 관리규약에 의거한 충분한 합의의 노력을 최우선으로 해야 할 것이다. 따라서 임대주택 관리현장에서 다양하게 나타나는 공동주거생활의 민원을 줄이기 위하여 임대주택 표준관리규약에 다음과 같은 항목을 보완해야 할 것이다.

첫째, 운영관리업무의 민원 내용에 따르면, 임대주택 퇴거 시 전용부분 원상복구 기준안을 마련해야 할 것이다. 자연적 마모나 노후화에 대해서는 원상복구 비용을 청구할 수 없도록 명시하거나 임대주택 입주자 모집공고 또는 임대차 계약 시 전용부분의 내구연한과 비용기준이 임대주택 관리규약에 명시되어야 할 것이다. 그리고 가스 보일러 등의 교체비용 부담주체와 부식된 화장실 등의 수리비용 부담 여부, 그리고 표준임대료 산정 시 포함되는 수선유지비 등의 행정관리업무 규정 내용도 관리규약에 포함해야 할 것이다.

둘째, 기술관리업무의 민원과(노후화로 인한 결함, 누수·배수 등) 환경관리업무의 민원(나뭇가지 치기, 놀이터 및 경로당 주변 환경 등)을 줄일 수 있도록 하기 위해서는 시설관리업무와 단지관리업무에 대한 진단사항에 대한 매뉴얼을 개발하여 관리규약의 하부규정으로 추가해야 할 것이다. 그리고 진단결과에 따른 주거만족도와 임대주택 관리개선에 대한 입주자 의견을 추가 조사하여 보다

효율적이고 합리적인 관리규약을 마련해야 할 것이다.

셋째, 애완동물사육문제와 층간 및 생활소음문제 등 생활관리업무의 민원 유형을 줄일 수 있도록 입주자가 쉽게 인식할 수 있고 지킬 수 있는 관리규약을 마련해야 할 것이다.

## 3. 임대주택 관리 분쟁조정 사례 유형

주택임대차계약을 체결한 뒤 임대인과 임차인 사이에 수리비, 원상회복, 보증금반환 등 분쟁이 발생하는 경우가 많다. 이와 같은 분쟁이 발생하는 경우 실익을 따져볼 때 민사소송을 통해 해결하기에는 시간과 비용 등이 너무 많이 들어 간이한 임대주택임대차분쟁조정제도를[3] [4] 통해 쉽게 해결할 수 있다.

다음은 수선비 부담 등 하자·보수문제, 퇴거 시 원상복구 비용문제, 보증금 반환문제 등으로 간이분쟁조정제도를 신청하여 해결된 분쟁조정 사례이다.

### (1) 수선비 부담 등 하자·보수 문제

임대차기간 중 임차인의 잘못 없이 주택에 하자가 발생한 경우 임대인이 임차인에게 보수를 요구하거나 사용상이 부주의로 배수관이 막혔거나 내부 곰팡이가 생겼을 때 임차인에게 수리비용을 부담하라고 요구하여 발생한 분쟁 사례이다.

3) 서울시 주택임대차분쟁조정제도는 2012년부터 운영되었으며, 분쟁조정실은 전월세보증금 지원센터 내 설치되어 있으며, 전담공무원과 변호사, 전문상담요원 4명으로 구성되어 있다. 이델리(2016) 보고에 의하면 간이분쟁조정은 연평균 100건 이상의 신청을 받아 60% 이상의 조정성립을 이끌어냈으며, 주택임대차 관련 상담 총 14만 건 등을 통해 세입자와 집주인 간의 주거갈등 해소에 큰 역할을 했다.

4) 2016년 9월 1일자로 주택임대차 분쟁조정위원회 법제화로 기존의 공무원 중심이었던 분쟁조정 방식에서 벗어나 외부 전문가 중심의 정식 분쟁조정이 가능해지게 되었다. 위원회는 변호사, 공인중개사, 법무사, 공인회계사, 교수, 감정평가사 등 총 10인으로 지난 5월 19일 '서울시 주택임대차분쟁조정위원회 구성 및 운영조례' 제정에 따라 구성되게 됐다. 분쟁조정을 신청하면 피신청인의 동의를 얻어 유선·대면의 조정을 진행하게 된다. 이 때 당사자가 서명한 조정조서는 현재는 민법상 화해(새로운 계약) 효력이지만, 2017.5.30부터는 집행력 있는 집행권원과 같은 효력을 지닌다.

✔ **분쟁사례 01**

임차인 박○○는 수도배관이 얼어서 수리를 시도하였으나 수리업자로부터 건물내부 배관의 문제로 한번 수리 시 20만원 수리비용이 청구된다는 진단을 받았다. 또한 물을 틀 때마다 한참 후에 물이 나오는 등 현재 수도배관이 이상이 있는 상황이다. 이에 임대인에게 수선을 요청했으나 아직까지 수선을 해주지 않는다.

출처: 서울특별시(2014)

☞ **해결안**

분쟁조정위원회는 임대인에게 임차인의 이사비용을 지급할 것을 권고하였습니다. 아울러 집 내부 곰팡이의 수선원인이 누수일 경우에는 임대인이, 결로현상일 경우에는 임차인이 수리비용을 부담하도록 조정하였습니다.

✔ **분쟁사례 02**

임차인 이○○는 뿌연 거실 유리 창문으로 인해 이삿날부터 햇빛을 거실에서 볼 수가 없으며 조망권도 침해를 보고 있다. 임차인은 임대인이 견적을 알아보라고 말한 이후 연락도 없고 교체도 해주지 않는다.

출처: 서울특별시(2014)

☞ **해결안**

분쟁조정위원회는 임대인이 거실창문을 교체해주며 임차인은 차후 발생하는 수리비에 대한 일체의 비용을 임대인에게 요구하지 않는 것으로 조정합의를 하였습니다.

✔ **분쟁사례 03**

임대인 정○○는 임차인의 사용상의 부주의로 주방 배수관이 막혔고 이로 인해 역류와 누수가 발생해 주방 마루가 변색되었으므로 임차인이 마루 교체비용을 내어야 한다고 주장하였다.

출처: 서울특별시(2014)

☞ **해결안**

주방배수관의 역류와 누수가 사용상의 부주의가 아니라 임차인의 주장대로 노후가 원인이더라도 이를 인지하지 못해 마루변색이 더 심해진 것이 인정되어 마루교체 비용의 1/2씩 임차인과 임대인이 각각 지불하는 것으로 조정합의를 하였습니다.

■ **수선비 부담 등 하자·보수분쟁에 대한 임차인의 대응방법**

- 임대차기간 중 임차인의 잘못 없이 주택에 하자가 발생한 경우에 임대인에게 손해배상 청구를 하거나 보증금 또는 차임의 감액청구를 요구할 수 있다.
- 소송은 상당한 시일이 소요되므로 광역지자체 간이분쟁조정제도나 민사조정법상의 조정제도를 활용하는 것이 바람직하다.

■ **관련 법령 및 판례**

- 통상적으로 임차주택의 주요설비(난방, 상·하수도, 전기시설 등)에 대한 노후불량으로 인한 수선은 민법 제623조 및 판례상 임대인 부담으로 해석된다.
- 임차인의 고의·과실에 기한 파손, 전구 등 통상의 간단한 수선, 소모품 교체비용은 민법 제623조 및 판례상 임차인이 부담하는 것으로 해석된다.

### (2) 원상복구 비용문제

원상복구 비용문제는 임대주택 퇴거 시 자연 마모되는 도배, 장판 등의 부분까지 원상복구를 청구하면서 임대 보증금을 돌려주지 않거나 보증금에서 차감하여 반환함으로써 분쟁이 발생하는 경우이다. 즉 임대주택 퇴거 시 전용부분 원상복구 의무에 대한 명확한 기준 없이 임대사업자 임의로 원상복구비용을 산정하여 임차인에게 과도하게 요구하는 분쟁사례이다.

✔ **분쟁사례 01**

임차인 김○○는 임대주택 원룸에 거주하다 보증금을 반환받고 이사를 갔으나 임대인이 보증금에서 10만원을 장판훼손에 대한 원상복구비용으로 공제하고 돌려주었다. 임차인은 장판이 손톱만큼 뜯어져 있던 것은 입주 시에도 있었기 때문에 책임이 없다고 주장하였다.

출처: 서울특별시(2014)

☞ **해결안**

분쟁조정위원회에서는 전 임차인과의 통화를 통하여 훼손이 기존에 있었으며 이를 임대인도 알고 있었던 사항임을 알게 되었습니다. 따라서 임대인이 받았던 10만원을 임차인에게 돌려주도록 조정합의를 하였습니다.

✔ **분쟁사례 02**

임차인 송○○는 임대인이 보증금 반환 시 임의로 도배 비용 10만원과 거울비 3만원을 합한 13만원을 공제하고 돌려주었다고 주장하며 이의 반환을 요구했다.

출처: 서울특별시(2014)

☞ **해결안**

임차인이 임차기간 내내 환기나 통풍의 관리자의 주의의무를 다하지 않아 곰팡이가 발생한 점과 거울을 임의로 제거하고 사용한 점 등이 인정되어 임대인이 공제한 13만원은 부당하지 않은 것으로 조정합의를 하였습니다.

✔ **분쟁사례 03**

임차인은 계약기간이 끝나자 열쇠를 임대인에게 돌려주면서 보증금 반환을 요구하였습니다. 그런데 임대인은 전기공사의 원상복구를 해야 보증금을 반환해 주겠다고 합니다. 전기시설을 3KW에서 10KW로 개조하면서 만기 시 원상복구하겠다는 약속을 지키라는 겁니다. 30만원 정도에 불과한 전기시설의 공사를 하지 않았다고 해서 1억 2000만원의 보증금을 내주지 않는 것입니다.

출처: 대법원 판례(2014)

☞ **해결안**

30만원이 소요되는 전기시설의 공사를 하지 않았다고 해서 1억 2000만원에 해당하는 보증금 전액의 반환을 거부하는 것은 공평의 관념 또는 신의칙 위반으로서 임대인은 임차인에게 보증금 전액에 대한 자연 손해금을 지급할 의무가 있다는 것이 법원의 판결입니다.

■ **원상복구의무란?**

– 임차인의 원상복구의무는 임대인이 원하는 대로 해줄 의무는 아니며, 일반관념상 임대차계약 이전 상태로 복구하는 것을 의미한다.
– 임차인이 통상적인 사용에 따라 자연적으로 소모되거나 더러워진 것에 불과한 경우에는 임차인은 원상복구의무를 부담하지 않습니다.
– 임차인이 시설비용이나 보수비용을 부담하고 상환청구권을 포기하는 대신, 원상복구의무도 부담하지 않기로 하는 합의는 가능합니다.

### (3) 보증금 반환 문제

보증금 반환 문제는 임대차기간이 만료되었는데도 임대인이 보증금을 반환하지 않은 경우 발생하는 경우이다. 이러한 경우에는 임차인이 임대주택에 대해 보증금 반환청구소송의 확정판결에 기한 병매를 신청하여 보증금을 회수할 수 있다(「주택임대차보호법」 제3조의2 제1항). 그리고 임차인은 임대인 또는 본인의 주소지를 관할하는 법원에 임차주택에 대한 보증금 반환청구의 소를 제기할 수 있습니다. 이 경우 임대인과 임차인이 합의로 관할법원을 정할 수 있으므로 합의로 정한 법원에 소장을 제출할 수도 있습니다(「민사소송법」 제29조).

✔ **분쟁사례 01**

임차인 오○○는 임대차계약기간 중에 임대인이 대출을 더 받아 보증금 반환을 받을 수 있는지 불안해하고 있다. 임차인은 계약기간 만기일에 보증금 반환을 희망하며, 보증금 반환에 대한 확약을 요청하였다.

출처: 서울특별시(2014)

☞ 해결안

임대인은 대출금의 일부를 상환한 후 잔금 증명서를 임차인에게 확인시키고, 1년 후 종료일에 보증금을 반드시 반환하겠다는 이행각서를 작성함으로써, 임차인은 계약 기간까지 거주하겠다고 조정합의를 하였습니다.

✔ 분쟁사례 02

임차인 오○○는 임대주택에 입주한 지 한 달밖에 안됐으나 집안에 인터폰이 설치되어 있지 않아 생활에 불편함이 많아 임대인에게 인터폰 설치를 요구한다. 임대인이 인터폰을 설치해주지 않는다면 임차인이 단독으로 설치하고 비용을 청구할 것을 주장하고 있다.

출처: 서울특별시(2014)

☞ 해결안

임대인이 인터폰을 설치해주지 않고 설치에 동의도 해주지 않는 상황에서 임차인이 단독으로 설치하는 것은 인터폰의 설치를 필요비로 인정받기 어려우므로 임대인에게 그 비용을 청구할 수 없습니다. 그러므로 임차인이 인터폰의 설치를 원한다면 임대인의 동의를 먼저 얻도록 조정합의를 하였습니다.

## 4. 임대주택 관리규약의 협의대상 내용

임대주택 관리규약의 개선 항목과 임차인대표회의와 협의하여 규약에 반영 가능한 항목들은 임대주택 관리의 당면문제 및 민원 및 분쟁사례 유형 등의 근거로 제시하면 다음과 같다.

첫째, 기본적으로 임대주택 관리규약 개선을 위한 규정 항목은 임대주택법에 근거하여 규정하도록 신설되어야 할 것이다.

- 임대사업자는 최초 계약 시 임대주택 관리규약준칙을 사용해야 한다.
- 입주 후 임차인대표회의와 협의하여 관리규약을 개정하고 시·군·구청장에게 관리규약을 신고해야 한다.

둘째, 임대주택 관리규약에는 임대주택 퇴거 시 전용부분 원상복구 기준을 제시하도록 해야 한다.

- 자연적 마모나 노후화에 대해서는 원상복구 비용을 청구할 수 없도록 명시한다.
- 입주자 모집 공고 또는 임대차계약 시 전용부분의 내구연한과 비용기준을 제시한다.

■ 욕조, 변기, 타일, 장판, 벽지, 걸레받이, 천장, 커튼박스, 몰딩, 붙박이장, 욕실장, 전기구, 스위치, 콘센트, 액세서리(거울, 유리, 휴지걸이 등), 창호, 수전, 싱크대 등

- 임대주택 퇴거 시 임차인의 원상복구 비용부담 기준 및 방식을 마련한다.

■ 임대차 계약이 종료된 후에는 오손·파손(고장) 시설물과 부동산을 원상으로 회복하며, 임대인에게 반환한다. 이러한 경우 임대인은 보증금을 임차인에게 반환하고, 연체 임대료 또는 손해배상금이 있을 때는 이들을 차감하고 그 전액을 반환한다.

■ 퇴거자가 원상복구시 원형과 다르게 복구되었을 경우에는 원상복구에 드는 비용은 퇴거자가 부담하게 한다.

■ 퇴거자가 세대 거주 시 간단한 손질(고침), 나사조임, 기름을 치는 등 주택을 사용하는데 해당되는 일상적인 손질은 퇴거자 부담으로 시행하여야 하며, 입주자 퇴거 시 일상적인 손질의 미비로 인한 관련부분의 파손이나 보수가 요구될 때에 이에 소요되는 복구비용은 퇴거자가 부담하게 한다.

■ 퇴거자가 조작하지 않고 자연적으로 부식, 마모, 균열, 박리, 누수 등에 의한 오손, 노후화되어 보수할 항목은 임대인이 부담으로 보수한다.

■ 공사부담으로 보수 등을 요하는 경우에도 퇴거자의 고의 또는 과실에 의한 오손, 파손 또는 멸실 등이 발생했을 때는 모두 퇴거자의 부담으로 원상회복하여야 한다.

■ 퇴거자가 파손(고장) 시설물에 대한 원상복구 시에는 파손품과 동종에 해당되는 물품으로 복구하면 된다. 주거복지센터 또는 관리사무소에 복구를 의뢰할 경우에는 퇴거자 사용년한(시설물 경과년수)에 의한 감가상각률을 적용하는 등 퇴거자와 합리적으로 협의하여 복구비용을 산출한다.

■ 관리비 및 도시가스 임대료 등 정산, 장기수선충당금 환불하시고 인계인수 품목을 체크해야 한다.

| 품목 | 수량 | 품목 | 수량 |
|---|---|---|---|
| 카드 키 | 2 | 우편함 키 | 1 |
| 스마트 키 | 2 | 음식물 분리수거카드 | 2 |
| 비상 키 | 2 | 대기전력절전타이머 | 1 |
| 안방 키 | 3 | 주방TV리모컨 | 1 |

출처: SH공사(2016) 임대아파트 세대 전용부분파손(고장) 시설물 원상복구 산정 지침을 근거로 재정리하였음.

셋째, 임대주택관리에 임차인대표회의와 협의할 수 있는 항목을 확대해야 한다.

- 잡수입 수입 및 지출내역 공개 규정에 대한 미비사항을 보완하고 잡수익 회계, 처리방식 등을 관리규약에 명시하도록 개선해야 한다.

■ 임대아파트의 잡수익(재활용, 알뜰시장, 광고수입 등)에 대해 공개하도록 하고 임차인 복리증진이나 공평한 이익을 위해서 관리비 차감비율을 명시하도록 한다.
■ 관리비 절감을 위해 잡수입 중 일부(70% 이상)를 공동관리비에서 의무적으로 차감하도록 한다.

- 임차인이 관리(관리사무소·경비·청소용역업체 등) 비용을 전부 부담하고 있으므로 위탁관리업체 선정을 임차인대표회의와 협의 가능한 항목으로 정한다.

■ 경비·청소 등 각종 용역업체 선정 시 표준계약서를 신설항목에 추가하도록 한다.
■ 관리주체가 각종 공사 및 용역업체 선정 후 계약서 작성 시 계약금액에 대한 산출내역서와 다르게 각종 자재 및 인건비 등의 미지급 사유 발생 시 정산 규정을 명시하도록 한다.

- 임차인 참여활성화를 유도하기 위해 층간소음 생활규칙, 관리위원회 구성 및 지원 방안, 분쟁조정 절차 등 반영사항으로 임차인대표회의와 협의대상 항목으로 확대한다.

## Ⅲ. 임대주택 관리규약의 효과적인 도구 표현들

### 1. 소통과 협력 수단으로 활용하기

임대주택 관리규약은 입주자와 입주자 간 또는 관리자와 입주자 간의 소통과 화합의 밑거름이라 할 수 있다. 따라서 문서화된 관리규약 뿐만 아니라 관리업무의 공개 및 협조사항, 세대 간에 준수해야 할 내용을 공지할 때는 시

그림 13-1 층간소음을 줄이기 위한 소통 수단의 예

출처: 층간소음이웃사이센터(2016)의 아이 눈높이에 맞춘 층간소음 예방 교육 자료.

각적으로 빠르고 쉽게 이해할 수 있도록 표현된 픽토그램(Pictogram)과 같은 효과적 방안을 마련한다면 임대주택 입주민의 관심과 관리 참여를 유도하는 효율적인 관리 방안이 될 것이다.

그림 13-2 음식물 쓰레기를 줄이기 위한 협력 수단의 예

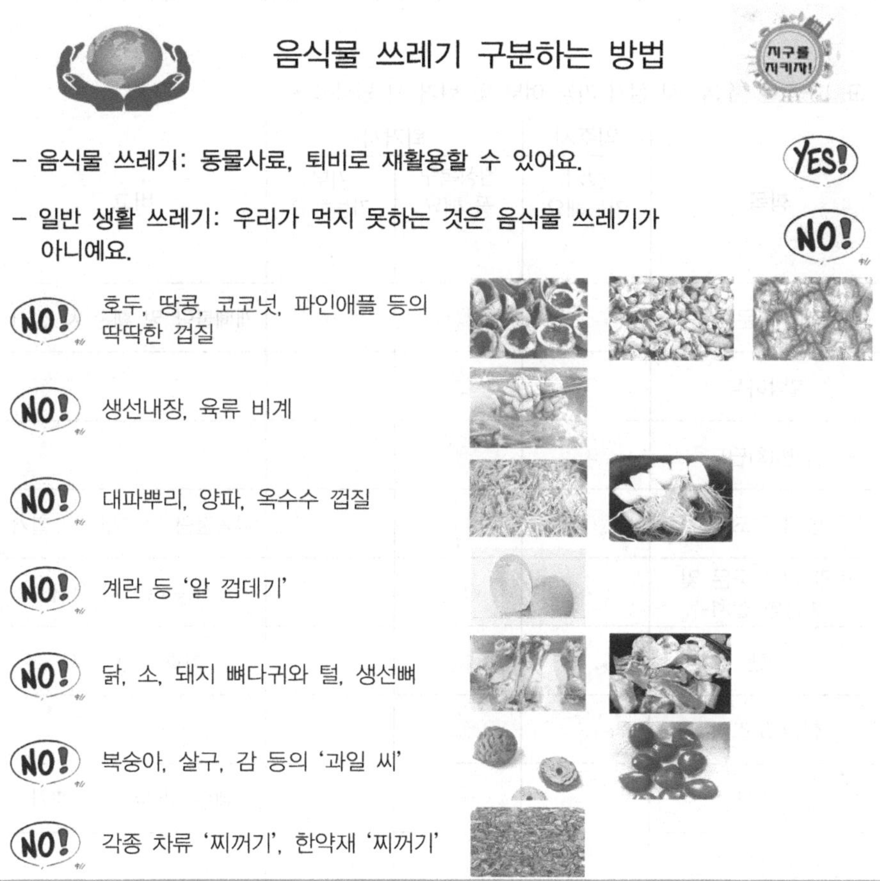


## 2. 주민참여의 실천적 관리대안으로 활용하기

임대주택 관리와 관련한 민원 유형 중 퇴거 시 원상복구비용 문제인 임대관리 민원내용이 높은 비율을 보였다. 따라서 계약 시부터 분쟁 발생을 없애는

것이 가장 바람직할 것이다. 표준임대차계약서(2013년 7월, 서울시·법무부 관계법령)의 제3조(입주전수리) 및 제4조(임차주택의 사용·관리·수선)에 임대인과 임차인 간의 부담사항이 명시되어 있으므로 주택임대차표준계약서 사용으로 분쟁 발생을 낮출 수 있다. 또한 계약시 중개대상을 확인·설명서에 누락된 것은 없는지, 그 내용은 어떤지 꼼꼼히 확인하고 서명하여야 한다. 누락부문은 계약서상 특약사항으로 기재하여야 상호 간의 분쟁을 예방할 수 있을 것이다.

**표 13-4 입주 시 설치 가능 여부 및 퇴거 시 원상복구**

| 항목 | 입주시 | 퇴거시 | | 비고 |
|---|---|---|---|---|
| | 설치 가능해요  | 원상복구 꼭 해요  | 기부 가능해요  | |
| 베란다(창고문, 선반) |  |  |  | 개폐불량 및 훼손 시 철거 |
| 붙박이장 |  |  | | |
| 선반(화단) |  |  | | |
| 빨래 건조대 |  |  |  | 작동불량 및 훼손 시 철거 |
| 현관 입구 중문 및 방충망 설치 |  |  |  | 작동불량 시 철거 |
| 커텐 |  |  | | 창호 사용 금지 |
| 현관 보조키 |  |  |  | |
| 방범창 |  |  |  | 훼손 및 부식 시 철거 |
| 결로방지 페인트 |  |  |  | |
| 못 | 벽체만사용 (최소) |  | | 벽체 외 사용금지 |
| 에어컨 배관 구멍 |  |  | | 매설 배관 파손 시 비용 일체 부담 |
| 창호 시트지 |  |  | | 시트지 제거 |

| 벽걸이 티비 |  |  |  | 타일, 석재 파손 시 및 부착불량으로 인한 훼손 |
|---|---|---|---|---|
| 정수기 |  |  |  | 정수기 호수 제거 및 싱크대 구멍 막음 |
| 벽지(포인트벽지) |  |  |  | 훼손 시 |

출처: SH공사(2016)의 임대아파트 세대 전용부분파손(고장) 시설물 원상복구 산정 지침을 활용하였음.

## 참고문헌

권명희·김선중(2013), "관리업무별 임대주택 표준관리규약 비교분석", 『한국주거학회』 제24권 제3호, pp. 1-10.

국토교통부(2006), 임대주택 체계개편연구.

김근용 외(2004), 공공임대주택 배분체계 및 관리제도 개선방안 연구, 경기: 국토연구원, pp. 62-69.

서울특별시(2014), 주택임대차 실제상담사례집.

이정헌·김경수(2006), 부산시 공공임대주택 주거실태 및 관리방안 연구, 부산: 부산발전연구원.

주택관리공단 내부자료(2012).

한국주거학회(2007), 『주거복지론』, 교문사.

홍인옥 외(2003), 공공주택관련 법률정비방안, 서울: 한국도시연구소, pp. 34-38.

국민신문고 www.epeople.go.kr

제14장

# 주택 및 주거환경의 안전

박경옥(충북대학교 주거환경학과 교수)

공동주택의 관리는 안전하고 효율적으로 이루어져야 하는 것을 목적으로 한다. 공동주택의 안전관리 대상은 물리적 측면과 인적 측면이 있다. 관리주체는 자연재해, 건물·설비 노후화를 고려하여 단지 내 건물과 시설 등의 물리적 환경의 점검 및 조치뿐만 아니라 범죄, 화재, 교통에 대한 안전계획을 수립하고 실행해야 한다. 장기수선계획의 실행 시 물리적 환경의 디자인이 범죄, 교통, 일상생활의 안전에 영향을 주므로 거주자의 안전을 위협하는 공동주택 환경에 대해 범죄로부터 안전한 디자인, 유니버설디자인, 관리상의 효율성 등을 적용하여 수선해야 한다. 거주자에 대해서는 안전에 대한 경각심을 가질 수 있도록 홍보·교육을 하여야 하며, 관리종사자·용역업체 직원의 작업 시 안전주의 조치를 해야 한다.

본 장에서는 공동주택의 물리적·인적 안전 위협요소에 대한 안전사고의 통계, 사례를 통해 관리자가 고려해야 할 안전관리, 거주자가 유의하여야 하는 안전, 제도적 고려와 개선에 대하여 알아본다.

## Ⅰ. 공동주택 환경의 안전

공동주택에서의 안전은 거주자가 일상생활에서 생명, 건강, 재산상의 위해를 받지 않는 상태에 있는 것이며, 공동주택 단지 내 생활환경에서 위험으로부터 안전에 대한 지식, 태도, 행동을 신장시키는 것을 포함한다. 공동주택에서 안전은 발생내용에 따라 생활안전, 화재안전, 교통안전, 범죄안전, 자연재해안전으로 구분된다. 안전사고의 원인을 물리적 요소와 인적 요소로 구분해보면, 물리적 요소는 공동주택의 평면·구조계획 시공 상의 문제, 노후화, 방화·피난·방범계획과 관련된 시설의 미비 등으로 인한 것이며, 인적 요소는 거주자의 노화, 장애 등 신체적 기능에 부적절한 환경, 부주의, 안전에 대한 인식부족 등, 관리자의 관리 부실로 일어나는 것 등이 있다. 관리주체는 이 두 요소를 관련 법 규정에 따라 계획관리 해야 하며, 사회와 과학기술의 급속한 변화에 따른 관리방식의 변화를 적용해야 한다. 공동주택관리법에는 건축물 및 부대 복리시설, 화재, 범죄에 대한 안전관리 규정이 있다.

## 1. 공동주택 안전관련 제도

공동주택의 건축물은 건설기준에 맞게 건설되어 안전성이 확보되는 것이 중요하다. 설계, 시공 상의 문제는 건설 후에 관리주체가 유지관리를 해도 거주자의 안전이 보장되지 않는다. 합법적인 건축허가와 사용검사를 했다고 해도 건축비리로 안전문제가 발생하는 사례가 있다. 구조, 약한 지반에 대한 부실공사로 입주 전 또는 입주 후 건축물의 경년변화에 따라 구조적 문제를 일으켜 균열, 기둥 파손, 기울어짐 등의 붕괴 전조 등이 발생하며(그림 14-1, 14-2), 물리적 환경의 '위험' 판정 후에도 적절한 조치를 취하지 않아 거주자의 안전을 위협하는 심각한 상황이 나타난다.

주택은 경년에 의한 노후화로 성능이 저하되는데 구조·건축년도·층수에 따른 노후·불량건축물에 대한 기준은 준공 후 20년 이상으로 보았을 때(「도시 및 주거환경정비법」 시행령 제2조 제3항 제1호, 2015.3.25. 시행), 1980~1990년대 대량 건설된 공동주택이 준공 이후 20년 이상이 경과되어 노후건물이 증가하고 있다. 2015년 인구주택 총조사의 결과에 의하면 2015년 10월 기준 총주택 중 공동주택은 74.5%이며 이중 아파트 59.9%, 연립주택 30% 다세대주택이 11.6%를 차지한다. 건축년도 20년 이상인 경우가 전체 아파트 중 33.3%, 다세대주택·연립주택 중 39.5%를 차지하여(통계청, 2016.9.7), 노후화에 따른 건축물 안전이 중요한 문제로 대두된다(표 14-1).

**표 14-1** 건물 노후기간별 주택유형(2015년 인구주택 총조사) (단위: 천 호, %)

| 구분 | 단독주택 | 공동주택 | | 비거주용 건물내주택 | 총주택 |
|---|---|---|---|---|---|
| | | 아파트 | 다세대·연립주택 | | |
| 5년 미만 | 270(6.8) | 1,298(13.2) | 488(20.5) | 17(8.2) | 2,073(12.7) |
| 5년~10년 미만 | 223(5.6) | 1,583(16.1) | 161(6.8) | 14(6.9) | 1,981(12.1) |
| 10년~15년 미만 | 274(6.9) | 1,758(17.9) | 530(22.2) | 25(12.3) | 2,588(15.8) |
| 15년~20년 미만 | 373(9.4) | 1,901(19.4) | 261(11.0) | 26(12.9) | 2,562(15.7) |
| 20년~30년 미만 | 914(23.0) | 2,766(28.2) | 742(31.1) | 72(35.6) | 4,494(27.5) |
| 30년 이상 | 1,920(48.3) | 500(5.1) | 201(8.4) | 49(24.0) | 2,669(16.3) |
| 계 | 3,974(100.0) | 9,806(100.0) | 2,383(100.0) | 204(100.0) | 16,367(100.0) |

출처: 통계청(2016.9.7), p. 83.

**그림 14-1** 기초공사 부실로 준공 직전에 붕괴한 오피스텔(충남 아산)

출처: 안민(2014.5.18), 사진: 연합뉴스 제공.

그림 14-2 시공미흡, 건물의 부동침하, 경년변화(준공후 33년)에 따른 노후화 등의 원인으로 지하층 기둥 2개소 파손됨(전남 광주시 평화맨션)

출처: 한국시설안전공단 홈페이지 결함 사례.

공동주택관리의 안전에 관련된 법으로는 「공동주택관리법」(2015.8.11. 제정, 2016.8.12. 시행) 「시설물의 안전관리에 관한 특별법」(약칭: 시설물 안전법 1995.1.5. 제정, 1995.4.6. 시행), 「재난 및 안전관리 기본법」(약칭: 재난안전법 2004.3.11. 제정, 2004.6.1. 시행)이 있다. 그밖에 공동주택 단지 내 어린이놀이터, 전기·소화·승강기를 포함한 부대복리시설은 각 관련법의 적용을 받는다.

### (1) 안전관리계획과 안전점검

공동주택 관리주체는 국토부 장관이 5년마다 정하는 기본계획에 따라 소관 시설물에 대한 안전 및 유지관리계획을 수립하여 관할 특별자치도지사, 시장, 군수, 구청장에게 제출해야 하고, 시행하여야 하며 그 시행 여부를 연1회 이상 확인 받아야 한다(시설물 안전법 제3조, 제1항, 3항, 6항). 안전 및 유지관리계획에는 시설물의 적정한 안전과 유지관리를 위한 조직·인원 및 장비의 확보, 긴급상황 발생 시 조치체계, 시설물의 설계·시공·감리 및 유지관리 등에 관련된 설계도서의 수집 및 보존, 안전점검 또는 정밀안전진단 실시계획 및 보수·보강 계획, 안전과 유지관리에 필요한 비용에 관한 사항이 포함되어야 한다(시설물 안전법 시행령 제5조, 2항).

공동시설을 사용하는 거주자 및 관리자들은 시설물 사용 및 관리 시 안전수칙을 따라야 하며, 의무관리대상 공동주택의 관리주체는 공동주택의 시설물로 인한 안전사고를 예방하기 위하여 가스·난방·전기·소방시설, 승강기 및 인양기, 주차장, 경로당 또는 어린이놀이터에 설치된 시설 등에 대하여 안전관리계획을 수립하고, 시설물별로 안전관리자 및 안전관리책임자를 지정하여 이를 시행하여야 한다. 시설물 안전관리자 및 안전관리책임자, 경비 업무 종사자는 공동주택단지의 각종 안전사고의 예방과 방범을 위하여 시장·군수·구청장이 실시하는 방범교육 및 안전교육을 받아야 한다(공동주택관리법 제32조).

관리주체의 안전점검은 반기마다 하며 안전점검 및 정밀안전진단지침은 「시설물 안전법」 제13조에 의해 국토교통부 장관의 관보 고시에 따른다. 특히 16층 이상 공동주택, 15층 이하이더라도 사용검사일로부터 30년이 경과된 의무관리대상 공동주택, 안전등급이 C등급(안전도 보통), D등급(안전도 미흡), E등급(안전도 불량)에 해당하면 안전점검 전문기관(전문가)에 의한 안전점검을 실시하고 한국시설안전공단 시설물정보관리종합시스템에 안전점검 결과를 보고해야 한다. 안전점검의 결과 건축물의 구조·설비의 안전도가 매우 낮아 위해 발생의 우려가 있는 경우에는 시장·군수·구청장에게 보고하고, 그 보고내용에 따른 조치를 취하여야 한다. 시장·군수·구청장은 보고를 받은 공동주택에 대해서는 국토교통부령으로 정하는 바에 따라 관리하여야 한다(공동주택관리법 시행령 제34조). 의무관리대상이 아닌 공동주택에 대해서는 지방자치단체의 장이 시설물에 대한 안전관리계획의 수립 및 시행, 공동주택에 대한 안전점검을 할 수 있다(공동주택관리법 제34조)고 되어 있으나 현실적으로는 관리주체가 없어서 안전관리가 미흡한 현실이다.

안전진단의 결과에 대한 실질적인 신뢰도가 낮은 것은 공동주택의 설계대가 대비 실행대가 비율이 약 4%로 타 시설물의 정밀점검대가보다 낮은 것과 관련이 있으며, 관리주체의 정밀점검의 인식부족 및 최저가 입찰에 의한 안전진단업체의 저가수주에 의한 것이다. 국토교통부 고시 '안전점검 및 정밀안전진단 대가(대가산정) 기준'에서 모든 건축물을 면적(㎡)기준으로 점검대가를 산정하도록 되어 있어 실증적인 공동주택 안전관리대가를 산정하기 어렵기 때문이며, 시설물의 특성을 고려한 면적과 동수 및 층수를 복합적으로 적용하여 산정하도록 기준의 재검토·보완이 필요하다(고성석·송도흠·윤영채, 2014).

### (2) 관리 지원

공동주택관리법 제79조와 공동주택관리법 시행령 제92조에 따라 공동주택관리지원기구는 공동주택의 안전관리 업무를 지원한다. 국토교통부는 공동주택관리를 지원하기 위한 '중앙공동주택관리지원센터'를 해당업무 위탁수행기관인 한국토지주택공사(LH) 경기지역본부에 설치하였다(2016.8.30). 중앙공동주택관리지원센터는 공동주택관리 민원상담 및 교육, 공사·용역의 타당성 자문, 공동주택의 관리상태 진단 및 지원 등의 업무를 하므로 앞으로 안전관리가 체계화될 것으로 기대된다.

지자체별로 조례에 따라 '공동주택지원사업'을 실시하고 있으며, 사용검사일 기준 경과년수를 정해 공동주택단지 내 포장 및 부속시설·어린이놀이터·경로당 보수, 보안등 및 CCTV설치, 재난위험이 우려되는 시설물의 보수비용을 지원한다. 안전관리가 취약한 비의무관리대상 공동주택, 소규모공동주택에 대해서는 대한주택관리사협회와 안전점검 실시계약을 체결하여 추진하는 경우도 있다.

## 2. 장기수선계획과 시설별 안전

### (1) 장기수선계획

공동주택 사용검사 후 시간이 경과할수록 건물과 시설이 노후화되어 일상적인 유지관리만으로는 물리적인 보전이 어려우므로 공동주택을 장기적으로 안전하고 효율적으로 사용하기 위하여 의무관리대상 공동주택의 공용부분에 대한 장기수선계획을 수립하여야 한다(공동주택관리법 제29조). 입주자대표회의와 관리주체는 장기수선계획의 수립기준에 따라 3년마다 장기수선계획의 검토 및 장기수선을 하여야 할 주요시설에 대해 적기에 교체 및 보수를 하여 시설물의 장수명화와 입주자의 안전한 주거환경이 유지될 수 있도록 해야 한다(공동주택관리법 시행규칙 제7조 1항). 장기수선계획의 수립기준은 건물외부(지붕, 외부, 외부 창·문 등), 건물내부(천장, 내벽, 바닥, 내부 창·문, 계단 등), 옥외 부대·복리시설, 전기·소화·승강기 및 지능형 홈네트워크설비, 급수·위생·가스 및 환기설비, 난방 및 급탕설비이다.

관리주체는 장기수선계획에 따라 공동주택의 주요 시설의 교체 및 보수에 필요한 장기수선충당금을 해당 주택의 소유자로부터 징수하여 적립하여야 한다(공동주택관리법 제30조 1항). 장기수선충당금의 요율은 해당 공동주택의 공용부분의 내구연한 등을 감안하여 관리규약으로 정하도록 되어 있으나(공동주택관리법 시행령 제31조 1항) 실제 적립이 충분히 이루어지지 않아서 장기수선계획에 맞는 수선이 이루어지지 않는 실정이다.

### (2) 각 시설부문별 안전관리

공용 설비, 시설의 안전관리계획 대상시설과 관련법은 〈표 14-2〉와 같다. 이중 안전 사고 빈도가 높은 생활안전, 화재안전, 방범안전은 다음 절에서 구체적으로 설명하기로 한다.

공동주택의 안전에 대한 제도는 마련되어 있으므로 중앙정부와 지자체의 관리부서가 제도를 강력하게 집행하는 것이 중요하다.

**표 14-2** 공동주택관리법에 의한 안전관련 주요시설

<table>
<tr><th>구분</th><th>관련 법</th><th>안전관리계획 대상시설<br>(공동주택관리법 시행령 제33조, 시행규칙 제11조)</th><th>장기수선계획 수립기준<br>(공동주택관리법 시행규칙 별표 1)</th></tr>
<tr><td>가스시설</td><td>도시가스사업법<br>고압가스안전관리법</td><td>고압가스·액화 석유가스 및 도시가스시설</td><td>가스설비</td></tr>
<tr><td>난방시설</td><td>에너지이용합리화법</td><td>중앙집중식 난방시설</td><td>난방설비, 급탕설비, 보일러실</td></tr>
<tr><td>전기시설</td><td rowspan="2">전기사업법</td><td rowspan="2">발전 및 변전시설,<br>전기실</td><td>변전설비, 피뢰설비 및 옥외전등</td></tr>
<tr><td>발전시설</td><td>예비전원(자가발전) 설비</td></tr>
<tr><td>위험물</td><td>위험물 안전관리법</td><td>위험물 저장시설</td><td></td></tr>
<tr><td>승강기시설</td><td>승강기시설 안전관리법</td><td>승강기 및 인양기</td><td>승강기 및 인양기</td></tr>
<tr><td rowspan="2">급배수시설</td><td>수도법</td><td>우물 및 비상저수시설</td><td rowspan="2">급수설비, 배수설비</td></tr>
<tr><td>하수도법</td><td>펌프실, 기계실</td></tr>
</table>

| | | | |
|---|---|---|---|
| 소방시설 | 소방기본법, 소방시설공사업법, 화재예방, 소방시설 설치·유지 및 안전관리에 관한 법률, 건축법의 건축물의 피난·방화구조 등의 기준에 관한 규칙, 건축물의 설비기준 등에 관한 규칙 | 소방시설 | 자동화재 감지설비, 소화설비 |
| 옥외 부대 및 복리시설 | 어린이놀이시설안전관리법, 어린이제품 안전특별법, 환경보건법 시행령 제16조 어린이활동공간에 대한 환경안전관리기준 | 1. 석축, 옹벽, 담장, 맨홀, 정화조 및 하수도 2. 옥상 및 계단 등의 난간 3. 주차장, 경로당 또는 어린이놀이터에 설치된 시설 | 아스팔트포장, 울타리, 어린이놀이시설, 보도블록, 정화조, 배수로 및 맨홀, 현관입구·지하주차장 진입로 지붕, 자전거보관소, 주차차단기, 조경시설물, 안내표지판 |
| CCTV 설비 | 주택건설기준 등에 관한 규정 제32조의2에 따라 지능형 홈네트워크 설비의 설치 및 기술적 사항에 관하여 위임된 산업통상자원부 '지능형 홈네트워크 설비 설치 및 기술기준'(2016.8.24. 시행), 정보통신공사업법 시행규칙 | | 보안·방범시설, 지능형 홈네트워크 설비, 통신 및 방송설비 |
| | | | 환기설비 |

## Ⅱ. 생활안전

주택에서 일어나는 안전사고는 화재, 추락, 전기감전의 순이며 공동주택의 경우에도 유사한 경향으로 유추할 수 있다. 공동주택의 안전사고를 공간적 측면에서 보면, 주택 내부에서 발생하는 사고 중에는 물건 낙하, 추락, 화재 등과 같이 가족의 안전 위해뿐만 아니라 이웃이나 공용공간 이용자에게 피해를 주는 사고가 다수 있다. 동 내부 공용공간에서는 복도, 계단에서의 전도(顚倒)·미끄러짐, 승강기에 갇힘, 승강기 추락 등의 사고가 발생하며, 외부공간에서는 단지 내 놀이터·운동시설 이용 상의 안전사고, 단지 내 도로에서의 교통사고 등이 있다.

## 1. 건축물 내 안전

### (1) 복도, 계단의 안전

공동주택 동 내부 공용 복도, 계단에서는 미끄러지거나, 발을 헛디뎌 넘어지거나 구르는 사고가 빈번히 발생한다. 공동주택에는 어린이, 노인, 장애인, 임신부뿐만 아니라 일시적 장애인을 포함하는 모든 보행자가 공간에 접근·이용·이동하는데 불편을 느끼지 않도록 계획·설계·시공 관리하는지를 평가하는 '장애물 없는 생활환경 인증'이 적용된다. 사용자의 안전을 위해 해당 인증 평가항목 중 기존 아파트에 적용할 수 있는 항목은 장기수선충당금 등을 활용하여 시설 보수 및 개선을 하는 것이 필요하다.

저층 거주자는 계단을 이용한 이동이 이루어지므로 공용 복도에 미끄럽지 않은 바닥 재질 마감, 명확한 식별이 가능하도록 계단의 챌면과 디딤판의 다른 조명 및 색상 사용, 계단코의 미끄럼 방지설비 설치, 계단의 시작과 끝 지점의 표준형 점형블록 설치, 벽에 적정규격의 연속손잡이 설치, 계단이나 공동현관문에는 밝은 조명을 설치하여 공간인지를 높여야 한다(장애물없는 생활환경 홈페이지).

### (2) 승강기안전

국내 승강기보유현황을 설치연도·건물용도별로 살펴보면 2016년 6월 기준 총 577,581대이며 이중 가장 많은 53.0%인 306,279대가 공동주택에 설치되어 있다(한국승강기안전공단 홈페이지). '국가승강기정보센터'의 승강기사고 통계에 의하면 2015년 승강기 사고는 61건이었으며 건물용도별로는 판매시설 28건 다음으로 공동주택이 15건으로 많았다. 사고 원인별로는 이용자과실이 35건으로 가장 많았으며 그다음으로 보수부실, 관리부실, 작업자과실이어서 이용자가 이용수칙을 준수하면 많은 사고를 막을 수 있다.

승강기는 「승강기시설 안전관리법」에 의해 관리한다. 승강기사고를 방지하기 위해서 이용자수칙의 교육·홍보, 보수부실이 발생하지 않도록 하는 제도 마련, 작업자의 안전관리, 관리자의 관리 준수 등의 보완이 필요하다. 국가안전처가 구축한 '국가승강기정보센터' 홈페이지에서는 이용자를 위한 승강기별

**표 14-3 승강기사고의 건물용도별, 사고원인별 현황(2015)**

| 건물 용도 | 공동 주택 | 근린생 활시설 | 문화 및 집회시설 | 판매 시설 | 운수 시설 | 의료 시설 | 교육연구 복지시설 | 업무 시설 | 숙박 시설 | 공장 | 기타 | 계 |
|---|---|---|---|---|---|---|---|---|---|---|---|---|
| 건 | 15 | 6 | 0 | 28 | 7 | 1 | 0 | 3 | 0 | 1 | 0 | 61 |

| 사고 원인 | 이용자 과실 | 작업자 과실 | 관리부실 | 보수부실 | 제조불량 | 검사부실 | 기타 | 계 |
|---|---|---|---|---|---|---|---|---|
| 건 | 35 | 5 | 6 | 13 | 1 | 0 | 1 | 61 |

출처: 국가승강기정보센터 http://www.elevator.go.kr/stat/AccidentCauseYear.do

안전정보 공개서비스, 위험승강기의 고장접수와 처리결과를 인터넷으로 즉시 공개, 지자체 승강기 담당자에게 불법운행 승강기 확인서비스를 한다. 승강기 이용자가 승강기에 갇혔을 경우 승강기 번호를 119 신고 시 알려주면 센터에서는 승강기 번호에 해당하는 승강기의 위치 및 구출 매뉴얼을 구조대에 제공하는 서비스를 실시하여 이용자가 스스로 일상적으로 자주 이용하는 승강기의 안전을 확인할 수 있도록 하였고 승강기 이용의 위급상황 시 빠르게 대처할 수 있도록 하였다.

국민안전처 산하기관인 '한국승강기안전공단'은 승강기안전관리와 이용자를 위한 사고예방활동을 한다. 승강기 관리주체는 승강기의 중대한 사고나 고장발생을 '한국승강기안전공단'에 통보하여(승강기시설 안전관리법 제16조의4) 사고조사를 받아야 한다. 승강기의 유지관리는 유지관리업체에게 위탁하여 수행하는 경우가 대부분이므로 관리주체 또는 안전관리자는 평상시 문제점을 메모하였다가 유지관리점검 시 전달하고 월단위로 승강기의 비운행시간에 대한 주기적인 통계를 작성하여 유지관리업체를 관리하는 것이 중요하다. 승강기는 고가의 설비이며 복잡하고 정교한 기계장치이므로 충분한 기술력과 관련장비(소프트웨어 및 전용공구) 보유가 필수이다. 월정 유지관리비에만 관심을 가지고 최저가격으로 계약을 하여 기술력이 부족하고 신용이 없는 유지관리업체를 선정하는 경우, 고가품인 승강기의 수명이 단축되므로 거주자들은 어떠한 유지관리업체와 계약을 맺고 있는지, 항상 관심을 가질 필요가 있다. 승강기가 15~20년이 되어 고장률이 급격히 증가되면 승강기는 그 수명을 다하였다고 볼 수 있으므로 승강기 교체공사를 면밀히 검토해야 한다(한국승강기안전공단 홈페이지).

## 2. 건축물 외부의 안전

### (1) 외부공간, 보행로의 안전

공동주택 외부공간에서 일어나는 안전사고를 줄이기 위해서는 동 출입구부터 외부공간도 동 내부의 공용 복도와 계단과 연속선 상에서 동일하게 무장애 공간이 되어야 한다. 기존 공동주택에 보완할 수 있는 무장애 계획요소를

**표 14-4** 주동 및 외부공간에 수선으로 적용가능한 무장애 계획요소

| 구분 | | 적용대상 | 계획요소 |
|---|---|---|---|
| 주동 | 주출입구(문) | 높이 차이 | 기울기 1/12 이하, 0.75m 이하 단차 |
| | | 단차제거 | 주출입구와 통로의 단차를 2㎝ 이하 |
| | | 경고블록 | 주출입구 전면에 점형블록을 설치하거나 바닥재의 질감을 달리함 |
| | 경사로 | 기울기 | 기울기 1/12 이하 |
| | | 유효폭 | 1.2m 이상 |
| | | 손잡이 높이 | 바닥면으로부터 0.8m 이상 0.9m 이하의 설치 |
| 외부공간 | 단지 내 보도 및 접근로 | 기울기 | 1/18 이하 |
| | | 유효폭 | 1.2m 이상 |
| | | 교행공간 | 50m마다 1.5m×1.5m 배치 |
| | | 보차분리 | 접근로와 차도의 경계부분에 차도와 분리할 수 있는 공작물 설치(연석, 울타리 등). 연석의 높이는 6㎝ 이상 15㎝ 이하 |
| | | 보행장애물 | 가로등, 전주, 간판 등 통행에 지장을 주지 않도록 가로수는 지면에서 2.1m까지 가지치기 |
| | | 바닥마감 | 미끄러지지 않는 재질로 평탄한 바닥마감 |
| | | 단차 | 주접근로에 단차가 있을 경우, 2㎝ 이하 |
| | | 덮개 | 장애인 등이 빠질 위험이 있는 곳에 덮개 설치(격자구멍 또는 틈새가 있는 경우 2㎝ 이하) |
| | | 보도 경계 표시 | 접근로와 차도의 경계부분에 차도와 분리할 수 있는 공작물 설치(연석, 울타리 등), 연석의 색상은 접근로의 바닥재 색상과 달리함 |
| | 장애인 전용주차구역 | 설치장소 | 차량의 간섭이 없으며, 주출입구 또는 승강기설비와 가장 가까운 장소에 설치 |
| | | 주차공간 크기 | 3.3m×5m 이상(단, 평행주차형식인 경우 2m×6m 이상) |
| | | 바닥마감 | 미끄러지지 않는 재질로 평탄한 바닥마감 |

출처: 송애희·김미경(2013), pp. 55-57.

적용하여 개선함으로써 안전을 도모해야 한다(표 14-4).

단지 내의 보행 안전을 위해, 기울기가 1/12 이상인 계단 및 경사로에는 핸드레일을 설치하도록 하고, 핸드레일은 잡기 편한 3.2~3.8cm지름의 원형을 권장한다. 단지 내에서 휠체어, 유모차가 통행할 수 있도록 폭이 1.2m 이상 되도록 하고, 휠체어와 유모차가 방향을 바꿀 수 있도록 30m마다 폭 1.5m 이상의 '교행구역'을 설치하도록 한다. 보행로는 미끄럼을 방지할 수 있는 자재를 사용하고 빗물 등의 배수를 원활하게 하여 빗물고임 등이 일어나지 않도록 하여 보행에 불편이 없게 한다(한국토지주택공사, 2015.12.22).

옥외공간에서 일어나는 사고 중 2015년 10월 아파트 옥상에서 미성년자가 던진 벽돌에 맞아 그 밑을 지나던 거주자가 사망한 사건을 계기로 옥상출입문 개방 여부의 논의가 재개되었다. 경찰청은 옥상이 범행 현장으로 활용될 우려가 있으므로 옥상 출입문을 닫아 두도록 권고하는 반면 소방당국에서는 유사시 대피로 확보를 위하여 옥상 출입문을 개방하도록 권고해 왔다. 상이한 권고에 대해 「주택건설기준 등에 관한 규정」(2016.2.29. 시행)을 개정하여 아파트 옥상 출입문에 화재 등 비상시에 소방시스템과 연동되어 잠김 상태가 자동으로 풀리는 비상문 자동개폐장치 설치를 의무화하였고 사업계획승인을 받는 주택건설사업부터 적용하였다. 기존의 공동주택의 옥상에도 단지 여건에 맞게 비상문 자동개폐장치 설치를 고려해야 한다.

### (2) 어린이놀이터

한국소비자원(2016.6.30)이 2012~2014년까지 '소비자위해감시시스템'을 통해 수집한 14세 이하 어린이의 안전사고에 대한 위해사례 분석 통계에 의하면 안전사고가 가장 많이 발생한 곳은 '주택'이 67.5%이었고, 다음으로 '여가, 문화 및 놀이시설' 8.1%, '교육시설' 7.6%, '상업시설' 5.4% 등이었다. 어린이를 영아기(1세 미만), 걸음마기(1~3세), 유아기(4~6세), 취학기(7~14세)로 구분하였을 때 연령대가 높아질수록 활동 범위가 넓어지고 다양한 활동이 가능해져 가정 외의 장소에서 발생하는 어린이 안전사고 비율이 증가한다. 4~6세부터 위해가 발생하는 비율이 놀이터와 놀이기구에서 전체의 약 11%로 가장 높게 나타났다. 중상 이상의 위해가 발생하는 장소 중 놀이터가 22.6%로 높으며 놀이터기구나 시설이 골절을 일으키는 위해 품목이었다. 놀이터 놀이기구, 트램펄린

(trampoline), 인라인 스케이트 등을 타다가 넘어지거나 부딪히는 사고가 많았으며, 야외 활동이 많은 7~14세 취학기 어린이에게 두드러지게 많이 발생하였다.

표 14-5 연령대별 위해발생 다발 품목 (단위: 건, %)

| 4~6세 유아기 | | | | 7~14세 취학기 | | | |
|---|---|---|---|---|---|---|---|
| 순위 | 구분 | 건수 | % | 순위 | 구분 | 건수 | % |
| 1 | 놀이터 및 놀이기구 | 1,828 | 11.4 | 1 | 놀이터 및 놀이기구 | 1,764 | 11.8 |
| 2 | 바닥재 | 1,602 | 10.0 | 2 | 자전거 | 1,254 | 8.4 |
| 3 | 출입문 | 716 | 4.5 | 3 | 공 | 680 | 4.6 |
| 4 | 침대 | 680 | 4.2 | 4 | 바닥재 | 646 | 4.3 |
| 5 | 자전거 | 668 | 4.2 | 5 | 초.중.고등학교 | 624 | 4.2 |
| 6 | 계단 | 540 | 3.4 | 6 | 출입문 | 537 | 3.6 |

출처: 소비자안전센터 소비자안전국위해정보팀(2015), p. 19, p. 23.

표 14-6 중상 이상 위해사례의 주요 품목별 현황 (단위: 건)

| | 물품명 | 2012년 | 2013년 | 2014년 | 합계 |
|---|---|---|---|---|---|
| 놀이터 (104건/ 22.6%) | 놀이터용 미끄럼틀 | 16 | 12 | 6 | 34 |
| | 기타 놀이터 시설 | 15 | 6 | 5 | 26 |
| | 놀이터용 기어오르기 시설 | 6 | 10 | 5 | 21 |
| | 놀이터용 그네 | 9 | 4 | 4 | 17 |
| | 유아용 미끄럼틀 | 2 | 1 | 3 | 6 |

출처: 소비자안전센터 소비자안전국위해정보팀(2015), p. 29.

공동주택의 어린이놀이터에서 발생하는 사고는 놀이기구의 안전한 이용요령을 지키지 않는 경우가 대부분이지만 관리주체의 놀이기구나 놀이터 바닥재 및 모래 등 관리소홀로 발생하는 경우도 있다. 어린이놀이터는 「어린이놀이시설안전관리법」에 의해 관리되며 「어린이제품 안전특별법」에 따라 안전인증을 받은 어린이놀이기구를 설치하여야 한다. 어린이놀이터의 바닥재나 바닥에 사용하는 모래, 도료 마감재료는 「환경보건법」 시행령 제16조 '어린이 활동공간에 대한 환경안전관리기준'을 지켜야 한다.

관리주체는 어린이놀이시설이 시설기준 및 기술기준에 적합성을 유지하고 있는지 확인하기 위하여 안전검사기관으로부터 2년에 1회 이상 정기시설검사를 받고, 정기시설검사에 합격된 어린이놀이시설에 대해 사용자가 알 수 있도록 표시물을 부착해야 한다. 어린이놀이시설의 안전관리자는 어린이놀이시설 안전관리지원기관에서 실시하는 어린이놀이시설의 안전교육을 받고, 월 1회 이상 어린이놀이시설에 대한 안전점검을 실시해야 한다. 어린이놀이시설의 사고로 인한 손해에 대한 배상을 보장하기 위하여 사고배상책임보험도 가입하여야 한다. 어린이놀이시설에서 일어나는 안전사고를 예방하기 위하여 관리자의 안전점검 및 어린이와 부모를 대상으로 한 어린이놀이터 이용수칙의 계몽이 중요하다.

## Ⅲ. 화재·교통·범죄안전

### 1. 화재안전

#### (1) 화재현황

2015년 의정부 아파트 대형화재는 취약한 내화설계와 외장재, 화재대응시스템 부재, 고층진압의 기술적 어려움 등 화재에 무방비 상태인 국내 고층아파트의 현실을 드러낸 참사였다. 초고층건물은 엘리베이터, 전기 파워샤프트, 공조덕트, 배관 등의 수직연결공간의 연돌효과에 의한 연소범위의 확대, 공조시스템으로 연기와 유독가스의 급속한 확산, 플래시 오버(flash over: 급격한 연소 확대가 실내 전체로 번지는 현상)발생으로 고온의 열과 압력에 의해 창문이 파괴되어 화재가 상층으로 쉽게 전파된다(김선희·민병렬·최성모, 2015).

국민안전처 국가화재정보센터의 자료를 보면 2015년 주택에서 발생한 화재 중 공동주택이 41.5%를 차지하며 그중 아파트와 주상복합아파트가 차지하는 비율이 26.6%로 높아서 이 두 주택형태에 대한 화재관리가 특히 중요함을 보여준다. 2012~2015년의 공동주택 화재는 총 17,223건으로 매년 증가추세에 있으며 화재가 대형화하여 인명과 재산피해도 증가하고 있다.

**표 14-7** 공동주택 화재발생 현황(2012~2015)

| 구분 | 2012년 | 2013년 | 2014년 | 2015년 |
|---|---|---|---|---|
| 단독주택 | 6,154 | 5,977 | 6,137 | 6,318(54.5) |
| 공동주택(소계) | 4,027 | 4,156 | 4,234 | 4,806(41.5) |
| 아파트 | 2,426 | 2,457 | 2,663 | 2,922 |
| 주상복합아파트 | 103 | 127 | 154 | 157 |
| 연립주택 | 467 | 452 | 374 | 386 |
| 다세대주택 | 869 | 966 | 896 | 1,138 |
| 기숙사 | 16 | 17 | 14 | 6 |
| 기타 공동주택 | 146 | 137 | 133 | 197 |
| 기타 주택 | 510 | 463 | 489 | 463(4.0) |
| 총계 | 10,691 | 10,596 | 10,860 | 11,587(100.0) |

출처: 국민안전처 국가화재정보센터(www.nfds.go.kr) http://125.60.28.52:5989/nfds2/rdPage.aspx

**표 14-8** 공동주택의 발화요인별 화재건수(2015)

| 주거종류 | 전기적 요인 | 기계적 요인 | 가스누출(폭발) | 화학적 요인 | 교통사고 | 부주의 | 자연적 요인 | 기타 | 미상 | 방화 | 방화 의심 |
|---|---|---|---|---|---|---|---|---|---|---|---|
| 아파트 | 506 | 140 | 13 | 6 | 0 | 1,907 | 2 | 35 | 210 | 48 | 55 |
| 주상복합 아파트 | 27 | 7 | 2 | 1 | 0 | 107 | 0 | 0 | 6 | 5 | 2 |
| 연립주택 | 77 | 16 | 4 | 0 | 0 | 245 | 0 | 2 | 18 | 9 | 15 |
| 다세대주택 | 183 | 37 | 1 | 2 | 0 | 769 | 0 | 7 | 87 | 21 | 31 |
| 기숙사 | 2 | 1 | 0 | 0 | 0 | 3 | 0 | 0 | 0 | 0 | 0 |
| 기타 공동주택 | 23 | 9 | 3 | 1 | 0 | 130 | 0 | 3 | 24 | 2 | 2 |
| 계 | 818 | 210 | 23 | 10 | 0 | 3,161 | 2 | 47 | 345 | 85 | 105 |

출처: 국민안전처 국가화재정보센터(www.nfds.go.kr) http://125.60.28.52:5989/nfds2/rdPage.aspx

표 14-9 공동주택의 발화지점에 대한 화재 현황(2015)

| 구분 | 공동주택 | | | |
|---|---|---|---|---|
| 발화지점 | 화재 | 사망 | 부상 | 재산피해 |
| 구조 | 499 | 0 | 26 | 1,112,204 |
| 기능 | 54 | 1 | 2 | 115,698 |
| 설비, 저장 | 228 | 4 | 152 | 5,661,403 |
| 생활공간 | 3,550 | 42 | 291 | 9,587,699 |
| 출구 | 225 | 1 | 4 | 303,745 |
| 공정시설 | 5 | 0 | 0 | 750 |
| 기타 | 229 | 0 | 8 | 484,727 |
| 미상 | 16 | 0 | 9 | 926,637 |
| 계 | 4,806 | 48 | 492 | 18,192,863 |

출처: 국민안전처 국가화재정보센터(www.nfds.go.kr) http://125.60.28.52:5989/nfds2/rdPage.aspx

공동주택에서 발화지점은 주택 내 생활공간이 가장 많고 그 다음이 구조인데 구조에는 발코니가 차지하는 비율이 높다. 발화요인은 부주의가 4,806건 중 3,161건(65.8%)으로 가장 많다. 부주의의 세부요인은 음식물 조리에 의한 화재가 1,840건으로 가장 많았으며, 담배꽁초에 의한 화재가 572건, 난로 및 양초 등의 불씨·화원 방치가 227건, 빨래삶기 115건 순으로 일상생활과 관련된 원인이 많아서 거주자의 생활상의 주의에 대한 인식과 실천이 중요하다.

### (2) 화재안전 현황과 기준

현실적으로 아파트 각 세대의 화재안전대비 기기와 설비 비치가 미비하고 거주자의 인식도 낮은 편이다. 한국소비자원 소비자안전국 생활안전팀(2015)의 아파트 30세대에 대한 화재안전 조사에 의하면 아파트 각 세대마다 소화기가 비치되어 있지 않거나 내용연수(8년)가 경과한 것이 많았고 소화기가 비치된 경우는 작동 시 폭발위험이 높아 1999년 이후 생산이 중단된 가압식소화기였다. 열감지기의 설치는 양호였으나 가스누설경보기가 설치되지 않거나 전원이 들어오지 않은 곳이 있어서 아파트관리자 등으로부터 최근 1년 이내에 가스누설경보기에 대한 점검이 없었던 것으로 보이며, 자동확산소화기 설치대상이어도 미설치된 경우가 많았다. 공용부분의 소화기는 비치되지 않은 곳이 있었으며 위치 표시를 하지 않거나 소화전함 내부에 비치되어 있어서 소화기 위치를 파악하기 어려운 상태였다(한국소비자원 소비자안전국 생활안전팀, 2015.6).

**표 14-10** 공동주택 화재안전 기준

<table>
<tr><td colspan="3">소방 점검: 모든 아파트는 연 1회 이상 작동기능점검을 실시하여야 하고, 연면적이 5,000㎡ 이상, 11층 이상인 경우 종합정밀점검을 실시하여 그 결과를 관할소방서에 제출하여야 함. (소방시설법 시행규칙 제18조·제19조 별표 1)<br>소방훈련: 아파트관리자는 아파트 거주민에게 연 1회 이상 소화·통보·피난 등의 훈련 및 소방안전관리에 필요한 교육을 실시하고, 그 결과를 2년간 자체보관하여야 함. (소방시설법 제22조 및 동법 시행규칙 제15조)</td></tr>
<tr><td colspan="3">소화기: 아파트 각 세대마다 소화기를 비치하여야 함.<br>(소방시설법 제15조, 소화기구 및 자동소화장치의 화재안전기준 〈국민안전처고시 제2015-21호〉 제4조)</td></tr>
<tr><td colspan="3">화재감지기: 면적 1,000㎡ 이상인 공동주택 내 구획된 실에는 화재감지기를 설치하여야 함. 주방·보일러실 등 다량의 화기를 취급하는 장소에는 정온식감지기를 설치(소방시설법 시행령 제15조, 자동화재탐지설비 및 시각경보장치의 화재안전기준 〈국민안전처고시 제2015-33호〉 제7조)</td></tr>
<tr><td colspan="3">가스누설경보기: 1994.7.20.에 「소방법」 시행령이 개정되면서 아파트 11층 이상에는 가스누설경보기능이 있는 주거용 주방자동소화장치 설치가 의무화되었으며, 2005년부터 아파트 전 층에 설치하도록 강화됨.</td></tr>
<tr><td colspan="3">자동확산소화기</td></tr>
<tr><td>1989.5.1.<br>~</td><td>「소방시설의 설치·유지 및 위험물 제조소 등 시설의 기준 등에 관한 규칙」 별표4 제1호 나목</td><td rowspan="2">11층 이상의 층에 있는 아파트(가스를 연료로 사용하는 것에 한함)의 주방에 설치<br>※ 주방 자동소화장치가 설치된 경우에는 자동확산소화기를 설치하지 아니할 수 있음.</td></tr>
<tr><td>1993.11.11.~<br>1995.5.26.</td><td>「소방기술기준에 관한 규칙」 별표4 제1호 나목</td></tr>
<tr><td colspan="3">공용부분 소화기 비치 및 관리: 아파트의 각 층마다 소화기를 비치하되, 소방대상물로부터 20m 이내, 바닥높이가 1.5m 이하인 곳에 비치하고 각 소화기 비치장소마다 '소화기' 표시를 부착하여야 함. (소방시설법 시행령 제15조, 소화기구 및 자동소화장치의 화재안전기준 〈국민안전처고시 제2015-21호〉 제4조)</td></tr>
</table>

「화재예방, 소방시설 설치·유지 및 안전관리에 관한 법률」(약칭: 소방시설법)에 따라 아파트관리자는 화재에 대비하여 연 1회 이상 자체점검 등을 통해 소방시설을 유지·관리하도록 규정하고 있다. 한국소비자원 소비자안전국 생활안전팀이 실시한 500명의 주민대상 조사에서 아파트 소방시설은 정기적으로

자체점검을 실시하여야 한다는 사실을 알고 있는 경우는 67.2%였지만 실제 세대 내 소방시설에 대한 최근 1년 안에 점검을 받았다는 응답자는 15.2%에 불과하여 점검이 제대로 이루어지지 않고 있었다. 점검부실 이유로 '소방점검에 대한 인식부족'(33.0%), '세대원의 집안 부재'(26.7%), '소방점검원 방문에 대한 거리낌'(3.1%) 등 거주민의 화재안전의식 부족 및 비협조적 태도가 이유였다. 아파트 관리사무소 등으로부터 소방시설 위치·사용법 등에 대한 설명(교육, 공지 등)을 받은 적이 있는 경우는 7.8%에 불과하여서(한국소비자원 소비자안전국 생활안전팀, 2015), 관리주체의 자체점검이 이루어지지 않거나 거주자 부재로 실시가 어려운 경우가 상존하는 것이 현실이다.

### (3) 화재안전 개선

우신골든스위트 화재(2010)를 계기로 초고층 건축물(층수가 50층 이상 또는 높이가 200미터 이상인 건축물), 지하연계 복합건축물과 그 주변지역의 재난의 예방·대비·대응 및 지원 등에 필요한 사항을 정하는 「초고층 및 지하 연계 복합건축물 재난관리에 관한 특별법」(2012.3.9 시행)이 시행되었고, 의정부아파트 화재(2015)로 「건축법 시행령」, 「건축물의 피난·방화구조 등의 기준에 관한 규칙」 등 관련 법령 개정을 통해, 건축물 외벽의 불연·준불연 마감 재료 사용대상 건축물 규모 기준을 30층 이상에서 6층 이상 건축물로 확대하였고, 스프링클러 설치 의무 대상도 6층 이상으로 확대하였다. 화재감지·소화시설이 설치되었다 하더라도 화재 시 문제없이 작동할 수 있도록 일상적인 점검이 중요하다. 국민안전처는 소방특별조사, 확인점검 등으로 아파트 소방시설 자체점검 관리·감독을 강화해야 하며, 대한주택관리사협회와 조사결과를 공유하고 아파트 관리자에게 미흡사항에 대한 자율개선을 권고해야 한다(한국소비자원 소비자안전국 생활안전팀, 2015).

거주자를 대상으로는 화재안전에 대한 의식을 높이고 화재 안전에 대한 교육을 통해 피난경로에 대한 안내, 피난기구 사용법, 화재의 연소과정 등 주택 내 화재 발생 시 초기대응에 필요한 정보를 제대로 숙지하도록 하는 것이 필요하다. 2005년 발코니 확장 합법화 이후 건축된 공동주택의 피난구는 아파트 4층 이상 층의 각 세대가 2개 이상의 직통계단을 이용할 수 없는 경우 대피공간을 설치하여야 하고 발코니에 설치하는 인접세대와 경계벽이 파괴하기 쉬운 경량구조이거나 경계벽에 피난구를 설치하면 대피공간을 별도 설치하지 않는 것으로 되어 있다(건축법 시행령). 현실적으로는 화재 시 피난구를 찾지 못하거나 경량구조의 경계벽이 수납물품의 적재로 피난로 확보가 불가한 경우가 있으므로 사전에 화재예방교육이 필수적이다. 완강기, 피난사다리, 구조대와 같은 하향이동방식은 노약자·어린이·장애자, 체구가 큰 사람이 사용하는데 안전하지 못하다. 공동주택 건설 시 건설개발주체의 선택사항 또는 거주자 입주 시 희망선택사항으로써 대안적인 피난 방식을 보완사용하게 하는 것이 적합한 방안이다(이명식, 2014).

관리주체는 일상적으로 거주자가 공동주택 단지 내 소방도로에 주차를 하지 않도록 하고, 공용계단에 물건을 적치하거나 화분, 자전거를 놓아두는 것은 통행에 장애가 되며 화재 발생시 안전한 대피를 위해 비상 시 비상구 기능을 할 수 없어서 소방시설법 제10조 위반에 해당되므로 단속하여야 한다.

## 2. 교통안전

### (1) 교통사고 원인

아파트 단지도로는 자동차와 주민이 공존하는 공간으로 보행자의 횡단과 자동차의 진출입이 빈번하게 발생되나 『도로법』 상의 도로가 아니므로 안전시설 설치 및 유지관리 의무가 없고 경찰의 사고조사 및 단속이 이루어지지 않는 안전 사각지대이다. 아파트단지 내 교통사고의 원인은 내리막이나 도로 폭이 넓은 곳의 과속, 지하주차장 진출·입부 및 곡선부, 장애물(건물, 수목, 옹벽 등) 등으로 인해 운전자가 자동차 및 보행자를 사전에 인지하기 어려움, 보도 미설치 및 횡단보도 부재, 불법 주정차로 보행공간 침범과 충돌사고, 주차공간 부족으로 경사로 주차 시 미끄러짐, 중앙선·정지선·주행방향·통행방법 규제·안전지대 등 노면표시 및 교통안전표지 미설치로 운전자에게 명확한 정보 미제공 등이다(교통안전공단, 2015).

### (2) 교통안전 개선

입주자의 교통안전을 고려한 단지 설계가 이루어지도록 '주택건설기준 등

표 14-11 아파트 단지 내 교통사고 원인에 따른 개선사항

| 주요 사고 원인 | 개선 권고사항 |
|---|---|
| - 과속: 직선부 및 내리막길, 급커브구간 과속 | - 과속방지턱, 고원식 횡단보도 설치로 자동차 접근속도 감소 유도 |
| - 운전자 시인성 불량: 지하주차장 출입부, 곡선부, 장애물에 의한 시야 제약으로 자동차간 상충사고, 보행자 충돌 사고 | - 수목정리 및 도로반사경 설치로 운전자 시인성 확보 |
| - 보도 및 횡단보도 부재: 횡단보도 미설치, 보도 단절로 보행자 횡단사고 | - 시선유도봉, 횡단보도 설치로 불법주정차 방지 및 보행권 확보 |
| - 불법 주정차: 보행공간침범, 보행자와 자동차 시인성 제약, 경사로 주차 | - 주차위반 단속 |
| - 노면탈색, 시설물 마모: 횡단보도, 정지선, 주행방향 등 노면표시의 탈색, 과속방지턱 마모 | - 재도색, 규정에 맞는 과속방지턱 재설치 |

출처: 교통안전공단(2015), 재구성.

에 관한 규정'이 개정(13.6.17. 개정, 13.12.18. 시행)되어, 단지 내 도로에 보도설치 의무화, 과속방지턱·반사경 등의 교통안전시설 설치 규정 구체화, 어린이 통학버스 주정차 공간 설치 등으로 강화되었다. 기존의 아파트도 이러한 기준에 맞추어 우선적으로 개선하는 것이 필요하다.

'교통안전공단'에서는 교통안전에 대한 전문적인 지식이 부족한 관리주체

그림 14-3 고원식 횡단보도와 교차로

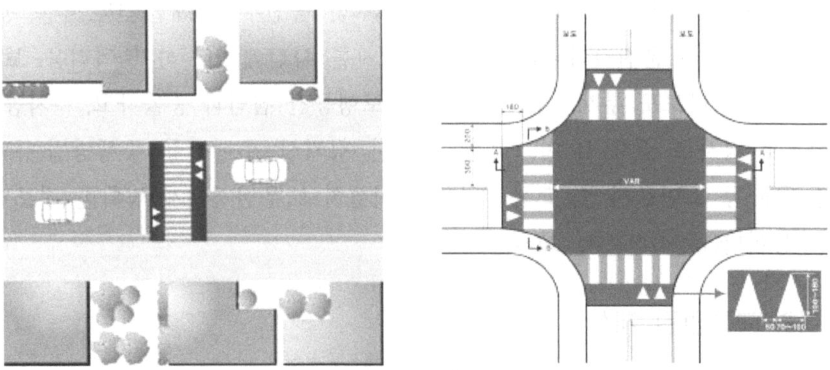

출처: 교통안전공단(2015), p. 13.

를 지원하기 위하여 '아파트관리자 도로안전관리 매뉴얼'(2015.12)을 제시하여 교통사고 원인에 따른 개선사항, 도로안전체크리스트를 제시하였으므로 유용하게 활용할 수 있다. 또한 교통안전공단 전문가가 교통사고 위험이 있는 단지를 직접 찾아가 단지 내 교통안전 위해요인과 문제점을 진단하고, 도로 및 교통안전시설의 보수와 설치(종류, 위치, 방법 등)에 대하여 맞춤형 개선대책을 제시해주는 '교통안전점검 서비스'도 시행하고 있으므로 이 제도를 이용하여 단지에 적합한 교통안전대책을 마련하여야 한다.

## 3. 범죄안전

### (1) 범죄발생과 불안감

공동주택에서는 세대 내 외부인 침입이나 배달, 검침 등을 위장한 강도, 절도 등이 발생하며, 외부공간, 엘리베이터, 지하주차장에서의 강도사건도 자주 발생한다. 경찰청 장소별 범죄발생 통계(2014)를 보면 공동주택에서 발생하는 범죄 중 절도가 단일항목이면서 23.8%로 가장 높았다. 거주자는 지하주차장에서 범죄발생불안감이 가장 크며 엘리베이터, 계단 및 복도, 놀이터 및 정자의 순이었다(김남정·문효곤·강명수, 2014).

**표 14-12** 아파트·연립다세대의 범죄발생(2014)

| | 건수 | % |
|---|---|---|
| 강력범죄 | 2,670 | 4.4 |
| 절 도 | 14,333 | 23.8 |
| 폭력범죄 | 16,774 | 27.8 |
| 지능범죄 | 11,106 | 18.4 |
| 풍속범죄 | 1,347 | 2.2 |
| 기 타 | 14,035 | 23.4 |
| 계 | 60,265 | 100.0 |

출처: 사이버경찰청(2014), 경찰범죄통계, p. 358.

### (2) 범죄예방디자인

방범안전을 위해 외부인의 접근통제, 폐쇄회로 감시, 자연적 감시가 동시에 이루어져야 한다. 아파트 경비원의 공식 직무는 '범죄예방'이므로 주출입구에서 외부인을 접근통제하여 위험을 사전에 방지하며 공동주택단지 내에서 위험한 행위를 하는 자가 있거나 공동생활질서를 지키지 아니하는 자가 있을 때에는 이를 제재하여야 한다. 그러나 현실적으로는 범죄예방보다 환경미화와 주민응대 서비스를 많이 하는 실정이다. 경비원과 주민 모두 폐쇄회로 텔레비전의 방범효과에 대한 기대가 높지만 실제 경비원들은 모니터링의 업무비중이 높지 않으므로 폐쇄회로 텔레비전의 관리를 강화하고 경비원의 실시간모니터링 운영을 체계화하는 방안이 필요하다(김정규, 2011).

환경설계를 통한 범죄예방 개념인 셉테드(Crime Prevention Through Environmental Design)는 대상지역의 방어적 공간특성을 높여 범죄가 발생할 기회를 줄이고 거주자의 심리적, 물리적 안전감을 느낄 수 있도록 하는 범죄예방전략이다. 2009년 서울시 재정비촉진사업(뉴타운사업) 시 '환경설계지침' 반영을 의무화하여 적용된 이래 현재 아파트단지 설계에 반영되고 있으며 셉테드인증이 실시되고 있다(김남정·문효곤·강명수, 2014). CPTED의 5가지 원리는 가시권을 최대화시켜서 침입자를 쉽게 관찰할 수 있도록 하는 자연적 감시(natural surveillance), 도로·보행로·문·조경 등을 통해 일정한 공간으로 유도함과 동시에 허가받지 않은 사람들의 진출입을 차단하는 자연적 접근통제(natural access control), 거주자가 생활공간을 자유롭게 사용하거나 점유함으로써 권리를 주장할 수 있는 영역을 만드는 영역성(territoriality), 시설물이나 장소를 처음 설계된 대로 지속적으로 이용될 수 있도록 하여 사용자의 일탈행동을 자제시키는 유지 및 관리(maintenance and management)이다.

공동주택 신축 시 셉테드원리를 적용하고 있지만 기존 공동주택에도 적용하여 거주자의 범죄에 대한 불안감을 줄이는 방안이 필요하다. 거주자는 범죄발생불안감이 가장 큰 공간에 우선적으로 셉테드기법을 적용하여 보수, 설비설치 등으로 안전감을 높이는 것이 필요하다(표 14-13).

가정생활주기상 유아기나 초등교육기에 속한 세대에게는 어린이놀이터도 범죄불안감이 높은 장소이다. 관리단계에서 어린이놀이터에 셉테드원리를 적

표 14-13 기 개발 아파트단지에 적용 가능한 공간별 CPTED 기법

| 공간 | CPTED 기법 |
| --- | --- |
| 아파트 단지입구 | 단지 출입구 상징물 설치, 통합경비실 설치, 차량출입차단기 설치, 차량 인식 CCTV 설치, 외부인이용시설 제거 |
| 지하주차장 | 주동연결로 CCTV 설치, 비상벨 설치, 개방형 연결문 설치, 조명안전망 설치, 차량감시 CCTV 설치, 진입구간 시야 개방, 이용자차량 구획 |
| 지상주차장 | 가로형 주차장 조명 설치, 이용자차량 구획, 시야 개방형 식재 |
| 공원 및 휴게시설 | 어린이놀이터 CCTV 설치, 어린이놀이터 휴먼라이트 설치, 자연감시 확보, 시야 개방형 식재 |
| 엘리베이터 | 엘리베이터 CCTV 설치, 엘리베이터 전면거울 설치 |
| 주동 내 계단 및 복도 | 복도 내 비상벨 설치, 복도 내 감지형 조명 설치 |
| 보행로 | 가로조명 설치, 자연감시 확보, 시야 개방형 식재 |
| 담장 | 투시형 담장 설치, 시야 개방형 식재 |
| 아파트 1층 및 중앙현관 | 출입구 CCTV 설치, 주동출입관리시스템 설치 |
| 단지 내 상가 및 공동시설 | 외부와 접한 면 투시형 가벽 설치, 시야 개방형 식재, 건물출입구 조명 설치 |

출처: 김남정·문효곤·강명수(2014), p. 278.

용하여 울타리 높이를 어린이의 눈높이로 하고 관목은 성인이 숨을 수 없는 60㎝ 높이 이하로 하여 투시성을 높이고 시각적인 사각지대가 생기지 않도록 한다. 조도가 높은 조명등, 보안등, CCTV, 비상벨을 설치하고 경비실에서 자연감시가 가능하도록 한다. 입구와 경계가 구분되도록 다양한 바닥소재를 사용하여 영역성을 나타낸다.

# Ⅳ. 관리종사자의 안전관리

## 1. 작업재해

안전보건공단의 자료에 의하면 서비스업 사망재해 3대 다발업종으로 건

물관리업이 해당되며 2009년 이후 사망자수가 증가추세이다(김정인, 2013.4.24). 공동주택의 관리종사자는 사업주의 안전에 대한 인식부족, 열악한 근무환경, 관리감독자의 안전보건 업무활동에 대한 인식부족으로 작업재해에 노출되어 있다. 작업 중 재해발생 내용은 전도(넘어짐), 추락, 충돌, 협착, 낙하, 비래(飛來: 날아옴), 베임·찔림, 화학물질 노출 및 중독, 교통사고, 전기작업 중의 감전 등이다. 계절적으로는 청소업무, 분리수거, 순찰업무, 제설작업을 담당하는 근로자들의 겨울철 동상이나 저체온증이 발생하기도 한다.

사고는 관리종사자가 안전수칙을 지키지 않아 부주의로 인해 발생하는 경우가 대부분을 차지하며, 기계 및 운반차량·안전보호장치의 결함 등이 원인이 된다. 근로자의 안전의식과 관리책임자의 안전교육 실시가 철저히 이루어져야 한다. 근로자에게 재해발생 시 관리소장이 안전사고 방지를 위한 대책마련 정도에 따라 『산업안전보건법』 위반 유무죄 판결에 영향을 주므로 철저한 대책이 우선되어야 한다.

**✔ 배관밸브 개방작업 중 사다리서 근로자 추락. 산업안전보건법 위반 기소 관리소장 항소심서 '무죄'**

**사건**: 관리소장 A는 지하주차장에서 근로자 B로 하여금 높이 1.5m A형 알루미늄 사다리 위에서 급수 배관밸브 개방 작업을 하게 했다. 사업주는 근로자가 추락하거나 넘어질 위험이 있는 장소 등에서 작업을 할 때에는 근로자가 위험해질 우려가 있는 경우 비계를 조립하는 등의 방법으로 작업발판을 설치하는 등 추락방지를 위한 조치를 해야 한다. 그럼에도 불구하고 관리소장 A는 안전조치 의무를 이행하지 않아 근로자 B가 발이 미끄러지면서 높이 1.5m 바닥으로 추락하게 해 12주 이상의 치료를 요하는 오른쪽 비골 골절 및 팔목 골절상 등의 상해를 입게 했다.

**항소심 판결**: 근로자 B가 상해를 입은 장소인 아파트 지하주차장 내부 자체는 산업안전보건법 제23조 제3항 및 산업안전보건기준에 관한 규칙 제42조에서 규정하고 있는 '근로자가 추락하거나 넘어질 위험이 있는 장소'라 볼 수 없고, 근로자 B가 높이 1.5m의 A형 사다리 위에 올라갔더라도 이것 역시 위 규정에서 말하는 '근로자가 추락하거나 넘어질 위험이 있는 장소'라 할 수 없으므로 이 사건 공소사실을 유죄로 인정한 원심판결에는 법리오해의 위

법이 있다.

출처: 한국아파트신문(2015.8.4). http://www.hapt.co.kr/bbs/list.html?table=bbs_14&idxno=3634&page=1&total=7&sc_area=T&sc_word=안전

## 2. 안전 관련법

공동주택 관리종사자의 근무환경은 50인 미만의 소규모 작업장이므로 사업주의 위임으로 관리소장이 관리감독자로서 안전보건점검을 하고 위험방지가 필요한 작업에 대해 소속직원에게 특별교육을 수행해야 한다(산업안전보건법 제14조). 산업안전보건법 제23조의 안전조치, 제24조의 보건조치의 구체적인 기준은 '산업안전보건기준에 관한 규칙'에서 정하고 있다. 안전관리의 법 규정의 원리는 시설의 안전성(기계, 설비에 필요한 안전시설 설치 여부), 작업계획의 안전성(위험작업의 경우 사전에 안전작업계획 작성 여부), 작업관리의 안전성(적합한 작업도구 사용 여부, 출입의 금지 여부), 근로자관리의 안전성(근로자의 안전상태를 지속 확인, 보호구 착용 여부 등) 확보를 기반으로 한다.

사업주가 사업장에서의 안전보건수준을 최대한 높일 수 있는 방법을 반영한 안전보건관리로 사업장의 위험성평가는 의무사항으로 고시되었다(고용노동부 고시 제2014-48호). 위험성평가는 사업주가 주체가 되어 모든 작업에 대해 안전보건관리책임자, 관리감독자, 안전관리자, 보건관리자, 대상공정의 작업자가 참여하여 각자의 역할을 분담하여 실시하고 기록을 3년간 보존해야 한다. 위험성평가를 실시하여 우수사업장 인정을 안전보건공단으로부터 받을 경우 사업장에는 20% 산재보험료 감면을 받을 수 있으며 안전보건에 대한 사업주교육을 받은 경우 10% 산재보험료를 감면 받을 수 있다.

관리감독자는 안전보건정보를 제공하여 평상시 근로자가 유해위험요인을 자각하고 주의할 수 있도록 안전보건정보의 전달체계를 구축해야 한다. 공동주택관리분야에서는 법령요지의 게시, 장소별 안전보건표지 부착, 화학물질의 유해·위험성, 안전·보건상의 취급주의 사항 등을 설명해주는 물질안전보건자료(Material Safety Data Sheets) 및 경고표지 부착 등을 실시한다. 근골격계 부담작업에 대해서는 유해요인을 조사하여 작업환경 개선, 의학적 관리, 교육·훈련·

평가하는 예방관리 프로그램을 운영해야 한다(대한주택관리사협회, 2016a).

야간근무를 포함하는 교대근무군은 업무상 사고의 위험이 최대 2배 증가한다. 경비원은 야간단독 순찰 시 호신장비와 야간안전장비를 지급하여 안전을 보장하여야 한다. 자율조항일지라도 경비원 최저배치 기준의 설정도 경비원의 근로부담과 안전확보 측면에서 검토되어야 한다.

외부업체에게 건물 도색, 외벽건물 청소, 물탱크 청소, 전정작업 등을 도급하면서 추락, 질식, 산업용세재로 인한 피부화상 등의 사고가 발생한다. 사업의 일부를 수급업체에 도급하는 경우, 산업안전보건법 제29조에 사업 시 안전·보건조치를 규정하고 있다. 수급업체의 근로자가 토사 등의 붕괴, 화재, 폭발, 추락 또는 낙하위험이 있는 장소에서 작업할 때는 고용노동부령으로 정하는 산업재해 예방을 위한 조치를 하며 업종특성에 따라 순회점검, 합동안전·보건점검을 실시해야 한다.

산업안전법의 많은 조문은 사업주의 의무로 규정되어 있어 근로자의 의무가 소홀히 되기 쉽지만, 제6조에 '근로자는 이 법과 이 법에 따른 명령으로 정하는 기준 등 산업재해 예방에 필요한 사항을 지켜야 하며, 사업주 또는 근로감독관, 공단 등 관계자가 실시하는 산업재해 방지에 관한 조치에 따라야 한다'로 근로자의 의무가 규정되어 있으므로 근로자가 자신의 안전을 위해 책임을 다해야 한다.

# V. 안전관리 개선방향

## 1. 제도개선과 지자체의 지원

공동주택의 안전에 대해서 제도적인 차원에서 종합적인 평가항목을 마련하는 것이 필요하다. 공동주택의 건축물, 시설·설비 등 각각에 대한 안전체크항목이 여러 기관에 분산되어 있어서 관리주체가 종합적으로 평가하기 어려운 상황이다.

공동주택의 안전관리 대상유형은 의무적 관리대상 여부에 따른 구분만으로는 안전관리 적용의 편차가 크므로 의무적 관리대상 아닌 공동주택조사를 통한 데이터 축적과 안전관리항목의 재분류 및 대응방안의 검토가 필요하다. 이원화되어 있는 대형 공동주택과 소형 공동주택으로 구분해 조사 분석을 기반으로 현재의 기술수준, 사회환경을 고려한 유지·안전관리를 재검토할 필요성이 있다. 소형주택의 경우 아파트와 연립주택, 다세대주택 등을 구분하여 설계·구법·시공의 특성을 고려하여 유지 및 안전관리 현황 실태조사, 점검계획 항목과 연계된 가이드라인이 필요하다.

노후화된 공동주택의 정기점검 강화, 정밀점검 전문가 및 전문기관의 자격조건 강화, 공동주택의 정기점검 비용 현실화 방향으로 개선해야 한다. 지금부터라도 공동주택 신축 시 유지관리와 안전관리를 연계한 건설이 필요하고 이를 고려한 설계기준 혹은 가이드라인을 수립해야 한다(한국주택관리연구원, 2015.7.9).

공동주택의 건축물 및 시설에 대한 안전은 장기수선계획 수립과 집행으로 이루어지는데 73개 항목에 대해 현장을 반영한 수선계획항목과 기간으로 조정해야 하며 수리와 교체가 가능한 장기수선충당금 적립의 개선이 필요하다. 입주자대표회의와 관리주체는 장기수선계획을 수립하고 3년마다 검토하도록 되어 있으나 장기수선계획은 물리적인 환경의 장기적인 유지·안전 계획이므로 관리소장의 짧은 임기로는 계획과 집행에 책임을 질 수 없다. 관리책임자로서 장기수선계획과 연계하여 임기를 보장해주는 방안도 있으며, 장기수선계획을 수립·집행·조정을 지원해줄 수 있는 기관이 필요하다. '중앙공동주택관리지원센터'의 운영으로 관리의 체계적 운영에 대한 지원이 가능할 것으로 보이나 지자체에 지부를 설치하여 전국적으로 공동주택의 지원을 할 수 있어야 한다.

공동주택의 안전에 대한 규정을 실질화하고 지자체의 공동주택관리 담당부서에서 제도를 집행하고 실천하는 것이 중요하다. 전문적인 안전진단을 위해 지자체에 구조진단 전담부서의 설치도 필요하다. 지자체별로는 회계사, 주택관리사, 소방기술사 등 민간 전문가로 구성한 '공동주택관리감시단'을 조직해 안전관리계획 미수립 및 미이행, 장기수선계획 미수립 및 장기수선충당금 적립 부적절 등을 찾아내거나, '공동주택 안전관리 재능기부단'을 구성하여 관리주체가 없거나 관리주체가 있어도 전문성이 없어 입주자들이 위험요소 및 부실관리를 알지 못하는 소규모 서민 아파트에 대해 시설물관련 점검, 관리 관련에 도움을 주는 방식(최규철, 2016.9.9)이 실시되고 있으며 제도적으로 정립되어야 한다.

## 2. 관리주체, 거주자의 안전의식 제고

안전에 대한 기준이 강화되면서 관련법 개정으로 신축건물에 대한 건설 시 안전기준은 강화되었으나 기존 공동주택에는 안전기준이 적용되지 않으므로 안전에 위협이 되는 조건이 여전히 존재한다. 관리자는 생활안전, 화재안전, 교통안전, 범죄안전에 관련하여 기존 공동주택에 적용할 수 있는 '안전가이드라인' 정보를 활용하여 장기수선계획에 반영하고 집행하여야 한다. 관련 정보는 관리주체가 입수하기 어려우므로 대한주택관리사협회에서 안전관련정보를 온라인 상에서 구축하여 관리자가 쉽게 정보를 입수할 수 있도록 하여야 한다. 관리자·관리감독자는 안전교육을 형식적으로 이수해서는 안 되며 관리자 스스로 작업 시 안전수칙을 반드시 지키는 단계까지 내재화·체화되어야 한다.

거주자는 안전불감증이 개인적 위해와 사고뿐만 아니라 이웃에게도 인명과 재산상의 피해로 연결된다는 의식을 가져야 한다. 생활에서 가스, 전기 등 화재발생요인을 점검하며 발코니에서 물건낙하 등이 발생하지 않도록 일상적인 주의를 해야 한다. 화재위험에 대비하기 위하여 개별가구는 보장 받고자 하는 위험에 따라 입주자대표회의에서 가입한 단체화재보험이 건물, 가재도구 등 각 목적물별로 충분히 가입되어 있는지 확인하고, 적극적으로 개별 보험가입 여부를 고려하는 것도 필요하다.

거주자의 안전의식 수준을 높이기 위해서는 생활에서 활용할 수 있는 현실화·구체화·명확화된 매뉴얼 마련이 필요하다. 매뉴얼을 기반으로 교육과 훈련을 반복하여 생활화가 되어야 한다. 수시로 안전체험 등을 하고 단지 내에서 시행되는 안전교육에 참여하는 자세가 요구된다. 매뉴얼은 법규 변경, 사회·기술 변화에 따라 정기적으로 검토하여 현실을 반영하여야 한다.

## 3. 정부의 종합적 안전관리

공동주택 단지에 내재된 안전위협요인 이외에 지구의 기후변화로 집중호우, 태풍, 지진 등의 자연재난 발생이 증가하여 거주자의 안전을 위협하는 경우가 증가하고 있다. 2016년 9월 12일 경주에서 발생한 지진과 여진은 전국에 영향을 끼쳤고 지진 진앙지인 경주에는 건축물에 피해가 발생하였다. 폭우로 서울도심에 산사태가 발생하여 아파트 저층부에 흙더미가 덮친 사태(2011.7.27), 태풍으로 아파트 고층의 발코니 유리창이 부서지면서 세대 내부가 강풍의 위험에 직면하고 부서진 유리가 자동차에 낙하하여 피해가 발생하는 일들이 있다. 자연재난에 대비한 공동주택의 건축물 피해와 사고예방 대처방법에 대한 매뉴얼이 마련되어 있지 않고 대처행동에 대한 안전교육의 미비 등의 문제를 절감하게 해준 사고들이다. 이러한 사고를 계기로 건출물의 보강을 위한 내진설계, 바람의 재해를 피하기 위한 공동주택 발코니 창의 내풍안전 등 인명피해에 대한 대비책이 제시되었으나 기존 건축물에서는 보완하기 어려운 현실이다. 노후시설물 안전관리 체계 정비, 자연재해 대비 교육 훈련 체계, 복합재난 대비 등의 추진이 시급해졌다.

미국은 재난관리를 국가안보와 같은 영역으로 취급하고, '국토안보훈련 및 평가 프로그램'(HSEEP: The Homeland Security Exercise and Evaluation Program)을 마련해 체계적인 교육과 훈련을 반복하고 있다(하성규, 2014.6.17). 국내에서도 행정적인 차원에서 거주자까지 단계적으로 연결되는 안전체계가 실질화되어야 하며 안전교육 강화, 일상적인 훈련, 안전문화 정책을 위한 시민운동 등이 전개되어야 할 것이다.

## 참고문헌


고성석·송도흠·윤영채(2014), "공동주택 안전점검대가 현황분석에 관한 연구", 한국건설관리학회 논문집, 제15권 제2호, pp.62-70.

교통안전공단(2015), 『아파트관리자 도로안전관리 매뉴얼』, 교통안전공단.

김남정·문효곤·강명수(2014), "기 개발 아파트단지의 범죄예방과 환경설계(CPTED) 적용방안", 『LHI Journal』, pp. 271-279.

김선희·민병렬·최성모(2015), "고층 아파트의 화재발생 원인과 분석", 『건축』 제59권 제5호, pp. 23-28.

김정규(2011), "아파트 경비원의 직무환경 개선을 위한 경험적 접근-범죄 예방활동 강화를 중심으로", 『한국경찰학회보』 제13권 제4호, pp. 28-60.

김정인(2013.4.24), "3000만 공동주택 거주자의 주거 및 생활안전을 위한 주택관리사의 역할", 공동주택의 주거 및 생활안전, 이대로 좋은가?, 한국주택관리연구원 세미나 자료집.

대한주택관리사협회(2016a), 『건물관리업 관리감독자 정기안전·보건교육』, 대한주택관리사협회.

대한주택관리사협회(2016b), 『2016년 상반기 시설물에 관한 안전교육』, 대한주택관리사협회.

소비자안전센터 소비자안전국 위해정보팀(2015), 『어린이안전사고 동향분석』, 한국소비자원.

송애희·김미경(2013), "세종시 첫마을 공동주택 공용공간의 무장애 계획개념 적용실태 및 개선", 대한건축학회논문집, 『계획계』 제29권 제8호, pp. 51-59.

이명식(2014), "공동주택 거주자의 화재 안전 및 피난방식에 대한 고찰", 『건축』, 제58권 제10호, pp. 47-50.

하성규(2014.6.17), "안전한 주거환경 조성을 위한 정책 패러다임의 전환", 한일 공동주택 유지 및 안전관리의 정책대안 세미나, 한국주택관리연구원.

한국소비자원 소비자안전국 생활안전팀(2015), 『노후아파트 화재안전 실태조사』.

안민, "아산 오피스텔 철거도중 붕괴 인명피해없어", 뉴스웨이, 2014.5.18.
http://news.newsway.co.kr/view.php?tp=1&ud=2014051817003114994

&md=20140518172151_AO
최규철, "공동주택 안전관리 재능기부단, 공동주택 관리 사각지대", 서울뉴스통신, 2016.9.9. http://www.snakorea.com/news/articleView.html?idxno=240069
통계청, "2015 인구주택총조사 전수부문: 등록센서스 방식 집계결과", 보도자료, 2016.9.7. http://kostat.go.kr/portal/korea/index.action
한국토지주택공사, "'LH주택단지 안전 가이드라인 발간", 보도자료, 2015.12.22.

경찰청(2014), 경찰범죄통계 http://www.police.go.kr/files/infodata/200197/2014/2014_04_1.pdf
국가승강기정보센터 승강기통계 http://www.elevator.go.kr/stat/AccidentUse.do
한국시설안전공단 결함사례 http://www.kistec.or.kr/kistec/tech/tech0204_06.asp?page=2&search_gubun=건축&search_option=&search_option2=&searchValue=&flashActive=
한국주택관리연구원, "한일세미나 종합토론", 2015.7.9., http://krihm.org/kor/news/press.php?pagenumber=2&at=view&idx=209

교통안전공단 http://www.ts2020.kr/main.do
국민안전처 http://sss.fire.go.kr/
국토부 하자심사분쟁조정위원회 http://www.adc.go.kr/com/mainFrame.do
장애물없는 생활환경 https://bf.koddi.or.kr/index.aspx
한국승강기안전공단 http://www.koelsa.or.kr/index.do
한국시설안전공단 http://www.kistec.or.kr/kistec/index.asp

제15장

# 비영리조직 회계기준과 위법행위에 대한 감사기준(미국)

이창로(한국주택관리연구원 수석연구원)

## Ⅰ. 들어가며

### 1. 공동주택관리 회계기준 및 감사기준 현황

우리나라 공동주택관리에 대한 회계처리는 2016년 현재까지 개별 아파트 입주자대표회의[1]에서 정한 공동주택관리규약에 의거하여 이루어지고 있다. 이러한 공동주택관리규약은 16개 광역시도가 자치법규로서 각기 제정한 공동주택관리규약준칙을 참조하여 만들어진 것인데, 이 준칙의 부록이나 별표에 회계처리기준 및 회계관리에 관한 사항이 포함되어 있다. 따라서 공동주택관리에 대한 일관된 회계기준 없이 아파트 입주자대표회의별로 각기 규정을 만들어 사용하고 있는 셈이다.[2]

최근 정부는 공동주택관리 제도의 체계적 발전을 위해 「공동주택관리법」을 제정하였고(2016.8.12. 시행), 동법의 특징 중 하나는 외부회계감사의 실효성을 확보하기 위해 통일된 회계처리기준을 제정하도록 한 점으로서(시행령 제26조), 이에 따라 국토교통부는 현재 「공동주택관리 회계처리기준(안)」을 마련하고 있다. 따라서 이르면 2017년부터 국토교통부가 제정한 기준이 전국의 통일

1) 공동주택관리법의 표현을 따라 붙여 쓰기로 한다(이하 동일).
2) 예를 들어 관리비예치금의 경우, 일관된 회계기준이 없어 어떤 지역에서는 자본 항목으로, 또 다른 지역에서는 부채 항목으로 계상하고 있는 실정이다.

된 공동주택관리 회계처리기준으로 활용될 예정이다.

공동주택관리에 대한 감사업무는 한국공인회계사회에서 제정한 「공동주택관리에 관한 회계감사기준」을 근거로 이루어지고 있다. 동기준은 과거 한국공인회계사회 내에서 단순한 내부 지침의 성격을 갖던 규정이며, 증가하는 공동주택관리 감사 수요에 맞추어 감사기준으로 위상이 상향 조정되었다(2010.10.28). 동기준은 2015년 1월 14일에 가장 최근의 개정이 있었으며, 주요 내용은 주택법령 및 공동주택관리 규약에서 정한 회계 관련 규정의 준수에 대한 보고를 본문에서 삭제하고 대신 감사보고서에 별도로 첨부하도록 한 것이다. 이는 현행 공동주택관리에 관한 회계감사기준에서 요구하는 감사업무범위가 주택법에서 요구하는 감사업무 범위와 달라 감사인의 과잉책임 가능성에 대한 우려가 제기되었기 때문이다.[3)]

따라서 앞으로 국토교통부의 「공동주택관리 회계처리기준」과 한국공인회계사회의 「공동주택관리에 관한 회계감사기준」[4)]이 감사실무에서의 회계기준 및 감사기준으로 기능할 것으로 예상된다. 그러나 이러한 기준들은 공동주택관리의 특수성이 세밀하게 반영되지 않아 공동주택 회계에서 야기되는 각종 문제 발생의 소지를 미리 간파하지 못할 뿐만 아니라, 외부인이 감사를 수행할 때에도 업무 부정을 찾아내지 못할 가능성이 크다.[5)]

## 2. 공동주택관리 업무의 특수성

공동주택관리 회계는 기업 재무회계가 아니라 「공동주택관리법」, 「민간임대주택에 관한 특별법」 및 「공공주택 특별법」의 규율을 받는 일종의 특수회계에 속한다. 또한 외부 감사인이 제출하는 감사보고서를 살펴보면, '관리사무소'를 대상으로 감사를 실시한 후 그 결과를 '입주자대표회의'로 제출하고 있다. 관리사무소는 공동주택 관리업무를 위임받은 일종의 수탁자(fiduciary)이며 이러한 관리업무를 위탁하는 입주자대표회의 역시 비법인 사단(非法人 社團), 즉 권리능력 없는 사단으로 보는 것이 일반적이다. 다시 말해 영리 추구를 목적으로

3) 한국공인회계사회(2015.1.14), 공동주택관리에 관한 회계감사기준 일부 개정 개요.
4) 공동주택관리법이 새로이 제정·공포됨에 따라 한국공인회계사회에서는 감사기준을 개정하고(2016.6.24) 해당 공개초안에 대해 2016년 8월 현재 관련 기관의 의견을 수렴하고 있다.
5) 이진수·이우도(2014), "주택법상 공동주택관리 감사제도에 관한 연구", p. 137.

하는 일반 기업과 달리 관리사무소나 입주자대표회의 모두 비영리조직의 성격을 강하게 갖는다. 따라서 공동주택관리 회계 역시 당기순이익이나 주주 이익의 극대화를 추구하는 기업 재무회계(financial accounting)와 달리 비영리조직 회계(not-for-profit accounting)의 특징을 충분히 반영할 필요가 있다. 국토교통부에서 제정한 「공동주택관리 회계처리기준」의 경우 비영리조직 회계보다는 일반적인 기업 재무회계의 틀을 따르고 있어 일정 부분 한계가 있다고 볼 수 있다.

우리나라의 경우 비영리조직 회계는 아직 생소한 회계분야에 속한다고 할 수 있다. 회계기준의 제정과 개정을 담당하는 한국회계기준원(Korea Accounting Institute)에서 발표한 여러 회계기준 중 비영리조직 회계기준은 현재 제정되어 있지 않은 상태이다. 〈표 15-1〉은 우리나라의 현행 회계기준 체계를 보여주는데, 비영리조직 회계기준은 준비되어 있지 않으며 한국회계기준원은 비영리조직의 회계 투명성 제고가 필요하다는 사회적 인식에 대응하여 현재 기준 제정을 추진 중에 있다(비영리조직 회계기준 공개 초안을 2013년 발표).

**표 15-1** 우리나라의 회계기준 체계

| 회계기준 | 적용 대상 | 외부감사 | 관련법령 |
|---|---|---|---|
| 한국채택국제회계기준 (K-IFRS) | 주권상장법인 및 금융회사 | 의무 | 주식회사의 외부감사에 관한 법률 |
| 일반기업회계기준 | 외부감사대상 주식회사 | 의무 | 주식회사의 외부감사에 관한 법률 |
| 중소기업회계기준 | 외부감사대상 이외의 주식회사 | 면제 | 상법 |
| 비영리조직 회계기준 | 비영리 단체 | 규정 없음 | - |

출처: 한국회계기준원 홈페이지(http://www.kasb.or.kr).

공동주택관리 업무에 대한 외부 감사의 목적도 일반 기업의 회계감사와는 차이점이 있다. 일반 기업의 회계감사는 기업의 재정 상태와 지난 1년간의 경영실적 파악이 주된 목적이라고 할 수 있다. 반면 공동주택관리 업무의 경우 재정 상태와 직전 회계연도의 운영실적 파악이 감사의 여러 목적 중 하나가 될 수 있지만, 가장 중요한 목적은 입주자대표회의와 관리주체 간 내부

통제(internal control)의 적절성, 「공동주택관리법」, 「민간임대주택에 관한 특별법」 및 「공공주택 특별법」 등 관련 법령과 준칙의 준수 여부 등이라고 할 수 있다.

따라서 감사기준 역시 이러한 공동주택관리 업무의 특수성을 반영하여 제정될 필요성이 있다. 그러나 한국공인회계사회가 자체적으로 제정한 「공동주택관리에 관한 회계감사기준」은 상당 부분 일반 기업을 대상으로 한 회계감사기준의 틀을 따르고 있어 공동주택관리 업무의 특수성을 충분히 반영하지 못하고 있다.

우리나라보다 회계 및 감사 기준 제정의 역사가 긴 미국의 경우 비영리조직의 투명성 제고를 위한 회계기준이 비교적 체계적으로 정립되어 있고, 피감(被監)조직의 특수성과 수요를 반영한 상황별 다양한 감사기준이 제정되어 있다. 본 장에서는 입주자대표회의나 관리사무소가 비영리조직의 성격을 갖는 점, 외부 감사의 주된 목적이 일반기업에서처럼 재정상태 및 경영실적의 파악이 아니라 관련 법령의 준수 여부, 내부통제의 적절성 등에 있다는 점을 감안하여 이러한 맥락을 반영한 미국의 회계기준 및 감사기준을 설명하고자 한다.

## Ⅱ. 미국 비영리조직 회계기준

### 1. 비영리조직의 특징

영리 추구의 목적이 없으며, 사회적으로 바람직한 서비스를 제공하는 단체를 비영리조직(not-for-profit organization)으로 정의할 수 있다. 이러한 비영리조직의 대표적인 예로 ① 학교를 비롯한 다양한 교육기관 ② 자발적 참여인원으로 구성된 사회단체(YMCA, 보이스카웃 등) ③ 그 밖의 단체(박물관, 사설 도서관, 정당, 종교단체, 전문가 협회, 동아리 등)를 들 수 있다.

이러한 비영리조직은 영리를 추구하지 않는 점, 투자자들이 반대 급부를 기대하지 않는 점, 소유권 지분 관계가 명확하게 정의되지 않은 점 등에서 일반적인 기업과 구별된다. 비영리조직이 일정한 기준을 근거로 회계처리를 수행하는 주된 이유는 다음과 같다(Scot, 2010).

① 비용을 부담하는 자(기부자, 회원, 아파트단지의 경우 입주자 등)가 해당 조직과 관련된 의사결정을 내리는데 유용한 정보를 제공하기 위해

② 해당 조직이 제공하는 서비스의 품질을 평가하고(아파트단지의 경우 관리서비스) 그러한 서비스 수준을 미래에도 계속 유지할 수 있는지 여부를 판단하기 위해

③ 해당 조직의 관리자가(아파트단지의 경우 관리사무소장) 자신에게 주어진 수탁책임(stewardship responsibilities)을 성실하게 수행하였는지 판단하기 위해

비영리조직은 다시 공공 비영리조직과 민간 비영리조직으로 나눌 수 있다. 미국의 경우 공공 비영리조직은 대부분 공립 중고등학교 및 대학을 의미하며 이러한 조직들은 정부회계기준위원회(GASB, Governmental Accounting Standards Board)에서 제정한 정부회계기준에 따라 회계처리를 하게 되어 있다. 반면 정부가 관여하지 않는 민간 비영리조직은 재무회계기준위원회(FASB, Financial Accounting Standards Board) 및 미국공인회계사회(AICPA, American Institute of Certified Public Accountants)에서 제정한 기준을 따라 회계처리를 하고 있다. 입주자대표회의나 관리사무소는 모두 민간 비영리조직의 범주에 속하므로 이하에서는 재무회계기준위원회(FASB)와 미국공인회계사회(AICPA)에서 제정한 민간 비영리조직 기준을 중심으로 설명한다.[6)]

## 2. 민간 비영리조직에 대한 회계기준

### (1) 개 요

미국의 모든 민간 비영리조직은 복식부기와 발생주의 회계처리(accrual basis)를 원칙으로 한다. 민간 비영리조직의 주된 수입원은 입장료와 같은 수수료, 외부 기관의 기부금, 구성원들이 납부하는 회비나 관리비, 정부의 교부금 등으로서 이러한 수입을 적정하게 집행하였는지 평가하기 위해 아래와 같은 4

6) 주로 해당되는 기준은 SFAS(Statement of Financial Accounting Standards) 116 「Accounting for Contribution」과 SFAS 117 「Financial Reporting for Not-for-Profit Organizations」이다.

가지 재무제표를 요구하고 있다.

① 재무상태표(Statement of Financial Position)

② 활동계산서(Statement of Activities)

③ 현금흐름표(Statement of Cash flows)

④ 기능별 비용명세서(Statement of Functional Expenses)

이 중 기능별 비용명세서는 비영리조직의 성격에 따라 작성이 면제되기도 한다. 따라서 이하에서는 재무상태표, 활동계산서 및 현금흐름표에 대해 살펴본다.

### (2) 주요 재무제표

#### ① 재무상태표

비영리조직이 작성하는 재무상태표는 크게 자산(assets), 부채(liabilities) 및 순자산(net assets)으로 구분되어 있다. 일반 기업의 재무상태표가 자산, 부채 및 자본으로 구성된 것과 대조된다. 일반 기업이 작성하는 재무상태표와 가장 뚜렷하게 차이가 나는 점은 순자산의 표시 형태에 있다. 비영리조직은 순자산을 재무상태표에 계상할 때 반드시 세 가지 범주로 분류하여 표시하여야 한다. 즉 ① 사용에 제한이 없는 순자산(unrestricted net assets), ② 일시적 제한이 가해진 순자산(temporarily restricted net assets), ③ 영구 제한이 가해진 순자산(permanently restricted net assets)으로 분류하여 표시할 의무가 있다.

사용에 제한이 없는 순자산은 비영리조직의 재량 범위에서 자유롭게 집행이 가능한 자원을 의미한다. 일시적 제한이 가해진 순자산은 구입 용도(use)나 사용 시기(time)가 미리 정해진 자원을 나타낸다. 마지막으로 영구 제한이 가해진 순자산은 정관 등에 의해 사용이 처음부터 금지된 자원을 의미한다. 아래 그림은 비영리조직이 작성한 재무상태표의 예를 보여준다.

그림 15-1 비영리조직 재무상태표

**Not-for-Profit Entity A**
**Statements of Financial Position**
**June 30, 20X1~~19X1~~ and 20X0~~19X0~~**
(in thousands)

| | | 20X1~~19X1~~ | | 20X0~~19X0~~ |
|---|---|---|---|---|
| Assets: | | | | |
| Cash and cash equivalents | $ | 4,575 ~~75~~ | $ | 4,960 ~~460~~ |
| Accounts and interest receivable | | 2,130 | | 1,670 |
| Inventories and prepaid expenses | | 610 | | 1,000 |
| Contributions receivable | | 3,025 | | 2,700 |
| Short-term investments | | 1,400 | | 1,000 |
| Assets restricted to investment in land, buildings, and equipment | | 5,210 | | 4,560 |
| Land, buildings, and equipment | | 61,700 | | 63,590 |
| Long-term investments | | 218,070 | | 203,500 |
| Total assets | $ | 296,720 ~~292,220~~ | $ | 282,980 ~~278,480~~ |
| Liabilities and net assets: | | | | |
| Accounts payable | $ | 2,570 | $ | 1,050 |
| Refundable advance | | | | 650 |
| Grants payable | | 875 | | 1,300 |
| Notes payable | | | | 1,140 |
| Annuity obligations | | 1,685 | | 1,700 |
| Long-term debt | | 5,500 | | 6,500 |
| Total liabilities | | 10,630 | | 12,340 |
| Net assets: | | | | |
| Without donor restrictions (Note DDD)~~Unrestricted~~ | | 92,677 ~~115,228~~ | | 73,619 ~~103,670~~ |
| With donor restrictions~~Temporarily restricted~~ (Note B) | | 193,413 ~~24,342~~ | | 197,021 ~~25,470~~ |
| ~~Permanently restricted (Note C)~~ | | ~~142,020~~ | | ~~137,000~~ |
| Total net assets | | 286,090 ~~281,590~~ | | 270,640 ~~266,140~~ |
| Total liabilities and net assets | $ | 296,720 ~~292,220~~ | $ | 282,980 ~~278,480~~ |

**Note:** See paragraph 958-205-55-21 for the notes to financial statements.

출처: FASB Exposure Draft Proposed Accounting Standards Update issued April 20, 2015.

② 활동계산서

일반 기업의 손익계산서에 해당하는 활동계산서는 수입, 지출 및 순자산 변동분으로 구성된다. 수입은 기부금, 회비, 관리비, 수수료 등으로 이루어져 있으며 지출은 조직의 수탁업무를 수행하기 위해 소요된 비용을 기재하도록 되어 있다. 수입에서 지출을 차감하면 해당 연도의 순자산 변동분이 산출된다. 손익계산서에서처럼 당기순이익이라는 용어는 사용하지 않는다.

이러한 활동계산서에서 지출 내역은 반드시 업무 기능별로 보고하여야 하는데, 보고의 형식은 재무제표 본문에 또는 주석으로 하여도 무방하다. 업무 기능별로 분류가 어려운 지출 항목(이자비용, 감가상각비 등)은 적절하게 안분하여 보고하여야 한다. 아래 그림은 비영리조직이 작성한 활동계산서의 예를 보여준다.

그림 15-2 비영리조직 활동계산서

**Not-for-Profit Entity A**
**Statement of Activities**
**Year Ended June 30, 20X1**
**(in thousands)**

| | Without Donor Restrictions | With Donor Restrictions | Total |
|---|---|---|---|
| Revenues and gains: | | | |
| Contributions | $ 8,640 | $ 8,390 | $ 17,030 |
| Fees | 5,200 | | 5,200 |
| Other | 150 | | 150 |
| Gains | 200 | | 200 |
| Total revenues and gains without donor restrictions | 14,190 | | 22,580 |
| Net assets released from restrictions (Note D): | | | |
| Satisfaction of program restrictions | 21,990 | (21,990) | - |
| Satisfaction of equipment acquisition restrictions | 1,500 | (1,500) | - |
| Expiration of time restrictions | 1,250 | (1,250) | - |
| Appropriation from donor endowment | 7,500 | (7,500) | - |
| Total net assets released from restrictions | 32,240 | | |
| Total revenues, gains, and other support without donor restrictions | 46,430 | | |
| Expenses and losses: | | | |
| Program A | 13,100 | | 13,100 |
| Program B | 8,540 | | 8,540 |
| Program C | 5,760 | | 5,760 |
| Management and general | 2,038 | | 2,038 |
| Fundraising | 2,150 | | 2,150 |
| Total expenses | 31,588 | | 31,588 |
| Fire loss | 80 | | 80 |
| Total expenses and losses | 31,668 | | 31,668 |
| Operating excess, before transfers | 14,762 | | |
| Board designations, appropriations, and similar transfers to/(from) operations: | | | |
| Investment returns appropriated from quasi-endowment | 2,000 | | 2,000 |
| Transfer of gifted equipment | (140) | | (140) |
| Transfer of equipment acquired with donor-restricted funds and placed in service | (1,500) | | (1,500) |
| Operating excess, after transfers | 15,122 | | |
| Nonoperating changes: | | | |
| Investment return, net (Note E) | 4,678 | 20,272 | 24,950 |
| Interest expense | (382) | | (382) |
| Actuarial loss on annuity obligations | | (30) | (30) |
| Board designations, appropriations, and similar transfers to/(from) nonoperations: | | | |
| Investment returns appropriated for current operations from quasi-endowment | (2,000) | | (2,000) |
| Transfer of gifted equipment | 140 | | 140 |
| Transfer of equipment acquired with donor-restricted funds and placed in service | 1,500 | | 1,500 |
| Increase (decrease) in net assets | 19,058 | (3,608) | 15,450 |
| Net assets at beginning of year | 73,619 | 197,021 | 270,640 |
| Net assets at end of year | $ 92,677 | $ 193,413 | $286,090 |

출처: FASB Exposure Draft Proposed Accounting Standards Update issued April 20, 2015.

그림 15-3 비영리조직 현금흐름표

**Not-for-Profit Entity A**
**Statement of Cash Flows**
**Year Ended June 30, 20X1**
(in thousands)

| | | |
|---|---|---|
| Cash flows from operating activities: | | |
| Cash received from service recipients | | $ 5,220 |
| Cash received from contributors, restricted for investment in land, buildings, equipment | | 1,210 |
| Cash received from contributors, other | | 10,645 |
| Proceeds on sale of equipment | | 200 |
| Insurance proceeds from fire loss on building | | 250 |
| Miscellaneous receipts | | 150 |
| Cash paid to employees and retirees | | (13,400) |
| Cash paid to suppliers | | (5,858) |
| Grants paid | | (5,175) |
| Purchase of equipment | | (1,500) |
| Net cash used by operating activities | | (8,258) |
| Cash flows from investing activities: | | |
| Interest and dividends received | | 8,870 |
| Proceeds from sale of investments | | 76,100 |
| Purchase of investments | | (74,900) |
| Net cash provided by investing activities | | 10,070 |
| Cash flows from financing activities: | | |
| Proceeds from contributions restricted for: | | |
| Investment in endowment | | 200 |
| Investment in term endowment | | 70 |
| Investment subject to annuity agreements | | 200 |
| Payments of annuity obligations | | (145) |
| Payments of interest | | (382) |
| Payments on notes payable | | (1,140) |
| Payments on long-term debt | | (1,000) |
| Net cash used by financing activities | | (2,197) |
| Net decrease in cash and cash equivalents | | (385) |
| Cash and cash equivalents at beginning of year | | 4,960 |
| Cash and cash equivalents at end of year | | $ 4,575 |
| Supplemental data for noncash operating, investing, and financing activities: | | |
| Gifts of equipment | $ 140 | |
| Gift of paid-up life insurance, cash surrender value | 80 | |

출처: FASB Exposure Draft Proposed Accounting Standards Update issued April 20, 2015.

③ 현금흐름표

비영리조직의 현금흐름표도 일반 기업의 현금흐름표와 유사하게 영업활동, 투자활동 및 재무활동으로 구분하여 기재한다. 현금흐름표 작성 시 직접법 및 간접법이 모두 허용되는 등 일반 기업과 큰 차이는 없다. 다만 기부금 등의 수입은 일반 기업의 경우 재무활동으로 분류하는 것이 통상이지만 비영리조직의 경우 영업활동으로 분류한다는 차이점 등이 존재한다. 앞의 그림은 비영리조직이 작성한 현금흐름표의 예를 보여준다.

### (3) 회계처리 관련 주요 이슈

비영리조직의 회계처리와 관련하여 일반 기업회계와 가장 뚜렷하게 차이가 나는 것은 순자산의 표시 방법이라 할 수 있다. 비영리조직이 보유한 순자산은 설립 당시부터 그 처분이 영구적으로 제한된 자산이 있는 반면(예를 들어 박물관이 보유한 예술 작품), 구입 용도나 사용 시기 등에서 일시적 제한이 가해진 자산(예를 들어 재활센터 건립을 위해서만 지출할 수 있는 자금)이 있다. 또한 이러한 제한이 없어 비영리조직의 운영위원회에서 자유롭게 지출 용도를 정할 수 있는 자산이 있다. 현행 미국의 비영리조직 회계기준은 이러한 순자산의 인식, 재분류, 처분 과정 등에 대해 상세하게 규정하고 있는 것이 특징이다.

# Ⅲ. 미국의 감사기준

## 1. 미국 감사기준의 특징

미국의 경우 공인회계사의 업역은 크게 입증(attestation)업무와 비입증(non-attestation)업무로 나뉜다. 입증업무는 타인의 특정 주장(assertion)에 대해 외부의 독립적인 전문가가 문서화된 확신(written assurance)을 제공하는 서비스를 의미한다. 예를 들어 기업의 경영진은 자신들이 공표한 재무제표가 관련 법령 및 회계처리기준에 따라 성실하게 준비되었고, 이러한 재무제표를 작성하는 과정에서 부정이나 오류 등이 없었음을 주주나 채권자들 앞에서 주장하게 된다. 이러한 타인의 주장에 대해 이해관계가 없는 외부의 독립된 공인회계사가 검증을 실시하고 그러한 주장의 진위 여부에 대해 서면으로 자신의 의견을 제시하였다면, 이는 입증업무에 해당되며 그 중에서도 특히 '감사업무(auditing engagement)'가 되는 것이다. 반면 타인의 주장에 대해 특별히 자신의 의견을 표명하지 않는 업무는 비입증업무가 되며 세무회계 기장대리가 이러한 비입증업무의 대표적인 예라고 할 수 있다.

**표 15-2** 입증업무와 비입증업무

| 구분 | 종류 | 특징 |
|---|---|---|
| 입증업무<br>(attestation) | 검사(examination) | 업무 수행자는 "재무제표가 적정하게 작성되었습니다"와 같은 적극적 의견을 제시. 감사(audit) 업무가 대표적인 예 |
| | 검토(review) | 업무 수행자는 적극적 의견을 제시하지 않으며 중요성 관점에서 제한된 의견만 표명 |
| | 합의된 절차업무<br>(agreed upon procedure) | 업무 수행자는 의뢰인과 사전에 합의된 절차에 따라 제한된 범위에서 감사와 유사한 서비스를 제공 |
| 비입증업무<br>(non-attestation) | 재무제표 작성 | 업무 수행자의 의견 표명 없음 |
| | 기장대리 | 업무 수행자의 의견 표명 없음 |

출처: https://pcaobus.org/Standards/Attestation/Pages/AT101.aspx

구체적으로 미국의 「입증업무 기준서 100(AT 100)」에 의하면 공인회계사가 제공할 수 있는 서비스 영역을 다음 표와 같이 정의하고 있는데, 크게 입증업무와 비입증업무로 나누고 입증업무는 다시 검사(examination), 검토(review) 및 합의된 절차업무(agreed upon procedure)로 세분하고 있음을 알 수 있다.

〈표 15-2〉의 3개 입증업무 중 검사(examination)는 가장 높은 수준의 의견을 표명하는 업무로서 수행하는데 시간과 비용이 많이 소요된다. 검사업무 수행에 소요되는 시간과 비용을 줄이고자 나타난 서비스가 '검토'와 '합의된 절차업무'라 할 수 있다. 검사업무 중 재무제표가 일반적으로 인정된 회계처리기준(GAAP, Generally Accepted Accounting Standards)에 따라 적정하게 작성되었는지

그림 15-4 감사업무의 개념

| | 투입(input) | | 산출과정(processing) | | 산출물(output) |
|---|---|---|---|---|---|
| 회계정보 | 거래증빙 | ➜ | 분개·전기 | ➜ | 재무제표 |
| 감사 | 재무제표 | ➜ | 회계감사 | ➜ | 감사받은 재무제표 |

입증하는 업무를 특히 '감사(audit)'라고 지칭한다. 따라서 흔히 언급되는 감사업무는 공인회계사가 제공할 수 있는 다양한 업무 중 하나이며, 다른 업무에 비해 시간과 비용이 많이 소요되는 서비스임을 알 수 있다. 〈그림 15-4〉는 감사업무가 어떠한 업무인지 그 개념을 보여준다.

검토(review)는 검사업무와 달리 적극적으로 업무 수행자의 의견을 표명하지 않는다. 다시 말해 검사업무와 달리 필요한 모든 증거를 수집하기 위하여 노력하지 않으며, 제한된 절차에 따라 중요성 관점에서 소극적인 의견을 표명한다. 미국의 경우 기업의 요청에 따라 재무제표에 대해 검사(즉 감사)를 하지 않고 검토로 갈음하기도 하는데, 이 때 공인회계사는 "재무제표가 적정하게 작성되었습니다."라는 분명한 의견을 표명하는 대신, "해당 재무제표를 살펴본 결과, 명확하고 중대한 위배사항이 발견되지 않았습니다." 수준의 소극적 의견을 제시하게 된다. 미국의 경우 특별히 법령에 의해 감사가 강제된 기업이 아니라면 감사 대신 검토를 통해 재무제표의 외부 검증절차를 거치기도 한다. 감사 대신 검토를 요청하는 기업의 경우 시간과 비용을 절감하기 위한 목적이 대부분이라 할 수 있다.

마지막으로 '합의된 절차업무'의 경우 업무 수행자는 의뢰인과 사전에 합의된 절차에 따라 검증을 실시한다. 이 때 검증의 기준은 회계감사기준 등 외부적 기준이 아니라 '의뢰인과 사전에 합의된 절차'이다. 예를 들어 기업 합병(M&A) 시 의뢰인과 사전에 합의된 절차에 따라 자산 및 부채의 실사를 수행하였다면 이는 '합의된 절차업무'에 해당된다. 이 경우 업무 수행자는 사실 관계의 파악(fact findings)에 가장 많은 노력을 기울이게 된다.

상기와 같은 미국의 다양한 입증업무는 우리나라의 공동주택관리 업무에 시사하는 바가 크다. 우선 입주자대표회의나 관리사무소는 일반 기업만큼 '재무제표 작성의 적정성'을 강조하지 않는다. 오히려 그보다는 공동주택관리법이나 공동주택관리규약 등 관련 법령을 성실하게 준수하였는지 여부에 보다 관심이 많다고 할 수 있다. 따라서 공동주택관리 업무의 투명성 제고가 궁극적 목표라면 이를 실현하기 위한 적정한 수단은 재무제표 작성의 적정성을 살펴보는 '감사'라기보다는 '합의된 절차업무'라 할 수 있다. 즉 의뢰인(입주자대표회의)과 사전에 합의된 절차를 바탕으로 관리사무소가 관련 법령을 성실하게 준수하였는지 여부를 살펴보는 것이 보다 바람직하다. '합의된 절차업무'의 형식으로 업무를 진행할 경우 해당 공동주택 입주자들이 부담해야 할 시간과 비용도 상당 부분 줄어들게 된다.

만일 우리나라의 입증업무 체계상 '합의된 절차업무'의 도입이 어렵고 여전히 '감사'의 형태로 관리사무소 운영의 적절성을 살펴보아야 한다면 감사 업무의 초점이 바뀔 필요가 있다. 공동주택 관리사무소의 재무제표를 감사하는 이유는 재무제표가 한국회계기준원에서 제정한 회계처리기준에 따라 적정하게 작성되었는지를 살펴, 주주나 채권자의 의사결정에 유용한 정보를 제공하기 위함이 아니다. 그보다는 해당 관리사무소의 공동주택관리법, 공동주택관리규약준칙 등 관련 법령의 준수 및 관리업무 수행의 투명성 등을 살피는 것이 보다 직접적인 목적이다. 따라서 공동주택 관리사무소를 감사하는 경우 감사인은 법령 준수에 초점을 맞추어 업무를 진행해야 할 필요가 있다.

이하에서는 이러한 맥락에 맞추어 법령 준수를 강조하는 미국의 감사기준서 일부(Auditing standards 317)를 살펴보고, '합의된 절차업무' 중 해당 조직이 관련 법령을 온전히 이행하였는지 사실 관계를 파악하는 것이 주된 목적인 준수 입증업무(compliance attestation)를 소개한다.

## 2. 감사 행위를 통한 법령 준수의 파악

미국의 감사기준서 중 「Auditing standards 317」은 위법 행위의 파악과 처리에 대해 규정하고 있다. 기업의 위법 행위는 회계처리 측면을 포함하여 기업

운영 전반에 걸쳐 나타나는 것으로 감사를 통해 모두 발견하기를 기대할 수는 없다. 이와 같은 사정을 감안하여 동 감사기준서는 기업의 위법 행위를 재무제표 작성에 직접적인 영향을 미치는 행위와 그렇지 않은 행위로 분류한 후, 재무제표 작성에 직접적인 영향을 미치는 위법 행위는 회계 부정 및 오류(accounting fraud and error)와 동일한 수준으로 감사인의 적발 책임을 요구하고 있다. 반면 재무제표 작성에 간접적인 영향을 미치는 위법 행위는 이보다 덜한 감사인의 책임을 규정하고 있다.

### (1) 재무제표 작성에 직접적인 영향을 미치는 위법 행위

식품의약국(FDA, Food & Drug Administration)의 승인을 받지 않은 상태에서 창출한 의약품 판매수입, 담합을 통해 계약을 체결한 정부 발주 건설공사용역, 세법 규정에 부합하지 않는 법인세 신고 등은 모두 재무제표 작성에 직접적인 영향을 미치는 위법 행위들이다.

감사인은 상기와 같은 위법 행위들에 대해서는 회계 부정 및 오류 파악과 동일한 수준으로 감사를 실시하여 그 존재 여부를 파악하여야 한다. 만약 이와 같은 위법 행위들이 발생하였음을 신뢰성 있게 추측할 수 있고, 해당 경영진이 이러한 위법 행위에 대해 만족스러운 해명을 제공하지 못한 경우 미국의 감사기준서는 감사인이 다음의 절차를 따라 업무를 수행하여야 한다고 명시하고 있다.

① 재무제표에 미칠 영향을 신중히 고려할 것
② 재무제표 이외의 측면에 미칠 영향을 고려할 것
③ 기업의 감사위원회에 해당 사실을 보고할 것
④ 감사의견의 제한(부정적 의견 등) 필요성을 고려할 것

즉 피감 기업에 감사위원회가 설치되어 있는 경우 해당 위원회에 적발한 사실을 보고하여야 할 뿐 아니라 극단적인 경우 감사의견의 제한도 고려할 것을 규정하고 있다. 또한 미국의 감사기준서는 재무제표에 직접적인 영향을 미칠 것으로 판단되는 위법 행위에 대해서는 회계 부정 및 오류 파악과 동등한 수준의 주의 의무를 규정하고 있는데 이는 구체적으로 관련 전문가(피감 기

업의 사내 변호사 등)와의 상담, 관련 증빙서류의 확인, 해당 행위가 상급 관리자의 승인 하에 이루어졌는지 여부 등을 주의 깊게 살펴보아야 함을 의미한다.

### (2) 재무제표 작성에 간접적인 영향을 미치는 위법 행위

내부 정보를 활용한 직원들의 자사주 매입, 안전화 및 안전모를 제대로 제공하지 않는 등 산업안전보건법의 위반, 출산 여직원의 휴가 일수 제한 등 근로기준법의 위반, 오염물질이나 폐수의 방류 등은 모두 재무제표 작성에 간접적으로 영향을 미칠 수는 있으나 직접적인 영향은 없는 위법 행위들이다.

미국의 감사기준서는 기본적으로 이러한 위법 행위들을 파악하기 위하여 감사인이 별도의 노력을 기울일 필요는 없다고 명시하고 있다. 다만 다른 사안을 감사하는 동안 감사인이 우연히 이러한 위법 행위를 지득하였다면 이를 무시하여서는 안 되며 그러한 위법 행위가 실제로 발생했는지 확인하기 위해 통상의 감사 절차를 적용하여야 한다고 규정하고 있다.

위법 행위와 관련된 미국의 이러한 감사규정은 우리나라 공동주택 감사기준 제정에 몇 가지 중요한 시사점을 제공한다. 먼저 관리비 징수와 지출 등 재무제표 작성과 깊은 관계가 있는 위법 행위는 관련 전문가의 상담이나 증빙서류의 추가 확보 등 감사인이 동원할 수 있는 모든 감사 절차를 활용하여 그러한 행위의 실제 발생 여부를 파악하도록 요구할 필요가 있다. 다음으로 재무제표 작성과 직접적인 연관이 없는 위법 행위라 하더라도 감사업무 진행 중 지득한 사안이 있다면 이를 입주자대표회의에 보고하는 등 적절한 조치를 취해야 함을 감사기준에 명시할 필요가 있다.

## 3. 준수 입증업무(compliance attestation)

경우에 따라 조직은 자신을 규율하는 법률, 준칙, 규정, 계약, 기타 정부의 규제 등을 성실하게 준수하고 있음을 외부에 알릴 필요가 있다. 조직의 이러한 필요에 가장 부합하는 서비스가 바로 입증업무 중 하나인 '준수 입증업무'이다. 즉 조직의 책임자나 관리자가 자신의 조직이 관련 법령을 모두 준수하고 있음을 주장할 때, 이러한 주장을 독립된 제3자가 검증하고 의견을 표명하는 것이 바로 준수 입증업무이다. 우리나라의 공동주택 관리사무소나 입주자대표회의가 필요로 하는 서비스도 감사 서비스가 아니라 이러한 종류의 준수 입증 서비스라고 생각할 수 있다.

미국의 경우 이러한 준수 입증업무는 〈표 15-2〉「입증업무와 비입증업무」 중 합의된 절차업무(agreed upon procedure)의 형태로 진행할 수 있다. 합의된 절차업무 형태로 해당 조직의 법령 준수 여부를 입증하려는 경우 업무의 수행 범위는 통상 정부 감독기관(regulatory agency)에 의해 정해진다. 즉 정부 감독기관이 정한 가이드라인에 따라 공인회계사가 준수 입증업무를 수행하게 된다.

업무가 완료되면 준수 입증보고서를 의뢰인에게 제출하여야 하는데, 보통 다음의 내용이 필수적 기재사항이 된다.

- 업무 수행 과정 중에 "독립성"을 유지하였음을 설명
- 해당 보고서의 용도와 사용자를 명시
- 준수 여부를 판단하는데 근거가 된 법령, 규정 등을 기재
- 의뢰인과 합의된 절차에 국한하여 업무를 수행하였으므로 절차의 '충분성'은 의뢰인의 책임사항임을 설명
- 의뢰인과 합의된 절차를 요약하고 파악된 사실 관계를 기술
- 업무 범위는 통상의 검사(examination) 범위에 비해 제한됨을 기술
- 합리적인 수준에서의 면책선언 기술

다음 그림은 이러한 준수 입증보고서의 일부를 보여준다. 해당 보고서는 대상 조직이 카드지불에 관한 정부 보안기준을 모두 준수했는지 점검한 결과를 보여주는 예이다. 지면 관계상 전체 보고서 중 일부만 제시되었는데(Part 3a, Part 4), Part 3a는 대상 조직이 관련 기준을 준수하였는지 여부를 전반적으로 체크한 부분이고, Part 4는 미준수 사안이 있는 경우 그러한 사안의 시정방안을 기술한 부분이다.

그림 15-5 준수 입증보고서의 양식(예시)

**Part 3a. Confirmation of Compliant Status**

**QSA/Merchant confirms:**

| | |
|---|---|
| ☐ | The ROC was completed according to the *PCI DSS Requirements and Security Assessment Procedures*, Version *(insert version number)*, and was completed according to the instructions therein. |
| ☐ | All information within the above-referenced ROC and in this attestation fairly represents the results of the assessment in all material respects. |
| ☐ | The merchant has confirmed with the payment application vendor that their payment application does not store sensitive authentication data after authorization. |
| ☐ | The merchant has read the PCI DSS and recognizes that they must maintain full PCI DSS compliance at all times. |
| ☐ | No evidence of magnetic stripe (that is, track) data[2], CAV2, CVC2, CID, or CVV2 data[3], or PIN data[4] storage after transaction authorization was found on ANY systems reviewed during this assessment. |

**Part 4. Action Plan for Non-Compliant Status**

Please select the appropriate "Compliance Status" for each requirement. If you answer "No" to any of the requirements, you are required to provide the date Company will be compliant with the requirement and a brief description of the actions being taken to meet the requirement. *Check with your acquirer or the payment brand(s) before completing Part 4 since not all payment brands require this section.*

| PCI Requirement | Description | Compliance Status (Select One) | Remediation Date and Actions (if Compliance Status is "No") |
|---|---|---|---|
| 1 | Install and maintain a firewall configuration to protect cardholder data. | ☐ Yes ☐ No | |
| 2 | Do not use vendor-supplied defaults for system passwords and other security parameters. | ☐ Yes ☐ No | |
| 3 | Protect stored cardholder data. | ☐ Yes ☐ No | |
| 4 | Encrypt transmission of cardholder data across open, public networks. | ☐ Yes ☐ No | |
| 5 | Use and regularly update anti-virus software. | ☐ Yes ☐ No | |
| 6 | Develop and maintain secure systems and applications. | ☐ Yes ☐ No | |
| 7 | Restrict access to cardholder data by business need to know. | ☐ Yes ☐ No | |
| 8 | Assign a unique ID to each person with computer access. | ☐ Yes ☐ No | |
| 9 | Restrict physical access to cardholder data. | ☐ Yes ☐ No | |
| 10 | Track and monitor all access to network resources and cardholder data. | ☐ Yes ☐ No | |
| 11 | Regularly test security systems and processes. | ☐ Yes ☐ No | |
| 12 | Maintain a policy that addresses information security. | ☐ Yes ☐ No | |

출처: https://www.pcisecuritystandards.org

## 4. 시 사 점

지금까지 미국의 감사기준서 중 피감 조직의 위법 행위 적발을 규정하고 있는 부분(Auditing standards 317)과 해당 조직이 관련 법령 등을 온전히 이행하였는지 그 사실 관계를 파악하는 준수 입증업무(compliance attestation)에 대해 설명하였다.

우리나라의 경우 한국공인회계사회에서 제정한 「공동주택관리에 관한 회계감사기준」이 존재하나, 공동주택관리 업무의 특수성이 충분히 반영되지 못한 실정이다. 공동주택 입주자대표회의에서 상당한 비용과 시간을 들여 관리사무소의 운영에 대해 외부 감사를 요청하는 이유는 관리사무소에서 제출한 재무제표가 현행 회계기준에 맞추어 적정하게 작성되었는지 살펴보기 위함과 더불어, 각종 법령이나 준칙 등의 위반 행위가 없는지를 파악하는데 있다. 따라서 향후 「공동주택관리에 관한 회계감사기준」을 개정할 때 입주자대표회의 및 관리사무소의 위법 행위의 파악과 관련된 감사인의 업무 수행범위, 파악 요령, 파악 후의 조치 절차 등이 자세하게 규정될 필요가 있다.

또한 우리나라의 현행 감사업무 체계상 단기간에 도입하기는 어렵다 하더라도, 준수 입증업무의 형태를 통해 입주자대표회의가 원하는 외부 검증 서비스를 제공할 수 있다고 생각한다. 미국에서 활성화된 준수 입증업무는 제3자의 검증을 통해 의뢰인이 확인하기 원하는 부분만 집중해서 검토하므로 감사업무에 비해 비용과 시간이 적게 소요된다. 또한 의뢰인이 반드시 확인하기 원하는 부분만 검토한 후 그 결과를 보고하므로 의뢰인의 수요에 보다 부합할 가능성이 높다. 따라서 공동주택관리 업무에 대한 이러한 준수 입증업무가 한국공인회계사회와 입주자대표회의, 그리고 지방자치단체 등 관련 기관의 협업을 통해 조속히 도입될 필요가 있다.

# Ⅳ. 맺 으 며

국토교통부가 제정한 「공동주택관리 회계처리기준(안)」은 일반적인 기업

재무회계의 틀을 따르고 있어 공동주택관리 업무의 특수성을 반영하는데 한계가 있다. 입주자대표회의나 관리사무소는 이윤의 극대화를 추구하는 기업보다는 수탁책임(受託責任)을 강조하는 비영리조직에 보다 가깝다고 할 수 있다. 따라서 비영리조직 회계의 테두리 안에서 회계처리기준이 정립될 필요가 있다.

공동주택관리 업무에 대한 외부 감사의 목적도 일반 기업의 회계감사와는 차이점이 있다. 일반 기업에서 회계 감사를 실시하는 주된 목적이 재정상태 및 경영실적의 파악이라면 공동주택관리 업무에 대해 감사가 이루어지는 주된 이유는 입주자대표회의와 관리주체 간 내부통제의 적절성, 「공동주택관리법」, 「민간임대주택에 관한 특별법」 및 「공공주택 특별법」 등 관련 법령과 준칙의 준수 여부 등을 파악하기 위함이다. 따라서 감사 기준 역시 이러한 공동주택관리 업무의 특수성을 반영하여 제정될 필요가 있다.

본 장에서는 우리나라보다 회계 및 감사 기준 제정의 역사가 긴 미국의 비영리조직 회계기준과, 피감 조직의 관련 법령 준수에 초점을 맞춘 감사 기준서 및 준수 입증업무에 대해 살펴보았다. 미국 비영리조직 회계의 경우 일반 재무회계와 가장 뚜렷한 차이는 순자산의 인식, 재분류, 처분 과정 등에 관한 규정이었다. 미국 감사 기준서의 특징은 피감 조직의 수요에 맞는 다양한 감사 서비스가 개발되어 있다는 점이며, 본문에서는 의뢰인과 사전에 합의된 절차를 바탕으로 해당 조직이 관련 법령을 성실하게 준수하였는지 여부를 살피는 준수 입증업무의 개념을 살펴보았다. 또한 우리나라의 입증업무 체계상 이러한 개념의 업무 도입이 어렵다면 감사의 초점을 바꾸어 해당 조직이 법률이나 준칙 그리고 관련 규약 등을 위반하였는지 중점적으로 살펴볼 필요가 있음을 설명하였다. 따라서 향후 「공동주택관리에 관한 회계감사기준」을 개정할 때 입주자대표회의 및 관리사무소의 위법 행위의 파악과 관련된 감사인의 업무 수행범위, 파악 요령, 파악 후의 조치 절차 등이 자세하게 규정될 필요가 있음을 강조하였다.

국민의 70%가 공동주택에 거주하고 공동주택 관리비가 연간 12조원에 달하고 있는 현실을 감안할 때(한국소비자단체협의회, 2016), 공동주택관리 회계 및 감사 기준의 중요성은 더 강조할 필요가 없다. 그러나 올해 제정된 「공동주택관리 회계처리기준」을 보면 비영리조직에 기업회계기준의 틀을 적용한 문제가 있고, 감사 기준 역시 상장 주식회사의 외부감사 틀을 그대로 가져와 입주자대표회의 및 관리사무소의 감사 니즈(needs)를 충족하는데 한계가 있을 것으로 보인다. 향후 공동주택관리 회계 및 감사 기준 개정 시에는 이러한 문제점들이 근본적으로 해결될 필요가 있다.

# 참고문헌


이진수·이우도(2014), "주택법상 공동주택관리 감사제도에 관한 연구", 『경희법학』 49 (2), pp. 135－156.

이춘원(2011), "입주자대표회의의 법적 지위에 관한 소고", 『집합건물법학』 제7집.

한국공인회계사회(2015), 공동주택관리에 관한 회계감사기준.

한국소비자단체협의회(2016), "서울시 아파트 관리비, 전국 대비 17% 높아", 보도자료.

Bernardi, R. A. (1994), Fraud detection: The effect of client integrity and competence and auditor cognitive style, Auditing 13, p. 68.

Public Company Accounting Oversight Board (2015), Attestation standards.

Scot, L. (2010), The Simplified Guide to Not－for－Profit Accounting, Formation and Reporting, Wiley & Sons, New Jersey.

Tennyson, S., & Salsas-Forn, P. (2002), Claims auditing in automobile insurance: fraud detection and deterrence objectives, Journal of Risk and Insurance, 69 (3), pp. 289－308.

제16장

# 공동주택 개인주의와 공동체 활성화 운동

강순주(건국대학교 건축학과 교수)

> 사람은 완전히 자유로운 선택권을 지닌 존재가 아니라 자신의 정체성이 형성된 공동체에 소속된 존재이다. 따라서 공동체에 대한 연대와 소속의 의무, 공동체의 공동선을 위한 노력이 필요하다. 마이클 샌델, 『정의란 무엇인가』 중에서

공동주택 내에서의 갈등은 개인의 행복과 안녕에도 부정적 영향을 미칠 뿐 아니라 사회가 지향해야 하는 통합과 공공의 선에도 위배된다. 본 장은 공동주택에서 개인주의 심화에 의한 공동체의 갈등과 해체 문제가 사회적으로 심각하게 나타나고 있는 현실에 입각하여, 앞으로 공동주택관리에 있어서 중요하게 다루어야 할 내용이 공동체 활성화 운동 전개임을 강조하고자 한다. 본 장은 4개의 절로 구성된다.

1절에서는 개인주의와 공동체주의에 대한 가치체계를 설명하는 이론을 살펴보면서 공동체 활성화 운동을 독려해야 하는 근거를 찾는다. 2절에서는 공동주택에서의 개인주의 가치체계에 의한 사례들을 소개하고 공동주택에서의 주거공동체 운동의 시작과 그 전개 과정의 흐름을 살펴본다. 3절에서는 공동주택에서의 공동체 활성화 사례를 소개하면서 공동체 운동이나 사회적 규범이 정착할 수 있는 가능성 및 그 효과를 살펴본다. 4절에서는 공동주택에서의 공동체성 회복을 위한 방안을 모색한다.

# Ⅰ. 개인주의와 공동체주의

## 1. 개인주의

개인주의는 인간의 정체성을 독립된 개인에게 부여하는 가치관을 의미하며, 종종 집단주의에 대비되는 개념으로 사용된다(황호영, 최영균, 김영구, 2005). 그러나 개인주의와 집단주의는 반드시 상반된 개념은 아니며(Scharts, 1990), 양자 간의 관계는 고정된 속성이 아니라 사회체제의 변화와 맥락을 같이 한다. 일반적으로 개인에 대한 정체성 부여는 타인에 대한 존중의 의미도 포함되고 있으므로 신뢰나 포용성에 긍정적인 영향을 미칠 수 있으나, 과도한 정체성을 부여하거나 소규모 혈연 및 지연에 매몰될 경우 타인에 대한 배타적 속성이 늘어난다(장용석, 조문석, 정장훈, 정명은, 2012). 개인주의의 가장 고전적인 형태인 영국의 자유주의에서는 개인의 기본 속성이 스스로의 이익을 추구하는 것이기에 사익을 추구하는 개인에게서 공공성을 출발시킨다. 아담스미스의 고전적 보기가 보여 주듯이, 우리가 저녁식탁에 차려진 음식을 통해 인간의 욕구를 충족시킬 수 있는 것은 "정육점 주인이나 양조업자, 그리고 빵집 주인의 자비로움 때문이 아니라 그들이 이익을 추구하려는 시도가 서로에게 이익을 가져오고 공동의 이익을 증진시킨다는 것이다.

이와 좀 다르게 개인이 공공성의 주체임을 주장하면서도 개인의 기본적 속성을 이익 추구가 아닌 도덕성에서 찾는 입장도 있다. 칸트(kant)주의적 개인주의가 그러하다. 칸트는 자유주의적 입장에 근거하여 개인을 도덕적 개인으로 전환시킴으로써 자유주의의 전통이 단순히 개인의 이익에 근거하고 있는 것이 아니라 도덕주의의 전통에 그 뿌리를 두고 있음을 보여주었다. 이러한 전통은 현대에 들어 자유주의의 입장에서 공동체주의와의 결합을 시도하는 공동체주의적 자유주의를 형성하게 되었다(김동노, 2014).

## 2. 공동체주의

개인주의와는 다르게 개인과 개인 사이를 연결하고, '개인'과 '국가' 사이를 매개하는 존재로 공동체를 설정하는 입장도 있다. 개인을 단위로 사회를 설명하는 한계를 극복하고, 국가주의의 폐단을 보완할 수 있는 요체로 공동체를 주목하는 시각이다. 일종의 '동네 효과(community effect)'를 중시하는 입장인데, 인간의 본래적 천성인 공동체적 자아에도 부합하고, 사회적 효율성도 증대시킨다고 본다(이종수, 2010).

먼저, 인간은 공동체적 자아(communal self)를 가지고 태어난다. 공동체에 대한 열망을 본능적으로 이성적으로 그리고 선험적 규범으로 지니고 태어난다는 뜻이다. 공동체는 개인과 사회의 차원에서 강력하고도 긍정적인 효용을 발휘한다. 공동체를 주목하는 이론인 공동체주의는 1980년대에 일단의 이론가들이 자유주의를 상대로 논쟁을 시작하며 부상하였다. 개인과 경쟁 그리고 시장을 핵심으로 하는 자유주의에 맞서 이들은 '좋은 사회'를 위한 구상, 자아의 형성에 대한 사회의 역할 그리고 공민의 덕을 강조하여 왔다(이종수, 2015).

공동체주의 입장을 대표하는 학자인 마이클 샌델은 인간을 혼자 고립되어 탄생된 존재로 파악하지 않고, 오히려 사회적으로 형성된 존재로 보며, 타인에 대한 책임감과 연대성을 중시한다. 개인적 자유주의는 마치 개인의 자아가 특정 공동체의 역사나 전통과 상관없이 독립적으로 형성되는 것처럼 간주하는 무연고적 자아에 기반을 두고 있지만, 실제로 자아 또는 자아정체성은 특정한 공동체의 역사나 전통을 배경으로 형성된다는 것이다(변미리, 신경희, 백선혜, 2010).

결국 공동체주의는 개인이 속해 있거나 활동 중인 공식, 비공식적 집단 및 지역에 정체성을 부여한 가치관을 의미한다. 공동체는 매우 신축적인 개념으로 좁게는 개인을 둘러싼 가족으로부터 넓게는 세계 전체로 확장이 가능하며, 공동의 연대의식, 호혜적 관계, 정서적 연결망, 사회연결망 등이 결합된 개념이다(이종수, 2008; 최종렬, 2004).

공동체주의는 사회통합의 가치에 긍정적 효과와 부정적 효과가 동시에 내포되어 있다. 개방적인 공동체인 경우 규범과 정보를 상호 공유하고 사회 자본을 형성하는 긍정적 효과를 지닌다(Khondker, 2004). 공동체가 좋은 사회를 갖추는데 초점을 맞추고 있다면(이종수, 2008) 공동체주의는 집단 내부의 신뢰를 바탕으로 사회적 자본을 증진시키는데 기여한다(Putnam, 1993). 그러므로 긍정적 의미의 공동체주의가 강화된다면 공동체에 대한 몰입과 헌신이 이루어지고 이를 통해 사회 전체에 대한 신뢰, 포용성, 개인의 행복감이 향상될 수 있다. 그러나 밀도가 높고 구속력이 강한 공동체는 배타성을 높여 사회갈등을 심화시키는 부정적인 효과를 지니기도 한다(Granovetter, 1973). 즉 공동체주의도 개인주의와 마찬가지로 공동체의 이해관계가 지나치게 개입될 경우 폐쇄적인 속성이 나타날 수 있다는 지적이다.

한편 사회 통합에 영향을 미치는 변인으로 공동체주의를 공동체에 대한 소속감과 참여로 측정한 연구(장용석, 조문석, 정장훈, 정명은, 2012) 결과에서는, 공동체주의는 사회체제에 대한 신뢰와 행복과는 긍정적인 관계를 보였으나, 포용성과는 부정적인 관계가 있음을 밝혔다. 사회체제가 개인 간의 복합적인 상호작용을 통해 형성된다면 공동체에 대한 소속감 증대와 적극적인 공동체 활동 참여는 사회체제에 대한 신뢰가 담보되어야 한다. 또한 개인은 사회적 관계를 통해 자신의 욕구 수준을 통제하며 이 욕구가 달성되었을 때 행복감을 느끼기 때문에 공동체에 대한 높은 수준의 소속감과 참여 정도는 개인의 행복수준을 높이는데 기여한다고 하였다.

요약해 보면, 개인주의는 타인에게 피해를 주어서는 안 되는 의무만을 부과함으로써 자신의 삶에 관심을 기울일 뿐 이웃에는 무관심하고 사회적 연대감이 부족해질 수 있다. 공동체주의 역시 공동체적인 가치와 연대성을 강조하다 보면 개인의 자유로운 삶에 제약을 받을 수 있는 한계도 존재한다.

여러 가구가 모여 사는 공동주택의 경우는 개인의 자율성을 확보하면서도 사회 통합에 긍정적인 효과를 주는 공동체에 대한 소속감을 부여하여 연대감을 갖도록 하는 방안들이 모색되어야 한다. 공동체 안에서 개인의 정체성과 자율성을 존중받으며 공동선을 중요시하는 공생적 개인주의가 필요해보이기도 한다. 그러기 위해서는 함께 모여 사는 입주민 간의 소통을 통한 관계 형성 및 교류 확대가 필수적이다.

우리나라는 자산적 가치와 생활의 편리함으로 국민의 약 70%가 공동주택에 거주하고 있으나 이웃과의 소통 부재, 관계 단절 등의 문제가 끊임없이 지적되어 왔다. 따라서 공동주택에서의 사회적 관계 회복과 공동체 문화를 중시하는 새로운 주거문화의 형성을 위해서는 공동체 활성화 운동의 전개가 절실히 요구된다.

## Ⅱ. 공동주택에서의 개인주의 사례와 공동체 운동 전개

### 1. 공동주택에서의 개인주의 사례

공동주택 단지 내에서 입주민들 간의 갈등이나 분쟁은 지속적으로 발생하고 있는데, 그중에서 소송은 2005년 158건에서 2009년 966건으로 511%, 가처분 신청은 24건에서 273건으로 1,038% 증가하였다(박은철, 2011). 또한 환경부의 층간소음 이웃사이센터에 따르면 층간소음 관련 민원접수는 2012년 8,795건에서 2015년 19,278건으로 급증하였다(국가소음정보시스템, 2016). 본 절에서는 최근 매스컴 등을 통해 개인주의로 인해 일어난 공동주택 주민들과의 갈등 사례를 유형별로 소개하면서 행동경제학적 관점에서 논의해보고자 한다.

#### (1) 애완동물 갈등

**[동물 때문에 물어뜯고 할퀴는 이웃들]**

경인일보(2013.8.9)

- 인천연수경찰서는 강아지 짖는 소리 때문에 시비가 붙어 서로 때린 혐의(폭행)로 이웃인 A(48)씨 등 2명과 B(24·여)씨를 불구속 입건했다(2013.8.9). 2013년 4월에는 자신의 친구가 키우는 애완용 고양이 울음소리가 시끄럽다고 항의한 아래층에 사는 20대 여성 3명을 20대 남성이 폭행하는 일도 있었다.
- 인천남부경찰서는 이웃집 개가 시끄럽게 짖는다며 주먹과 화분 등으로 개를 때린 혐의(재물손괴)로 D(57)씨를 불구속 입건했다(2013.8.7).
- 대구에서는 같은 빌라 2층에 사는 E(44)씨가 5층에 사는 애완견이 자꾸 시끄럽게 짖는다며 둔기로 강아지의 머리를 때려 숨지게 한 혐의(재물손괴)로 불구속 입건되는 일도 있었다(2013.8.8).

이상의 내용은 공동주택의 위, 아래층에 살면서 애완동물로 인한 소음을 참지 못해 이웃 간의 분쟁이 일어난 사례이다. 공동주택에서의 애완동물 사육에 대한 규범은 단지마다 조금씩 상이하나, 관리 주체는 단지에서 정한 규범을 주민들에게 홍보하고 계몽할 필요가 있다. 무조건 공동주택 내에서 애완동물 사육을 금지한다거나, 사육하더라도 성대제거수술 의무화를 정하기보다는, 행동경제학 관점에서 사육에 대한 에티켓과 정해진 규범을 지키지 않았을 때 생기는 다양한 패널티를 정함으로써 손실 회피 성향으로 방안을 정하는 것도 하나의 방법이 될 수 있다.

### (2) 주차 갈등

**['살벌한 이웃사촌'… 집 앞 주차했다고 망치질에 가스총까지]**

연합뉴스(2016.7.6)

- 청주시에서 이모(65)씨는 자신의 집 앞에 주차된 승용차를 보고 화를 참지 못했다. 집에서 망치를 들고 나와 주차된 승용차를 마구 내리쳤다. 측면과 뒷면의 유리를 모두 박살내고도 성이 풀리지 않아 차량 곳곳을 망치질했다(2016.7.4).
- 2016년 4월 경남 김해시에서 이모(58)씨는 빌라 주차장 입구에 주차한 자신의 차를 빼달라고 항의하는 주민을 발로 차는 등 폭력을 행사했다. 그러고도 화가 덜 풀린 이씨는 자신의 집 창문에서 무허가로 소지한 가스총까지 발사했다.
- 인천 부평구에서는 주차 시비를 벌이다 이웃 주민에게 기름을 끼얹고 라이터를 꺼내 살해하겠다고 위협해 징역 10월에 집행 유예 2년을 선고받는 사건도 있었다.

이상의 내용은 공동주택 중 아파트보다는 다세대, 연립주택 등의 소규모 공동주택 등에서 일어나는 주차문제 갈등 기사이다. 소규모 공동주택의 경우는 아파트와는 달리 이러한 주차 갈등 문제를 자주 접하게 된다. 주차하는 사람은 잠시라 하더라도 양해를 구하거나 연락처를 남기는 등의 양심과 배려가 필요하며, 또 집주인은 막무가내로 남의 차를 훼손시키거나 폭력을 휘두르기보다는 집 앞에 무단으로 주차했을 시 발생할 수 있는 손실을 인지시킴으로써 행동경제학적인 관점에서 해결하는 것도 방법이다.

### (3) 층간흡연

**[담배 연기는 바람을 타고 … 층간소음 이어 '층간흡연' 문제 거세져]**

뉴스1(2016.7.7)

- 자신의 집 베란다에서 담배를 피우던 정모씨(61)는 물벼락을 맞았다. 위층에서 담배냄새가 올라온다고 항의의 뜻으로 물을 뿌린 것이다.

**["창문도 못 열어" vs "내 집인데 왜" … 층간흡연 갈등]**

JTBC 뉴스(2016.8.12)

- 베란다에서 담배를 피지 말라고 방송한 경비원에게 흡연자 주민이 인분을 던지는 사건도 있었다.
- 2016년 6월에는 경기도의 한 아파트에서 아래층 베란다로 담배꽁초가 떨어져 널어놨던 이불이 불타는 사고가 났다.

이상의 내용은 아파트에서 간접흡연 피해로 인한 주민의 과격한 행동과 기본 에티켓이 없는 흡연자의 행동으로 일어난 사건들이다. 이것 역시 자기만 생각하는 개인 이기주의에 비롯된 행동들이므로 함께 사는 공동주택에서 이웃을 배려할 수 있도록 흡연은 아파트 건물 밖에서 하도록 유도하며 이를 어길 시에도 행동경제학적인 관점에서 손실 회피 성향으로 방안이 마련되도록 지혜를 모으는 것도 방법이 될 수 있다.

### (4) 층간소음

**['층간소음 갈등' 30대男, 노부부에게 흉기 휘둘러 … 어제오늘 일 아냐]**

MBN 뉴스(2016.7.4)

- 2016년 7월 2일 오후 5시 50분께 경기 하남의 23층짜리 아파트에서 아랫집에 사는 30대 남성이 위층 노부부에게 흉기를 휘둘러 부인이 숨지는 사건이 발생했다. 범행 직전 김씨는 A씨 부부와 별다른 다툼은 없었지만, 가족들이 외출한 틈을 타 흉기를 들고 위층으로 올라가 범행한 것으로 조사됐다.

- 2015년 7월 17일 오전 0시 20분 부천 원미구 한 연립주택 앞에서 B(49)씨가 아래층에 사는 C씨(21)와 C씨 어머니(50)에게 흉기를 휘둘러 C씨가 숨지는 사건이 발생했다. 두 이웃은 층간소음 문제로 종종 다퉜고 사건 전날에도 C씨가 윗층이 시끄럽다고 경찰에 신고, B씨가 주의를 받은 것으로 전해졌다.
- 2015년 9월 20일 대구에서는 "층간소음을 견디지 못하겠다"라며 한 50대 남성이 집안에 설치된 가스 밸브를 열었다가 폭발사고가 발생했다. 이 남성은 사고 직전 112에 전화를 걸어 "층간소음 때문에 화가나 집안 2곳에 설치된 LPG 밸브를 열어놨다"고 신고했다.

이상은 아파트 내에서 가장 많이 발생하는 층간소음에 관한 갈등 내용이다. 층간소음 문제 해결을 위해서는 정부에서도 "층간소음 이웃사이센터" 등을 두어 민원에 대응하고 있으나, 우선은 관리 사무소를 통해 시정 권고, 경고문 통지 등을 통해 협조를 구하고 그래도 막무가내일 경우에는 위반금 부과 등의 행동경제학적인 해결 방법이 있을 수 있다. 그러나 건물의 구조체 등을 공유하는 공동주택에 함께 거주하는 공동체이므로 개인 이기주의에서 벗어나 서로 양보하고 배려하는 의식이 우선되어야 할 것이다.

### (5) 임대아파트 갈등

**['휴거'에 멍든 동심(童心)]**

조선 비즈(2016.3.11)

- "공공임대아파트 알아보는데 '휴거' 얘기를 듣고 심란해요. 무리해서라도 집을 사야하는지 우리 아이 기가 죽을까봐 걱정이네요." '휴거'란 국토교통부 산하 한국토지주택공사가 주변시세보다 싼 값에 공급하는 아파트 분양·임대 브랜드인 '휴먼시아(Humansia)'와 '거지'를 더한 합성어다. 요즘 초등학생, 심지어 유치원생들 사이에서까지 임대아파트에 사는 아이들을 '휴거'라고 놀리고 따돌리는 일이 비일비재하다는 얘기였다.

**[일반-분양아파트 '분단 비극' … 가시 돋친 갈등 여전]**

JTBC 뉴스(2016.6.9)

- 대전의 한 아파트에는 일반아파트와 임대아파트 사이에 아이들이 넘지 못하도록 철조망이 처져 있습니다. 인근 일반아파트와 일반아파트 사이에는 철조망이 없는 것과는 대조적입니다. "시세가 다르다고 그래서 막혔다고 들었거든요. 어린이집을 보내는데 이렇게 가도 되는 걸 돌아서 가는 거니깐 시간도 걸리고 불편해요."

이상은 혼합아파트 단지에서의 갈등 내용이다. 어른들의 개인 집단이기주의가 어린아이에게까지 영향을 주고 있다. 단지 간 경계에 울타리를 친 후 그 위에 뾰족한 철조망까지 설치하여 아이들이 어린이집이나 학교 갈 때 분양아파트를 통과하지 못하고 멀리 다른 길로 돌아가게 한다는 내용이다.

혼합아파트 갈등은 마을이 사라진 삭막한 시대의 주거문제일 수도 있지만 타인에 대한 배려 없이 집단이기주의에 빠진 우리사회의 단면이기도 하다. 임대아파트에 산다는 이유만으로 사람을 차별하는 어른들에게서 아이들은 어떤 것을 배우며 자라게 될지 또한 임대아파트의 아이들과 어울리지 말라는 부모 밑에서 자란 아이들이 나중에 사회에 나가 어떤 역할을 하게 될지 매우 우려되는 우리사회의 단면이다.

## 2. 공동주택에서의 공동체 운동 전개

아파트에서의 공동체 운동의 시작은 1988년 서울 상계동과 목동지역의 대규모 고층 아파트에서 하자문제 해결을 위한 집단 민원형태로 시작하였다. 결국 지자체에서 하자문제 대책 특별위원회가 구성되어 합동 점검이 실시된 것이다. 그 후 1990년을 전후로 아파트별 주민 간의 주생활 관련 운동이 산발적으로 이루어지다가(김재권, 2001), 1995년 7월 삼풍백화점 붕괴, 성수대교가 무너지면서 사회전반에 걸쳐 안전문제가 제기되고, 특히 수도권 5개 신도시의 바다모래 사용으로 인한 아파트 부실공사 및 하자문제가 사회문제화되었다. 이를 계기로 각 지역의 YMCA, 경실련 등 시민단체 차원에서 아파트 시민학교를 개최하기 시작하였으며 1998년 대구의 아파트 생활문화연구소가 창립되어 지방의 지역시민단체에까지 확대되었다. 그 후 '98년 2월 참여연대에 아파트 공동체 연구소가 창설되고 그 해 8월 아파트 공동체 운동 전국 활동가들의 워크숍이 개최되면서 아파트 공동체 운동은 본격적 기반을 갖게 되었다(조성희, 강혜경, 2000).

아파트 공동체 운동의 초기는 이렇게 공동의 민원해결을 위한 단합형태로 하자문제, 관리비 비리문제 등의 민원해결 공동체로 시작되었으나, 점차 아파트의 대량 공급 및 아파트 거주 경험의 증가, 주택관리사 제도 시행과 맞물리면서 주거 공동체 운동에 변화를 보였다. 1999년 아파트 분양가 자율화 정책이 전면 시행되면서 공동주택은 공동체 활동을 위한 공유공간이 적극적으로 계획에 반영되기 시작하였고, 주민자치에 의한 부녀회나 입주자대표회의를 중심으로 기존 유휴공간을 활용하여 주민 공동시설 만들기, 단지환경 꾸미기, 주민 문화행사 개최 등의 공동체 프로그램 개발로 이어져가는 모습을 보이기 시작했다.

IMF를 거치고 지방자치의 시대적 배경과 함께 주민자치의 행정과 시민단체들의 지역단위, 생활환경 개선운동에 대한 관심이 증가되고 그 활동이 조직화되면서, 2000년대 이후에는 아파트 공동체 운동의 양상에 변화를 가져왔다. 여기에는 주 5일 근무제가 도입되면서 삶의 질에 대한 요구와 여가, 문화 등이 강조되기 시작했던 사회적 배경의 요인들도 함께 작용하였다고 할 수 있다. 특히 서울시는 2010년 13년 만에 관리규약준칙을 개정하여 공동주택 공동체 활성화를 위한 단체 구성 등의 제도적 장치를 마련하고, 단지 내 공동체 활성화 단체를 지원하는 커뮤니티 전문가를 양성하여 각 자치구에 배치하고 있어 이제 아파트 공동체 운동은 지자체의 지원과 함께 점차 주민들의 관심 속에 활성화되고 있다.

필자의 연구(강순주 외 3인, 2014)에 의하면 단지 내 공동체 활동 운영주체(공동체 활성화단체, 입주자대표회의, 관리사무소) 간의 관계가 수평적이고, 적극적으로 협조하는 체제가 그렇지 못한 경우보다 공동체가 활성화되고 자원봉사나 재능기부 등의 형태로 일반 입주민의 운영 참여가 더 많음을 확인하였다.

이러한 아파트 공동체 운동의 전개과정을 종합해 보면, 1980~90년대 초반의 공동체 활동의 대부분은 단편적으로 개인 및 집단의 권익 보호를 위하여 공동으로 대처할 필요에 의한 협력관계에 지나지 않았다고 할 수 있다. 이 시기 주거공동체 운동은 주민들 간의 능동적인 상호 작용으로 일어나는 유기적 공동체로의 형성에는 미치지 못하였던 것이다. 그러나 1900년대 후반부터는 이웃 관계나 집 밖의 공유공간에는 무관심했던 주민들 사이에서 삶의 질을 높이기 위한 주거환경에 대한 욕구와 의식에 변화가 생기고 아파트를 공급하는 건설업체에서도 다양한 공동체 공간 계획으로 지원하면서 이를 이용하는 주민들은 함께 더불어 살아가는 유기적 공동체로서 능동적인 참여를 시작하였다고 할 수 있다.

이제 더 이상 아파트 층간소음으로 인해 살인이나 흉기 사건 같은 끔직한 사건이 발생하지 않으려면 아파트 주민들 간의 배려와 공동체 의식을 높일 수 있는 능동적 공동체 운동이 필요하다. 여기에 더 나아가 단지 안에서 폐쇄적으로 단지 내 주민들 끼리만 결합되는 "소극적 닫힌 공동체 운동"에서 벗어나, 마을의 지역 주민들과의 어울림 및 화합까지도 이끌어 낼 수 있는 "적극적 열린 공동체 운동"으로의 전환이 기대된다.

## Ⅲ. 공동체 활성화의 사례와 그 효과

여기에서는 공동체 프로그램 운영을 통해 아파트단지 내 뿐 아니라 이웃 지역과의 열린 공동체가 형성되어 지역주민들 간의 소통과 화합이 잘 이루어지고 있는 사례를 프로그램별로 소개하고, 주민들의 평가를 통해 그 효과를 살펴본다.

공동체 프로그램 유형은 필자 외 2인(2015) 연구 보고서를 참고한 것으로 「건강/운동」, 「취미/창업」, 「교육/보육」, 「소통/주민화합」, 「친환경 실천/체험」, 「이웃돕기/사회봉사」 등의 6개 유형이며, 각 유형별로 아파트단지 내에서 많이 실시되고 있는 프로그램과 주민들의 반응을 소개하면 다음과 같다.

## 1. 친환경 실천/체험

### (1) 친환경 제품 만들기 – '환경을 생각하는 아파트 주민들이 하나로'

2013년 10월, 인천시 부평구 삼산2동 마을을 사랑하는 모임 '채움과 비움'이 주민자치위원회의 후원으로 지난 12일 굴포천과 시냇물 공원 등지에서 환경축제 '환경은 생각쟁이'를 개최했다. 삼산지역의 7개 단지 아파트 입주민들이 참여한 올해 행사는 인천시가 주관한 인천마을공동체만들기 공모에 선정돼 인천시의 보조금을 지원받아 열리게 됐다.

이날 행사는 EM 흙공 만들어 굴포천에 던지기, 재활용 작품 만들기, 재활용 쓰레기의 정확한 분리수거, 친환경 EM 비누 만들기 등 다양한 환경체험 프로그램으로 진행됐다.

행사에 참여한 입주민들은 환경사랑 실천운동의 일환으로 '행복한 불끄기의 날' 행사 참여 서약서를 작성키도 했다.

출처: 조증국, "환경사랑으로 하나 된 아파트 축제", 한국아파트신문, 2013.10.24., http://www.hapt.co.kr/news/articleView.html?idxno=27082

### (2) 에너지절약교육/생활용품공유 – '공구 도서관'

2014년 7월, 서울 강서구 한숲마을 대림아파트는 '2014 열린아파트 만들기 공모사업'에 지원해 받은 4백 90만원으로 이 아파트 지하 창고를 개조해 각종 공구와 생활용품을 입주민들에게 대여해주는 '공구 도서관'을 개관했다.

이 아파트 대표회장은 "'공구 도서관' 개관으로 각 세대에서 필요로 하는 전동드릴, 교자상 등 공구와 생활용품을 공유·사용함으로써 입주민 편의를 증진함은 물론 이웃 간 서로 인사하고 소통하는 계기가 될 것"이라며 "자주 사용하지 않는 생활용품을 기증해 함께 사용한다면 더 큰 시너지 효과를 낼 것으로 기대한다"고 말했다.

출처: 이현아, "필요한 공구, 내 것처럼 빌려 쓰세요", 아파트관리신문, 2014.7.28., http://www.aptn.co.kr/news/articleView.html?idxno=34917

### (3) 녹색장터 – '광양 보물섬'

2016년 6월, 전남 광양시 광양읍 용강리 송보7차아파트 부녀회는 아파트단지 내에서 '아껴 쓰고 나눠 쓰고 바꿔 쓰고 다시 쓰는 송보7차 나눔장터'인

'광양보물섬'을 개최했다.

이날 나눔장터에는 입주민, 어린이 등 400여 명이 참여한 가운데 집에서 쓰지 않는 물건을 서로 교환하고 싼 값에 팔아 필요한 물건으로 다시 구매하는 나눔장터가 펼쳐져 큰 호응을 얻었다.

임차인 회장은 "아나바다 나눔장터를 통해 아이들에겐 합리적인 소비 습관과 경제생활, 실물 경제의 원리 등을 배우고 느낄 수 있는 좋은 계기가 됐고 어른들에겐 이웃 간의 정을 느끼며 화합하는 분위기를 조성하는 계기가 됐다"며 "앞으로도 공동체 활성화를 위해 주민 모두가 참여하는 행사로 발전시켜 나갈 계획"이라고 밝혔다.

출처: 김규훈, "광양읍 송보7차아파트 '광양보물섬' 큰 호응", 한국아파트신문, 2016. 7.13., http://www.hapt.co.kr/news/articleView.html?idxno=34591

### (4) 텃밭 – '텃밭 수확작물 나눔 행사'

2016년 8월, 경남 김해구산 주공1단지아파트는 단지 내에서 입주민 100여 명이 참여한 가운데 '텃밭 수확작물 나눔 행사'를 개최했다.

이날 행사에서는 이 아파트 입주민들로 구성된 작목동호회 회원들이 단지 내 텃밭에서 직접 기른 상추를 입주민들에게 나눠줘 호응을 얻었다.

이 아파트 주임은 "텃밭 가꾸기를 통해 활기차고 정이 넘치는 단지 분위기가 만들어져 기쁘다"며 "앞으로도 텃밭 가꾸기에 많은 입주민들이 참여할 수 있도록 홍보하고 관련 지원을 아끼지 않을 것"이라고 말했다.

출처: 고경희, "직접 기른 작물로 정 나눠요", 아파트관리신문, 2016.8.4., http://www.aptn.co.kr/news/articleView.html?idxno=42952

### (5) 단지 가꾸기/꽃밭 – '입주민 한마음 식목 행사'

2015년 4월, 대전 동구에 소재한 석촌마을 아파트에서도 지난달 말 관리직원을 비롯해 동대표, 부녀회원, 노인회원, 유치원 어린이 등 많은 입주민들이 참가한 가운데 단지 내 여유공간에 나무 심기 행사를 가졌다.

이날 행사에는 입주민들이 대거 참여해 화기애애한 이야기 꽃을 피우며 황금측백 100여 주, 박태기나무 300여 주, 황매화 300여 주 등 많은 수량의 수목을 하루 만에 모두 식재했다. 행사에 참가한 한 입주민은 "많은 수목을 심어 단지 전체가 더욱 풍요로워진 것 같아 흐뭇하다"며 "직접 나무 심기에 참여해 보람을 느낀다"고 소회를 전했다.

출처: 문병욱, "아파트에 불어오는 4월의 초록바람", 한국아파트신문, 2015.4.15., http://www.hapt.co.kr/news/articleView.html?idxno=31169

### (6) 도농교류 – '도농 자매결연'

인천 부평구 경남4차아파트 입대의 회장은 2015년 7월 29일 단지 내에서 청정지역 충북 괴산의 오지마을 감물면 매전리 안민동과 도농상생을 위한 '도농교류 자매 결연식'을 체결했다.

'도시와 사이좋게 지내는 농촌'이라는 슬로건으로 진행된 이번 행사에서 농부들은 입주민들에게 안전한 먹거리와 농촌문화를 전달하고 입주민들은 농부들에게 직거래를 통한 안정적 판로를 제공함으로써 도농상생의 좋은 모델을 함께 구축한다는 취지에서 마련됐다.

결연을 맺은 두 마을은 올해 5월 페트병을 활용한 아파트 발코니 텃밭 만들기를 진행하는 등 친분을 유지해온 것으로 알려졌다.

출처: 조증국, "농촌과 상생하는 아파트", 한국아파트신문, 2015.8.12., http://www. hapt.co.kr/news/articleView.html?idxno=32056

### (7) 생태체험 – '참 좋다! 지렁이 생태학습장'

2014년 4월, 시민행동21과 서호1차아파트 입대의는 전주시 덕진구 서호1차 아파트에서 입주민, 노인회 구성원 등 관계자 80여 명이 참여한 가운데 '참 좋다! 지렁이 생태체험장' 개소식을 개최했다.

'참 좋다! 지렁이 생태체험장'은 단지 내 '지렁이 생태체험장'을 통해 음식물쓰레기 감량을 유도하며, 단지 내 거주 어린이 및 주변 유치원·초등학교 학생들의 생태학습장으로 활용되는 교육적 효과를 도모하기 위해 추진됐다.

시민단체 관계자는 "이번 '지렁이 생태체험장'은 공동주택 관리주체 및 입주민들의 협조와 지속적인 관리가 중요한 사업"이라며 "음식물쓰레기 중에서 지렁이에게 적합한 음식물 배출·관리에 노인인력을 적극 활용해 일자리 창출과 함께 음식물쓰레기 감량으로 입주민 간 화합의 장이 될 수 있도록 사업을 적극 추진하겠다"고 말했다.

출처: 조혜민, "'참 좋다! 지렁이 생태학습장' 개소식 개최", 아파트관리신문, 2015. 8.12., http://www.aptn.co.kr/news/articleView.html?idxno=34189

## 2. 소통/주민화합

### (1) 주민축제 – '동네음악회'

2012년 10월, 돈암 신일해피트리 아파트에서는 작은 놀이터 정자에 무대를 꾸미고 이웃교회에서 앰프와 키보드를, 돈암동 주민센터에서 의자 100개를 준비하여 작은 음악회를 하게 되었다. 행사 당일에는 구청장, 구의원도 참석하여 입주민들과 화합의 장이 되었으며, 단지 내의 작은 음악회는 몇 개월 후 이웃에 있는 홍천사라는 사찰에서 500여 명의 관람객이 모이는 음악회를 열게 되어 지역 주민들과의 열린 화합까지 이루었다. 개인주택에서 느끼지 못한 행복을 이곳 아파트 단지에서 느끼고 있다.

출처: 서울시 성북구 돈암 신일해피트리 아파트 사례: 성북구 공동주택 공동체 활성화공모사업 사례집, 2014.

### (2) 소식지 및 홈페이지 – '새해를 달린다 아파트 이야기'

2016년 3월, 서울 마포 서강 해모로 아파트는 최근 '새해를 달린다 서강 해모로 아파트 이야기'라는 아파트 소식지를 만들어 447가구에 배부했다.

총 8페이지의 소식지는 아파트의 이름인 '서강'의 유래를 설명하는 것으로 시작해 지난 2년간 입대의가 추진해온 서강대교 인터체인지 설치 건의, 국공립 어린이집 건립 건의, 동문 앞 횡단보도 경사 기울기 바로잡기 및 횡단보도 설치, 인근 아파트 공사로 인한 피해 보상, 새봄맞이 환경정비 점검 평가 우수아파트 선정, 불우이웃돕기 성금전달 등의 내용, 그리고 관리비 절감을 위해 애쓴 흔적들이 담겨있다.

이외에도 올해 진행할 사업들에 대한 자세한 소개와 우수아파트 단지 선정을 대비한 안내 사항, 입대의·관리사무소장 소개에 이어 최근 단지 주요 관심사를 사진으로 정리하며 마무리 된다.

소식지 제작을 주도한 입대의 회장은 "살기 좋은 아파트는 입주민의 원활한 의사소통에서 비롯된다"며 "아파트 소식을 알림으로써 입주민 간 화합과 쾌적한 주거환경을 조성하려 했다"고 소감을 밝혔다.

출처: 김창의, "소통과 화합, 우리 아파트 소식지 발간", 한국아파트신문, 2016.3.16., http://www.hapt.co.kr/news/articleView.html?idxno=33654

## 3. 취미/창업

### (1) 교양 – '시 흐르는 마을 문학공모전'

2014년 11월, 서울 금천구 관악 벽산타운5단지아파트는 최근 단지 내 야외 광장에서 입주민 50여 명이 참석한 가운데 '시 흐르는 마을 문학공모전'을 개최했다.

이날 행사는 이 아파트 입주민들로 구성된 호암문학회가 시 공모전 등 문학 활동을 결산하는 마을축제로, 구의 공동체 활성화 공모사업 지원을 받아 올해로 2번째로 개최되는 행사다.

특히 이번 문학공모전에는 한 달간의 공모를 통해 접수한 62건의 작품 중 선정된 28건의 작품에 대한 시상과 시낭송이 펼쳐졌다. 선정된 작품은 다음 공모전까지 단지 내 산책길에 전시될 계획이다.

이 아파트 호암문학회 회장과 입대의 회장은 "행사 마지막에 수상자들의 시낭송으로 입주민들이 문학으로 가을과 하나된 분위기가 조성돼 뜻깊었다"며 "우리 단지에서 펼쳐지는 문학축제가 지역 축제로서 발전해 이웃간 문학으로 공감하며 소통하는 역할을 해내길 기대한다"고 말했다.

출처: 조혜민, "단지 내 울려 퍼지는 시낭송", 아파트관리신문, 2014.11.17., http://www.aptn.co.kr/news/articleView.html?idxno=35706

### (2) 창업 – '바리스타 교육'

2012년 5월, 잠실파크리오아파트는 단지 내 젊은 맘들의 관심을 끌어내기 위해 바리스타교육을 실시하였다. 예상처럼 30~40대 젊은 맘들의 선호에 오전, 오후로 연령별로 나누어 진행하였다. 커피 향 가득한 강의실에 기쁨 반, 기대 반으로 60명의 젊은 맘들이 모였다. 젊은 맘들은 바리스타 교육으로 이웃도 사귀고 전문 기술도 배우며 진지하게 수업에 임하였다.

수업에 참가한 젊은 맘들은 배운 기술로 창업이나 아르바이트를 꿈꾸기도 했다. 그래서 수업장 분위기는 더더욱 진지했다. 또한 주민축제에서 교육생들은 배운 솜씨를 발휘하여 따뜻한 커피를 입주민들에게 나누어 줌으로써 어우러진 좋은 행사도 치루게 되었다. 향긋한 커피내음이 시작되는 이곳에서 이웃을 알아가는 좋은 기회가 되었다.

출처: 서울시 송파구 잠실파크리오아파트 사례: 송파구 공동주택 공동체 활성화 공모사업 사례집, 2012.

## 4. 교육/보육

### (1) 보육/공동육아 – '엄마손 밥상'

임대아파트에서 겨울방학 기간 동안 단지 내 맞벌이 가정 등 어린이들을 위한 엄마손 밥상을 운영해 호응을 얻고 있다.

충북 진천군은 신정주공아파트와 벽암휴먼시아아파트에서 방학기간 동안 어린이들을 위한 엄마손 밥상을 운영하고 있다고 밝혔다.

엄마손 밥상 프로그램은 겨울방학 중 맞벌이 부부자녀와 저소득 가정의 어린들이에게 점심을 무상으로 제공하는 프로그램으로, 어린이들이 안전한 먹을거리와 건전한 놀이문화를 정착시킴으로서 맞벌이 부부들이 안심하고 생업에 종사할 수 있도록 하기 위해 한국토지주택공사의 지원과 주거복지연대의 주최로 임대아파트 관리사무소에서 주관하고 있다.

현재 엄마손 밥상 프로그램에는 35명의 아이들이 참여하고 있으며 이 프로그램은 2014년 12월부터 시작해 2015년 1월 말까지 운영된다.

군 관계자는 "아이들이 모여서 점심도 해결하고 웃고 떠들면서 재밌는 시간을 보내는데 큰 도움이 되고 있다"며 "예산이 부족하다는 소식을 듣고 쌀 10포대를 지원했다"고 말했다.

출처: 이인영, "방학기간동안 '엄마손 밥상' 운영해 호응'", 아파트관리신문, 2015.1.19., http://www.aptn.co.kr/news/articleView.html?idxno=36053

### (2) 공부방/독서실 – '둥그레 문고 작은도서관'

장안 힐스테이트아파트 입대의는 커뮤니티 활성화에 관심을 갖고 단지 내 비어있던 도서관을 정비해 입주민들 간 대화의 장, 그리고 어린이들이 꿈을 키울 수 있는 장소로 활용하고자 리모델링을 계획했다.

이 아파트 도서관은 지난 2008년 9월 처음 개관해 현재는 5,500여 권의 도서를 구비한 '둥그레 문고 작은도서관'으로 등록돼 있으며, 입주민 자원봉사자들이 자신의 역량을 마음껏 발휘해 도서관을 운영하고 있다.

특히 이 아파트 도서관에서는 아파트에 함께 살고있는 유아들과 공동육아에 뜻이 있는 입주민 재능기부자가 월요일은 동화책을 읽고 독후 활동을 하는 '책놀이', 화요일은 다양한 미술활동으로 창의적인 활동을 꾸며 나가는 '나는야 피카소!', 수요일은 우리의 전통 악기를 신명나게 배우는 '장구 교실',

목요일은 우리의 문화를 바로 알고 옛 전통을 알아보는 '우리의 전래놀이', 금요일은 손으로 만들어 먹는 요리 '핑거 푸드' 수업을 개설·참여해 입주민들의 호응 아래 진행하고 있다.

또 전체 입주민들을 위해 월 2회 이상 환경 프로그램, EM효소 만들기, 비누 만들기, 수세미 뜨기, 면개지미 만들기 등과 취미활동 프로그램, 독서 지도법, 리본 아트 등 다양한 수업을 진행하며 커뮤니티 공간으로서의 역할을 톡톡히 해나가고 있다.

출처: 아파트관리신문, "'서울시 아파트 커뮤니티 활성화 사례 ③ – 동대문구 장안힐스테이트 아파트의 '공동육아·알토란배움터'", 아파트관리신문, 2013.9.16., http://www.aptn.co.kr/news/articleView.html?idxno=32585

## 5. 건강/운동

### (1) GX – '노인정 건강댄스교실'

전남 여수시 화장동 LH여수무선3단지 아파트에서는 노인정 활성화 사업의 일환으로 2016년 4월부터 매주 월, 수, 금요일에 20주간의 일정으로 노인 건강 댄스 교실을 운영하고 있다.

수업에 참여한 할머니(74)는 "노인정에 나가봐야 별로 할 일도 없고, 집에 있으면 텔레비전만 보고 있어서 삶에 별 의미가 없었는데 댄스교실에 다니며 한바탕 춤을 추고 땀을 흘리고 나면 가슴이 뻥 뚫리고 마음이 젊어지는 느낌"이라며 프로그램을 기획한 관리사무소에 고마움을 전했다.

관리소장은 "여수시 노인복지회 후원으로 추진된 이번 교실은 지역사회 노인인구의 다양한 욕구를 충족시킬 수 있는 여가활동 프로그램이 부족한 상황에서 지역 단체와 연계한 다양화를 모색할 수 있는 기회가 됐다"며 "앞으로도 어르신들이 매사에 자신감을 갖고 건강한 생활을 할 수 있도록 다양한 복지사업을 추진해 나가겠다"고 말했다.

출처: 김규훈, "노인정 건강댄스교실", 한국아파트신문, 2016.8.3., http://www.hapt.co.kr/news/articleView.html?idxno=34751

### (2) 구기종목/걷기 및 자전거 – '탁구 무료강습'

아파트에서 탁구 무료강습 실시로 입주민 화합을 도모해 눈길을 끌고 있다.

인천 남동구 소래휴먼시아1단지아파트(10개동 882세대)는 대한탁구협회 국제심판의 도움을 받아 2014년 9월부터 매주 1회 관리동 내에 위치한 탁구장에서 탁구 무료강습을 진행하고 있다고 최근 밝혔다.

이번 강습은 바쁜 일상생활 속에서 탁구를 접할 기회가 적은 입주민들에게 탁구 치는 방법 등을 알려줘 입주민들이 건강을 증진하고 이웃과 함께 탁구를 치며 대화를 나누는 등으로 화합을 도모토록 하기 위해 마련됐다.

이 아파트 관리소장은 지난 9월부터 실시하고 있는 "탁구 무료강습에 참여한 입주민들이 크게 호응해 주고 만족감을 표시해 뿌듯한 마음"이라며 "앞으로도 입주민 공동체 활성화와 안락한 주거환경 조성을 위해 최선을 다하겠다"고 말했다.

출처: 이현아, "탁구 강습으로 주민 화합 도모", 아파트관리신문, 2014.11.24., http://www.aptn.co.kr/news/articleView.html?idxno=35749

### (3) 건강교실/치매예방 – '혹서기 어르신 무료 건강검진 및 건강캠페인'

경기 김포 마송휴먼시아9단지는 2016년 6월 '혹서기 어르신 무료 건강검진 및 건강캠페인' 행사를 성황리에 개최했다.

공동체 활성화 프로그램에 포함해 단지 내 자생단체와 LH 김포권 주거복지센터, 가톨릭관동대학교 국제성모병원이 함께한 이번 행사는 단지 내 경로당 어르신 100여 명이 참여한 가운데 진행됐다. 2회째 열린 이번 행사는 경로당에서 시행되는 가운데 성모병원 심혈관 전문의(교수)들이 최신 의료장비로 골밀도, 혈당, 혈압, 혈관나이 검사 및 상세한 건강 상담을 진행해 어르신들로부터 많은 호응을 얻었다.

김포 마송휴먼시아9단지 관리사무소장은 "자생단체와의 거버넌스를 통해 각종 공동체 활성화 프로그램을 지속적으로 실시해 오고 있다"며 "이번 행사를 계기로 어르신들이 건강하고 행복한 삶을 살아갈 수 있도록 최선을 다할 것"이라고 말했다.

출처: 김재완, "어르신 건강나눔 행사", 한국아파트신문, 2016.7.13., http://www.hapt.co.kr/news/articleView.html?idxno=34570

## 6. 이웃돕기/사회봉사

### 이웃돕기/사회봉사 – '밥상나눔'

도봉서원아파트의 '서원마을 운동본부'는 2006년 임대아파트 주민을 중심으로 구성되어 인근의 도봉서원복지관과 연계한 공동체 활동을 시작하였다. 2011년에는 분양아파트 주민까지 확대 참여하여 분양과 임대가 어우러지는 공동체 만들기를 목표로 활동하였고, 2012년에도 지역 복지관과 협력하여 다양한 공동체 활동을 하였다.

2012년 5월, '국수데이'에는 봉사자들이 직접 우려낸 멸치 육수와 알맞게 익은 국수로 맛있는 잔치국수를 만들어 단지 내 어르신께 정성스럽게 대접하였다. 아파트 내 관리사무소 1층 정자 주변에 자리를 마련하여 거동이 불편한 어르신들도 쉽게 찾아오실 수 있었다. 그날 하루 200여 명의 어르신들이 점심에 맛있는 국수를 드셨고, 국수데이는 11월에도 계속 되었다.

출처: 서울시 도봉구 도봉서원아파트 사례, 도봉구 공동주택 공동체 활성화 공모사업 사례집, 2013.

이상과 같이 공동주택에서의 공동체 활성화는 다양한 프로그램 운영을 통해 가능함을 확인할 수 있다. 작은 프로그램이라도 주민 자생단체, 입주자대표회의, 관리사무소, 지자체가 서로 협력하면 단지 내 주민들의 소통과 화합은 물론 인근 지역 주민들과의 열린 공동체 형성에도 기여할 수 있음을 알 수 있다.

# Ⅳ. 공동주택의 공동체 활성화 방안

아파트의 공동체 운영 요소와 유형별 공동체 활성화 방안을 연구한 필자 외 3인(2014)은 아파트 공동체 활성화에 영향을 미치는 공동체 운영요소를 물리적요소, 인적요소, 재정요소로 보고, 각각의 운영요소에 의한 단지 특성별 유형화를 도출하여 운영 방안을 제시한 바 있다. 그 중에서도 공동체 활성화를 위해서는 프로그램을 기획하고 운영하며 지원하는 인적요소가 제일 중요하다. 무엇보다도 아파트 입주자대표회의나 자생단체 그리고 관리주체에 이르기까지 입주민들 스스로가 주도적으로 관심을 갖고 참여할 수 있게 하는 계기가 필요하다. 이는 향후 지역 사회 공동체 활성화를 위한 기반이 되기 때문이다.

따라서 본 절에서는 공동체 활성화 방안을 입주자들의 주체적인 공동체 참여, 관리주체의 서비스 지원, 지자체 및 정부의 정책 지원 등으로 각 3주체들의 역할을 중심으로 제시해본다.

## 1. 주민들의 공동체 참여 방안

공동체의 시작은 '아름다운 공동체'에 대한 꿈을 갖게 하는 것이므로 그 꿈을 아파트단지 내에 유포시킨다. 예컨대, 경관이 아름다운 단지, 이웃 관계가 따뜻한 단지, 세대 간 소통이 잘되고 쾌적한 단지, 자연친화적 에코 단지, 전시회나 음악회를 함께 여는 단지 등을 말한다.

공동체 형성이란 입주민 참여와 동의어라 할 수 있다. 따라서 입주민들의 참여를 활성화하는 것이 중요하며 이를 위해서는 입주민들의 공동 관심사나 이슈를 수렴하는 것이 필요하다. 단지 내 게시판이나 홈페이지 등을 통해 취지를 설명하고 수렴하는 것도 효과적이다.

관심 있는 입주민들이 모이면 관리규약에 따라 "공동체 활성화 단체"를 구성[1]하고, 여러 차례의 모임을 통해 동네 규약 내지 회칙을 만든다. 공동체 활성화 단체 구성은 기존의 자생단체인 부녀회, 동호회, 봉사회 등이 주축이 될 수도 있다.

**공동체 활성화 단체[2]의 역할**

첫째, 공동체적 어울림과 사랑을 위한 꿈을 전파시키는 역할을 함.
둘째, 공동체 형성을 위해 필요한 입주민들의 욕구를 파악하고, 단지의 특성을 분석함.
셋째, 수렴한 의견을 토대로, 가능한 많은 사람들이 참여할 수 있는 프로그

1) 공동체 활성화 단체의 고유 이름을 정하면 단지만의 특색이 있어 신선하다(예를 들어, 나누미, 늘푸른 이웃, 도란도란, 꼼지락, 레인보우 등).
2) "공동체 활성화 단체"란 규약 제33조의1의 내용에 의거하여 단지 내 입주자 등(필요시 전문가, 시민단체, 주변지역주민 구성원을 포함한다) 10인 이상으로 구성된 자생단체 중 입주자대표회의로부터 사업비를 지원받아 공동체 활성화 사업을 추진하는 자생단체를 말함(서울시 공동주택 관리규약준칙).

램을 기획, 제안함.
넷째, 입주자대표회의에 구성신고 및 사업비지원을 승인받아 프로그램을 추진함.
다섯째, 입주민의 많은 참여, 봉사, 상호 돌봄을 유도하고 차질 없이 프로그램이 진행될 수 있도록 체계적으로 지원함.
여섯째, 사업비 및 활동비를 투명하게 지출하고 입주자대표회의에 보고함.

단지에 맞는 공동체 프로그램을 발굴하기 위해서는 단지와 입주민들의 특성을 파악하고, 프로그램을 운영할 수 있는 인적, 재정, 물리적 자원들의 현황을 조사하여 활용방안을 강구한다. 이것은 동네의 보물을 찾는 과정이 될 수 있다.

입주민들의 의견을 수렴한 공동체 형성 프로그램이 정해지면, 이를 위한 활동계획서 및 예산안을 작성하여 입주자대표회의와 협의하여 승인 절차를 밟는다.

**입주자대표회의의 역할**

첫째, 공동체 형성이 왜 필요한지 인식하고, 이를 적극 홍보하고 협조함.
둘째, 공동체 지원이사를 선임하여 단지 내 공동체 활성화 활동을 지원함.
셋째, 공동체 활성화 단체 및 입주민의 공동체 활성화 사업계획을 검토하여 처리하고 필요시 사업비를 지원함.
넷째, 입주민이 자생단체에 공동체 사업을 자유롭게 제안할 수 있도록 지원함.
다섯째, 공동체 활성화 계획에 의해 공동체 사업이 잘 이루어졌는지 모니터링하고 확산시킴.

입주자대표회의의 승인 절차가 끝나면 공동체 프로그램 실행을 위한 인적 구성원들의 역할을 분담하고, 또한 가능한 입주민들의 재능기부를 활용할 수 있도록 유도하며, 많은 입주민들이 관심을 갖고 참여할 수 있도록 게시판이나 안내방송을 통해 사전 홍보한 후 실행에 옮긴다. 이때 관리사무소의 도움을 받도록 한다.

프로그램이 끝난 후에는 자체적으로 공동체적 어울림에 대한 평가회의를 하고, 그 효과를 나누는 것이 좋다. 만일, 수익이 발생하면 활용 방안을 강구하여 입주자대표회의 및 입주민에게 공고를 통해 투명하게 보고해야 한다.

지속적인 공동체 활동을 유지하기 위해서는 평가보고서를 잘 정리하여 피드백 함으로써, 다음 활동에 더 발전적인 프로그램 운영이 될 수 있도록 반영한다.

## 2. 관리주체의 서비스지원 방안

관리주체는 공동체 활동이 성공적으로 추진되기 위해서 공동체 활성화 단체 등의 주민 자생단체와 긴밀한 협조관계를 유지해야 한다. 즉, 입주민 특성 및 아파트 공유 공간에 대한 정보를 제공하고, 활동비 지출 및 물품, 공간 활용에 대한 행정적 지원을 한다. 또한 단지 내 설비 및 물품(천막, 사다리, 공구, 의자 등)들을 지원하며 지역자원 연계를 위한 협조를 하고, 공동체 활성화를 위한 각종 홍보를 위해 단지 내 방송 및 안내 및 홍보물 부착을 지원하여야 한다.

**관리사무소의 역할**

첫째, 입주민 특성 및 아파트 공유 공간에 대한 정보를 제공함.
둘째, 활동비 지출 및 물품, 공간 활용에 대한 행정적 지원을 함.
셋째, 지역자원 연계를 위한 협조 공문을 협의함.
넷째, 공동체 활성화를 위한 단지 내 방송 및 안내 홍보물 부착을 지원함.

## 3. 지자체 및 정부의 정책 지원

지자체 및 정부의 정책 지원은 크게 교육, 재정, 정보지원으로 나눌 수 있으며 구체적인 방안은 다음과 같다.

### (1) 교육 지원

아파트 공동체 활성화의 주체는 입주민이므로 향후 공동체 활성화가 지속적으로 유지되기 위해서는 현재 아파트 단지에서 공동체 활동 중인 입주민에 대한 중요성을 인식하고, 핵심리더의 역량을 가진 주민이 발굴되면 이들에게 필요한 교육과 정보를 지속적으로 제공해 줄 수 있는 교육의 장이 필요하다.

현재 지방자치단체의 공동주택관리 지원 조례는 관리주체가 수행하는 공동주택의 관리업무를 수행하기 위하여 필요한 비용의 지원에 관한 사항 등을 규정하고 있어,[3] 공모사업 등의 형태로 주로 재정적 지원을 하고 있으나, 향후에는 그 지원의 범위를 넓혀 공공시설 대여 및 프로그램 기획을 지원하고 공동체 교육에 대해서도 폭넓은 지원이 이루어져야 할 것이다.

특히 입주자대표회의의 역할이 중요한데, 의무교육인 '입주자대표회의의 운영 및 윤리 교육'에 공동체활성화에 관한 사항이 포함[4]되어 있으므로, 이를 토대로 각 지자체에서는 공동체 활성화를 위한 실질적인 정보 제공을 위해 다양한 교육 방식을 모색할 필요가 있으며, 단지별 맞춤식 교육을 위한 구심점 역할을 해야 된다.

### (2) 재정 지원

공동주택 공동체 활성화 업무를 수행하기 위해서는 재정 지원이 필요하다. 새로 제정된 공동주택관리법[5]에서 공동주택의 입주자등은 소통 및 화합 증진 등을 위해 필요한 활동을 자율적으로 실시할 수 있고, 필요한 조직을 구성 운영할 수 있으며, 입주자대표회의 또는 관리주체는 공동체 활성화에 필요한 경비의 일부를 재활용품 매각 수입 등의 부수적으로 발생하는 수입에서 지원할 수 있고 이는 관리규약으로 정하거나 관리규약에 위배되지 않는 범위에서 입주자대표회의 의결로 정한다고 명시되어 있다. 따라서 공동주택관리법 시행령 등에 관리규약준칙에 포함되어야 하는 항목으로, 잡수입에 대한 일정 부분 이상을 공동체 활성화 비용으로 사용하도록 하는 직접적인 구체적 내용이 명시되어야 할 것이다.

현재는 각 지자체별로 관리규약준칙에 지원 내용 포함 여부가 상이하다. 예를 들어 서울시의 공동주택관리규약준칙[6]과 부산시의 공동주택관리규약준

3) 공동주택지원 조례는 2003년 개정된 주택법(제43조 제8항)에 따라 지방자치단체가 관리주체가 수행하는 공동주택 관리업무를 수행하기 위해 필요한 비용의 일부를 지원할 수 있도록 한 근거규정에 따라 조례를 제정하여 세부 시행방법을 조례에 명시한 것임. 따라서 공동주택지원 조례는 공동주택의 공동체 활성화 및 관리에 필요한 비용의 일부를 지원하여 쾌적한 주거환경 조성과 주민화합을 도모함을 목적으로 하고 있음.

4) 공동주택관리법 제17조의2 제3항.

5) 공동주택관리법 제21조 제2항.

6) 서울시 공동주택관리규약준칙 제33조의4 제1항(필요비용의 지원)에 잡수입의 100분의 40 범위 내에서 단지 상황에 맞게 비율을 관리규약으로 정하여 사용할 수 있도록 하고 있음. 제2항에

칙[7]이 상충되는 등 각 지자체별 공동체 활성화를 지원하는 내용의 범위가 다르게 나타나고 있다. 따라서 잡수입 중 일부를 공동체 활성화를 위해 사용할 수 있도록 관련법에 근거를 만드는 것이 선행될 필요가 있다. 또한 지자체 자치구의 조례에 잡수입의 일정 비율을 공동체 활성화에 사용할 수 있도록 제정하여 아파트 공동체 활성화 사업이 다각적으로 시행될 수 있도록 해야 할 것이다.

### (3) 정보 지원

전국적으로 아파트 공동체 활성화를 유도하기 위해서는 우수단지 선정사업의 확대가 필요하며, 우수단지를 평가·선정 시에도 단지의 물리적 수준도 중요하지만, 운영관리의 투명성, 유지관리의 효율성, 친환경 생활 실천 등의 공동체 활성화 관리의 질적인 면에 초점을 맞춘 공동주택 우수단지를 발굴하여 전파하여야 할 것이다.

우수단지로 선정된 공동주택에서는 어떠한 공동체 프로그램을 실시하였고 어떠한 방식으로 운영되었는가에 관한 다양한 정보가 구축이 되어 이를 제공할 필요성이 있다. 따라서 정부 차원의 공동체 활성화 관련 정보 제공 포털사이트를 구축하여 공동체 활성화 프로그램을 운영하기 위한 물리적, 인적, 재정 자원 등의 충당 방안 정보 등의 네트워크 플랫홈 역할을 할 수 있는 정보시스템 구축이 요구된다.

끝으로, 혼합단지 내에서 공동체 할성화 프로그램을 취미나 문화프로그램과 같은 소그룹 모임을 할 경우는 대부분 임차인들이 참여하면서 분양 측에서 불만을 제기할 가능성이 있다. 따라서 문고(독서실, 도서관)에서 아이를 대상으로 하는 종이접기, 스토리텔링, 옥외공간에서의 생태체험, 단지 내 주민공동시설에서 이유식 만들기, 베이비 마사지, 공동육아방 같은 프로그램이나, 많은 사람이 참여할 수 있는 녹색장터, 아나바다 주민축제, 텃밭 가꾸기와 같은 프

---

는 공동체 활성화 단체의 활동별 사업실적 및 결과보고서를 매월 입주자대표회의에 제출하여야 한다고 명시되어 있어 모든 주민에게 투명하게 그 사용내역을 공개하도록 하고 있음.

7) 부산시 공동주택관리규약준칙 제33조의2(공동주택 활성화 자생단체 구성 및 활동지원) 제1항 제2항에 10명 이상의 공동체 활성화를 위한 자생단체를 구성할 수 있고 그 단체가 공동체사업계획을 입주자대표회의에 제출하면 안건으로 처리하고 필요시 사업비를 자생단체에 지원할 수 있고 입주자등이 자생단체에 사업을 자유롭게 제안할 수 있도록 지원해야 한다고만 되어 있을 뿐, 구체적인 필요비용의 지원에 대해서는 명시되어 있지 않음.

로그램으로 시작하여 자연스럽게 열린 마음으로 혼합단지의 주민 참여를 유도하는 것이 바람직하다.

혼합단지에서의 갈등해소를 위해서는 청소년의 교육이 중요할 뿐 아니라, 교육열이 높은 부모들을 청소년의 교육을 매개로 통합의 장으로 이끌 수 있다. 따라서 공동체 회복에 관한 아이디어 공모, 자원봉사 시상, 프로그램 시행 등을 통해 일선 학교현장에서 청소년들의 참여를 유도할 수 있다. 이러한 자원봉사 시상, 아이디어 공모, 프로그램 시행에는 청소년을 통해 학부모와 어른의 참여까지 유도할 수 있을 것이므로 학부모들의 자녀 교육 열망을 활용할 수 있는 통합 전략을 구사한다.

공동체 활성화 프로그램 중 학교와 연계하여 운영하는 프로그램을 실시하면 자원봉사 시간을 인정해주는 프로그램에 대해 청소년들의 참여율이 높을 것이 예상되며, 살고 있는 지역의 공동체 활동을 지역화폐 사용 운동이나 자원봉사 조직화, 스토리텔링 경시대회 등을 개최하여 시상도 하면 향후 대학 진학 시 자기소개, 생활기록부 내용에 기여할 수 있어 호응이 높을 것으로 예상된다.

공동체 프로그램 안으로 생각할 수 있는 아이템은 녹색장터, 아나바다, 청소년이 꾸미는 동네음악회 등의 프로그램이며, 이를 통해 혼합단지 내 청소년들의 자발적인 참여를 이끌어 내서 지역공동체를 살리는 리더 양성에도 기여할 수 있고, 어른들까지 화합할 수 있는 계기가 될 수 있을 것이다.

무엇보다도 지역 통합과 공동체 활성화에 대한 공익적 광고 및 홍보를 지속적으로 함으로써 국민들의 공동체 의식을 제고시켜야 할 것이다.

## 참고문헌


강순주(2014), 『현대공동주택관리론』(제15장), 한국주택관리연구원(엮음), 서울: 박영사.

강순주·김진영·이보배(2014), “아파트 커뮤니티 프로그램 운영 평가를 통한 주민 주도형 운영 매뉴얼 개발”, 한국주거학회 논문집, 25 (3), pp. 131－143.

강순주·김진영·이보배·이종수(2014), “아파트 단지 내 커뮤니티 운영 요소와 유형별 활성화 방안”, 한국주거학회 논문집, 25 (2), pp. 109－120.

강순주·김진영·이보배·조이브(2013), “10년 공공임대아파트 커뮤니티 시설의 운영 실태와 커뮤니티 프로그램 요구에 따른 운영 방안”, 한국주거학회 논문집, 24 (5), pp. 77－88.

강순주·김진영·이슬지(2015), “아파트의 공동체 활성화를 위한 주민 참여형 프로그램 운영 매뉴얼 개발 연구”, 국토교통부.

곽도·은난순·하성규(2004), “아파트 공동체 활성화 방안: 수도권 신도시를 중심으로, 주택연구”, 12 (2), pp. 139－160.

김동노(2014), “개인주의, 공동체주의, 그리고 한국사회의 공공성, 사회이론”, 『봄』, pp. 77－186.

김재권(2001), “지역에서의 아파트공동체운동의 현황과 과제”, 『전환기의 지역경제 정책』, 삼성경제연구소.

박경옥(2010), “공동주택 커뮤니티 활성화를 위한 사회적 환경 구축”, 한국주거학회 논문집, 21 (1), pp. 141－151.

이종수(2010), “공동체주의의 이론적 전개와 자유주의와의 논쟁고찰”, 『지방정부연구』 14 (3), pp. 5－22.

이종수 편(2008), 『한국사회와 공동체』, 서울: 다산출판사.

이종수(2015), 『공동체－유토피아에서 마을 만들기까지－』, 서울: 박영사.

장용석·정장훈·조문석(2009), “한국의 사회적 자본과 갈등: 사회적 자본의 다면적 속성에 대한 재조명”, 『조사연구』 10 (2), pp. 45－69.

장용석·조문석·정장훈·정명은(2012), “사회통합의 다원적 가치와 영향요인에 관한 탐색적 연구: 국가주의, 개인주의, 공동체주의, 세계시민주의를 중심으로”, 『한국사회학』 46 (5), pp. 289－322.

정승진·이원영·강순주(2003), "아파트 거주자의 커뮤니티 공간과 프로그램 이용 및 요구도", 한국주거학회논문집, 14 (1), pp. 41－50.

조성희·강혜경(2000), "공동주택단지에서의 주거공동체에 관한 연구", 한국주거학회 추계학술발표대회논문집, p. 109.

최종렬(2004), "신뢰와 호혜성의 통합의 관점에서 바라본 사회자본: 사회자본 개념의 이념형적 구성", 『한국사회학』, 38 (6), pp. 97－132.

황호영·최영균·김영구(2005), "개인간 신뢰와 조직몰입/조직 시민행동에서 개인주의, 집단주의 효과", 『인적자원개발연구』 7 (1), pp. 123－152.

삼성건설(2005), 삼성 래미안 생활문화 프로그램 운영 매뉴얼.

서울시 공동주택 커뮤니티 활성화 사례집(2011)－'아파트에서 희망을 찾다'.

서울시 공동주택 커뮤니티 활성화 사례집(2012)－'아파트 이웃이 행복이다'.

서울특별시 주택본부(2011), 서울시 열린 아파트 사업추진을 위한 아파트 커뮤니티 활성화 매뉴얼－아파트 주민용－.

서울특별시 주택본부(2011), 서울시 열린 아파트 사업추진을 위한 아파트 커뮤니티 활성화 매뉴얼－커뮤니티플래너용－.

도봉구 공동주택 공동체 활성화 공모사업사례집(2013, 2014).

성북구 공동주택 공동체 활성화 공모사업사례집(2012, 2013, 2014).

송파구 공동주택 공동체 활성화 공모사업사례집(2012).

LH 토지주택 연구원(2014), 임대주택단지 공동체 활성화 매뉴얼 -코디네이터 용－.

SH 공사 도시연구소(2012), 주거환경 개선을 위한 커뮤니티 계획연구.

Granovetter, Mark S. (1973), "The Strength of Weak Ties", *American Journal of Sociology* 78 (6), pp. 1360－1380.

Khondker, Habibul (2004), "지구촌 시대의 사회적 자본과 신뢰: 싱가포르의 사례", 『신뢰: 지구촌 시대의 사회적 자본』, 이온죽 편, 서울: 집문당.

Putnam, Robert D. (1993). "The Prosperous Community: Social Capital and Public Life", *The American prospect* 13, pp. 35－42.

Scharts, Shalom. H. (1990), "Individualism－collectivism: critique and proposed refinements", *Journal of Cross－Cultural Psychology* 21, pp. 139－157.

제17장

# 주택관리 전문가의 역할과 공동주택관리 거버넌스(governance)[1)]

박신영(한국도시연구소 소장)

## Ⅰ. 들어가며

공동주택은 단독주택과 달리 다수의 소유자가 대지 및 건물의 벽·복도·계단·기타설비 등의 전부 또는 일부를 공동으로 사용하는 점에서 공동생활을 위한 기준과 주택의 관리를 필요로 한다. 이 때문에 1979년 11월 공동주택의 관리를 구체적으로 규정한 공동주택관리령이 제정되었으며,[2)] 1989년 9월에는 주택관리사를 관리책임자로 두도록 하는 규정이 명시되어 500호 이상 단지에서는 주택관리사의 배치를, 그 미만에서는 주택관리사보 또는 주택관리사의 배치를 의무화했다. 현재는 공동주택 단지가 복합화되면서 150호 이상인 주상복합단지에서도 주택관리사(보)의 배치가 의무화되었다.

본 장은 관리의 전문가로서 주택관리사(보), 다시 말해서 관리소장이 공동주택의 여러 행위주체(입주자, 입주자대표회의, 관리회사, 공공)와 어떠한 관계를 맺으면서 공동주택의 관리업무를 수행하고 있는지를 행동경제학적인 시각에서

1) 본 장의 원고중 상당한 부분이 집필자가 연구책임을 맡은 서울시(2015)의 내용을 참고로 하였다.
2) 공동주택관리령은 2003년 5월 29일 주택건설촉진법을 전부 개정한 주택법이 제정되면서 공동주택의 관리가 주택법 5장에 편재됨에 따라 폐지되었다. 이후 국민의 약 70퍼센트가 공동주택에 거주하고, 공동주택의 관리비, 사용료, 장기수선충당금 등 공동주택 관리와 관련된 비용만도 연간 11조 6천억원에 이르는 등 공동주택관리의 중요성이 과거 어느 때보다도 커진 점에서 2015년 8월 11일 주택법에서 분리된 공동주택관리법(법률 제13474호)이 제정되었으며, 2016년 8월 12일 시행되기에 이르렀다.

살펴보고, 바람직한 거버넌스 관계 구축의 시사점을 제시하려는 것이다.

행동경제학이란 인간행동의 실제, 원인, 경제사회에 미치는 영향, 사람들의 행동을 조절하기 위한 정책에 관해 체계적으로 규명할 것을 목표로 하는 경제학(도모노 노리오 지음, 이명희 옮김, 2007: 35)으로 인간이 온전히 합리적이지 않다는 것에서 출발한다.[3] 공동주택의 관리에 행동경제학을 적용해보는 것은 관리와 관련된 주요 행위자들이 실제로 어떠한 심리 하에서 행동하는지를 이해함으로써 전문적인 관리가 이루어지는 방안을 강구하기 위함이다.

본 장에서 관리소장과 관리의 주요 행위주체간의 관계를 살펴보는 실증자료는 2015년 이루어진 서울시의 「공동주택관리 선진화방안 연구」에서 행한 관

표 17-1 입주자, 관리소장, 지자체 공무원 설문 내용

| 조사대상 | | 설문내용 | 비고 |
|---|---|---|---|
| 입주자 | 의무관리단지 | 관리업무에 대한 입주자의 관심 및 참여의사, 관리제도 개선에 대한 의견, 장기수선충당금 제도 강화에 대한 의견, 공동주택관리 품질평가제도 도입 및 품질에 대한 의견[4] | 단지세대수, 지역을 감안하여 다단계 층화로 11개구 22개 단지 297명 조사 |
| | 비의무관리단지 | 관리업무에 대한 입주자의 관심 및 참여의사, 관리제도 및 수선유지 강화에 대한 의견, 공동주택관리 품질평가제도 도입 및 품질에 대한 의견 | 단지세대수, 지역을 감안하여 다단계 층화로 14개구 20개 단지 183명 조사 |
| 관리소장 | | 입주자대표회의(비의무관리단지 입주자대표)와 입주자의 관리에 대한 태도 평가, 관리제도 개선방안 및 관리업 전문화에 대한 의견, 공동주택관리 품질평가제도 도입 및 품질에 대한 의견, 위탁관리업무와 관리회사에 대한 평가 | 대한주택관리사협회 서울시회 회원대상 온라인 배포 후 회수, 의무 및 비의무 관리단지 방문 시 소장대상 설문을 통해 관리소장 217명 조사 |
| 지자체 공무원 | | 지자체의 관리업무 수행<br>관리제도 개선(비의무관리단지 관리 강화 포함)에 대한 의견 | 서울시 25개 지자체에 설문지 송부, 19개구 56명 설문지 회수 |

출처: 서울시(2015: 5)의 〈표 3〉 발췌인용.

3) 행동경제학자의 대표적 주자인 허버트 사이먼(Herbert Simon) 교수는 '제한된 합리성(bounded rationality)'의 개념으로, 다니엘 카너먼 교수(Danniel Kahneman) 교수는 '준 합리적 경제이론'의 완성으로 각각 1978년과 2002년에 노벨경제학상을 수상했다.

4) 관리품질평가에 대한 내용이 들어가 있는 것은 서울시 연구가 서울시가 공동주택의 관리품질을 평가하겠다는 의도에서 진행되었기 때문이다.

리소장, 입주자, 지자체 공무원 대상 설문결과를 사용하였다. 이는 해당 설문이 관리소장, 입주자대표회의, 입주자, 관리회사의 상호관계를 물어보는 내용이 포함되어 있어 행동경제학에서 규명하고자 하는 행동의 실제나 원인 등의 규명에 도움이 된다고 보았기 때문이다.

## Ⅱ. 주택관리전문가로서 관리소장의 역할과 위상

### 1. 관리소장의 역할

모든 의무관리 대상 공동주택[5]에는 관리의 실체적인 업무를 담당하는 주체로서 관리소장이 존재한다. 단지의 규모가 500세대 이상인 경우 주택관리사,[6] 500세대 미만인 경우 주택관리사보[7] 자격을 가진 자만이 관리소장이 될 수 있다. 주택관리사 자격을 가진 자를 관리소장으로 활동하도록 한 것은 공동주택 관리의 전문성을 확보하기 위한 것이다. 주택관리사제도는 1987년에 검토되기 시작하여 1989년 9월 공동주택관리령을 개정함으로써 도입되었다. 1990년 3월 제1회 시험이 이루어진 이후, 2015년 현재까지 제18회 시험이 실시되었다.

주택관리사보 시험 내용을 보면, 1차 시험은 민법, 회계원리, 공동주택시설개론(목구조·특수구조를 제외한 일반건축구조와 철골구조, 홈네트워크를 포함한 건축설비개론 및 장기수선계획 수립 등을 위한 건축적산 포함)을, 2차 시험은 주택법, 임대주택법, 건

5) 의무관리대상 공동주택이란 ① 300세대 이상의 공동주택, ② 150세대 이상으로서 승강기가 설치된 공동주택, ③ 150세대 이상으로서 중앙집중식 난방방식(지역난방방식 포함)의 공동주택, ④ 건축허가를 받아 주택 외의 시설과 주택을 동일건축물로 건축한 건축물로서 150세대 이상인 주택을 의미한다(공동주택관리법 시행령 제2조 참고).

6) 주택관리사란 주택관리사보 시험에 합격한 후, ① 500세대 미만의 공동주택의 관리사무소장으로의 근무 경력 3년 이상, ② 공동주택관리기구의 직원(경비원, 청소원, 소독원은 제외함) 또는 주택관리업자의 직원으로서 주택관리업무에의 종사경력 5년 이상, ③ 한국토지주택공사 또는 지방공사의 직원으로서 주택관리업무에 종사경력 5년 이상, ④ 공무원으로서 주택관련지도·감독 및 인·허가 업무 등에 종사경력 5년 이상, ⑤ 주택관리사단체와 국토해양부장관이 정하여 고시하는 공동주택관리와 관련된 단체의 임직원으로서 주택관련업무에 종사한 경력 5년 이상, ⑥ ① 내지 ⑤의 경력을 합산한 기간 5년 이상인 자를 말한다.

7) 주택관리사보 자격시험에 합격하면 주택관리사보 자격을 취득하게 된다.

축법, 소방기본법, 소방시설설치유지 및 안전관리에 관한 법률, 승강기제조 및 관리에 관한 법률, 전기사업법, 시설물의 안전관리에 관한 특별법, 도시 및 주거 환경정비법, 도시재정비촉진을 위한 특별법, 집합건물의 소유 및 관리에 관한 법률 중 주택관리에 관련되는 규정 등 주택관리 관계법규, 시설관리, 환경관리, 공동주택 회계관리, 입주자 관리, 공동주거관리이론, 대외업무, 사무·인사관리, 안전·방재관리 및 리모델링 등의 공동주택관리실무로 이루어져 있다.

이렇게 시험내용이 다양한 과목과 연관되어 있는 것은 단지에서의 관리소장의 역할이 그만큼 폭넓고 다양하기 때문이다. 실제 단지에서 관리소장은 입주자대표회의가 필요한 결정을 적시에 또한 적절하게 할 수 있도록 자문하는 역할을 해야 하며, 각종 계약이 공정하게 체결될 수 있도록 해야 하며, 대규모화[8]되고 있는 단지에서 입주자의 원만한 공동생활이 이루어지도록 해야 하는 책임이 있다. 특히, 주택의 노후화에 대응하여 적절한 수선공사가 이루어질 수 있도록 해야 하는 책임이 있다.

## 2. 관리소장의 위상

전문가로서의 역할이 요구되고 있지만 단지 내에서 관리소장의 위상은 결코 높지 않다. 이는 첫째로 합격자수에 비해 공동주택단지수가 절대적으로 부족해 취업이 어렵기 때문이다.[9] 관리소장의 선임방식은 자치[10] 또는 위탁 관리방식[11]에 따라 차이가 있기는 하나. 입주자대표회의의 선임 여부가 중요하다(그림 17-1, 17-2 참고). 자치관리방식은 입주자대표회의가 직접 관리소장을 채용하는 방식이며, 관리회사는 관리소장 후보자의 명단을 입주자대표회의에

8) 서울시만 보면 2014년 1,000호 이상 단지는 274개이며, 그 중 77개는 2,000호 이상 단지이다. 전국에서 가장 대규모 단지는 6,864세대로 이루어진 서울시 송파구 잠실의 파크리오로 한 세대당 평균 가구원수를 2.6명으로 보면, 2만명이 넘는 사람이 한 단지에 거주한다고 할 수 있다.

9) 2015년까지 총 합격자 수는 49,621명이며, 단지에 배치된 인원은 15년 말 기준 15,351명으로 30.9%에 불과하다(대한주택관리사협회 내부자료).

10) 자치관리방식이란 입주자대표회의 구성원 과반수 찬성으로 관리소장을 자치관리의 대표자로 선임하고, 기술인력 및 장비를 갖춘 자치관리기구를 구성하여 관리하는 방식으로, 법적으로는 자치관리에서는 관리기구의 대표자인 공동주택의 관리사무소장이 관리주체가 된다.

11) 위탁관리방식이란 입주자대표회의가 관리회사와 관리업무에 대한 위탁계약을 체결하고, 위탁관리를 수주한 주택관리업자는 관리소장, 주요보직 담당자를 단지에 배치하여 관리업무를 수행하는 방식이다. 위탁관리 시 관리주체는 주택관리업자이다.

그림 17-1 자치관리

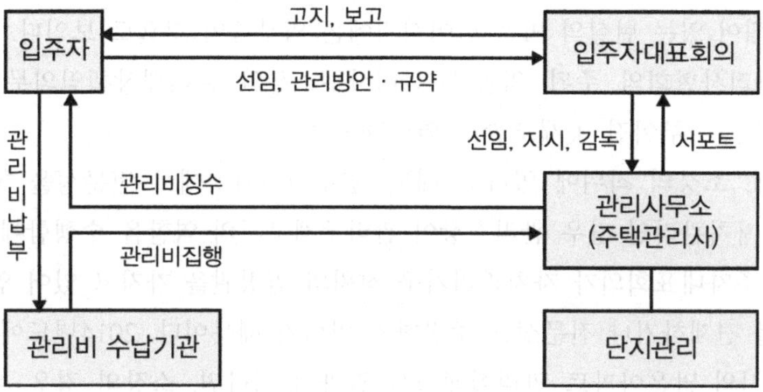


그림 17-2 위탁관리

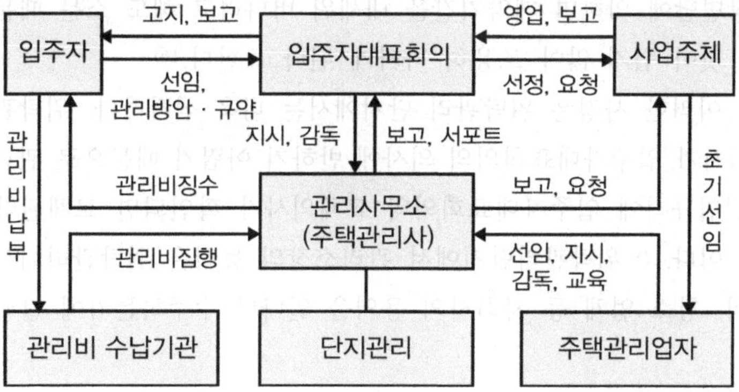


보내면 입주자대표회의가 낙점하는 방식이기 때문이다. 따라서 관리소장은 누구보다 입주자대표회의의 눈치를 볼 수밖에 없으며, 다음으로 위탁관리 단지에 취업하기 위해서는 관리회사의 소장후보군에 이름을 올려야 하는 점에서 관리회사의 눈치를 보지 않을 수 없다.[12] 이로 인해 관리소장을 대하는 입주자대표회의나 관리회사는 일자리를 제공한다는 시혜적 입장에 서게 된다.

12) 서울시(2015: 174)의 관리소장 대상 설문조사에서는 위탁관리 단지에서 관리업무 추진상 가장 큰 어려움이 무엇인가에 대한 설문에서 응답자 176명 중 7명이 관리회사가 소장배치를 조건으로 금품을 수수하는 것이 가장 큰 문제라고 응답하였다.

주택관리사(보)는 이들을 회원으로 하는 대한주택관리사협회를 설립[13]하여 권익보호를 위해 노력하고 있으나 자격증 취득자보다 취업할 수 있는 자리가 제한되어 있는 현실의 벽을 넘어서기에는 역부족인 것으로 보인다. 현재 대한주택관리사협회의 주된 역할은 관리사무소장의 손해배상책임의무 규정이 맞물리면서 이루어진 공제조합의 역할[14]이다.

둘째, 소장의 직위에 있다고 해도, 업무처리과정에서 전문성을 행사하기 어렵다. 자치관리인 경우 관리소장이 관리주체로서의 역할을 수행함에도 불구하고, 입주자대표회의가 자치관리기구 직원의 임명권을 가지고 있어 입주자대표회의를 견제하거나 전문성을 주장하기 어렵기 때문이다. 2014년도에 이루어진 서울시의 맑은아파트 관리실태조사 결과에 의하면, 소장의 경우 계약기간이 남아있어도 입주자대표회의가 나가줄 것을 요구하면 나갈 수밖에 없다고 한다.[15] 소장 자신의 인사권이 보호되지 않는 상황에서 관리직원에 대한 지휘통제가 어려운 것은 말할 나위 없다. 2015년 서울시 관리선진화방안 연구에서 행한 소장면담에 의하면 계약기간을 내세워 버티려고 해도 소문 때문에 다시 취업하는 것이 쉽지 않아 조용히 나가게 된다고 한다.[16]

물론 이러한 사정은 위탁관리 단지에서는 더욱 심각하다. 위탁관리인 경우 관리회사가 입주자대표회의의 의사에 반하기 어렵기 때문으로 관리소장 및 직원의 취업규칙에 입주자대표회의의 교체의사가 확인되면 교체된다고 쓰여 있을 정도이다.[17] 위탁관리단지에서 관리소장의 능력은 위탁관리회사가 운영하는 용역, 청소 업체 등 자회사의 용역을 얼마나 수주하는가에 달려 있다고

---

13) 2004년 2월 4일 법정단체 설립등기가 완료됨에 따라 법정법인 대한주택관리사협회가 창립되었다.

14) 2007년부터는 관리소장이 관리소장의 업무를 집행하면서 고의 또는 과실로 입주자에게 손해를 입힌 경우 손해배상책임을 물리기 위해 보증보험 또는 공제에 가입하거나 공탁을 하도록 되어 있다. 보증보험 가입금액은 500세대 미만이면 3천만원, 500세대 이상이면 5천만원이며, 대한주택관리사협회가 보증서를 발급하고 있다.

15) 2014년 서울시의 맑은아파트 관리실태조사 결과를 보면, 관리소장의 평균 재임기간이 ○○○아파트의 경우 2011년 3월부터 2014년 11월까지 약 4개월, △△1·2차아파트의 경우 2010년 4월부터 2014년 4월까지 약 6개월, □□아파트의 경우 2010년 4월부터 2014년 11월까지 약 6개월, ◎◎◎◎◎4차아파트의 경우 2012년 11월부터 2014년 11월까지 약 6개월, ⓔⓔⓔⓔ아파트의 경우 2011년 5월부터 2014년 11월까지 약 7개월에 불과하다.

16) 자세한 내용은 서울시(2015) 참고.

17) 국토교통부(2013)에 소개된 사례로, 2013년 9월 28일 진행된 자문회의 시 OO 관리회사의 간부가 취업규칙에 해당내용이 들어 있는 것이 문제임을 이야기하였다.

한다.[18]

관리소장과 입주자대표회의는 행정부와 의회와 같은 역할을 한다기보다는 관리소장이 입주자대표회의를 지원하는 역할을 하게 된다. 따라서 입주자대표회의에 대한 적절한 규제를 통해 입주자 전체의 이익과 전문성을 추구할 수 있도록 한다는 관리전문가로서 주택관리사 제도의 취지는 사실상 작동하지 않음을 알 수 있다.

## Ⅲ. 관리소장을 둘러싼 행위주체

### 1. 입주자 등

관리소장이 관리업무를 수행하면서 가장 많이 만나는 행위주체는 입주자 등(입주자[19]와 사용자[20])이다. 입주자 등이란 법적으로는 공동주택 관리에서 가장 중요한 역할을 하는 존재이다. 이는 입주자 등이 공동주택관리에서 가장 기본이 되는 관리규약[21] 제정 및 개정의 주체이며, 입주자대표회의의 구성원이

18) 서울시(2015) 연구에서 이루어진 관리소장 대상(FGI, Focus Group Interview)에는 1월 14일 6명, 4월 8일 5명의 관리소장이 참석하였으며 상당수가 해당 내용을 소개하였다.

19) 입주자란 공동주택의 소유자 또는 그 소유자를 대리하는 배우자 및 직계존비속(直系尊卑屬)을 말한다(공동주택관리법 제2조 5호)

20) 공동주택을 임차하여 거주하는 사람 등을 말한다(공동주택관리법 제2조 6호).

21) 관리규약은 입주자 및 사용자(세입자 등)를 보호하고 주거생활의 질서를 유지하기 위하여 공동주택을 관리 또는 사용하는 데 준거가 되는 내용이다. 공동주택관리규약준칙의 내용에 포함되는 내용에는 입주자 및 사용자(세입자 등)의 권리 및 의무, 입주자대표회의의 구성·운영과 그 구성원의 의무 및 책임, 동별 대표자의 선거구·선출절차·해임사유, 선거관리위원회의 운영·업무·경비, 위원의 선임 및 임기 등에 관한 사항, 입주자대표회의의 소집절차, 입주자대표회의 운영비의 용도 및 사용금액, 자치관리기구의 구성·운영 및 관리사무소장과 그 소속 직원의 자격요건·인사·보수·책임, 입주자대표회의 또는 관리주체가 작성·보관하는 자료의 종류 및 그 열람방법 등에 관한 사항, 위탁·수탁관리계약에 관한 사항, 관리주체의 동의기준, 관리비예치금의 관리 및 운용방법, 관리비 등의 세대별부담액 산정방법 및 징수·보관·예치·사용절차, 관리비 등을 납부하지 않은 자에 대한 조치 및 가산금의 부과, 장기수선충당금의 요율 및 사용절차, 회계처리기준·회계관리 및 회계감사에 관한 사항, 회계관계 임직원의 책임 및 의무, 각종 공사 및 용역의 발주와 물품구입의 절차, 관리 등으로 인하여 발생한 수입의 용도 및 사용절차, 공동주택의 관리책임 및 비용부담, 관리규약을 위반한 자 및 공동생활의 질서를 문란하게 한 자에 대한 조치, 공동주택의 보육시설 임대계약 시 보육시설을 이용하는 입주자 등 중 보육시설의 임대에 동의하는 비율에 관한 사항, 공동주택의 층간소음에 관한 사항, 그 밖에 공

나 그 임원을 선출하며, 공동주택의 관리방법을 결정하거나 변경하는 의사결정권을 가지며 그밖에 공동주택의 관리와 관련된 의사결정권을 가지고 있기 때문이다.

하지만 이러한 법적인 권한이 있다고 해도 관리소장이 만나는 입주자 등은 영향력이 있는 존재라고는 할 수 없다. 이는 공동주택 단지의 상당수 입주자 등은 관리업무에 무관심하기 때문이다. 관리비 비리가 지속적으로 문제가 되고 있음에도 입주자 대상 설문조사 내용 중 관리비와 함께 제공되는 부과내역서를 어느 정도 읽는가 하는 질문에 대해 전혀 읽지 않거나 대강만 읽는다고 응답한 비율이 75.1%였던 것을 통해서도 짐작할 수 있다.[22]

이와 같은 입주자의 태도는 "외부 관점의 중요성을 깨닫게 되면 당연히 사람들이 이를 이용할 것이라고 생각하지만 실제로는 그렇지 않다. 대다수 사람들은 자기가 다른 이와 다르다고 생각하거나 더 낫다고 여기기 때문이다." (마이클 오부신 지음, 김정주 옮김, 2010: 29) 많은 단지에 관리비 비리가 발생했음이 신문이나 방송을 통해 보도되고, 경찰이나 검찰의 수사가 이루어졌어도 입주자의 대부분은 자신의 단지에서 벌어지는 일은 아닐 것이라는 낙관적인 생각을 가지고 살아가고 있기 때문이다.

표 17-2 관리소장의 관리업무 수행중 가장 어려움을 느끼는 업무

| 업무 내용 | 응답자수 및 비율 |
|---|---|
| 입주자 민원대응 등 입주자 관리업무 | 76(35.3%) |
| 입주자대표회의 구성 관련 업무(선거관리 업무 포함) | 13(6.0%) |
| 입주자대표회의 상대 업무 | 57(26.5%) |
| 장기수선계획 조정 업무 | 48(22.3%) |
| 장기수선충당금 징수 및 공사비용 조달 업무 | 2(0.9%) |
| 공사관련 용역발주 등 공사관리 업무 | 12(5.6%) |
| 기타 | 7(3.3%) |
| 전체 | 215(100.0%) |

출처: 서울시(2015)의 관리소장 대상 설문조사 결과.

동주택의 관리에 필요한 사항이다.

22) 서울시(2015: 176) 참고.

그럼에도 관리소장 대상 설문조사에 의하면 관리소장이 직면하는 가장 큰 어려움은 입주자 민원대응 등 입주자관리업무의 비율이 가장 높았다. 이는 다수가 거주하는 공동주택에는 다양한 입주자 등이 있고 소음, 주차로 인해 여러 가지 문제가 발생하며, 관리소장이 이를 해결해야 하는 주체이기 때문으로 생각된다.[23]

## 2. 입주자대표회의

현재 공동주택 관리에서 가장 중요한 역할을 하는 행위자는 입주자대표회의이다. 이는 무엇보다 공동주택이 개인의 자산이기 때문에 자산을 관리하는 주체로서 소유자 조직이 필요하나, 단지 당 세대수가 많아 전원이 참가하는 조직을 만들기 어려움[24]을 감안하여 입주자대표회의를 만들었기 때문이다.

의무관리대상 단지에서는 입주예정자의 과반수가 입주하면 입주자대표회의를 구성해야 한다. 최초의 입주자대표회의를 구성하는 것은 사업주체의 책임이다. 입주자대표회의는 회장 1명, 감사 2명 이상, 이사 1명 이상, 즉 4명 이상의 구성원이 있어야 하며, 동별 세대수에 비례하여 구성한다. 회장, 감사, 이사는 입주자대표회의 구성원 과반수의 찬성으로 선출하여야 한다. 또한 500세대 이상인 공동주택은 다음 각 호의 구분에 따라 전체 입주자들의 보통·평등·직접·비밀 선거를 통하여 동별 대표자 중에서 회장과 감사를 선출하여야 한다. 다만, 후보자가 없거나 선거 후 선출된 사람이 없을 때에는 관리규약으로 정하는 바에 따라 회장과 감사를 선출할 수 있다.

입주자대표회의는 그 구성원 과반수의 찬성으로 ① 관리규약 개정안의 제안(제안서에는 개정안의 취지, 내용, 제안유효기간 및 제안자 등을 포함), ② 관리규약에

23) 일본에서 공동이익에 반하는 행위를 한 구분소유자나 임차거주자(가족포함)에게는 소송을 제기할 수 있다. 또한 구분소유법에는 점유자와 구분소유자는 규약이나 집회의 의결을 지켜야 할 의무가 부과되고 있어 관리비 체납자에 대해서 공유부분의 사용을 금지시키거나 구분소유권 경매를 요구하는 소송을 법원에 낼 수 있다. 해당소송의 주체는 관리조합 이사장인 점에서 관리소장이 권리를 가질 수는 없을 것이다.

24) 2016년 7월 우리나라의 의무관리 공동주택의 단지당 평균호수는 585.9호이다(국토교통부 통계누리 http://www.index.go.kr/potal/main/EachDtlPageDetail.do?idx_cd=1233 참고). 소유자 전원이 참여하는 구분소유자조합을 두고 있는 일본과 비교하면 우리나라가 관리조합을 운영하기 어려운 이유를 알 수 있다. 맨션종합조사가 발표된 2013년 일본의 관리조합은 31~50호가 22.5%로 가장 많고, 다음이 51~75호가 20.7%로 많으며, 평균호수는 101.1호이다.

서 위임한 사항과 그 시행에 필요한 규정의 제정·개정 및 폐지, ③ 공동주택 관리방법의 제안, ④ 관리비 등의 집행을 위한 사업계획 및 예산의 승인(변경승인 포함), ⑤ 공용시설물의 사용료 부과기준의 결정, ⑥ 관리비 등의 회계감사의 요구 및 회계감사보고서의 승인, ⑦ 관리비 등의 결산의 승인, ⑧ 단지 안의 전기·도로·상하수도·주차장·가스설비·냉난방설비 및 승강기 등의 유지 및 운영기준, ⑨ 자치관리를 하는 경우 자치관리기구 직원의 임면에 관한 사항, ⑩ 장기수선계획에 따른 공동주택의 공용부분의 보수·교체 및 개량, ⑪ 공동주택의 행위허가 또는 신고행위의 제안, ⑫ 공동주택에 대한 리모델링의 제안 및 리모델링의 시행, ⑬ 장기수선계획 및 비용지출을 수반하는 경우에 한한 안전관리계획의 수립 또는 조정, ⑭ 입주자 등 상호간에 이해가 상반되는 사항의 조정, ⑮ 공동체 생활의 활성화 및 질서유지에 관한 사항, ⑯ 그밖에 공동주택

표 17-3 입주자대표회의 구성 및 임기관련 내용

| 구분 | 주요내용 |
|---|---|
| 동별 대표자 자격제한 신설 등 | 동별 대표자의 자격제한 사항(미성년자, 금치산자, 한정치산자 등 10개 자격제한 내용을 규정)을 신설 |
| 입주자대표회장 및 감사 직접투표 | 입주자대표회의 회장과 감사는 입주자대표회의 구성원 과반수 찬성으로 선출하되, 500세대 이상의 공동주택에 한하여 입주자 등의 보통·평등·직접·비밀 선거에 의한 다득표자(단일 후보자의 경우 입주자 등의 10분의 1 이상 투표, 투표자 과반수 찬성)로 선출 |
| 감사 수 증원 | 공동주택관리법에서는 감사수를 최소 2명 이상으로 하는 등 감사의 중요성을 강조 |
| 입주자대표회의 임기 | 동별 대표자의 임기는 2년으로 하며 한 번만 중임할 수 있음 |
| 동별 대표자 선출을 위한 위원회 구성 | 동별 대표자 및 입주자대표회의 선출을 위한 선거관리위원회 설치 근거를 규정하고, 500세대 이상의 공동주택에 한하여 중앙선거관리위원회 산하 시·군·구 선거관리위원회 직원 1인을 자체 선거관리위원회 위원으로 위촉할 수 있도록 함 |
| 동별 대표자 해임사유 | 동별 대표자의 해임사유를 업무상의 위법행위로만 한정하던 것을 입주자 등의 과반수 투표와 투표자 과반수의 찬성, 직선으로 선출된 입주자대표회의 회장·감사의 해임은 입주자 등 10분의 1 이상 투표와 투표자 과반수의 찬성으로 가능하도록 함 |
| 입주자대표회의 교육 | 시장·군수·구청장의 입주자대표회의를 구성하고 있는 동별 대표자에 대한 운영 및 윤리교육 4시간 시행 의무화 |

출처: 주택법 개정내용과 공동주택관리법에 반영된 사항.

의 관리와 관련하여 관리규약으로 정하는 사항을 결정하고 있다.

입주자대표회의의 권한이 크기 때문에 관리비 비리 문제가 사회적 이슈가 되었던 2010년 7월 이후 〈표 17-3〉에 제시된 것처럼 입주자대표회의 구성원의 자격과 선출방법, 특히, 500호 이상 단지에서는 회장과 감사 등에 대해서는 직접 선출을 규정하는 것으로 주택법 개정이 이루어졌다. 또한, 동별대표자의 임기는 2년으로 하고 한 번만 중임할 수 있도록 하는 등, 입주자대표회의가 소수에 의해 독점되는 것을 방지하는 조치가 취해졌다. 주택법에서 분리되어 새롭게 제정된 공동주택관리법에는 감사의 수를 2명 이상으로 하는 등 감사의 역할을 강화하는 조항이 포함되었다.

자격기준 및 선출의 절차를 강화하고 연임금지 규정을 둔 것은 입주자대표회의가 그만큼 중요함을 보여주는 것이다. 과연 관리소장이 이처럼 지대한 역할을 하는 입주자대표회의를 상대로 전문가로서의 역할을 할 수 있을까? 행정부와 입법부의 관계처럼 견제와 균형을 통해 비용이 수반되는 공동주택의 유지관리를 제대로 할 수 있을까?

2015년 관리소장을 대상으로 관리업무 수행과정에서 입주자대표회의와 갈등을 경험한 적이 있는지를 물어본 설문조사 결과를 살펴보면 전체 응답자 211명 가운데 있다고 응답한 비율이 66.4%로 나타나 없다고 응답한 비율 33.6%의 2배에 가까운 것을 알 수 있다. 입주자대표회의가 소장의 급여를 주고 있으며, 자치관리는 물론이고 위탁관리의 경우에도 사실상은 고용주인 현실을 감안하면 갈등이 있었다고 응답한 비율이 66.4%라는 것은 상당히 높은 것으로 볼 수 있다. 다만 갈등의 발생 빈도에 있어서는 빈번하다는 응답률 10.8%에 비해 가끔이라고 응답한 비율이 89.2%로 높아 빈도가 자주 발생하는

**표 17-4** 관리소장이 경험한 입주자대표회의와의 갈등 분야

| | 용역업체 선정 및 계약 | 수선공사 실시 여부 | 잡수입의 처리 | 기타 | 전체 |
|---|---|---|---|---|---|
| 어떤 부분에서 주로 갈등을 경험하셨습니까? | 32 (23.4%) | 48 (35.0%) | 11 (8.0%) | 46 (33.6%) | 137 (100.0%) |

출처: 서울시(2015)의 관리소장 대상 설문조사 결과.

것은 아님을 알 수 있다.

어떠한 갈등이 발생했는가 하는 질문에 대해서는 수선공사 실시 여부가 35.0%로 가장 높게 나타났으나, 다양한 갈등이 있음을 알 수 있는 기타의 비율도 33.6%로 높아 갈등의 유형이 다양함을 알 수 있다.

그러나 갈등을 조정하는 과정에서 입주자대표회의 의견만 따르는 비율은 29.3%에 불과한 반면, 상호의견 조정을 하는 비율이 62.1%로 높게 나타났다. 62.1%라는 높은 응답에는 관리소장의 자기위주의 판단[25]이 다소 영향을 미쳤을 것으로 생각되나, 그래도 관리소장이 입주자대표회의의 일방적인 독주에 다소라도 영향을 미치고 있음을 확인할 수는 있다.

표 17-5 관리소장 의견에 의한 입주자대표회의와의 갈등 처리결과

| | 관리소장인 나의 의견을 관철 | 나의 의견과 입주자대표 회의의 의견을 절충 | 입주자대표 회의의 의견대로 따름 | 기타 | 전체 |
|---|---|---|---|---|---|
| 해당 갈등을 주로 어떻게 해결하셨습니까? | 4<br>(2.9%) | 87<br>(62.1%) | 41<br>(29.3%) | 8<br>(5.7%) | 140<br>(100.0%) |

출처: 서울시(2015)의 관리소장 대상 설문조사 결과.

## 3. 주택관리업자

1979년 공동주택관리령이 제정되던 당시부터 등록된 관리업자에게 주택관리업무를 위탁하도록 한 것은 관리업무를 전문가에게 위임함으로써 관리회사의 기술력을 활용함으로써 체계화된 관리를 추구할 수 있다고 판단했기 때문이었다. 중앙난방과 6층 이상의 아파트를 관리할 수 있는 갑종면허, 6층 이

25) 인지나 감성과 관련해서 행동경제학이 동원하는 개념의 한 가지인 '자기위주의 판단'은 자신의 행동이나 주장이 객관적으로 합당한 수준 이상으로 더 중요했다고 생각하는 것을 의미한다. 가사에 있어 부부가 각자 자기가 부담했다고 말하는 비율을 합하면 언제나 100%를 넘어서는 상황이나 토론에서 남의 관심을 끌면서 각자가 말했다는 시간을 합하면 100%가 넘어서는 상황이 이에 해당된다. 운동경기에서 서로가 상대방이 반칙을 많이 범했다고 생각하거나 어떤 작업을 수행하는데 있어 다른 사람보다 자신이 더 많이 공헌해 시간 당 임금을 더 받아야 한다고 생각하는 것도 이에 속한다(Loewenstein et. al., 1993: 140~141의 내용을 홍훈, 2013: 211에서 재인용).

하 개별난방 아파트를 관리할 수 있는 을종면허로 구분하고, 갑종면허의 기준을 강화한 것도 관리의 전문성을 강조한 것이라고 할 수 있을 것이다.[26] 현재 주택관리업자로 등록하기 위해서는 〈표 17-6〉에 제시되어 있는 자본금, 기술능력과 기준을 갖추어야 한다.[27]

**표 17-6** 주택관리업의 등록기준

| 구분 | | 등록기준 |
|---|---|---|
| 자본금 | | 2억원 이상 |
| 기술능력 | 전기분야 기술자 | 전기산업기사 이상의 기술자 1인 이상 |
| | 연료사용기기 취급관련 기술자 | 열관리산업기사 이상의 기술자 또는 보일러시공·취급기능사 1인 이상 |
| | 고압가스관련 기술자 | 가스기능사의 자격을 가진 자 1인 이상 |
| | 위험물취급관련 기술자 | 위험물관리기능사 이상의 기술자 1인 이상 |
| 주택관리사 | | 주택관리사 1인 이상 |
| 시설·장비 | | 5마력 이상의 양수기 1대 이상<br>절연저항계(누전측정기를 말한다) 1대 이상<br>사무실 |

출처: 공동주택관리법 시행령 별표 5.

2013년 아파트주거환경 통계[28]에 의하면 의무관리단지의 위탁관리비율은 전국이 74.6%, 서울이 82.4%로 위탁관리 비율이 높았다. 그런데 문제는 위탁관리를 하는 많은 단지가 최저가낙찰제로 관리회사를 선정하는 상황[29]이기 때문

26) 1979년 당시의 주택관리인의 면허기준 중 갑종과 을종의 차이는 자본금(갑종 1억원 이상, 을종 3천만원 이상)과 전기, 기계, 소방 설비 기술자 1인 이상은 동일하나 연료사용기기, 고압가스, 위험물 기능사 1인 이상 확보기준은 갑종에만 해당된다.

27) 관리업 등록기준은 1994년 이후 현재까지 거의 변함없이 유지되어 온 것으로 공동주택의 건설기준이나 경과년수가 오래된 주택이 급속하게 늘어나는 현실을 감안할 때 미흡한 점이 많다.

28) 3년마다 생산되는 통계인 점에서 현재 가장 최근의 통계라고 할 수 있다.

29) 관리업자 선정지침에 관리업자 선정은 최저가낙찰과 적격업체 선정으로 이루어지도록 되어 있지만 많은 단지에서 최저가낙찰제로 관리업체가 선정되고 있다. 이는 권유사항인 적격심사제로 관리업체를 선정하면, 이후 여러 가지 비판이 제기되기도 하는 점에서 최저가낙찰제를 채택하고 있기 때문이다. 최저가낙찰제는 위탁관리 수수료의 저가경쟁을 부추겨서 이익 감소의 원인을 만들고, 저가로 수주한 후 리베이트 등 비리를 통해 보이지 않는 수익을 창출하는 결과를 양산하게 한다. 적격심사제에서도 위탁관리비와 관련해서는 6~7원/㎡을 기준으로 제시하는 경우가 많다고 한다.

에 등록에 필요한 기준 이외의 인력을 확보하는 경우가 드물다. 일부 주택관리업자는 관리업무 수주 이후 관리소장이나 직원 등을 단지에 배치하는 과정에서 관련자들에게 금품을 수수하거나, 자회사의 용역수주에 노력하도록 하는 경우도 있다.

위탁관리 단지에서 관리소장과 관리회사는 어떠한 관계를 맺고 있을까? 관리소장 대상 설문조사에 의하면 위탁관리단지 관리소장의 78.9%는 관리회사와 비정규직 고용계약을 맺고 취업했으며, 심지어 6.1%는 자치관리가 아님에도 입주자대표회의와 고용계약을 맺은 것으로 나타났다. 이는 85%의 관리소장은 관리회사보다는 입주자대표회의와의 관계에 따라 고용이 유지됨을 의미하는 것이다. 따라서 많은 관리소장이 위탁관리회사 본사보다는 입주자대표회의와의 관계를 더 중요시할 수밖에 없다.

**표 17-7** 위탁관리단지에서의 관리소장의 고용계약방식 및 계약주체

| | 위탁관리회사 (정규직) | 위탁관리회사 (계약직) | 입주자대표회의 | 기타 | 전체 |
|---|---|---|---|---|---|
| 귀하는 누구와 고용계약을 체결하셨습니까? | 27 (15.0%) | 142 (78.9%) | 11 (6.1%) | 0 (0.0%) | 180 (100.0%) |

출처: 서울시(2015)의 관리소장 대상 설문조사 결과.

특히, 관리소장이 받고 있는 급여의 결정주체에 대한 질문에 대해서는 92.2%가 입주자대표회의라고 응답하고 있어 위탁관리 단지에서도 관리소장이 입주자대표회의를 견제하고 전문가로서 역할을 수행하는 것이 어려움을 알 수 있다.

**표 17-8** 위탁관리단지에서의 관리소장의 급여결정주체

| | 관리회사 | 입주자대표회의 | 기타 | 전체 |
|---|---|---|---|---|
| 귀하의 급여는 누가 결정합니까? | 12 (6.7%) | 165 (92.2%) | 2 (1.1%) | 179 (100.0%) |

출처: 서울시(2015)의 관리소장 대상 설문조사 결과.

관리업무 수주경쟁이 치열한 점에서 주택관리업자가 관리소장의 신분보장을 해주기보다는 관리소장의 해고를 쉽게 하는 역할을 하고 있다. 이는 관리소장 등의 취업규칙에 입주자대표회의의 교체요구가 있으면 관리소장을 교체한다는 내용을 포함하는 것에서 알 수 있다. 이러한 점에서 관리업자는 입주자대표회의를 선도한다기보다는 입주자대표회의가 전횡을 휘두르는 것을 도와준다는 비판을 받을 수밖에 없다. 이 때문에 자치관리에 비해 전문관리업자에게 관리업무를 맡긴 위탁관리에서 관리소장이 입주자대표회의의 눈치를 더 많이 볼 수밖에 없다. 자치관리의 경우 관리소장과 입주자대표회의 간에 고용계약이 체결되고 고용기간이 명시되는 점에서 계약기간 중의 해고에 따른 부담이 있으나, 위탁관리의 경우 입주자대표회의가 직접 고용계약을 체결하는 것이 아닌 점에서 관리회사에 압력을 넣으면 관리소장을 해고하기가 쉽기 때문이다.

## 4. 공공 부문

우리나라에서는 정부는 물론 시·도지사, 시·군·구청장에 이르기까지 다양한 공공부문이 관리업무에 관련된 역할을 하고 있다.

우선 국토교통부는 공동주택관리와 관련된 법제와 행정규칙을 제·개정하고 있다. 특히, 관리비리가 심각한 사회문제로 지적되면서 2009년에는 150호 이상 단지의 관리비 등의 정보를 올리도록 한 공동주택관리정보시스템(http://www.k-apt.go.kr)을 개발하여 관리하고 있다.[30] 2010년에는 공동주택 단지에서 이루어지는 주택관리업자의 선정 및 용역, 공사업자 선정의 투명성을 확보하기 위해 주택관리업자 및 사업자선정지침(국토해양부고시 제2010-445호, 2010.7.6. 제정, 2010.7.6. 시행)을 제정하고, 특히 지침의 내용을 보완하기 위해 [별표 1] 입찰의 종류 및 방법, [별표 2] 수의계약의 대상, [별표 3] 입찰의 무효, [별표 4] 주택관리업자 및 사업자 선정방법, [별표 5] 주택관리업자 선정을 위한 적격심사제 표준평가표, [별표 6] 공사 및 용역 등의 사업자 선정을 위한 적격심사제 표준평가표를 제시한 바 있다. 2015년에는 공동주택관리를 전문적이고도 체계

30) 현재 공동주택관리정보시스템은 국토교통부를 대신하여 대한주택관리사협회가 운영하다가 한국감정원으로 이관한 상태이다.

적으로 지원하는 방안으로 중앙 공동주택관리 분쟁조정위원회를 신설하고,[31] 공동주택관리 지원기구를 지정[32]하는 내용이 포함된 공동주택관리법을 제정함으로써 공동주택관리와 관련된 중앙정부의 역할을 강화하였다.

광역자치단체인 시·도지사는 공동주택관리규약준칙을 제공하며 주택관리업자와 관리사무소장에 대한 교육을 실시하고 있으며, 공동주택관리업무 수행에 필요한 비용의 일부를 지원하고 있다. 또한, 시·도지사는 장기수선계획의 비용 산출 및 공시방법 등에 관한 교육을 장기수선계획을 조정해야 하는 공동주택의 관리사무소장에게 실시할 수 있다.

기초자치단체인 시·군·구는 행위허가·신고, 안전점검 및 관리업무 등의 신고접수와 관리소장 등 직원교육, 입주자대표회의에 대한 교육,[33] 주택관리업 등록을 담당하는 등 공동주택의 관리와 관련해서 가장 중요한 역할을 한다. 또한 기초자치단체에는 공동주택의 입주자·사용자·관리주체 또는 입주자대표회의 사이의 분쟁을 조정하기 위하여 2003년부터 시·군·구에 공동주택관리 분쟁조정위원회를 두도록 하고 있다. 분쟁조정위원회가 설치된 배경은 공동주택에서의 분쟁이 지속적으로 늘어나는 한편, 이해관계의 복잡화, 분쟁 격화 등의 양상을 보이고 있어 행정기관과 제3자의 전문성 및 관련 지식·정보의 활용을 통해 분쟁에 효과적으로 개입하여 신속하게 해결하기 위함이다. 기초자치단체의 주택관리와 관련된 업무가 과다하기 때문에 이를 보조하는 민간인력을 활용하는 경우도 있다.[34] 또한 의무관리대상 공동주택은 대상이 아니지만 2010

31) 분쟁조정위원회는 입주자대표회의의 구성·운영 및 동별 대표자의 자격·선임·해임·임기에 관한 사항, 자치관리기구의 구성·운영 등에 관한 사항, 관리비·사용료 및 장기수선충당금의 징수·사용 등에 관한 사항, 공동주택(공용부분만 해당)의 유지·보수·개량 등에 관한 사항, 공동주택의 리모델링에 관한 사항, 공동주택의 층간소음에 관한 사항, 혼합주택의 분쟁에 관한 사항, 기타 타법으로 분쟁의 조정이 필요하다고 한 사항을 심의·조정할 수 있다. 중앙분쟁조정위원회는 둘 이상의 시·군·구의 관할 구역에 걸친 분쟁, 시·군·구에 지방분쟁조정위원회가 설치되지 아니한 경우 해당 시·군·구 관할 분쟁, 분쟁당사자가 쌍방이 합의하여 조정을 신청하는 분쟁 업무 등을 관할한다.

32) 공동주택관리분쟁의 상담·자문 등을 실시하는 전문기관을 지정할 수 있는 근거는 2013년 12월 24일 법개정을 통해 마련되었으나 공동주택관리법에서는 이를 공동주택관리지원기구라는 명칭으로 명시하였다. 2016년 8월 30일 공동주택관리지원기구로 한국토지주택공사가 지정되었다. 자세한 내용은 http://myapt.molit.go.kr/web/main/popup.do?idx=69 참고.

33) 입주자대표회의 구성원에 대한 4시간 교육이 의무화되어 있으며 교육내용은 관리규약 준칙, 관리비, 사용료, 장기수선충당금, 관리현황, 공동체 활성화 등에 관한 사항이다.

34) 서울시(2015)에서 진행한 기초자치단체 주택관리 담당자 설문조사에 의하면 응답한 19개 기초자치단체 중 57.9%인 10개구(강서구, 관악구, 광진구, 구로구, 금천구, 성북구, 송파구, 영등포구, 은평구, 중구)에 관련 공무원의 업무 수행을 보조해주는 인력으로 커뮤니티 플래너

년부터 기초자치단체는 소규모 공동주택의 안전관리에 대한 책임을 담당하고 있다.

이상 살펴본 것처럼 우리나라의 공공부문은 공동주택 관리업무에 상당한 역할을 하고 있음을 알 수 있다. 규제자로서의 역할이 여전히 강하지만 최근에는 분쟁의 조정자, 관리업무에 대한 정보제공 등 자문자로서의 역할을 하고 있음을 알 수 있다.

## Ⅳ. 공동주택관리 거버넌스 구축

정부의 실패가 공론화되면서 복잡하고 다양한 사회문제에 대한 대안적 해결방식으로 거버넌스(governnance)라는 용어가 빈번하게 사용되고 있으나 합의된 정의는 없는 실정이다.[35] 우리나라에서는 1980년대 이후 민주화 운동과 맞물려 시민사회의 영역이 확대되고, 정보화, 세계화 등의 추세와 함께 정치권력의 분권화가 활발해지면서 거버넌스에 대한 관심이 더욱 커지고 있다.

본 절에서는 거버넌스를 다양한 이해당사자가 주체적인 행위자로 협의와 합의 과정을 통하여 정책을 결정하고 집행해 나가는 의사결정 시스템으로 보고자 한다. 이를 공동주택 관리에 적용해보면, 공동주택관리의 거버넌스 구축이란 공동주택 관리와 관련된 주요한 행위자가 협의와 합의 과정을 통해 정책을 결정하고 집행해나가는 시스템을 만들어가는 것으로 볼 수 있다.

그렇다면 공동주택 관리 거버넌스를 구축하기 위해서 무엇이 필요할까?

---

(community planner), 1개구(서대문구)에 서울시 지정 마을가꾸기 교육을 수료한 인력이 배치되어 있다고 하였다. 지원인력은 8개구에는 1명, 3개구에는 2명이었다. 커뮤니티 플래너라는 용어가 사용된 것은 2011년 서울시가 '살기 좋은 아파트 만들기 종합추진계획'을 수립하면서부터이며, 공식적으로 추진한 것은 2013년(서울시 공동주택과-920, 2013.1.21)부터이다. 서울시 여성가족재단 등의 커뮤니티 플래너 교육 과정을 이수한 경우 자격증이 부여된다. 담당업무는 공동주택 단지 진단, 커뮤니티 활성화 계획 수립 등이며, 일반적으로 계약기간은 1년이며 하루 7만원(식비포함)을 받고 있다.

35) 로컬 거버넌스, 글로벌 거버넌스, 국가 거버넌스, 금융 거버넌스, 고용 거버넌스, IT 거버넌스 등등 다양한 영역에서 거버넌스가 사용되고 있다. 안네 메테 키에르는 거버넌스 이론의 이질성에 대해 "많은 병에 하나의 상표를 붙여, 여러 생산자가 자신의 음료를 각자 채워 넣는 것"이라 평가하기도 했다(대학신문, 2009.9.6).

첫째로 관리전문가로서 역할을 수행해야 할 관리소장의 위상을 강화할 필요가 있다. 이는 거버넌스 구축을 위해서는 주요한 행위자의 상호존중이 필요하기 때문이다. 다음으로 공동주택관리의 질을 제고하기 위해 도입된 주택관리업자가 적절한 역할을 하는 것이 필요하다. 주택관리업자가 전문적인 관리의 한 축을 담당해야 입주자대표회의로부터 관리소장을 보호할 수 있고, 관리소장에게 유용한 정보를 제공할 수 있기 때문이다. 끝으로 누구보다 입주자 등(소유자와 임차인)이 공공주택 관리의 전문가를 존중하고 자신들이 거주하는 공동주택에 대한 관리의 책임과 의무가 있음을 인지하는 것이 필요하다. 공동주택 관리의 질을 좌우하는 것은 입주자이기 때문이다.

## 1. 관리소장의 2년 이상 임기제 도입

관리소장의 위상을 강화하기 위해서는 무엇보다 신분보장이 필요하다. 신분보장의 수단으로 입주자대표회의의 선임에 의해 관리소장이 되었더라도 해고는 마음대로 할 수 없도록 하는 2년 이상 임기제의 도입이 대안이 될 수 있다. 임기제가 확립된다면 임기 동안은 적어도 안정적으로 업무를 수행할 수 있다고 보기 때문이다. 프랑스의 경우 관리자의[36] 임기는 3년으로 정해져 있다. 임기 도중의 해임은 해임하지 않으면 안 되는 이유를 구체적으로 증명하지 않으면 안 된다. 임기를 3년으로 정한 것은 관리가 이루어지지 않거나 혼란이 발생하지 않도록 하기 위함이다. 전국부동산연합회(ENAIM)에 의하면 프로 관리자의 1개의 맨션에서 평균 임용기간은 12.8년이라고 한다(斎藤広子外, 2009: 340).

2015년 행해진 관리소장과 입주자를 대상으로 하는 설문조사에서도 관리소장의 임기제 도입이 관리소장의 역할을 강화할 것으로 보는 의견이 압도적이었다. 설문에 응답한 관리소장중 임기제 도입에 찬성하지 않았던 경우는 임기가 1년이기 때문이라고 응답한 경우도 많았다. 당시 설문조사에서의 소장임기는 최소 1년이었다.

---

36) 프랑스에서는 우리나라의 분양주택과 같은 주택을 copropriete라고 한다. 2002년도 기준으로 527만 5천호의 copropriete가 있으며 이를 관리하기 위한 전문가로 프로의 관리자(syndic professionnel)과 공동소유자의 1인으로 무보수를 원칙으로 하는 비프로 관리자(syndic non professionnel)가 있는데, 비프로의 비율은 대단히 낮다. 프로의 관리자는 광역자치단체 발생의 자격증(carte professionelle)을 소유하고 있어야 한다.

표 17-9 관리소장 임기제 도입에 대한 관리소장과 의무관리단지 입주자의 찬성 비율

(단위: 명)

| 내용 | 관리소장 | 입주자 |
|---|---|---|
| 관리소장의 임기제(최소 1년)를 도입하는 것 | 181 (84.2%) | 228 (77.5%) |

주: 찬성에는 '매우 찬성', '찬성'이 포함됨.
출처: 서울시(2015)의 관리소장 및 입주자 대상 설문조사 결과.

물론 관리소장의 임기를 보장하는 것에 대한 반발이 없는 것은 아닐 것이다. 특히, 선출직이 아닌 직종에 임기를 두는 것이 적절한가 하는 비판이 있을 수 있다. 그럼에도 관리소장의 임기를 보장하는 것이 공동주택 관리와 관련된 주요행위자 간의 관계를 수직관계에서 수평적인 관계로 바꾸는 출발점이 된다고 생각한다. 주요행위자 서로에 대한 존중이 없이는 합의나 협의가 이루어지기 어렵기 때문이다. 단, 임기제라고 해도 임기중 해임될 수 밖에 없는 요건[37]을 분명히 하는 것은 필요하다.

## 2. 주택관리업체의 전문성 강화

관리회사가 입주자대표회의의 눈치를 보는 입장이 아니라 전문가로서 관리와 관련된 고민과 방안을 모색하고 관리소장의 방패막이로서의 역할을 하기 위해서는 관리회사의 전문성을 강화해야 한다. 전문성 강화의 첫 번째는 1994년 2억원으로 상향조정된 이후 변화 없이 지속되어 온 자본금[38]의 상향조정이 필요하다. 또한 건설기술에도 큰 변화가 있었으며, 경과년수가 오래된 공동주택의 호수가 크게 늘어나고 있는 점을 감안해서 단지의 계획수선 필요성에 적극적으로 부응하여 공사용역이 제대로 발주될 수 있도록 하는 전문기술자의

37) 해임요건으로는 ① 관리소장 배치 시 학력 또는 경력을 허위로 작성 제출하거나 부정한 방법으로 채용된 경우, ② 금품을 절취하거나 업무상 부정한 방법으로 금품을 수수하는 행위 및 업무를 이용하여 사리를 도모한 경우, ③ 고의 또는 중대한 과실로 단지의 시설물 또는 기계기구류 등을 파괴, 훼손하여 입주자 등에게 재산상의 손실을 끼친 경우, ④ 고의 또는 중대한 과실로 회계상 손해를 끼쳤거나 공금을 유용, 착복하고 배임을 한 경우, ⑤ 형사 처분(벌금형 이상 형사 유죄 판결: 1심 기준)을 받은 경우, ⑥ 신체 또는 정신상 장애로 직무를 감당할 수 없다고 인정되는 경우(의사의 소견이 있는 경우에 한함)로 할 수 있다.
38) 1979년 공동주택관리령 제정 당시 주택관리인 면허기준 자본금 1억원이었다.

보강이 필요하다. 이미 공동주택관리를 맡기는 입주자들 가운데서도 자본금이 취약한 업자에게 관리를 맡기려고 하지 않아 위탁관리업자 선정 시 자본금 5억원 이상을 조건으로 하는 경우가 많이 있다. 덧붙여서 또한 관리회사가 갖추어야 할 시설장비 역시 고층화 및 복잡해지는 건축물의 특성을 감안하고, 입주자의 생활환경의 질 개선 욕구를 감안하여 종전의 5마력 이상의 양수기나 절연저항계(누전측정기) 각 1대라는 시설장비 기준에서 벗어나 수질측정기, 소음측정기, 누수측정기, 가스측정기, 열풍기 등을 갖추도록 하는 것이 필요하다. 관리회사의 진입장벽을 강화하는 것에 대한 반대가 있을 수 있으나, 영세업자가 난립하고 지나친 경쟁으로 관리의 질을 떨어뜨림은 물론 관리회사의 위상을 저하시키는 것을 방지하기 위해서는 등록 기준 강화가 필요하다.

등록제 강화와 더불어 반드시 필요한 것이 관리업체의 등록은 지자체에서 하더라도, 등록된 관리업체의 현황을 분기별로 파악하고 이를 공개하는 사이트의 운영은 중앙정부가 해야 할 것이다. 예를 들어 부산에서 관리업을 등록하고 서울에서 활동하면 서울시는 해당관리업체에 대한 정보를 가지고 있지 않으므로 관리감독이 힘들기 때문이다. 일본 국토교통성의 네거티브 정보검색제도를 벤치마킹하여 행정처분 등을 받은 관리업·공사업자들을 소비자가 볼 수 있도록 하는 시스템 구축이 필요하다.

두 번째로 최저가낙찰제가 아닌 새로운 방식의 위탁관리업체 선정방식이 필요하다. 현행의 최저가낙찰제 방식은 입주자가 최종적으로 지불하게 될 비용에 대한 최저수준 확보가 아니라 기업이 가져가는 이익금의 최저수준을 요구하는 셈이다. 관리수수료를 최저가로 낙찰하는 방식으로는 관리회사의 수준 높은 업무수행능력을 기대하기 힘들다. 적어도 인건비도급제를 통해 관리회사가 계약기간 전반에 걸쳐 관리에 종사하는 인력의 관리를 책임지도록 하는 방안이 강구될 필요가 있다. 관리직원에 대한 통솔이 없이 책임관리가 이루어질 수 없기 때문이다. 바람직하기로는 관리 업무에 청소, 필요시 경비와 같이 입주자가 원하는 생활지원 서비스를 총체적으로 공급하는 총액도급제의 도입이 필요하다. 인건비도급제와 총액도급제의 특성은 〈표 17-10〉에 소개되어 있다.

그러나 현행 주택법상 주택관리업자의 지위에 관하여는 공동주택관리법 법에 규정이 있는 것 외에는 민법 중 '위임'에 관한 규정을 준용하도록 되어 있고,[39] 관리비 항목상 위탁관리수수료(주택관리업자에게 위탁하여 관리하는 경우로

표 17-10 인건비도급제와 총액도급제의 비교

| 구분 | 인건비(일반관리비)도급제 | 총액도급제 |
|---|---|---|
| 내용 | • 관리비 항목 중 일반관리비에 해당하는 부분에 대한 도급계약을 체결<br>• 입주자대표회의는 일반관리비와 위탁관리수수료를 관리회사로 지급하고 관리회사에서 관리사무소 직원에 대한 인건비 등을 지급 | • 공용부분 관리에 필요한 사항 전체를 도급계약 체결함<br>• 경비, 청소, 소독, 수선유지 등 관리전반에 소요되는 금액을 관리회사에 지불하고 관리회사에서는 입주자대표회의에 수지보고를 실시 |
| 장점 | • 관리회사에서 현장 배치한 직원에 대한 급여를 관리회사에서 직접 지급하므로 회사에 대한 소속감 증대와 원활한 업무협조 가능<br>• 입주자대표회의에서 급여를 지급하는 경우보다 입주자대표회의의 업무간섭에 대한 대항력이 비교적 커짐 | • 일괄적인 계약으로 입주자대표회의의 비리 견제가능<br>• 잡수입 창출을 위한 노력<br>• 입주자가 원하는 서비스 수행을 계약조건에 넣을 수 있음<br>• 입주자대표회의의 업무비중이 줄어듦<br>• 통합업무가 가능(업무의 연속성, 책임감, 전문성 증가) |
| 단점 | • 일반관리비 금액에 대한 입찰이 실시되므로 최저가낙찰제도로 업자를 선정할 경우 과도한 저가경쟁에 의해 관리직원의 급여수준이 저하될 우려가 있음 | • 입주자대표회의가 관리에 무관심할 경우 관리회사의 독단적인 추진 우려<br>• 영세업자의 도산 등 우려(일본 맨션관리업협회의 관리비보증제도 벤치마킹 가능) |

출처: 서울시(2015: 50) 〈표 40〉 발췌인용.

서 입주자대표회의와 주택관리업자 간의 계약으로 정한 월간 비용)가 구분되어 있어,[40] 현재의 법체계로는 총액도급제가 시행되기 어렵다.

물론 총액도급제를 도입하기 위해서는 먼저 건실한 관리회사의 존재가 필수적이다. 위탁관리수수료만 받는 경우 관리비 흐름이 관리회사로 직접 가지 않지만 도급제의 경우 관리비 흐름이 관리회사를 통해서 집행된다. 따라서 총액도급제 하에서는 관리비에 문제가 발생하면 그 피해가 막대할 수 있어, 총액도급제로 관리 업무를 수주하는 관리회사에 대해서는 등록기준 강화 등의 조건이 선행될 필요가 있다. 예를 들어 임대관리업이 자치관리와 위탁관리로 구분하여 등록하고 각각 자본금을 차등화하는 것처럼 주택관리업도 총액도급제

39) 공동주택관리법 제52조(주택관리업자의 등록) ⑥ 주택관리업자의 지위에 관하여 이 법에 규정이 있는 것 외에는 「민법」 중 위임에 관한 규정을 준용한다.

40) 공동주택관리법 시행령 제23조(관리비등) ① 법 제23조에 따른 관리비의 항목에는 인건비 성격인 일반관리비, 청소비, 경비비, 소독비, 승강기유지비, 지능형 홈네트워크 설비 유지비, 난방비, 급탕비, 수선유지비(냉방·난방시설의 청소비 포함), 위탁관리수수료로 구분되어 있다.

로 계약할 수 있는 기업과 위탁수수료로 계약할 수 있는 기업으로 구분하는 것도 검토될 필요가 있다. 그리고 입주자대표회의에게 위탁관리회사를 선택하는 기준 및 총액도급제 하에서 관리회사를 견제할 수 있는 방안 등을 교육시킬 필요가 있다. 이는 총액도급제의 단점이 관리회사에 지나치게 의존적으로 만듦으로써 관리회사의 독주를 초래할 수도 있기 때문이다.

## 3. 입주자 등의 관리주체에 대한 권위 인정 필요

행동경제학 연구의 여러 실험을 보면 사람들은 과도하게 벗어난 분배를 수용하지 않으며, 심지어는 이를 징벌한다고 한다(홍훈, 2013: 266). 다양한 실험이나 관찰에서도 처벌 –반드시 형벌이나 벌금 형식의 처벌뿐 아니라 악평, 따돌림 등도 처벌에 들어간다– 이 있으면 처벌을 피하기 위해 협력적인 행동을 하는 것을 볼 수 있다. 완전한 이기주의자라고 처벌에 의해 자신의 이익이 감소할 것을 두려워하여 협력행동을 취하기 때문이다(도모노 노리오 지음, 이명희 옮김, 2007: 240–241).

공동주택 단지의 관리가 제대로 이루어지려면 입주자의 협력이 절대적으로 필요하다. 서울시의 공동주택표준관리규약 준칙[41]을 보면 관리주체는 생활질서를 문란하게 한 때는 시정권고 또는 경고문을 부착하거나 ○○만원 이하의 범위에서 위반금을 부과[42]할 수 있으며, 위반금 체납시에는 관리비 체납과 마찬가지로 「민사소송법」에 의한 지급명령신청 또는 「소액사건 심판법」에 따른 소액심판청구 등의 조치를 할 수 있다. 즉, 일반법률과 달리 단지 내에 자치적인 처벌이 가능함이 명시되어 있다는 것이다.

문제는 관리주체(자치관리에서는 관리소장, 위탁관리에서는 관리업자 등)[43]가 이러한 조치를 할 수 있는가에 있다. 처벌을 하려면 처벌권을 행사하는 주체의 권위를 입주자가 인정해야 하나, 고용인으로 관리소장을 대하거나 관리회사를 보고 있는 상황에서는 처벌권을 행사하기 어렵다.

41) 서울시표준관리규약준칙(2016.1.29) 12장 벌칙 제84조, 85조 참고.

42) 위반금 부과하기 전에는 입주자등에게 서면으로 의견진술 기회를 주어야 하며, 의견을 제출하지 아니한 자는 다른 의견이 없는 것으로 본다. 위반금의 부과기준은 입주자대표회의에서 의결하고 그 수입은 잡수입으로 회계처리하게 되어 있다.

43) 관리주체는 자치관리기구의 대표자인 공동주택의 관리사무소장, 관리업무를 인계하기 전의 사업주체, 주택관리업자, 임대사업자로 되어 있다(공동주택관리법 제2조 10호).

2015년 입주자 대상으로 설문조사에서 관리소장과 입주자대표회의 명의로 공공질서 위반자에게 공문을 보내는 것에 대해 어떻게 생각하는지를 물어본 결과 절대다수의 입주자가 필요한 행위로 인식하고 있음을 알 수 있었다. 공문발송이라는 소극적인 징벌이지만 질서위반자에 대한 조치가 그만큼 필요함이 인정되고 있다고 볼 수 있다.

표 17-11 입주자의 입주자대표회의와 관리사무소의 공공질서위반자 조치에 대한 의견

| | 매우찬성 | 찬성 | 반대 | 매우반대 | 전체 |
|---|---|---|---|---|---|
| 단지 내에서 소란행위를 저지른 주민에게 공문 발송 | 67 (31.0%) | 109 (50.5%) | 40 (18.5%) | 0 (0.0%) | 216 (100.0%) |
| 단지 내에서 주차질서를 위반하는 주민에게 공문 발송 | 61 (28.4%) | 116 (54.0%) | 37 (17.2%) | 1 (0.5%) | 215 (100.0%) |
| 주택 내부에서 물건이나 쓰레기 등을 던지는 주민에게 공문 발송 | 77 (35.6%) | 112 (51.9%) | 26 (12.0%) | 1 (0.5%) | 216 (100.0%) |
| 관리규약을 지속적으로 위반하는 주민 명단 게시판 고지 | 56 (26.0%) | 79 (36.7%) | 72 (33.5%) | 8 (3.7%) | 215 (100.0%) |

출처: 서울시(2015) 입주자 의견 조사 결과.

다수가 사용하는 공간이 적절하게 관리되려면 관리주체의 권위를 인정할 필요가 있는 점에서 입주자들의 전문가에 대한 존중이 요구된다. 관리주체의 위치가 확고해야 입주자를 대신하여 입주자대표회의를 견제할 수 있으며, 질서위반자에 대한 조치도 추진할 수 있다. 또한 최근 사회문제가 되고 있는 층간소음으로 인한 갈등 조정에도 도움이 될 것이다.

## 4. 입주자의 유지관리 중요성에 대한 인식 강화

입주자의 의무 중 한 가지는 주택이 제대로 유지되도록 해야 하는 것임을 인지할 필요가 있다. 유지관리의 주체는 관리소장 등이 하는 것이지만 입주자는 여기에 수반되는 비용을 납부할 의무가 있다. 특히, 의무관리 단지에서는 장기수선계획에 맞추어 적절한 수선을 하는 것이 의무화되어 있으며, 소유자는 장기수선충당금을 납부하도록 하고 있다.

그러나 거의 모든 단지가 계획수선이 제대로 이루어지기에는 미흡한 장기수선충당금을 적립하고 있다. 2016년 6월 현재 m²당 장기수선충당금은 130원으로, 2012년 109원에 비해서는 다소 상승했으나,[44] 표준건축비의 4/10,000를 적립하도록 한 임대주택의 특별수선충당금이 2016년 420.4원[45]에 비교하면 금액이 훨씬 적은 것을 알 수 있다.[46] 우리나라 분양주택의 2016년 표준건축비[47] 대비 장기수선충당금의 비율은 0.74/10,000으로 2013년 일본 맨션의 장기수선적립금 대비 표준건축비 비율 6.79/10,000[48]의 1/9에도 못미치는 것을 알 수 있다.[49] 장충금의 부족은 관리소장 대상 설문조사에서 응답자의 78.9%가 제대로 된 공사를 집행할 비용이 부족했다고 응답(서울시, 2015: 172)한 것을 통해서도 짐작할 수 있다.

장기수선충당금이 제대로 적립되지 않는 것은 장충금이 미래를 위한 소유자의 현재의 지출이기 때문이다. 물론 미래의 효용을 위해 현재 지출을 늘리는 것을 기피하는 태도는 우리나라 뿐만 아니라 모든 소비자들에게 나타나는 근시안적 태도[50]라고 할 수 있으나, 우리나라의 공동주택 소유자가 장충금 적립

44) http://www.k-apt.go.kr/apiinfo/goApiInfoBySido.do 참고, 흥미로운 것은 연도별 m²당 장기수선충당금이 2015년 5월 당시에 게지된 내용보다 상승했다는 것이다. 당시는 2012년 m²당 장충금은 82원, 2013년 87원, 2014년 90원이었다. 현재는 2012년 109원, 2013년 115원, 2014년 119원이었다.

45) 공공건설임대주택의 표준건축비(국토교통부고시 2016-339호)는 주택의 층수(5층 이하, 6~10층, 11~20층, 20층 이상)와 주택의 면적(40m² 이하, 40m² 초과~50m² 이하, 50m² 초과~60m² 이하, 60m² 이상)으로 구분되어 발표되고 있다. 여기에서는 가장 많이 지어질 것으로 예상되는 11~20층, 50m² 초과~60m² 이하에 적용되는 105만 1,100원을 적용하였다.

46) 물론 공공임대주택의 특별수선충당금에는 전용면적과 관련된 비용도 반영되어 있으며, 그 자체도 적절한 것인지에 의문이 제기된다.

47) 과밀부담금 산정을 위해 제시된 2016년 표준건축비(국토교통부 고시 제2015-1013호)는 176만 2,000원/m²이다.

48) 일본의 장기수선적립금(우리나라의 장기수선충당금)은 5년 단위로 이루어지는 2013년 맨션종합조사 결과에 제시된 맨션 주거전용면적 평균 8,023.5m²를 단지 평균세대수 101.1호로 나누어서 구한 평균주택면적 79.36m²으로 세대당 수선충당금(주차비 포함) 11,800엔을 나눈 값인 148.7엔/m²으로 계산하였으며, m²당 건축비는 2009년 국세청이 제시한 철근콘크리트 건축비 219,000엔을 적용하였다.

49) 일본의 장기수선적립금(우리나라의 장기수선충당금)은 5년 단위로 이루어지는 2013년 맨션종합조사 결과에 제시된 맨션 주거전용면적 평균 8,023.5m²를 단지 평균세대수 101.1호로 나누어서 구한 평균주택면적 79.36m²으로 세대당 수선충당금(주차비 포함) 11,800엔을 나눈 값인 148.7엔/m²으로 계산하였으며, m²당 건축비는 2009년 국세청이 제시한 철근콘크리트 건축비 219,000엔을 적용하였다.

50) 자기자신의 노후에 대비해서 필요한 퇴직저축조차 강제요소가 없을 때 가입하려고 하지 않은 것을 포함하여 인간은 미래 효용과 비용에 대해서 합리적으로 판단하지 못한다.(Akerlof, 1982: 423, 홍훈, 2013: 214에서 재인용, 배순영, 2008: 5).

등 계획수선에 대한 관심이 부족한 것은 용적률을 상향조정하는 재건축이 너무 쉽게 이루어졌기 때문이다. 또한 우리나라의 공동주택에는 임차가구가 많이 거주하고 있으며, 소유자라도 장기적으로 거주하겠다는 생각이 부족한 것도 원인의 한 가지일 것이다.

**표 17-12** 한국의 분양주택과 임대주택, 일본의 분양주택 장기수선충당금 현황 비교

| 구분 | 분양주택 | 임대주택 | 일본(분양) |
|---|---|---|---|
| 수선충당금 | 평균130/㎡·월(16.6)<br>서울 131원 | 420.4원/㎡ | 164엔/㎡·월('13) |
| 건축비 | 1,762,000('16)<br>국토교통부 고시<br>(2015-1013호) | 1,051,100원('16)<br>국토교통부 고시<br>(2016-339호) | 205,900엔('08)<br>국세청 철근콘크리트<br>건축비 |
| 건축비 대비<br>수선충당금 | 0.74/10,000 | 4/10,000 | 7.96/10,000 |
| 관련 법률 | 충당금 적립은 의무화<br>되어 있으나 금액적립<br>지침은 없음 | 임대주택법 시행령<br>제30조 국민임대 등에<br>대해서는 국토교통부<br>장관이 고시하는<br>표준건축비의 4/10,000<br>적립의무화 | '11년 맨션의 수선적립금에<br>관한 가이드라인 제시<br>예시: 20층 이상 206엔/㎡<br>15층 미만 10,000㎡ 이상<br>178엔/㎡ |

자료: 우리나라 분양주택 관리비는 K-apt.go.kr, 표준건축비는 국토부의 분양주택 및 임대주택 표준 건축비, 일본수선충당금(적립금) 통계는 2013년 맨션종합조사 결과이며, 건축비는 국세청 자료.

하지만 초고층 공동주택이 많은 상황에서 과거와 같은 재건축은 진행되기 어려우며, 인구구조나 경제의 성장세를 감안할 때 재건축이 활성화되기는 쉽지 않다. 관리가 잘 되도록 하려면 이에 수반되는 비용을 치르는 것이 주택소유자의 책무임을 인식할 필요가 있다. 입주자의 공동주택 유지관리에 대한 관심이 커지면 커질수록 전문가로서 관리소장의 역할이 중요해진다. 이 때 공공이 해야 할 일은 주택의 입지나 규모 등이 같은 조건이라면, 장충금이 제대로 적립되어 있고 계획수선이 제대로 된 공동주택단지가 그렇지 않은 단지의 주택보다 더 비싸게 거래될 수 있도록 계획수선이 주택의 내구성이나 안전성에 미치는 영향을 소유자가 이해할 수 있게 제공하는 것이다.

입주자의 신망이 관리소장의 역할을 강화하는 것이며, 관리소장의 역할이

중요해져야 전문성을 갖춘 관리소장이 입주자대표회의의 독단을 견제할 수 있는 것이다.

## V. 맺으며

공동주택관리가 중요해질수록 관리의 전문가로서 관리소장의 역할은 커질 수밖에 없다. 그럼에도 관리소장을 대하는 입주자, 입주자대표회의의 인식은 고용인으로 보는 시각이 강하며, 심지어는 관리회사 역시 임시직원에 불과한 것으로 대하고 있다. 관리소장 역시 관리의 전문가라는 자긍심을 가지고 있지 못하다. 공공부분 역시 관리소장을 전문가라고 인정하기보다는 다양한 규제를 통해 비리에 빠지지 않도록 해야 하는 대상으로 보고 있다.

이러한 인식을 일시에 불식시키는 것은 쉬운 일이 아니지만 공동주택이 제대로 관리되도록 하려면 지금부터라도 전문가를 대우하는 제도의 도입이 필요하다. 무엇보다 필요한 대안이 관리소장의 2년 이상 임기제 도입을 통한 신분보장이다. 2년 이상 기간을 소장으로 근무한다고 하면 입주자대표회의도 소장의 선임시 경력이나 능력을 중시할 수밖에 없을 것이며, 소장 역시 자신의 전문성 향상에 노력하지 않을 수 없을 것이다. 관리소장의 신분이 보장되면 관리회사 역시 전문성을 갖춘 관리소장의 채용에 노력하게 될 것이며, 관리소장에 대한 대우 역시 달라질 것이다.

공동주택 관리 거버넌스를 위해서는 공공은 물론 관리소장, 입주자대표회의, 관리회사 간의 상호 존중이 필요하며, 이를 토대로 협의와 합의를 통해 더 나은 관리제도가 만들어질 수 있다. 입주자 역시 공동주택 관리의 책임과 의무가 있는 주체임을 잊어서는 안 될 것이다.

## 참고문헌


국토교통부(2013), 공동주택의 생애주기에 따른 중장기 관리전략 연구.

나길수(2015), "공동주택 관리제도 발전방안에 관한 연구: 입주자대표회의를 중심으로", 『대한부동산학회보』 제33권 제1호 통권 제40호, pp 149－167, 대한부동산학회.

노병용(2014), "공동주택관리의 문제점과 개선방안－위탁관리업의 관점에서－", 『주거』 제9권 제2호, pp. 14－17, 한국주거학회.

대한주택관리사협회(2013), 공동주택 비리 방지를 위한 법제 개선방안 연구, 국회예산정책처.

도모노 노리오 지음(2007), 이명희 옮김, 『행동경제학』, 지평.

두성규(2013), "입주자대표회의와 관리사무소장의 위상 및 역할", 공동주택관리 현장문제 진단 및 정책방향 심포지엄, pp. 46－61.

마이클 오부신 지음(2010), 김정주 옮김, 『왜 똑똑한 사람이 어리석은 결정을 내릴까?』, 청림출판.

박신영(2014), "일본맨션관리제도의 시사점", 『주거』 제9권 제2호, pp. 20－26, 한국주거학회.

배순영(2008.6.20), "행동경제학의 논거가 소비자정책에 주는 시사점", 『소비자정책동향』 제4호, 한국소비자원, pp. 1－16.

서울시(2015), 공동주택관리선진화 방안.

이덕수(1988), "아파트 시대의 새로운 전문직 주택관리사", 『국토와 건설』, pp. 112－120, 대한건설진흥회.

이명석(2002), "거버넌스의 개념화: 사회적 조정으로서의 거버넌스", 『한국행정학보』 제36권 제4호(2002 겨울), pp. 321－338.

인택환(2005), "공동주택관리체계의 문제점과 개선방안에 관한 연구", 세종대학교 박사학위논문.

정정길(2000), 『행정학의 새로운 이해』, 대명출판사.

하성규 외 13인 지음(2014), 『현대 공동주택관리론』 박영사.

홍훈(2013), 『신고전파 경제학과 행동경제학』, 신론사.

マンションン管理センター (2013), 『平成25年度版 マンション管理の知識』, マンション管理センター.

マンション管理に関する懇談会 (2015), マンション管理のより一層の適正化を目知して, 國土交通省.

齊藤広子. 2009, "日本の集合住宅管理の現状と課題"『日本不動産学会誌』 第22巻 第4号, pp. 14−25.

日本國土交通省 (2014), 平成 25年 度マンション総合調査結果
http://www.mlit.go.jp/jutakukentiku/house/torikumi/manseidata.htm

2014년 서울시 맑은아파트 관리실태조사 결과.
http://www.index.go.kr/potal/main/EachDtlPageDetail.do?idx_cd=1233

# 찾아보기

## ㄱ

### ㅅ

## 지은이 약력

### 하성규

영국 런던대학교(UCL) 도시 및 지역계획학 박사
한국주택학회장, 한국지역개발학회장 역임
현재: 한국주택관리연구원 원장, 중앙대학교 도시계획·부동산학과 명예교수, 한국주거서비스 소사이어티(KHSS) 상임대표
주요저서: 『주택정책론』(2010)외 다수

### 김재익

미국 University of Southern California 도시 및 지역계획학 박사
한국주택학회장, Eastern Regional Organization for Planning and Human Settlement 한국회장 역임
현재: 계명대학교 도시계획학과 교수
주요저서: 『시장인가 정부인가?』(2014, 공저)외 다수

### 은난순

경희대학교 대학원 주거환경/주거관리 전공 이학박사
현재: 한국주거문화연구소 연구위원, 가톨릭대학교 소비자·주거학과 겸임교수, 한국주거학회 이사
주요저서: 『주거관리』(2016, 공저)외 다수

### 김선중

연세대학교 주거환경학과 이학박사
한국주거학회 회장 역임
현재: 울산대학교 주거환경학과 교수
주요저서: 『현대공동주택관리론』(2014, 공저)외 다수

### 김정인

일본 오사카시립대학(大阪市立大學) 주거학 박사
현재: 우리관리(주) 주거문화연구소 연구팀장, 한국주거학회 학술이사
주요저서: 『현대공동주택관리론』(2014, 공저)외 다수

### 김성일

현재: 한국주택관리연구원 기획조정실장, 중앙분쟁조정위원회 위원, 한국감정원 공동주택 회계처리기준 자문위원, 서울시 집합건물관리 지원단 자문위원
주요저서: 『공동주택관리법의 이해』(2016, 공저)

이강희
연세대학교 대학원 건축계획 및 설계 공학박사
현재: 안동대학교 건축공학과 교수
주요저서: 『생태조경계획 및 설계』(2008)외 다수

이현정
미국 미네소타대학교(University of Minnesota) Ph. D.
중국 동지대학교 및 미국 미네소타대학교 방문교수 역임
현재: 경희대학교 주거환경학과 부교수
주요논문: 「Constructing housing management toward its professionalization in Korea」(2014)외 다수

김수암
한양대학교 대학원 건축공학과 공학박사
한국주거학회 회장, 대한건축학회 이사 역임
현재: 한국건설기술연구원 건축도시연구소 선임연구위원
주요논문: 「장수명화와 시공성을 고려한 새로운 공동주택 모델의 초기 비용절감 가능성 연구」(2012)외 다수

한영화
서강대학교 법학전문대학원 법학전문석사
현재: 한영화 법률사무소 대표변호사, 서울시 아파트관리 공공조사단 법률분야 전문위원, 서울시 중구청 공동주택관리 전문가 법률분야 자문위원, 의왕시 공동주택관리 분쟁조정위원회 위원
주요저서: 『현대 공동주택관리론』(2014, 공저)

김주현
충남대학교 법학전문대학원 법학전문석사
현재: 한국주택관리연구원 책임연구원·변호사
주요논문: 「공동주택관리의 선진화와 주요 쟁점」(2016)

전창미
일본 오사카시립대학(大阪市立大學) 거주환경학 박사과정(수료)
일본 오사카시립대학(大阪市立大學) 도시연구플라자 글로벌 COE 특별연구원,
강원발전연구원 복지·청소년연구센터 위촉연구원 역임
현재: 서울특별시 주택건축국 주택정책개발센터 연구위원, 한국주거학회 학술이사

**권명희**
울산대학교 주거환경 및 주거관리 박사
현재: 울산대학교 주거환경학과 연구교수, 한국주거학회 학술이사
주요저서: 『울산시 거주 가구의 주의식』(2008, 공저)외 다수

**박경옥**
일본 오사카시립대학(大阪市立大學) 주거학 박사
한국생활과학회 회장 역임
현재: 충북대학교 주거환경학과 교수, 공유주택협의회협동조합 연구소장
주요저서: 『사회 속의 주거, 주거 속의 사회』(2016, 공저)외 다수

**이창로**
서울대학교 대학원 지리학 박사
현재: 한국주택관리연구원 수석연구원
주요논문: 「단독주택가격 추정을 위한 기계학습 모형의 응용」(2016)외 다수

**강순주**
일본 오사카시립대학(大阪市立大學) Ph. D(주거학 박사)
한국주거학회 회장 역임
현재: 건국대학교 건축학과 교수, 한국주거서비스 소사이어티(KHSS) 연구원 원장, 주거복지 포럼 이사
주요저서: 『건축학전서－주거론』(2010, 공저)외 다수

**박신영**
연세대학교 행정학(도시행정) 박사
한국주택학회장 역임
현재: 한국도시연구소 소장, LH토지주택연구원 명예연구원
주요저서: 『전환기 부동산정책의 새로운 방향 모색』(2013, 공저)외 다수

공동주택관리의 새로운 패러다임

초판발행 2017년 1월 10일
중판발행 2020년 2월 10일

지은이 하성규 · 김재익 · 은난순 · 김선중 · 김정인 · 김성일 · 이강희 · 이현정 · 김수암 · 한영화 · 김주현 · 전창미 · 권명희 · 박경옥 · 이창로 · 강순주 · 박신영
엮은이 한국주택관리연구원
펴낸이 안종만 · 안상준

편 집 한두희
기획/마케팅 박세기
표지디자인 박현정
제 작 우인도 · 고철민

펴낸곳 (주) 박영사
서울특별시 종로구 새문안로3길 36, 1601
등록 1959. 3. 11. 제300-1959-1호(倫)
전 화 02)733-6771
f a x 02)736-4818
e-mail pys@pybook.co.kr
homepage www.pybook.co.kr
ISBN 979-11-303-0387-1 93350



정 가 29,000원